QUANTUM MECHANICS

기초양자역학

BRUCE CAMERON REED 지음
김영태 옮김

JONES AND BARTLETT PUBLISHERS
청범출판사

- **지은이** BRUCE CAMERON REED는 캐나다의 워털루대학에서 박사학위를 받았으며 현재 미국 미시간주 알마에 있는 알마 칼리지에서 물리학 교수로 근무하고 있다. 그는 일반물리학으로부터 양자역학까지 다양한 과목을 대학생들에게 가르치고 있다. 그는 대략 90편의 논문을 발표하였으며, 그의 관심 분야는 은하 구조, 양자역학 및 핵물리학, 맨해턴 프로젝트를 통한 핵무기 개발의 역사 등으로 다양하다. 그는 현재 미시간주에서 부인 로리(천문학자), 두 마리의 고양이 레오 및 스텔라와 함께 살고 있다.

- **옮긴이 김영태**는 서울대학교 물리학과를 졸업하고 미국 캘리포니아대학 버클리 분교에서 물리학 박사학위를 받았다. 미국 국립 로렌스 버클리 연구소의 연구원을 거쳐 현재 아주대학교 물리학과 교수로 근무하고 있다. 고체 물성, 카오스 및 뇌신경과학 분야에 관한 연구를 하고 있다. 저서로는 '아시아를 빛낸 노벨상 수상자'가 있고 번역서로는 '물리가 날 미치게 해', '딥 심플리시티', '속 보이는 물리(1권과 2권)' 등이 있다.

서문

이 교재는 양자역학을 공부하려는 물리학 및 화학 전공의 학부 3학년 학생들을 위한 것이다. 대학교에서 양자역학은 보통 2학기 또는 그 이상의 학기 동안 가르치게 되지만 이 교재는 양자역학을 한 학기에 끝내는 대학교도 고려하여 작성되었다. 한 학기에 양자역학을 마칠 경우 양자역학과 관련된 물리학의 기초 지식 및 수식을 이해하기 위해 학생들이 큰 노력을 기울여야 한다. 흔히 학부 4학년이나 대학원 1학년 양자역학 과목에서 접하게 되는 고도의 수학적 표현을 배우기 앞서 학부 2학년 수준의 "현대물리학"에서 다룬 파동역학의 기본 이론 및 결과들을 소개함으로써 학생들에게 "양자역학이 어떻게 유도되었는지"를 보여주는 것이 이 교재를 쓴 목적이다.

이 교재를 공부하려면 고급 미적분학(편미분방정식 및 다중 적분)에 대한 사전 지식이 필요하다. 또 미분방정식(특히 급수를 이용한 해법), 직교좌표계, 구형 좌표계와 원통형 좌표계에서의 벡터 미적분학, 물리학 과목의 표준적인 메뉴인 역학, 전자기학과 현대물리학의 기본적인 개념에 대해 알고 있으면 좋다. 양자역학이 발견된 역사적 배경에 대해 배운 적이 있다면 좋겠지만 1장에서 이에 대해 간략히 살펴볼 수 있기 때문에 꼭 필요하지는 않다.

수많은 고전물리학의 문제들을 풀거나 수많은 과제물을 푸는 과정을 통해 학생들이 양자역학의 개념을 이해하고 개념을 응용하는데 필요한 수학적 능력을 기를 수 있다고 나는 굳게 믿고 있다. 오늘날의 물리학은 수세기에 걸친 실험과 이론적 추리를 통해 축적된 지식을 대표하고 있으며, 물리학이 어떤 과정을 거쳐 이 자리에 오게 되었는지 학생들에게 이해시키는 것은 매우 중요하다. 따라서 이 책에서는 슈뢰딩거 방정식(Schrödinger equation : SE)의 정확한 풀이 또는 해석학적 근사 풀이, 즉 대수적인 형태로 표현되는 풀이를 얻게 된 역사적 과정을 강조하고 있다. 또 이런 목적을 달성하기 위해 이 책의 순서는 통상적인 순서를 충실히 따르고 있다. 1장에서는 원자 수준에서 물리학의 근본 법칙을 다시 생각해 보게 한 20세기 초 물리학의 발전 과정을 살펴본다. 플랑크의 양자 가설, 러더퍼드-보어의 원자모형과 드 브로이의 물질파 개념들을 다루게 된다. 2장에서는 양자역학의 기본 “법칙”인 슈뢰딩거 방정식에 대해 배운다. 3장에서는 슈뢰딩거 방정식을 응용해 1차원 문제(퍼텐셜 우물과 장벽)를 푸는 것을 배운다. 퍼텐셜 장벽 투과 현상을 통해 알파 붕괴까지 다루게 된다. 4장은 연산자, 기댓값, 불확정성 원리, 직교 정리, 중첩 정리, 디랙 표기법과 같은 양자역학의 수학적 형식에 대해 소개하는 장이다. 5장은 양자역학에서 매우 중요한 조화진동자 퍼텐셜의 분석에 대해 배운다. 6장에서는 3차원 슈뢰딩거 방정식의 성질을 다룬다. 이 장에서 변수 분리법과 중심 퍼센셜의 각운동량 연산자도 다루게 된다. 8장에서는 각운동량에 대해 더 자세히 다루는데 필요에 따라 이 장을 생략할 수 있다. 9장에서는 슈뢰딩거 방정식의 정확한 풀이를 구하기가 너무 어렵거나 불가능한 경우에 적용할 수 있는 근사풀이를 구하는 해석학적 방법인 WKB 방법, 건드림 이론과 변분법에 대해 배운다. 현재 컴퓨터는 모든 학문 연구에서 중심적인 위치를 차지하고 있다. 10장에서는 마이크로소프트의 엑셀 프로그램을 이용하여 슈뢰딩거 방정식을 수치적으로 적분하는 간단한 알고리즘을 알아본다. 이 장에 대해서는 한 가지 경고를 하고자 한다. 처음 배우는 학생이든 경험이 많은 연구자이든 어떤 물리학자도 컴퓨터로 물리 문제를 해결하는 것으로 수학이나 개념을 사용해 문제를 해결하는 것을 대체하면 안 된다. 이 책에서는 시간과 무관한(time-independent) 슈뢰딩거 방정식이 가장 중요하지만, 11장에서는 시간이 관계된(time-dependent) 슈뢰딩거 방정식의 특징에 대해 약간 맛보게 된다. 특별히 긴 수학적 유도과정이 필요한 수식들을 부록 A에 수록하였다. 각 장의 마지막에 있는 문제들에 대한 해답이 부록 B에 실려 있다. 부록 C와 D에는 이해에 도움이 될 적분, 수학 등식과 물리상수들이 실려 있다.

각 장마다 곧바로 가장 중요한 물리적 내용으로 들어가 그 내용을 실제 숫자들이 들어 있는 예제들을 통해 이해하기 쉽게 하려고 노력했다. 또 예제를 통해 차원 분석과 수치 적분과 같은 강력한 부수적인 기술을 소개하려고 했다. 각 장마다 학생들이 스스로 풀어야 할 적당한 수의 문제가 수록되어 있다.

학생들에게는 다음과 같은 충고를 하고자 한다.

첫째 양자역학은 다른 물리학 분야에 비해 특이하다. 양자역학의 주요 내용은 우리의 경험과 직관에 모순되는 것처럼 보인다. 또 양자역학을 빨리 이해하게 해 주는 하나의 수식이나 기술 방법은 없다. 양자역학을 이해하려면 시간과 사고를 필요로 한다. 양자역학의 개념을 스스로 곰곰이 생각한 후 반 친구들이나 교수와 이야기하라. 어떤 내용을 이해하게 되면, 그 내용을 자신의 언어로 기록해 두라. 나는 이것을 염두에 두고 수학 및 물리적인 엄격성을 유지하면서 양자역학의 내용을 일상 회화체로 자유롭게 설명하고자 노력하였다.

둘째 각 장의 마지막에 문제가 나온다. 스스로 문제를 해결하는 과정을 통해 수학 및 물리 도구에 대해 익숙해 질 것이다. 문제를 기초(E), 중급(I), 고급(A)으로 구분하고 있지만 이런 구분은 인위적인 것이다. 간편하게 내용을 참고하도록 중요한 개념과 수식들을 문제가 있는 부분 앞쪽에 간략히 요약해 놓았다.

셋째 학교 도서관에 가보면 수많은 양자역학 교재들이 있다. 이 책들도 참고하라. 어떤 책은 내용 설명이 명료하고 어떤 책은 이해하기 어려울 수 있다. 수년간의 경험을 통해 내게 특별히 귀중했던 자료는 폴링 Linus Pauling과 윌슨 E. B. Wilson이 지은 화학자를 위한 양자역학 입문 Introduction to Quantum Mechanics with Application to Chemistry (1985년 도버 출판사 발행) 였다. 이 책은 원래 양자역학이 비교적 새로운 학문으로 취급받던 1935년에 출판되었지만, 많은 고전적인 문제를 해석학적으로 자세히 다룬 역작이다. 또 양자역학에 대한 명쾌한 설명으로 유명한 또 다른 책은 프렌치 A. F. French와 테일러 E. F. Taylor가 지은 양자물리학 입문 An Introduction to Quantum Physics (1978년 노튼사 발행, 최근 CRC 출판사에서 다시 발간) 이다. 물리학을 계속 전공하고자 하는 학생이라면 수리물리학에 나오는 수많은 특수함수들에 대한 좋은 참고도서를 가지고 있어야 한다. 베버 Hans Weber와 아프켄 George Arfken의 물리학자들을 위한 필수 수학적 방법 Essential Mathematical Methods for Physicists (2004년 엘제비어 출판사 발행)을 적극 추천하며 이 책의 내용을 자주 인용할 것이다. 또한 수치해석에 대한 좋은 참고도서가 필수적이며, 이 분야의 대표적인 도서로는 프레스 William H. Press, 플래너리 Brian P. Flannery, 투에콜스키 Saul A. Tuekolsky, 베터링 William T. Vettering이 지은 수치 요리법: 과학계산의 예술 Numerical Recipes: The Art of Scientific Computing (1986년 켐브리지대학 출판부 발행)을 꼽을 수 있다. 이 책 역시 자주 언급될 것이다.

오늘날 이뤄지는 대부분의 연구의 중심에 양자역학과 그 응용이 있다. 학생들에게 현재 진행되고 있는 연구의 성격과 다양성을 맛보게 하기 위해 미국 물리학회에서 매달 발행하는 잡지인 Physics Today 에 실린 대중적인 기사들을 책

전체에 걸쳐 자주 참고문헌으로 소개하였다. 이 기사들에 때로는 간략히, 때로는 길게 최신 연구내용이 소개되어 있지만, 모두 학부생들이 읽을 수 있을 정도의 내용을 싣고 있으며 원래 연구논문들이 참고문헌으로 소개되어 있다. 학생들에게 이 기사들을 찾아 읽기를 강력히 권한다.

끝으로 방정식과 주석의 번호에 대해 한 마디하고자 한다. 방정식의 번호는 각 절마다 (1)번부터 순차적으로 매겨져 있다. 예를 들어 방정식 (3.9.8)은 3장 9절의 방정식 (8)을 의미한다. 6장과 7장의 일부 절은 다시 작은 절로 나누어져 있다. 말미의 주석은 대괄호를 사용하여 표시하였으며, 각 장마다 [1]번부터 시작해 번호가 매겨져 있다.

Contents

3장 1차원 슈뢰딩거 방정식의 풀이 / 65

4장 연산자, 기댓값과 불확정성 원리 / 129

5장 조화진동자 / 181

6장 3차원 슈뢰딩거 방정식과 각운동량의 양자 이론 / 219

7장 중심 퍼텐셜 / 265

8장 각운동량과 다입자계 / 313

01 장 양자역학의 기원

축구공으로부터 은하계까지 다양한 크기를 가진 대상의 운동을 기술하는데 뉴턴이 발견한 역학법칙들은 놀랄만한 성공을 거두었다. 이 법칙들은 또한 직관에 강하게 호소하고 있다. 처음 시작하는 학생들조차 뉴턴의 법칙들을 비교적 쉽게 이해하여 문제에 적용할 수 있는데, 이는 수학식이 기술하는 것을 학생들이 눈으로 직접 볼 수 있기 때문이다. 축구공의 곡선 궤도, 당구공의 회전과 충돌, 타이어 바퀴의 회전, 물 흐름, 진자의 진동, 인공위성의 공전 등은 우리가 생활하면서 매일 경험할 수 있는 것들이다. 우리는 마음속에 이것들을 쉽게 그릴 수 있기 때문에 분석 역시 쉽다. 반대로 양자역학은 물질의 본질을 우리의 경험과는 너무나 동떨어져 있는 원자 수준에서 다룬다. 현재 원자와 분자의 구조로부터 별의 일생까지 모든 현상들을 이해하는 기초를 양자역학이 제공하고 있지만, 이 역시 매우 상식에 위배되는 것처럼 보인다. 양자역학의 형성 과정, 적용과 해석은 뉴턴 역학과 너무 달라 위치나 속도와 같은 익숙한 개념에 관한 문제에서조차 의도를 파악하기가 어렵다.

상식과 모순되는 양자역학의 원리를 뉴턴 역학적 논리를 사용하여 찾아내기란 현실적으로 불가능하다. 대부분의 학생들은 그냥 양자역학 책을 붙잡고 공부해 나가다보면 양자역학에 익숙해질 것이라고 믿는다. 그러나 고전물리학을 모르고서는 양자역학을 이해하기 어려우며, 고전물리학을 알아야 양자역학적 사고로 전환하는 일이 가능하다. 물론 익숙한 개념과 의심의 여지가 없는 가정들을 포기하려 하지 않으려는 이 방식이 지닌 어려움도 존재한다. 고전물리학의 비유가 어디까지 양자역학에 적용될지 알 수 없기 때문이다. 그러나 과학이론은 아무리 혁명적일 지라도 무로부터 생길 수는 없으며, 고전 역학은 여전히 양자역학이라는 건축물의 기초를 제공하고 있다. 정성적으로 양자역학은 미시적 입자의 행동을 올바르게 기술하는 이론으로 볼 수 있지만, 또한 거시적 수준에서 뉴턴 역학이 예측한 결과를 설명하기도 한다.

20세기 초 물리학자들로 하여금 뉴턴 역학으로는 원자 수준의 현상들을 설명할 수 없음을 깨닫게 한 사실들을 살펴보는 것이 이 장의 목적이다. 일부 학생들은 이런 사실들을 이미 배웠을 것이다. 패러데이 Michael Faraday와 톰슨 J. J. Thomson의 실험(1.1절), 원자 스펙트럼 atomic spectrum의 본질(1.2절), 러더퍼드-보어 Rutherford-Bohr의 원자 모형(1.3절), 파동-입자 이중성(1.4절) 등이 그것이다. 이런 내용을 깊이 공부하는 것이 아니라, 이전과는 전혀 다른 새로운 물리학의 시대를 열게 한 20세기 초 물리학 및 실험과 이론 사이의 괴리에 대해 소개하는 것이 이 장에서 의도한 것이다.

1.1 패러데이, 톰슨과 전자

원자 구조에 대한 현대과학적 사고의 기원은 19세기 초까지 거슬러 올라갈 수 있다. 라부아지에 Antoine Lavoisier와 달턴 John Dalton의 화학 실험으로부터 1810년경 원자가 원소의 가장 작은 구성단위라는 개념이 확고하게 자리를 잡기 시작했다. 1830년 초 행해진 패러데이의 전기분해 실험을 통해 전류는 “이온” ion의 이동과 관련이 있음이 암시되었으며, 이온은 현재 우리가 알고 있는 알짜 양 또는 음의 전하를 가진 원자나 분자이다. 따라서 패러데이는 어떤 물리량들이 양자화 quantized 되었음을 느끼고 있었다. 즉 이온들은 아무 전하량이나 가지는 것이 아니라 기본 전하량의 정수배가 되는 전하량만을 가진다. 1881년 아일랜드의 물리학자 스토니 George Stoney [1]는 최초로 음전하의 기본 크기가 대략 -10^{-20} 쿨롱(C)이 된다는 것을 알아냈다. 1891년 그는 음전하의 기본 전하량을 실어 나르는 운반자를 의미하는 “전자” electron라는 용어를 처음으로 사용했다.

원소의 밀도, 원자 무게와 함께 아보가드로 수 Avogadro number를 알면 원소를 구성하고 있는 원자의 크기를 추정할 수 있다. 물질이 반지름 R의 구형 원자로 촘촘히 쌓아져 있다고 가정하면 원자 중심 사이의 거리는 $2R$이 된다. 이 경우 각 원자는 변의 길이가 $2R$인 정육면체의 부피, 즉 $8R^3$의 부피를 차지하게 된다. 물질의 원자 무게가 A g/몰 (1몰 mole 은 원자 수가 아보가드로 수와 같은 것을 의미)이라 하면, 각 원자의 질량은 A/N_A가 되고 밀도는 $\rho = A/8N_AR^3$으로 주어지게 된다. 이런 사실을 이용하면 원자 반지름을 다음처럼 표현할 수 있다.

$$R = \left(\frac{A}{8N_A\rho}\right)^{1/3} \tag{1}$$

식 (1)을 여러 원소에 적용하면 원자 크기, 즉 반지름에 대한 정보를 얻을 수 있다. 고체 형태로 존재하는 이 세상에서 가장 가벼운 원자는 리튬으로 $A = 7$ g/몰 (1.1×10^{-26} kg/원자)이고 밀도 $\rho = 0.534$ g/cm^{3}이다. 따라서 반지름 $R \sim 1.40 \times 10^{-10}$ m 또는 1.40 Å(Å는 옹스트롬 Angstrom을 의미하며 1Å$=10^{-10}$ m)이 된다. 주기율표 끝에 있는, 천연 원자로서는 가장 무거운 원자인 우라늄의 경우 $A = 238$ g/몰 (4×10^{-25} kg/원자)이고 밀도 $\rho = 18.95$ g/cm^{3}이므로 $R \sim 1.38$ Å이 된다. 두 원자의 질량이 80배 차이가 남에도 불구하고 우라늄과 리튬 원자는 놀랍게도 거의 비슷한 크기를 가진다! 지금까지의 분석이 단순하기 하지만 거의 모든 원자들이 1 Å 정도의 반지름을 가진다는 화학적 주장이 사실임을 보여준다. 원자 수준의 문제를 풀 때 옹스트롬을 길이 단위로 사용하는 것이 편리하기 때문에 이 교재에서 자주 사용된다.

1897년 톰슨 J. J. Thomson [2]은 유명한 음극선("음극선 cathode-ray"은 전자를 뜻하는 초기 용어였다) 편향실험을 통해 전자의 전하 대 질량의 비(e/m)를 측정하는데 성공했다. 현대적 단위로 톰슨이 구한 값은 대략 2×10^{11} C/kg였다. 이 값과 스토니가 구한 대략적인 전자의 전하량 -10^{-20} C을 이용하면 전자의 질량으로 대략 10^{-31} kg의 값을 얻을 수 있다. 이 값은 원자 질량에 비해 10,000배나 적다. 톰슨은 여러 다른 음극 물질을 사용한 실험에서도 동일한 결과를 얻어, 전자가 모든 원자의 보편적인 구성원임을 밝혔다.

톰슨이 e/m 실험을 하던 당시 밀리칸 Robert Millikan 은 기름방울 실험을 통해 전자의 전하량 e를 정확하게 측정할 수 있었다(1909년). 물리학의 역사 소개를 잠시 중단하고 전자의 크기에 대해 이야기해 보자. 전자 전하량과 질량의 현대적인 값은 다음과 같다.

$$m_e = 9.10954 \times 10^{-31}\ \text{kg}$$

또

$$e = -1.60219 \times 10^{-19}\ \text{C}$$

이제 전자기학 교재에 나오는 식을 이용해 전자의 크기를 알아보자. 반지름이 r이고 전체 전하량이 e인 단단한 구의 자체 퍼텐셜에너지 self-potential energy V는 다음과 같이 표현된다. 전하는 구 전체에 균일하게 퍼져있다고 가정한다.

$$V = \frac{3e^2}{20\pi\epsilon_o r} \tag{2}$$

이 자체 퍼텐셜에너지가 아인슈타인이 주장한 구의 상대론적 에너지 $E = mc^2$ (아인슈타인은 1905년이 되어서야 특수상대성이론을 발표했기 때문에 이 설명은 역사적 순서와 맞지 않는다)과 같다고 가정하면 구의 반지름을 구할 수 있다.

$$r = \frac{3e^2}{20\pi\epsilon_o \mathrm{mc}^2} \tag{3}$$

전자에 대응되는 수치를 대입하면 전자의 반지름을 얻을 수 있다.

$$r_{\mathrm{e}} = \frac{3(-1.602 \times 10^{-19}\mathrm{C})^2}{20\pi(8.85 x 10^{-12}\ \mathrm{C}^2/\mathrm{Nm}^2)(9.11 \times 10^{-31}\mathrm{kg})(2.998 \times 10^8\ \mathrm{m/s})^2}$$
$$= 1.69 \times 10^{-15}\ \mathrm{m} \sim 10^{-5}\ \text{Å}$$

이처럼 전자의 크기는 원자의 크기에 비해 매우 작기 때문에 본질적으로 전자는 점 입자로 취급한다. 최근 실험을 통해 전자는 실제로 점 입자이고, 양성자 proton는 대략 0.8×10^{-15} m의 반지름을 가진 입자라는 증거를 얻었다.[1)] 앞서의 분석을 적용하면 양성자의 반지름으로 대략 10^{-18} m이 얻어진다. 질량은 순수한 에너지 덩어리가 아니기 때문에 이런 차이가 나타난다. (이것은 $E = mc^2$가 틀렸다는 것이 아니라, 앞서의 분석 방법이 질량의 근원에 대한 올바른 모형 model이 아니라는 뜻이다. 질량에 관한 현대적 이론인 양자장이론 quantum field theory에서 질량은 쿼크 quark로 알려진 입자와 글루온 gluon 및 이들을 연결해 주는 장 field에 의해 결정된다.[2)])

이런 일련의 사실들로부터 점에 가까운, 음전하를 가진 전자들이 서로의 반발력에 의해 크기가 큰 양전하 구름 속에 안정적으로 자리를 잡고 있는 원자 모형이 제안되었다. 톰슨 자신이 이런 원자 모형을 제안한 인물 중의 하나였다. (원자 모형을 만들려는 시도는 톰슨 이전에도 있었고 파이스 Pais의 책에 역사가 잘 설명되어 있다[3].) 그러나 이런 노력은 성공을 거두지 못했는데, 이유는 이런 원자 모형으로 원자와

1) *Physics Today* 1995; 48(11):9.
2) *Physics Today* 1999; 52(11):11과 2000; 53(1):13.

분자 스펙트럼을 설명할 수 없었기 때문이다. 덧붙여 1898년 톰슨이 제안한 모형은 흑체 복사 blackbody radiation의 연속 스펙트럼을 설명하는데 전혀 도움이 되지 않았다. 이런 현상들은 나중에 양자역학을 발견하는데 결정적인 역할을 하였다.

1.2 스펙트럼, 복사와 플랑크

1814년 독일의 과학자 프라운호피 Joseph Fraunhofer 는 프리즘을 통해 햇빛을 통과시킨 후 확대경으로 무지개색의 연속 스펙트럼을 관찰하였다. 놀랍게도 그는 특정 파장을 가진 수백 개의 검은 선들을 스펙트럼에서 발견하였다. 그후 1850년 경 키르히호프 Gustav Kirchhoff가 기체 시료를 통과한 빛에서 동일한 현상을 발견하였다. 키르히호프는 이 분야의 연구 결과를 3개의 분광학 spectroscopy 법칙으로 요약하였다.

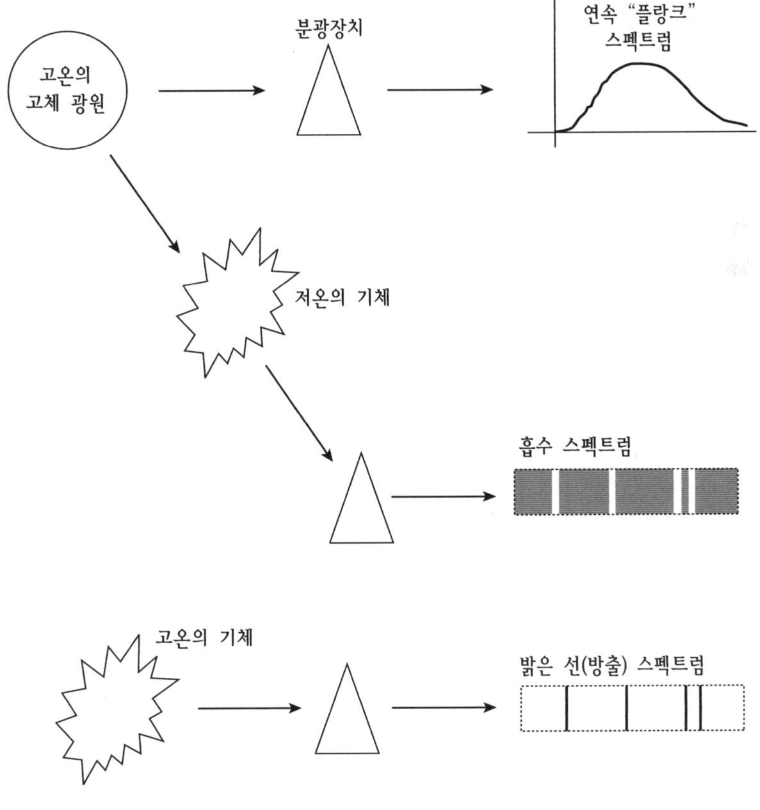

▌그림 1.1 키르히호프의 법칙

1. 프리즘을 통과한, 고온의 고체 물체로부터 나온 빛은 검은 선이 없는 연속 스펙트럼을 보인다.
2. 동일한 빛을 저온의 기체를 통과시키면 동일한 연속 스펙트럼을 보인다. 단 흡수 스펙트럼 absorption spectrum 으로 불리는 특정 파장의 빛들이 제거되어 있다.
3. 고온의 기체가 방출한 빛을 프리즘을 통과시키면, 방출 스펙트럼 emission spectrum으로 불리는 일련의 밝은 선들을 특정 파장에서 볼 수 있다. 빛이 나오지 않는 나머지 파장은 스펙트럼의 검은 배경이 된다.

법칙 (2)와 (3)에서 동일한 기체를 사용하게 되면, 흡수 스펙트럼 선의 파장과 방출 스펙트럼 선의 파장이 같아 겹치게 된다는 것이 가장 중요한 발견이었다. 그림 1.1은 이런 현상들을 도식화하여 보여주고 있다.

곧 모든 화학 원소나 화합물들이 특정한 패턴의 스펙트럼 선들을 가진다는 것이 분명해졌다. 분광학은 주어진 시료 안에 특정 원소나 화합물이 존재하는가 존재하지 않는가를 진단하는 수단이 되었다. 그림 1.2([4]에서 인용)에 몇몇 물질의 스펙트럼이 주어져 있다. 수소의 스펙트럼은 원소 가운데 가장 단순한 패턴을 가지고 있다. 일련의 선들이 보이며 선 사이의 간격이 점점 줄어들어 방출선들이 대략 3646 Å에서 끝난다. 분자의 스펙트럼은 선들이 중첩된 패턴을 보이는 것이 특징이다. 그러나 스펙트럼 선들이 가진 규칙성을 확연하게 볼 수 있다.

스펙트럼 선을 설명하는 일은 원자 모형을 만들려는 과학자들에게 엄청난 도전이었다. 맥스웰 방정식 Maxwell's equation에 의하면 가속 운동하는 전하는 에너지를 빛의 형태로 방출하고, 스펙트럼 선은 톰슨의 "입자형" 전자가 무거운 양전하를 가진 원자핵 주위를 회전 운동을 하기 때문에 생긴다고 보는 것이 논리적인 설명이 된다. 톰슨은 점에 가까운 전자들이 이보다 훨씬 더 큰 양전하 구형 구름에 박혀있는, "건포도빵" 또는 "플럼 푸딩 plum-pudding"이라고 불리는 원자 모형을 제안했다. 이 모형에서 전자는 양전하 구름 속에서 앞뒤로 진동하는 단조화운동을 한다. 이 진동의 진동수가 가시광선 영역에 속하긴 하지만, 톰슨의 모형은 두 가지 심각한 문제점을 가지고 있었다. 첫 번째 문제는 주어진 크기의 원자는 한 진동수만을 가진다는 것이었다. 이 모형으로는 모든 스펙트럼 선을 설명할 수 없었다. 두 번째 문제점은 더 심각한 것이었다. 전자가 에너지를 방출하게 되면 운동의 진폭이 계속해서 감소하게 되어 전자가 원자 중심으로 빨려들어 가게 된다. 간단히 말해 물질이 붕괴된다!

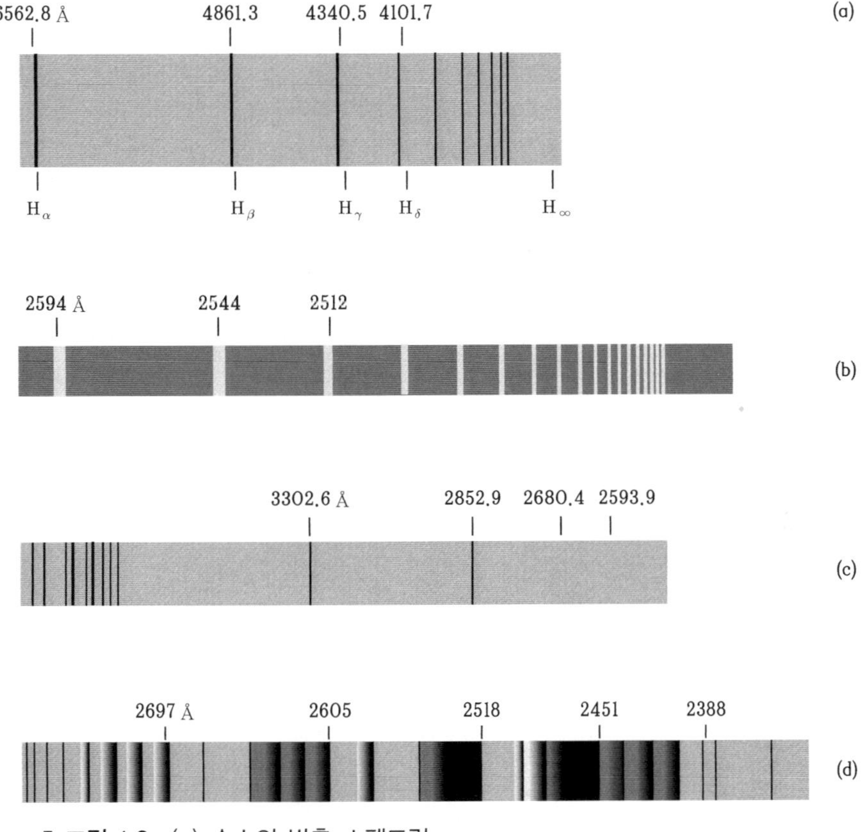

▮ 그림 1.2 (a) 수소의 방출 스펙트럼
(b) 나트륨의 흡수 스펙트럼
(c) 나트륨의 방출 스펙트럼
(d) PN 분자의 스펙트럼
Herzberg의 원자 스펙트럼과 원자 구조 Atomic Spectra and Atomic Structure, 도버출판사 1944에서 인용.

그럼 어떻게 불연속적인 스펙트럼 선들을 설명할 수 있을까? 톰슨은 설명을 위해 수년간 모형을 수정해 가며 많은 노력을 기울였지만, 결국 실패하였다. 원자의 안정성과 선 스펙트럼의 기원을 이해하기 위해서는 새로운 양자 가설이 들어간 고전적인 모형이 나올 때까지 기다려야 했다.

그러나 초기 원자이론가들에게는 수학적인 분석을 통해 자연의 비밀을 알아낼 수 있을 것 같은 희망을 주는 증거가 이미 존재하고 있었다. 1885년 발머 Johann Balmer는 수소의 스펙트럼 선의 파장이 간단한 수학적 규칙성을 따른다는 것을 발견하였다[5]. 즉 파장을 다음 식으로부터 계산할 수 있었다.

$$\lambda_n = 3646\left(\frac{n^2}{n^2-4}\right)\text{Å}, \quad n = 3, 4, 5, \ldots \tag{1}$$

$n\to\infty$ 이면 수소의 스펙트럼 선들이 "쌓여" 연속이 되는 파장 $\lambda_n \to 3646$ Å 가 된다는 것에 주목하라.

발머의 공식은 순전히 경험적인 것으로 이를 설명할 물리적 모형은 없었다. 이 때문에 발머의 공식의 가치가 줄어드는 것은 아니지만, 어떤 현상이 수식에 잘 들어맞는다면 이를 설명할 이론이 머지않아 발견되리라는 희망을 가질 수 있다. 사실 발머의 공식은 보어 Niels Bohr 가 최초의 성공적인 원자 구조 이론을 발견하는데 가장 중요한 단서가 되었다.

분광학자들은 흔히 스펙트럼 선을 파장의 역수로 나타낸다. 이것을 발머의 공식에 적용하면

$$\frac{1}{\lambda_n} = R_{\mathrm{H}}\left(\frac{1}{4}-\frac{1}{n^2}\right)\text{Å}^{-1}, \quad n = 3, 4, 5, \ldots \tag{2}$$

가 되고, 여기서 R_H는 수소에 대한 리드베리 상수 Rydberg constant 라 부르며 실험값은 109,678 cm^{-1}이다. 스웨덴의 물리학자 리드베리 Johannes Rydberg 는 어떤 원소의 스펙트럼 선이라도 다음과 같은 일반식으로 기술할 수 있다고 주장하였다.

$$\frac{1}{\lambda_{n,m}} = K\left(\frac{1}{m^2}-\frac{1}{n^2}\right) \; (n > m) \tag{3}$$

여기서 K는 원소에 따라 결정되는 상수이다. 다른 계열의 스펙트럼 선은 고정된 m 값에 대해 여러 n 값으로 주어진다. 이 수정된 발머의 공식에 대해서는 이 장의 뒷 부분에서 다시 다루겠다.

연속 스펙트럼 역시 고전물리학에 도전장을 던졌다. 실험적으로 절대온도 0도가 아닌 온도 T를 가진 고체는 모두 전자기 복사 electromagnetic radiation 형태의 연속 스펙트럼을 방출한다. 19세기 말 물체로부터 방출된 "열복사" thermal radiation의 스펙트럼이 물체의 재질에는 무관하고 오직 온도 T에만 의존한다는 사실이 실험으로 밝혀졌다. 보통 "흑체" 공동 "blackbody" cavity이라고 부르는 물체를

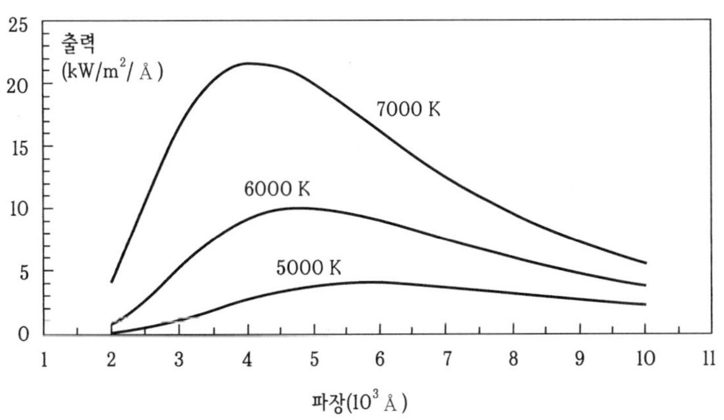

그림 1.3 열복사 스펙트럼

가지고 이런 실험들을 했다. 흑체 공동은 작은 구멍이 있는 속이 빈 금속 물체를 의미하는데, 구멍을 통해 밖으로 배출되는 열복사의 일부를 탐지기로 측정하게 된다. 그림 1.3은 온도가 각각 5000, 6000, 7000 K인 흑체 공동에서 방출되는 2000-10,000 Å 파장 범위의 스펙트럼을 보여주고 있다. 그림에서 수평축은 파장을, 수직축은 특정 파장에서 구멍의 단위 제곱미터($1 m^2$) 면적, 단위 파장(1 Å)당 방출되는 출력 power을 나타낸다. (인간이 볼 수 있는 파장 영역은 대략 3500-7000 Å이다.) T가 증가할수록 최대 출력이 나오는 파장이 짧은 파장(청색)쪽으로 이동한다. 천문학에 익숙하다면 청색의 별이 노란색의 별보다 표면 온도가 더 높고, 노란색 별은 적색왜성보다 온도가 높다는 것을 알고 있을 것이다.

고전적인 모형으로 열복사를 수학적으로 기술하려는 시도는 완전히 실패하였다. 이 모형에서 일반적으로 받아들여지던 개념은 톰슨의 진동하는 전자와 유사하였다. 흑체를 구성하는 각 원자들은 끊임없이 운동을 하며 이웃 원자들과 충돌한다. 전하를 가진 입자가 진동수 ν로 진동하면(예를 들어 일반물리학에서 배운 단조화 진동을 하면) 동일한 진동수의 전자기복사를 방출하게 된다. 이런 이유로 원자를 "진동자"라고 가정하였다. (1900년에 원자에 관한 지식이 전혀 없었다는 점을 상기하라.) 흑체 공동은 광속으로 이동하다 벽에서 반사되는 전자기복사로 가득 차 있으며, 진동자가 방출하는 복사와 흡수하는 복사가 평형("열적 평형" thermal equilibrium)을 이루고 있다. 그러나 진동하는 줄의 정상파들처럼 공동은 단지 크기에 의존하는 특정 진동수의 전자기파만을 허락한다. 맥스웰의 이론으로부터, 흔히 $N(\nu)d\nu$로 적는, 진동수가 ν와 $\nu + d\nu$ 사이에 있는 "정상파"의 수를 구할 수 있으며 다음과 같이 주어진다.

$$N(\nu)d\nu \;=\; \frac{8\pi V}{c^3}\nu^2 d\nu \tag{4}$$

여기서 V는 공동의 부피, c는 광속이다. 이 식의 근사적인 유도 과정이 6.1절에 나와 있다. 이제 구하고자 하는 것은 주어진 진동수 영역에 속한 공동 안에 들어있는 (전자기파 형태의) 에너지를 표현하는 식이다. 실험에서 측정하는 값이 바로 이것이다. 식을 구하려면 특정 진동수로 진동하는 진동자의 수가 얼마인지, 또 특정 진동 모드가 얼마만큼의 에너지를 가지는지 아는 것이 필요하다. 그러나 고전물리학에서는 진동자의 에너지와 진동자의 진동수 사이에는 관련성이 없다. 진동하는 줄의 진폭과 진동수는 얼마든지 임의로 바꿀 수 있다. 에너지와의 관련성을 알기 위해서는 통계역학 statistical mechanics에 관한 맥스웰과 볼츠만 Boltzmann의 성공적인 연구 결과를 이용해야 한다. 이들은 연구를 통해 입자의 온도가 T일 때 이 입자의 에너지가 E와 $E+dE$ 사이에 있을 확률이 T의 지수함수에 비례한다는 것을 밝혔다. 즉

$$p(E)dE \;=\; A\,e^{-E/kT}dE \tag{5}$$

를 얻었다. 이 식에서 A는 상수이고, k는 볼츠만 상수이다. 모든 가능한 에너지에 대한 확률을 모두 더하면 1이 되어야 한다는 사실로부터 상수 A를 구할 수 있다. 이것은 이 입자가 0에서부터 무한대 사이의 특정한 에너지를 가져야 한다는 것을 의미한다. 따라서

$$\int_0^\infty p(E)dE \;=\; A\int_0^\infty e^{-E/kT}dE \;=\; 1$$

을 만족해야 한다.

윗 적분을 계산하면 kT가 되므로, $A = 1/kT$를 얻는다. 그러므로 온도 T인 입자의 *평균* 에너지는 확률-가중치를 가진 에너지를 적분하여 얻을 수 있다.

$$\langle E\rangle \;=\; \int_0^\infty E\,p(E)dE \;=\; \frac{1}{kT}\int_0^\infty E\,e^{-E/kT}dE \;=\; kT \tag{6}$$

(평균을 구하는 방법에 대해 더 알고 싶으면 4.2절을 보라.) 이제 진동수 ν와 $\nu + d\nu$ 사이에서 진동하는 진동자의 수가 식 (4)에 의해 주어지며, 이 진동수 범위에서 공동으로부터 방출되는 복사 에너지의 양이 진동자 수에 온도 T인 진동자의 평균에너지 kT를 곱한 값으로 주어진다고 가정해 보자.

$$E(\nu)d\nu \;=\; \frac{8\pi V}{c^3} kT\nu^2 d\nu \tag{7}$$

이런 여러 가정에도 불구하고, 이 관계식은 실제로 진동수가 낮을 경우의 실험데이터와 잘 일치하였다. 그러나 진동수가 클 경우에는 전혀 일치하지 않았다. 진동수가 클 경우 윗 식에 따르면 공동의 에너지가 무한대가 되며, 이런 상황을 자외선 파국 ultraviolet catastrophe 이라고 부른다. 고전 전자기학 또는 고전 통계역학, 또는 둘 다에 잘못이 있음이 분명했다. 20세기가 열리려 하는 때 열복사야말로 이론물리학의 가장 두드러진 골치 덩어리라고 하는 편이 옳다.

1900년 말 베를린 대학 교수인 플랑크 Max Planck에 의해 이 어려움을 극복하는 방법이 발견되었다. 그는 이때 양자역학의 탄생을 알리는 논문을 발표하였다 [6]. 그러나 그의 풀이는 진동자의 에너지와 진동수가 무관하다는 고전적인 개념을 포기해야 하는 희생을 감수해야 했다. 플랑크는 진동자의 에너지가 진동수의 정수배에만 국한된다는 주장을 하였다. 즉 $E = nh\nu$. 여기서 n은 정수인 "양자수" quantum number ($n = 0, 1, 2, 3, \ldots$)이고, h는 물리상수이다.

맥스웰의 지수확률분포의 가정을 유지하면서 진동자가 에너지 E를 가질 확률을 구하면 다음과 같이 된다.

$$p(E) \;=\; Ae^{-nh\nu/kT} \tag{8}$$

여기서 A는 또 다시 규격화 normalization 상수가 된다. 식 (8)에 "dE"가 나타나지 않는 것에 주목하라. 이유는 고전물리학에서 진동자가 E와 $E + dE$ 사이의 임의의 에너지를 가지는 것에 반해 여기서는 *특정* 에너지를 가질 확률만이 존재하기 때문이다. 확률의 합이 1이 된다는 것을 이용하면

$$A\sum_{n=0}^{\infty} e^{-nh\nu/kT} \;=\; 1$$

또는

$$A\sum_{n=0}^{\infty}(e^{-h\nu/kT})^{n} = 1 \tag{9}$$

의 식을 얻게 된다.

고전물리학에서처럼 에너지를 *연속* 변수로 보고 적분하는 대신, 이제 우리는 에너지를 *띄엄띄엄한*(불연속적인) discrete 변수로 보고 모든 에너지 상태에 대해 확률의 합을 구해야 한다. 식 (9)에 나온 합은 기하급수인 $\sum x^n$의 형태를 가지며, $x=e^{-h\nu/kT}$이다. 이 합의 값은 $(1-x)^{-1}$이 되고 따라서

$$A = (1 - e^{-h\nu/kT}) \tag{10}$$

을 얻는다. 그리고 에너지 E인 진동자의 확률을 아래처럼 쓸 수 있다.

$$p(E) = e^{-nh\nu/kT}(1 - e^{-h\nu/kT}) \tag{11}$$

이런 새로운 확률을 가진 진동수 ν인 진동자의 평균 에너지를 구하면 다음과 같이 된다.

$$\begin{aligned}\langle E\rangle &= \sum_{n=0}^{\infty}E\,p(E) = \sum_{n=0}^{\infty}(nh\nu)\,p(E) = h\nu(1 - e^{-h\nu/kT})\sum_{n=0}^{\infty}ne^{-nh\nu/kT}\\ &= h\nu(1 - e^{-h\nu/kT})\frac{e^{-h\nu/kT}}{(1 - e^{-h\nu/kT})^{2}} = \frac{h\nu}{(e^{h\nu/kT} - 1)}\end{aligned} \tag{12}$$

식 (12)를 유도할 때 또 다른 급수

$$\sum_{n=0}^{\infty}nx^{n} = \frac{x}{(1 - x)^{2}} \qquad (|x| < 1)$$

를 이용했다. 여기서 다시 $x=e^{-h\nu/kT}$이다. 진동수가 ν와 $\nu+d\nu$ 사이인 진동자의 수가 식 (4)로 주어진다고 가정하면, 진동수 ν와 $\nu+d\nu$ 사이에 있는 공동의 에너지는 새로 다음과 같이 표현된다.

$$E(\nu)d\nu = \frac{8\pi hV}{c^3}\frac{\nu^3}{(e^{h\nu/kT} - 1)}d\nu \tag{13}$$

이것이 바로 그 유명한 플랑크의 **흑체복사 공식**이다. 진동수가 여전히 *연속* 변수라는 점에 주목하라. 진동수가 주어지면 진동자가 가질 수 있는 에너지는 $E = nh\nu$에 의해 *불연속*하다. 플랑크는 상수 h를 적절히 잡아줄 경우 이 공식이 실험 데이터와 완벽하게 일치하는 것을 발견했다. 현재 우리는 상수 h를 **플랑크 상수**라고 부르며,

$$h = 6.626 \times 10^{-34}\ \text{Joule-sec}$$

의 값을 가진다.

플랑크의 가정은 현재 가장 유행하는 문화적 요소가 되었다. 플랑크의 가정이 당시 얼마나 파격적인 것이었는지 지금은 깨닫기 어렵다. 전하가 불연속적인 값을 가진다는 사실도 당시에는 파격적인 것이었지만, 물리학의 전 분야에서 가장 유용하게 쓰이는 개념인 에너지가 불연속적인 양 (다른 말로 **양자화** quantized) 으로만 교환된다는 제안은 지난 250년간 쌓아온 지혜를 부정하는 대단히 파격적인 것이었다. 모든 기본 가설들처럼 새로운 파격적인 주장과 그 주장의 결과들을 이해하기 어려운 이유는 동일하다. $F = ma$처럼 이런 파격적인 가설들은 좀 더 기본적인 법칙으로부터 유도되는 것이 아니기 때문이다. 플랑크 가설이 정당하다는 근거는 이 가설이 실험과 모순된 결론을 내 놓지 않았다는 것이다.

흑체 이론을 발견하는데 사실 20여년이 걸렸다. 플랑크는 여러 차례 가설을 수정하고 계산을 하였다. 플랑크 발견에 대한 지금까지의 기술은 매우 단순한 것이다.[3)]

플랑크의 가설은 아인슈타인이 광전효과 photoelectric effect를 설명하는데 이 가설을 사용한 1905년까지 거의 알려지지 않았다. 광전효과란 빛을 금속 표면에 비출 때 전자가 튀어나오는 현상을 말한다[7]. (맥스웰의 전통에 따라) 빛을 파동으로 생각하면 광전효과를 이해하는 것이 불가능했지만, 대신 빛을 에너지 $E = h\nu$(ν는 빛의 진동수)를 가진 입자 (**빛 양자** light-quantum 또는 **광자** photon)의 흐름으로 생각하면 이해가 가능했다. 입사한 빛은 당구공처럼 전자와 충돌하여 전자를

---

3) 양자역학의 혁명에 대해 더 알기 원하는 독자라면 쿤 Thomas Kuhn 이 지은 *흑체 이론과 양자 불연속성, 1894-1912, Black-body Thoery and the Quantum Discontinuity, 1894-1912*, 시카고대학 출판사, 1978 을 읽어보라.

금속으로부터 떼어낸다고 보았다. 아인슈타인의 연구로 인해 광전효과가 설명되었지만, 빛이 파동이냐 아니면 입자의 흐름이냐? 라는 역설이 다시 전면에 부각되었다. 빛은 한편으로 굴절, 회절, 반사 등의 광학 현상에서 보듯이 파동처럼 행동한다. 다른 한편으로는 동역학적으로 당구공처럼 행동한다. 어느 것을 따라야 할 것인가? 빛은 파동과 입자의 두 가지 성질을 모두 가지고 있다는 것이 답이다. 어떤 상황에서는 실험(예를 들면 고전 광학에 나오는 이중슬릿 회절실험)을 해석하기 위해 빛을 파동으로 보는 것이 편리하지만, 다른 실험 결과(광전효과)를 해석하려면 빛을 입자로 보는 것이 좋다. 피할 수 없는 사실은 광자가 입자와 파동의 성질을 동시에 가진다는 것이다. (전자와 원자, 분자 등의 물질 입자들도 광자처럼 이중성을 가지고 있다 – 1.4절을 보라.) 광자들이 하나씩 광학계를 통과할 때조차 광자들은 스스로와 간섭을 일으킨다는 사실이 실험을 통해 확인되었다![4] 다음 장에서 파동–입자의 이중성에 대해서 더 자세히 설명할 것이다.

빛이 운동량을 운반한다는 생각은 새로운 것이 아니다. 사실 맥스웰은 에너지가 E인 전자기 복사가 크기 $p=E/c$인 운동량을 가지고 있음을 알았다. (특수상대성 이론을 안다면, 아인슈타인의 에너지–운동량–정지질량 공식에 따라 운동량은 $E^2=p^2c^2+m_0^2c^4$로 부터 결정된다. 이 식에서 정지질량 m_0를 0으로 놓으면 광자의 에너지–운동량 식이 된다.) 운동량을 빛의 파장 λ로 표시하면 $p=E/\lambda$가 되는데, 빛의 경우 $c=\lambda\nu$이기 때문이다. 빛이 입자적 특성을 가지면 플랑크 관계식 $E=h\nu$를 만족하므로 $p=h/\lambda$라 적을 수도 있다. 또는 역으로 파장이 다음과 같이 주어진다.

$$\lambda = \frac{h}{p} \tag{14}$$

식 (14)는 고전적인 개념과 양자적인 개념을 혼합하여 유도한 것임에도 불구하고 단지 광자에만 적용된다. 그럼에도 불구하고 1920년대 콤프턴 Arthur H. Compton은 광자와 전자가 윗 방정식의 예측에 따라 정확히 당구공처럼 행동한다는 것을 증명하였다. 이 믿을 수 없을 만큼 단순한 방정식이 이후에도 계속 사용된다.

---

4) 이런 실험과 양자역학의 기초적인 특성에 대해 관심이 있는 독자라면 그린슈타인 George Greenstein과 자욘 Arthur Zajone이 지은 *양자 도전(2판)*, *Quantum Challenge (second Ed.)*, Jones & Barlett 출판사, 2006을 읽어보라.

우리는 간단한 대입을 통해 식 (14)를 얻었지만, 플랑크의 양자화된 진동자 에너지를 발견한 지 10년이 지나서야 스펙트럼을 구성하고 있는 불연속적인 빛의 파장(=불연속적인 에너지) 사이의 관계식인 식 (14)를 발견했다는 것이 놀랍기만 하다. 원자의 내부 구조를 실험적으로 조사할 때가 되어서야 이 관계를 알게 되었다.

1.3 러더퍼드 - 보어 원자

1911년 초 러더퍼드 Ernest Rutherford 는 가이거 Hans Geiger, 마스덴 Ernest Marsden과 함께 톰슨의 플럼-푸딩 원자모형과는 파격적으로 다른 원자 구조를 제안하였다[8]. 얇은 금속막을 통과하여 산란되는 알파 입자(헬륨 원자핵)의 분포를 분석하여 **원자핵** 모형 nuclear model 을 내 놓았다. 원자의 중심에 아주 작은 부피를 가진 양전하(및 대부분의 질량)가 밀집되어 있고, 태양 주위를 도는 행성들처럼 이 주위를 음전하의 전자가 돌고 있다고 주장했다.[5] 이들의 실험은 양전하를 띤 원자핵의 크기가 10^{-14} m 정도임을 가리키고 있었다. 따라서 원자핵은 전자 크기보다 크지만, 원자의 크기보다는 10,000배 정도 작다. 그 결과 원자 내의 공간은 대부분 비어 있다.

1.2절의 끝 부분에서 암시한 논리의 비약을 시작할 단계가 되었다. 플랑크는 물체로부터 열복사를 방출하는 근원인 원자가 특정한 불연속적인 에너지 상태만을 가짐을 밝혔다. 만약 러더퍼드 원자모형에서 전자들이 특별한 에너지만을 가진 궤도에서만 움직인다면, 높은 에너지 (예를 들어 E_2) 궤도로부터 낮은 에너지 (예를 들어 E_1) 궤도로 "전이" transition 되는 전자가 스펙트럼과 열복사의 원인이 될 수 있을까? 즉 에너지 차이 $E_2 - E_1$이 $E_2 - E_1 = h\nu_{21}$로 적을 수 있는 플랑크의 가설에 따라 진동수 ν_{21}을 가진 광자로 나타나는 것은 아닐까? 이것은 젊은 덴마크의 물리학자 보어 Niels Bohr가 1913년 *철학회보 Philosophical Magazine* 에 발표한 3편의 논문에 실린 여러 가정 가운데 하나였다. 이 3편의 논문은 최초로 원자의 내부 모습을 성공적으로 보여준 논문으로 기억되고 있다[9].

수소 원자의 간단한 모형을 가지고 보어 가설의 결과가 무엇인지 알아보자. 질량이 m_e이고 $-e$의 전하를 가진 전자가 중심에 있는 전하 $+e$의 양성자 주위를

5) 러더퍼드의 일생과 업적을 소개하는 가장 우수한 웹사이트의 주소는 www.rutherford.org.nz이다.

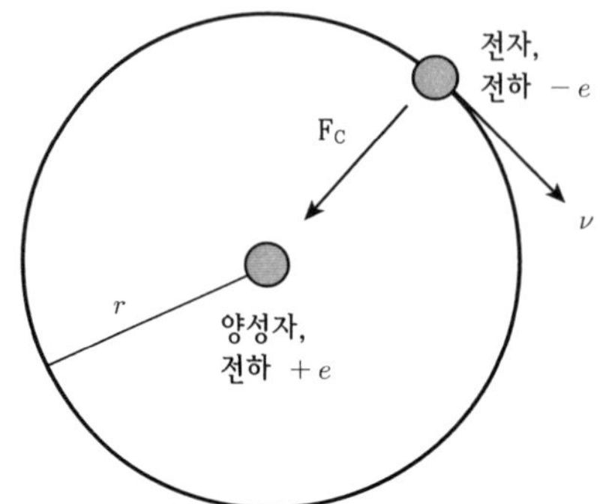

▮ **그림 1.4** 보어의 수소 원자모형

반지름 r의 원형 궤도를 따라 속도 v로 돌고 있는 수소 원자모형이 그림 1.4에 그려져 있다.

보어는 전자 궤도의 에너지가 원형 궤도에 대한 뉴턴의 운동법칙을 따른다고 가정하였다. 즉 전자가 원운동을 하려면 양성자를 향해 크기 $m_e v^2/r$인 구심력을 받아야 한다. 이 구심력의 근원은 전자와 양성자 사이의 전기력(쿨롱력)이다.

$$\text{전기력의 크기} = \frac{m_e v^2}{r} = \frac{e^2}{4\pi\epsilon_o r^2} \tag{1}$$

더 정확히 계산하려면 전자와 양성자의 질량 중심 주위로 원운동한다는 것을 고려해야 한다. 식에 나오는 전자 질량 m_e의 자리에 계의 환산 질량 reduced mass $m_e m_p/(m_e + m_p)$를 대입하면 이 영향을 반영할 수 있다. 여기서 m_p는 양성자의 질량이다. 또한 이 이론을 연장하여 수소꼴 이온 hydrogen-like ion 까지 설명할 수 있다. 단일 전자가 전하량 $+Ze$의 원자핵 주위를 도는 수소꼴 이온의 경우 식에 표시된 e^2의 자리에 Ze^2을 대입하면 된다.

물리적으로 관련이 있는 양은 파장과 에너지이므로, 궤도운동을 하는 전자의 전체 에너지(운동에너지+퍼텐셜에너지)의 표현식을 구하는 것으로부터 시작한다. 식 (1)로부터

$$\text{운동에너지 KE} = \frac{1}{2} m_e v^2 = \frac{e^2}{8\pi\epsilon_o r} \tag{2}$$

로 적을 수 있다. 퍼텐셜에너지는 단지 거리 r 떨어진 양성자(전하량 $+e$)와 전자(전하량 $-e$) 사이의 전기적 퍼텐셜에너지가 된다.

$$\text{퍼텐셜에너지 PE} = -\frac{e^2}{4\pi\epsilon_o r} \tag{3}$$

식 (2)와 (3)으로부터 전체 에너지 E_{total}을 구할 수 있다.

$$E_{\text{total}} = \text{KE} + \text{PE} = -\frac{e^2}{8\pi\epsilon_o r} \tag{4}$$

음의 부호는 전자를 원자로부터 떼어내기 위해 양(+)의 에너지를 외부로부터 공급해 주어야 한다는 것을 의미한다. 이런 상태를 전자가 **속박 에너지 상태** bound energy state에 있다고 표현한다. 신기하게도 전체 에너지는 퍼텐셜에너지의 절반과 같다. 사실 이 결과는 4.9절에서 다룰 **비리알 정리** virial theorem 라고 부르는 매우 일반적인 결과의 특수 경우이다.

무한대[식 (4)를 보면 $r=\infty$일 때 $E=0$]로부터 반지름 r인 원형 궤도로 떨어지는 전자를 상상해 보자. 이때 전자는 에너지를 잃고 진동수 ν의 광자를 만든다고 가정한 적이 있다. 보어는 두 가지 가정을 했다. (1) 이 진동수는 전자의 최종 궤도 진동수의 절반이다. (2) 플랑크의 가설을 따르기 위해 광자의 에너지는 $nh\nu$로 주어진다. 여기서 n은 정수, h는 플랑크 상수이다. 속도 v로 반지름 r인 원형 궤도를 따라 도는 전자의 경우 궤도를 한 바퀴 도는데 걸리는 시간은 $2\pi r/v$이므로 궤도 진동수는 $v/2\pi r$이 된다. 보어의 가설에 따르면

$$E_{\text{photon}} = |E_{\text{total}}| = nh\nu = \frac{nh}{2}\left(\frac{v}{2\pi r}\right) = \frac{e^2}{8\pi\epsilon_o r} \tag{5}$$

이 되고, 마지막 두 식을 풀어 v를 구하면

$$v = \frac{e^2}{2\epsilon_o nh} \tag{6}$$

를 얻는다.

이제 식 (2)를 풀어 궤도 반지름을 구하고 이 결과를 v 식에 대입하면

$$r_n = \left(\frac{\epsilon_o h^2}{\pi m_e e^2}\right)n^2 = a_o n^2, \quad (n = 1, 2, 3, \ldots) \tag{7}$$

을 얻는다.

식 (7)은 전자가 반지름 $a_0 n^2$의 궤도에만 존재한다는 것을 보여준다. 여기서 a_0는 **보어 반지름** Bohr radius 이라고 불리는 값으로 가장 작은 궤도의 반지름을 나타낸다. ($n=0$이 될 수 없다는 것에 주목하라. 식 (4)에서 $n=0$이면 $E=-\infty$가 되기 때문이다.) n은 **주 양자수** principal quantum number 라고 부른다.

아래에 있는 최신 상수 값을 사용하면

$$\begin{aligned} \epsilon_o &= 8.8542 \times 10^{-12}\ \mathrm{C^2/Nm^2}, \\ h &= 6.6261 \times 10^{-34}\ \text{J-sec}, \\ m_e &= 9.1094 \times 10^{-31}\ \mathrm{kg}, \\ e &= 1.6022 \times 10^{-19}\ \mathrm{C} \end{aligned}$$

보어 반지름은 아래와 같은 값을 가진다.

$$a_o = 5.2918 \times 10^{-11}\ \mathrm{m} = 0.52918\ \text{Å}$$

이것은 놀라운 결과로, 정확히 1.1절에서 구한 원자 크기에 해당한다. 보어의 가정은 원자 크기를 이론적으로 설명하는 결과를 낳았다.

예제 1.1

수소 원자 안에 있는 단 한 개의 양성자의 유효 반지름은 대략 10^{-15} m이다. 원자 전체를 확대하여 양성자의 반지름이 작은 콩의 크기인 1 mm가 되었다고 가정해 보자. 만약 전자가 식 (7)의 $n=1$인 상태의 궤도를 따라 돌고 있다면, 이 궤도의 크기는 얼마나 될까?

$n=1$인 보어 궤도의 거리와 양성자의 유효 반지름의 비 $a_0/10^{-15}\ \mathrm{m} \sim (5.29 \times 10^{-11}\ \mathrm{m})/10^{-15}\ \mathrm{m} \sim 52{,}900$이 된다. 양성자를 1 mm로 팽창시킨다면, 전자는 대략 (1 mm)(41,800)~52.9 m의 거리 떨어진 곳에서 원운동하게 된다. 다른 말로 하면, 팽창시킨 양성자가 축구 경기장의 중앙에 놓여 있다면, 전자는 골대 근처를 지나며 원운동하게 된다(FIFA가 규정한 축구 경기장 중앙에서 골대까지의 거리는 50~55 m이다/옮긴이 주).

더 중요한 것은 식 (7)을 통해 전자가 궤도 사이에서 전이를 할 때 방출되는 광자의 파장을 구할 수 있을 뿐만 아니라 리드베리 상수의 값을 이론적으로 구할 수 있다는 점이다. 광자의 파장에 대한 식을 구하려면 전자가 반지름이 r_i인 초기 궤도로부터 반지름이 r_f인 최종 궤도 ($r_f < r_i$) 로 떨어진다고 가정해야 한다. 식 (4)에 의해 $E_f < E_i$ 가 된다. (E_f와 E_i 모두 음이다.) 만약 전자가 잃는 에너지가 플랑크 가설에 따라 광자 에너지로 나타난다면,

$$E_{\text{photon}} = E_{\text{i}} - E_{\text{f}} = \frac{e^2}{8\pi\epsilon_o}\left(\frac{1}{r_{\text{f}}} - \frac{1}{r_{\text{i}}}\right) = h\nu_{\text{i}\to\text{f}} \tag{9}$$

가 되고, 이것은 파장 $\lambda = c/\nu$를 가진 광자에 해당한다. 따라서 광자의 파장은

$$\frac{1}{\lambda_{\text{i}\to\text{f}}} = \frac{e^2}{8\pi\epsilon_o hc}\left(\frac{1}{r_{\text{f}}} - \frac{1}{r_{\text{i}}}\right) \tag{10}$$

으로 표현된다.

궤도 반지름을 식 (7)로 치환하면

$$\frac{1}{\lambda_{n_i\to n_{\text{f}}}} = \frac{m_{\text{e}}e^4}{8\epsilon_o^2 h^3 c}\left(\frac{1}{n_{\text{f}}^2} - \frac{1}{n_{\text{i}}^2}\right) \quad (n_{\text{f}} < n_{\text{i}}) \tag{11}$$

이 나온다.

이제 가시광선 영역의 수소 스펙트럼 선의 파장에 대한 발머-리드베리 표현식인 식 (1.2.2)를 상기하라.

$$\frac{1}{\lambda_n} = R_{\text{H}}\left(\frac{1}{4} - \frac{1}{n^2}\right) \tag{12}$$

식 (11)과 (12)가 놀랄 만큼 유사한 형태를 가진다. 사실 $n_f = 2$라 놓으면 두 식은 정확히 같아지고, 따라서 리드베리 상수는 다음과 같이 주어진다.

$$R_{\text{H}} = \frac{m_{\text{e}}e^4}{8\epsilon_o^2 h^3 c} \tag{13}$$

적절한 상수 값을 대입하면 리드베리 상수로 R_H=109,737 cm^{-1}를 얻는데, 이것은 실험값 109,678 cm^{-1}와 매우 유사하다. 약간의 차이(0.05%)가 나는 이유는 전자와 양성자가 이들의 질량 중심 주위로 회전하기 때문이다(문제 1-11). 이런 일치를 보면 n_f=2일 때 식 (11)이 관측된 발머 계열의 스펙트럼 선을 잘 설명할 것이 분명하다. 보어 모형에 따르면 수소 스펙트럼 선의 발머 계열은 전자가 $n=2$인 궤도에서 "더 높은" 궤도로 전이될 때 나타난다.[6)]

식 (11)은 매우 일반적인 식이며, 수소 스펙트럼 선 전체 계열의 파장을 구하는데 사용할 수 있다. 이 식을 역으로 하면 직접 파장을 구할 수 있다.

$$\lambda_{n_i \to n_f} = \frac{8\epsilon_o^2 h^3 c}{m_e e^4}\left(\frac{1}{n_f^2} - \frac{1}{n_i^2}\right)^{-1} = 911.75\left(\frac{1}{n_f^2} - \frac{1}{n_i^2}\right)^{-1} \text{Å} \tag{14}$$

여기서 911.75Å은 전자/양성자 질량 중심의 운동을 고려한 값이다.

예제 1.2

수소 원자에서 7→4로 전이할 때의 파장을 계산하라. 이런 전이를 할 때 방출되는 광자의 에너지는 얼마인가?

식 (14)로부터

$$\lambda_{7-4} = 911.75\left(\frac{1}{4^2} - \frac{1}{7^2}\right)^{-1} \text{Å} = 911.75\left(\frac{1}{16} - \frac{1}{49}\right)^{-1} \text{Å}$$
$$= 911.75\left(\frac{33}{784}\right)^{-1} \text{Å} = 21{,}661 \text{ Å}$$

파장 2.166×10^{-6} m는 전자기파 스펙트럼의 적외선 infrared 영역에 해당하여 우리 눈에 보이지 않는다. 에너지를 계산하면

6) 미국 국립표준과학기술원에서 운영하는 웹사이트 http://physics.nist.gov/PhysRefData/HDEL에는 수소 hydrogen와 중수소 deuterium의 모든 가능한 각운동량(6장을 보라)에 대한 n=1에서 200까지의 에너지 준위 energy level가 주어져 있다.

$$E = \frac{hc}{\lambda} = \frac{(6.6261 \times 10^{-34}\text{J} \cdot \text{sec})(2.9979 \times 10^{8}\text{m/s})}{2.1661 \times 10^{-6}\text{m}}$$

$$= 9.171 \times 10^{-20}\text{J}$$

1 eV=1.602× $^{-19}$ J이므로 이 에너지는 0.57 eV에 해당된다.

표 1.1은 식 (14)에서 여러 (n_i, n_f) 짝을 사용해 계산한 수소 스펙트럼의 파장들이 나열되어 있다. 동일한 n_f를 가진 스펙트럼 선의 그룹을 **계열** series이라고 부른다. 각 계열은 $n_i = \infty$에 해당하는 **계열 한계** series limit 로 특징지을 수 있다. 선의 간격이 계열 한계에 접근할수록 좁아진다. 앞서 언급한 것처럼 인간의 가시영역은 3500~7000 Å이다. 발머 계열만이 이 범위에 놓여 있다. $n_f=3$ 계열은 적외선 영역에 있으며, 1908년 파셴 Freidrich Paschen [10]은 정확히 보어가 예측한 파장에서 스펙트럼 선들을 관측하였다. 보어 이론이 발표된 후 $n_f=1, 4, 5$에 해당하는 계열들이 각각 라이만 Lyman(1914년), 브라켓 Brackett(1922년)과 푼트 Pfund(1924년)에 의해 발견되었다[11-13]. 이런 발견에 의해 보어 이론이 신뢰를 얻게 되었다.

▌표 1.1 수소 원자 스펙트럼 선의 파장

최종 상태	2	3	4	5	6	계열한계	계열
1	1215.7	1025.7	972.5	949.7	937.8	911.8	라이만
2		6564.6	4862.7	4341.7	4102.9	3647.0	발머
3			18756.0	12821.5	10941.0	8205.8	파셴
4				40522.2	26258.4	14588.2	브라켓
5					74597.7	22794.3	푼트
6						32824.2	험프리스

보어 모형에서 양자 상태 n에 있는 전자의 에너지는 식 (4)와 (7)을 결합하여 얻을 수 있다.

$$E_n = -\frac{m_e e^4}{8\epsilon_o^2 h^2 n^2} = -\frac{13.606}{n^2}\ \text{eV} \quad (n = 1, 2, 3, \ldots) \tag{15}$$

이 식에서 리드베리 에너지라고 불리는 13.606 eV는 전자/양성자 질량 중심의 운동과 유효숫자 5자리의 여러 상수들을 사용하여 나온 값이다. 이 식은 초기 양자역학이 얻은 가장 유명한 결과 중의 하나이다. 이 식은 수소 원자를 **바닥상태** ground state 로부터 이온화시키기 위해서는 실험을 통해 정확히 측정된 값인 13.6 eV의 에너지를 소비해야 한다는 사실을 우리에게 말해 주고 있다.

그림 1.5는 보어 모형에 근거한 수소의 **에너지 준위 도표** energy-level diagram 를 보여준다. 수직축에서 위로 갈수록 에너지가 증가한다. 수평축은 물리적 의미를 가지지 않으며, 단지 그림을 보기 편하게 해 주는 구실을 한다. 화살표는 가능한 양자 도약 또는 *전이*의 수를 나타낸다. $E = h\nu$이므로 화살표의 길이는 방출되는 광자의 진동수에 비례한다. 처음에 원자에 구속되어 있지 않았던 전자($E > 0$인 일명 자유전자 free electron)가 에너지를 방출하고 구속 양자상태($E < 0$) 중의 하나로 올 수가 있다. 그리고 $E > 0$인 경우 에너지 준위는 **연속체** continuum를 이루어 에너지 준위 사이의 간격이 0이 된다.

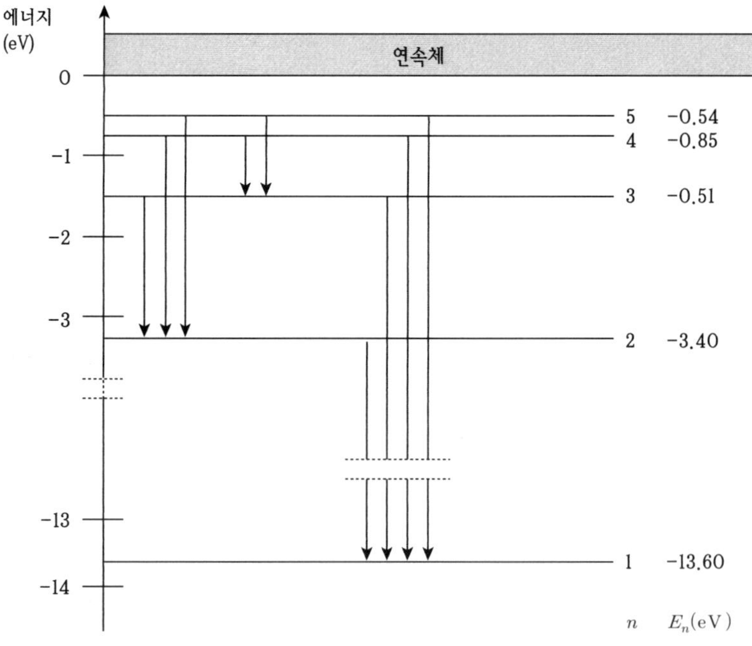

그림 1.5 수소의 에너지 준위 도표.

보어 모형이 보통 기호 L로 표시하는 전자의 궤도 각운동량 orbital angular momentum의 양자화와 관련이 있다는 것이 흥미롭다. 고전적으로 반지름 r의 원형 궤도를 따라 속력 v로 돌고 있는 질량 m인 물체는 각운동량 $L = mvr$을 가진다. 식 (6)과 (7)을 이용해 보어 모형의 전자에 각운동량의 정의를 적용하면

$$L = m_e vr = m_e\left(\frac{e^2}{2\epsilon_o nh}\right)\left(\frac{\epsilon_o h^2}{\pi m_e e^2}\right)n^2 = \left(\frac{h}{2\pi}\right)n, \ (n = 1, 2, 3, \ldots) \tag{16}$$

이 된다. 이 결과를 물리적으로 해석하면 전자의 궤도 각운동량이 $h/2\pi$의 기본 값으로 양자화 되었다는 것을 의미한다. 열복사를 설명하기 위해 도입된 플랑크 상수가 다시 각운동량의 기본 값에도 나타난다. 다른 많은 교재에서는 각운동량의 양자화를 가지고 보어 모형을 유도하기도 한다. E의 양자화가 먼저냐, L의 양자화가 먼저냐는 선택의 문제이다. 두 관계식은 동일하다. 각운동량의 기본 양자, $h/2\pi$를 기호 $\hbar$로 표시하고, "h-바"라고 읽는다.

$$\hbar = \frac{h}{2\pi} = 1.05459 \times 10^{-34} \text{ Joule-sec} \tag{17}$$

7장에서 각운동량이 수소 원자의 파동역학에서 중심적인 역할을 하는 것을 보게 될 것이다.

여기서 다시 키르히호프의 법칙(그림 1.1)을 되돌아보고, 보어 모형과의 관계를 알아보는 것이 필요하다. 저온의 기체는 구성 원자의 대부분이 가장 낮은 에너지 상태(바닥상태)에 있다. 이 기체에 빛을 통과시키면, 바닥상태와 더 높은 에너지 상태의 에너지 차이에 해당하는 에너지를 가진 광자들만이 흡수되므로, 빛에서 이 파장들이 사라지게 된다. 고온의 기체의 경우 저온의 기체가 광자를 흡수하는 것과는 반대로 기체 원자가 광자를 방출하게 된다. 고온의 고체 물체가 연속 스펙트럼을 보이는 이유는 원자간의 상호작용 때문이다.

예제 1.3

플랑크의 흑체복사 이론으로부터 얻은 결과 중의 하나는 평균 에너지가 $2.7\,kT$인 광자들로 절대온도 T인 주위 공간이 채워져 있다는 것이다. 여기서 k는 볼츠만 상수이다. 실온(300 K)의 경우 광자의 평균 에너지가 수소 원자를 $n=1$인 상태로부터 이온화시키기 충분한 에너지일까? 아니라면 어느 온도에서 이런 이온화가 일어날까?

광자의 온도 T가 절대온도로 표시되어 있다면, 평균 에너지를 다음처럼 계산할 수 있다.

$$\langle E \rangle = 2.7\,(1.381 \times 10^{-23}\ \mathrm{J/K})T = 3.729 \times 10^{-23}\ T\ \ (\mathrm{Joules})$$

이것은 $2.327 \times 10^{-4}\,T\,\mathrm{eV}$에 해당한다. $T=300\ \mathrm{K}$에서 평균 에너지는 $\langle E \rangle = 0.07\ \mathrm{eV}$이 되며, 이 값은 이온화 에너지 13.6 eV보다 매우 작다. $\langle E \rangle = 13.6\ \mathrm{eV}$는 온도 $T \sim 58{,}000\ \mathrm{K}$에 해당한다. 천문학에서는 대폭발 Big Bang 이후 이 온도까지 냉각되는데 걸린 시간을 *재결합 시간* recombination time 이라고 부른다. 이 때 중성인 수소가 만들어졌다.

보어 모형이 발표된 후 보어 모형은 수많은 수정을 거쳤다. 타원 궤도와 상대론적 효과를 고려하여 스펙트럼 선의 "미세 구조" fine structure 가 설명되었다. X선에 대한 모즐리 Henry Mosley의 실험[15]과 프랑크 James Franck 및 헤르츠 Gustav Hertz의 원자 및 분자 기체와 전자의 충돌에 관한 실험[16]을 통해 에너지가 양자화되어 있다는 것이 입증되었다. 그러나 보어 모형의 매력과 성공에도 불구하고 보어 모형에는 문제가 있었다. 첫째, 궤도 진동수 가설이 너무 작위적이었다. 이 가설이 옳다는 것은 분명했지만, 왜 그래야 하는지는 알 수 없었다. 이 이론을 사용해 더 복잡한 원자를 이해하려는 보어와 그의 동료 과학자들의 수년간에 걸친 노력에도 불구하고 제한적인 성공만을 거두었다[16]. 이 문제를 근본적으로 해결하기 위해서는 양자역학의 파동이론이 등장하는 1926년까지 기다려야 했다.

예제 1.4

X선은 0.06 Å에서 125 Å까지의 파장을 가진 광자를 의미한다. 1913~14년에 모즐리가 여러 원자번호 Z를 가진 금속의 2→1 전자 전이에 의해 방출되는 광자의 파장을 측정하여 보어 모형이 옳다는 증거를 제공하였다. 어떤 Z 값들에 대해 보어 모형의 2→1 전자 전이가 X선 스펙트럼에 해당할까?

식 (1.3.14)와 다른 Z 값을 고려한 식 (1.3.1)을 사용하여 보어 전이에서 방출되는 광자의 파장을 아래처럼 적을 수 있다.

$$\lambda_{n_i \to n_f} = \frac{912}{Z^2}\left(\frac{1}{n_f^2} - \frac{1}{n_i^2}\right)^{-1} \text{Å}$$

이 식에서 Å으로 반올림한 리드베리 상수를 사용했다. $(n_i,\ n_f) = (2,\ 1)$에 대해 윗 식은 다음처럼 표시된다.

$$\lambda_{2\to 1} = \frac{1216}{Z^2}\ \text{Å}$$

$\lambda = 125$ Å 이라면 $Z \sim 3$이 되고, $\lambda = 0.06$ Å의 경우 $Z \sim 142$가 된다. 따라서 이는 주기율표 거의 전부에 해당한다. 모즐리 연구에 대해 더 자세히 알고싶다면 프렌치와 테일러 French and Taylor 책의 1-10절을 참고하라.[7)]

1.4 드 브로이와 물질파

1924년 프랑스의 물리학자 드 브로이 Louis de Broglie 는 그의 박사학위 논문에서 만약 광자가 입자처럼 행동한다면 광자가 다음 식과 같이 주어지는 운동량을 운반한다는 제안을 하였다.

$$p = \frac{h}{\lambda} \tag{1}$$

7) A. P. French and E. F. Taylor, *An Introduction to Quantum Mechanics*, Boca Raton, FL: CRC Press, 1978.

그렇다면 운동량을 가진 물체 입자는 동시에 윗 식의 역으로 주어지는 파장 $\lambda = h/p = h/mv$을 가진 **물질파** matter-wave를 동반한다는 말인가?

이 식의 수학적 조작은 간단하지만, 이 물리적 가설은 매우 비상식적인 것처럼 보인다. 우리는 물질이 파동처럼 행동하는 것을 본 적이 없다. 고체는 공간의 일부만 차지한다. 그러나 특정한 현상을 볼 수 없다고 해서 이런 일이 불가능하다고 말할 수 없다. 식 (1)에서 중요한 점은 플랑크 상수의 값이 매우 작다는 것이다. 질량이 1 kg인 물체가 1 m/s의 속도로 움직일 경우 관련된 **드 브로이 파장** de Broglie wavelength 은 10^{-34} m 정도로 원자핵의 크기에 비해 10^{-20}배 작다. 따라서 이런 거시적인 물체와 관련된 "물질파"를 관측할 가능성은 거의 없다. 반면 전자와 같이 질량이 매우 작은 입자의 경우 드 브로이 파장이 부모 입자 parent particle (예를 들어 원자)의 크기와 비슷하다.

표 1.2는 현재 드 브로이의 이름을 붙인 아래의 식을 사용해 계산한 몇몇 드 브로이 파장을 보여준다[17].

$$\lambda = \frac{h}{mv} = \frac{h}{\sqrt{2Km}} \quad (v \ll c) \tag{2}$$

여기서 K는 입자의 운동에너지이다.

표 1.2 드 브로이 파장

입자 조건	λ(Å)	비고
1 eV 에너지를 가진 전자	12.3	분자 크기
1 keV 에너지를 가진 양성자	0.009	원자 이하 크기
20 m/s 속도의 질량 800 kg 물체	4.1×10^{-28}	≪ 원자핵 크기

만약 입자가 파동성을 가지고 있다면, 원자 수준에서만 이를 탐지할 수 있음이 분명하다. 잠시 이것이 무엇을 의미하는지는 잊어버리고, 이런 물질파가 어떻게 자신을 드러내는지 생각해 보자.

파동은 회절을 일으켜 밝고 어두운 간섭무늬를 만들어 낼 수 있다. 드 브로이에 의하면 이중슬릿 장치에 쏘아준 전자들이 서로 (자기 자신들과!) 간섭을 일으킨다. 문제는 슬릿의 간격이 물질파의 파장 크기 정도로 작아야 하는데 이런 슬릿을 만들기가 불가능하다는데 있었다(적어도 드 브로이 시절에는). 그러나 드 브로이 자신이 지적했듯이 자연은 옹스트롬 정도의 간격을 가진 천연의 회절격자를 제공하고 있다. 금속 결정 안에서 규칙적으로 배열되어 있는 원자들이 이런 격자 구실을 한다. 드 브로이가 가설을 제안한 지 3년이 지나지 않아 미국과 영국의 물리학자 그룹이 독립적으로 드 브로이의 가설을 실험적으로 증명하였다. 미국의 벨 전화 연구소에 있던 데이비슨 Clinton Davisson 과 저머 Lester Germer 는 우연히 니켈 결정에서 산란된 전자들이 간섭무늬를 보이는 것을 관측하였다[18]. 영국에서는 (J. J. 톰슨의 아들인) 톰슨 George P. Thomson 이 금속 박막에 전자를 쏘아 산란을 일으키는 실험을 통해 간섭무늬를 확인하였다[19]. 1961년 욘슨 Claus Jonsson [20]은 진짜 이중슬릿 장치를 가지고 회절 현상을 관측하였는데, 간섭무늬를 확대하기 위해 정교한 정전렌즈 어레이 array of electrostatic lenses를 사용하였다. 최근에는 탄소-60 "버키볼" buckyball 분자들을 일련의 슬릿을 통과시켜 이들의 파동성을 관측하였다.[8] 버키볼 분자 역시 전자처럼 회절 현상을 보였다.[9] 이 모든 실험들은 전자, 원자, 분자들이 드 브로이 가설에 따라 행동한다는 것을 확인시켜 주고 있다. 전자의 파동성은 놀랍게도 전자현미경에 실제로 응용되고 있다. 현미경의 분해능 resolution (떨어져 있는 두 물체를 현미경으로 보았을 때 떨어져 있음이 분명하게 식별되는 물체 사이의 최소 거리)은 사용한 빛의 파장에 비례한다. 전자는 가시광선의 파장보다 훨씬 짧은 파장을 갖기 때문에 미세한 물체를 더 잘 볼 수 있다. 전자현미경으로 개별 분자나 원자의 상을 얻을 수 있다.

드 브로이 물질파에 대한 증거는 명확하다. 하지만 입자가 파동성을 가진다는 것은 무엇을 의미할까? 고전물리학적인 입자와 파동의 차이를 어떻게 중재할 수 있을까? 도식적인 모형으로서 그림 1.6을 생각해 보자.

입자가 파동성을 가진다고 할 때 입자의 위치를 얼마든지 정확하게 측정할 수 있다는 고전적인 개념을 희생해야 한다. 사실 (그러나 현실에서는 다르다) 전자는 모든 공간에 퍼져 있는 파동묶음 wave packet 이라 부르는 대상으로 존재한다. 이 파동의 진폭은 일정하지 않다. 그림에서 보듯이 전자가 위치한 곳에서 전자의 크기 정도인 Δx의 길이 부근에서만 진폭이 크다. 사실상 전자의 정확한 위치를 더 이상을 알 수가 없다. 우리는 단지 전자를 특정한 위치에서 발견할 *확률* probability 만을 이야기할 수 있다. ("확률파" probability wave에 대해서는 계속

8) *Physics Today* 1992; 52(12): 9.

9) *Physics Today* 2002; 55(1): 15.

해서 더 다룰 것이다.) 4장에서 다룰 하이젠베르크 Heisenberg의 불확정성 원리의 핵심이 바로 입자의 파동성이다.

그렇다고 해서 골프공이나 행성과 같은 물체를 다루는데 뉴턴 역학이 틀렸다는 이야기가 아니다. 이런 물체들의 드 브로이 파동은 이들의 크기에 비해 너무 작아 파동성을 탐지하기가 불가능하다. 계의 크기가 $\lambda = h/mv$와 유사할 때에만 양자 효과가 분명하게 드러난다. 예를 들어 표 1.2를 보라. 수소 원자에 1 keV 에너지의 양성자를 쏘다고 할 때 양성자의 드 브로이 파장은 원자 크기에 비해 매우 작다. 따라서 이것은 입자의 충돌로 볼 수 있다. 반면 1 eV의 에너지를 가진 전자는 수소 원자의 크기와 비슷한 파장을 갖기 때문에 원자에 타고 있는 가상의 관측자가 볼 때 입사된 전자는 파동처럼 보일 것이다.

"파동-입자 이중성" wave-particle duality 은 아마도 양자역학의 가장 비상식적인 성질로 보일 것이다. 이에 자극받아 수많은 책들이 출판된 것도 그리 놀라운 일이 아니다. 파인먼 Richard Feynman 이 지은 *물리학 강의* Lectures on Physics 제3 권의 처음 두 장에 이 주제에 대한 뛰어난 설명이 실려 있다[21]. 파동-입자 이중성에 대한 읽기 쉽고 재미있는 설명이 머민 Mermin 이 쓴 논문 "파동-입자 이중성에 대한 두 번의 강의" Two Lectures on wave-particle duality에 실려 있다.[10)]

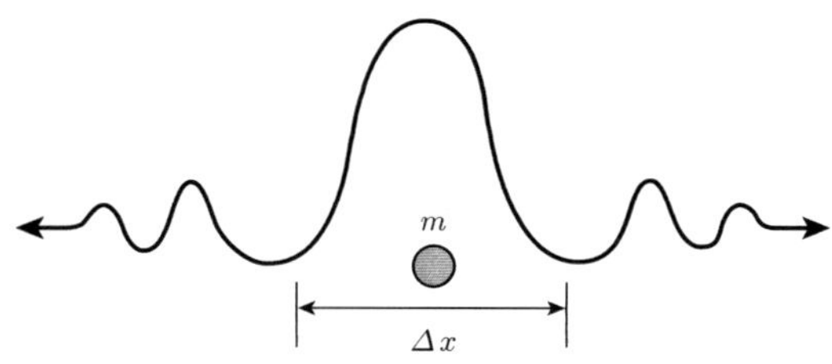

그림 1.6 입자와 드 브로이 물질파.

예제 1.5

전자가 5000 Å의 드 브로이 파장을 가지려면 속도가 얼마여야 할까? 이 파장을 가진 광자는 전자기파 스펙트럼의 가시광선 영역에 속한다.

10) Mermin ND, *Physics Today* 1993; 46(1):9-11.

식 (1)에서 $p = mv$로 놓고 $v = h/m\lambda$를 사용해 속도 v를 구하면

$$v = \frac{h}{m\lambda} = \frac{(6.626 \times 10^{-34}\mathrm{J \cdot s})}{(9.109 \times 10^{-31}\mathrm{kg})(5 \times 10^{-7}\mathrm{m})} = 1455\ \mathrm{m/s}$$

를 얻는다. 문제 1-20을 보라. 이 속도가 절대온도 T인 주위 환경에 의한 전자의 무질서한 열운동 때문에 생긴 것이라면, 주위 환경의 온도 $T \sim 0.04\ \mathrm{K}$여야 한다. 그러므로 이런 속도를 가진 전자를 "찬" 전자 cold electron 라고 부른다.

예제 1.6

드 브로이는 이외에 수소 원자에서 전자에게 허용된 궤도들의 원둘레의 길이가 드 브로이 파장의 정수배가 된다는 가설을 주장하였다. 이 조건으로부터 각운동량에 대한 보어의 양자 조건, 즉 식 (1.3.16)을 얻을 수 있다는 것을 보여라.

전자가 반지름 r인 원형 궤도를 속도 v로 회전하고 있다고 하자. 이 궤도의 원주는 $2\pi r$이 된다. 이 원둘레의 길이가 드 브로이 파장의 정수배와 같다는 드 브로이의 가설을 적으면

$$\frac{2\pi r}{\lambda} = n$$

이다. $\lambda = h/m_e v$로 놓으면

$$\frac{2\pi m_e v r}{h} = n$$

이 된다. 그러나 전자의 궤도 각운동량이 $m_e v r$이므로 다음 식을 얻는다.

$$L = \left(\frac{h}{2\pi}\right)n = \hbar n$$

이것은 정확히 L에 대한 보어의 양자조건과 일치한다. 보어의 궤도 진동수 가정에서 얻은 전자 속도에 대한 조건(식 1.3.6)을 여기에 사용하면, 보어가 구한 궤도 반지름 및 에너지의 결과와 동일한 결과를 얻을 수 있다.

그림 1.7은 드 브로이가 가지고 있던 생각이 무엇인지 보여준다. 정상파처럼 파장의 정수배(이 그림에서 $n = 4$)가 궤도의 원주와 딱 맞아 떨어진다. 그림 속의 파동의 진폭은 무의미하다는 것을 명심하라. 드 브로이의 관계식은 진폭에 대한 어떤 정보도 주지 않는다.

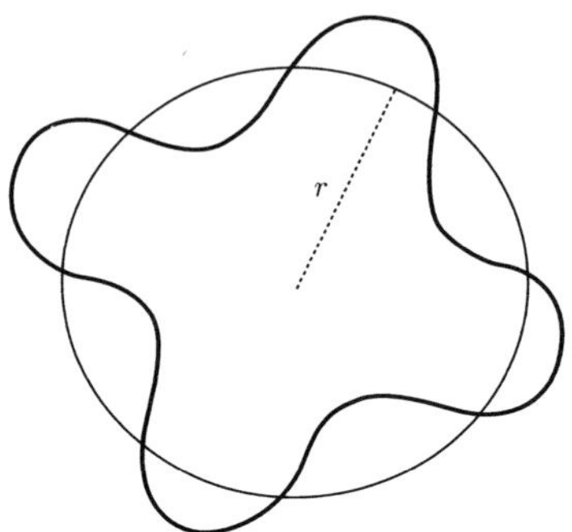

그림 1.7 드 브로이의 양자 조건

요 약 01

고전물리학으로는 열복사, 원자 스펙트럼, 원자 구조와 같은 현상들을 설명하지 못하게 되면서 (에너지와 각운동량과 같은) 일부 물리량들이 양자화 되어 있다는 가설을 도입해야 할 필요성이 커졌다. 이것을 이끈 사람이 플랑크이며, 그는 1900년

$$E = nh\nu$$

으로 주어지는 에너지만을 갖는 "진동자"들 때문에 흑체복사가 일어난다는 열복사의 메커니즘을 제안하였다. 여기서 n은 정수($n=1, 2, 3...$), h는 플랑크 상수, ν는 진동자의 진동수이다. 나중에 보어는 이 가정을 수소 원자에 대한 반고전적인 행성계 전자 모형에 적용하였다. 보어 모형의 핵심은 궤도운동을 하는 전자가 특정한 "정상" 에너지 상태 stationary energy state에만 머물며 이 경우 복사를 하지 않는다는 것이다. 원자 스펙트럼은 전자가 한 정상상태에서 다른 정상상태로 전이를 일으키기 때문에 생기며, 두 상태의 에너지 차이 ΔE는 플랑크 가설에 따라 에너지 $\Delta E = h\nu$를 가진 광자로 나타난다. 양자상태 $n(n=1, 2, 3...)$에 있는 보어 원자의 에너지는

$$E_n = -\frac{m_e Z^2 e^4}{8\epsilon_o^2 h^2 n^2} = -13.595\,\frac{Z^2}{n^2}\,\text{eV} \quad (n = 1, 2, 3, \ldots)$$

으로 주어지며, Z는 원자핵 안에 있는 양성자의 수이다. 전자가 보어 궤도 n_i에서 n_f로 전이할 때 나오는 광자의 파장은

$$\lambda_{n_i \to n_f} = \frac{911.75}{Z^2}\left(\frac{1}{n_f^2} - \frac{1}{n_i^2}\right)^{-1} \text{Å}$$

로 주어진다.

보어 모형의 결과 전자의 궤도 각운동량이 $h/2\pi$의 단위로 양자화 되어 있다.

양자역학의 중심 개념은 드 브로이가 발견한 물질파이다. 원자 수준에서는 점입자 point particle 라는 생각을 버리고 입자가

$$\lambda = \frac{h}{mv}$$

로 주어지는 특징적인 드 브로이 파장의 크기 정도로 퍼져 있다고 보아야 한다.

물질파라는 개념은 양자역학의 확률 분포와 밀접하게 관련되어 있다.

문 제 01

1-1(E) 여러 일반 원소들에 대한 질량, 원자 무게의 표가 아래에 주어져 있다. 식 (1.1.1)을 사용해 다음 원소들의 대략적인 크기를 구하라.

원 소	밀도 (g/cm^3)	A (g/mol)
Al	2.7	27
Fe	7.88	56
Cu	8.96	64
Pb	11.34	207
Pt	21.45	195

1-2(E) 식 (1.2.5)에 따라 에너지가 분포되어 있는 "고전적인" 맥스웰-볼츠만 원자로 구성된 기체가 있다. $T=6000$ K(태양 표면의 대략적인 온도)에서 에너지가 E에서 $E+dE$ 사이에 있는 원자와 에너지가 $2E$에서 $2E+dE$ 사이에 있는 원자의 비는 얼마인가? $E=5$ eV라 한다.

1-3(I) 식 (1.2.13)으로부터 흑체 공동이 진동수 ν에서 $\nu+d\nu$까지의 범위에서 복사하는 에너지의 양 $E(\nu)d\nu$를 구할 수 있다. 아인슈타인에 의하면 진동수 ν인 각 광자의 에너지는 $E=h\nu$이다. 복사 에너지가 개별 광자들로 구성되어 있다고 가정하면, 공동 안에 있는 진동수가 ν에서 $\nu+d\nu$ 사이인 광자의 수는 $n(\nu)d\nu=E(\nu)d\nu/h\nu$로 주어진다. 공동 안의 광자의 전체 수는 따라서 $\nu=0$에서 무한대까지 적분하여 얻을 수 있다.

$$\int_0^\infty \frac{x^2dx}{(e^x-1)} \sim 2.404$$

이라고 할 때, 온도가 실온 $T=300$ K인 흑체 공동 안에 든 광자의 밀도를 구하라. 우주공간의 온도는 대략 2.7 K이다. 우주공간의 광자 밀도는 얼마인가?

1-4(E) 식 (1.2.13)과 그림 1.3 사이의 관계를 알려면 열역학의 지식이 필요하다. 즉 온도가 T인 흑체 공동에 있는 면적 A의 구멍을 통해 파장 λ와 $\lambda+d\lambda$ 사이에서 빠져나가는 에너지율은

$$P(\lambda)d\lambda = A\left\{\frac{2\pi hc^2}{\lambda^5(e^{hc/\lambda kT}-1)}\right\}d\lambda$$

로 주어진다. $T=7000\ \mathrm{K}$인 흑체가 있다고 하자. 면적 $1\ \mathrm{m}^2$인 구멍을 통해 $\lambda=4000\ \text{Å}$과 $4001\ \text{Å}$ 사이에서 매초 빠져나가는 에너지(출력)은 얼마인가? 계산 결과가 그림 1.3과 일치하는가?

1-5(E) 보어 궤도 n에 있는 전자의 속도를 광속으로 표시하라. 보어 모형을 사용할 때 상대론적 효과를 무시하는 것을 정당하다고 볼 수 있는가?

1-6(E) Z개의 양성자를 가진 원자핵 주위를 도는 한 개의 전자에 대한 보어 모형을 유도하라. 이 결과를 이용해 (a) 헬륨, (b) 탄소, (c) 우라늄의 원자핵 주위를 도는 한 개 전자의 이온화 에너지를 구하라.

1-7(E) 보어 궤도 n에 있는 전자가 받는 구심력을 n과 물리상수들의 함수로 표시하라. $n=1$일 때 구심력의 크기는 얼마인가? 현대식 힘-탐침 현미경 force-probe microscope 으로는 나노-뉴턴(nN)의 힘도 측정 가능하다.

1-8(E) 전자가 에너지 E 만큼 떨어져 있는 두 에너지 준위 사이에서 전이를 일으켜 플랑크/보어 관계식 $E=hc/\lambda$에 따라 파장 λ를 가진 광자를 방출한다.

(a) λ가 옹스트롬의 단위로 주어질 때 $E=12{,}398/\lambda\ \mathrm{eV}$임을 보여라.

(b) 작은 요동에 의해 에너지 준위 사이의 간격이 dE eV 만큼 변화했다고 하자. 방출되는 광자의 파장이 $d\lambda=-\lambda^2 dE/12{,}398\ \text{Å}$ 만큼 변화됨을 보여라. $4000\ \text{Å}$의 파장을 가진 광자에 $dE=0.01\ \mathrm{eV}$의 변화가 주어진다면, $d\lambda$는 얼마가 되는가?

1-9(I) 이 문제의 목적은 여러 수소 궤도에 있는 전자의 고전적으로 예상되는 "수명" lifetime을 개략적으로 계산하는 것이다. 고전 전기동역학 electrodynamics에 따르면 가속 전하 e는 $P = e^2a^2/6\pi\epsilon_0 c^3$ J/sec의 비율로 에너지를 방출한다. 여기서 a는 가속도(원형 궤도의 경우 v^2/r)이다. 붕괴율(decay rate 또는 DR; 단위는 $\sec^{-1}$)은 붕괴하는 동안 방출하는 에너지로 복사되는 출력을 나눈 값으로 정의한다. 보어 모형을 사용하여 궤도 n에서 궤도 n 1로 붕괴할 때의 DR의 표현식을 유도하라. 유도를 쉽게 하기 위해 궤도 n에서의 가속도를 P 식에 대입하라. 수명은 DR의 역수로 주어진다. $n=2$일 때의 수명을 계산하라.

1-10(E) 뉴턴의 중력 법칙과 쿨롱 법칙은 모두 역제곱 법칙 inverse-square law이다. 태양(S)와 지구(E) 사이의 인력의 크기가 $Gm_S m_E/r^2$으로 주어지는 반면, 수소 원자의 전자와 양성자 사이에 작용하는 인력은 $e^2/4\pi\epsilon_0 r^2$으로 주어진다. 중력에 대해 보어 반지름에 해당하는 것을 유도하라. 지구 궤도의 양자수는 얼마인가? 태양계에서 각 양자궤도 사이의 거리 차이를 측정할 수 있을까?

1-11(A) 본문에서 질량 중심에 대한 양성자와 전자의 운동을 어떻게 수소 모형에 반영할 수 있는지 설명하였다. 고립된 계의 질량 중심은 고정되어 있어야 한다는 조건을 사용하여 주 footnote에 주어진 수정값, 즉 식 (1.3.14)에 있는 911.75 Å의 값을 유도하라. *힌트:* 전자/양성자 질량 중심에 대한 양성자의 운동에너지를 잊지 말라.

1-12(I) 보어 모형에서 전자 질량 m_e 대신 환산 질량 $m_e m_p/(m_e + m_p)$로 사용함으로써 질량 중심에 대한 전자와 양성자 운동이 미치는 영향을 설명할 수 있음을 본문에서 언급했다. 중수소 원자는 양성자와 중성자가 융합되어 있는 원자핵 주위를 도는 한 개의 전자로 구성되어 있다. 이런 원자핵의 질량은 $2\,m_p$에 가깝다. 중수소와 수소의 발머 계열 $3\rightarrow2$ 전이의 파장 차이가 아래와 같이 주어짐을 유도하라.

$$(\lambda_h - \lambda_d)_{3\to2} \sim \frac{144}{5}\frac{\epsilon_o^2 h^3 c}{m_p e^4}$$

이 결과를 수치적으로 계산하라. 2Å 이상 떨어진 두 스펙트럼 선을 분해해 낼 수 있는 분광기 spectrometer를 가지고 있다면, 중수소와 수소의 선을 구별할 수 있을까?

1-13(E) 원자핵의 전하가 $+Ze$인 수소꼴 원자에서 궤도 운동을 하는 한 개의 전자가 (n_i, n_f)상태로 전이할 때 방출할 수 있는 광자의 파장을 계산하는 컴퓨터 프로그램을 작성하라(문제 1-6을 보라). $Z=1$에 대한 표 1.1과 이 프로그램의 결과를 비교하라. 헬륨에 대한 "발머 계열"의 파장은 무엇인지 구하라. 또 우라늄의 경우에 대해서도 구하라.

1-14(I) 스펙트럼 선의 특정 계열에 해당하는 전이과정에서 방출되는 광자의 최소 및 최대 파장의 표현식을 유도하라. 이 식을 이용해 수소의 라이만 계열과 발머 계열만이 다른 계열의 스펙트럼 선들과 겹치지 않는다는 것을 보여라.

1-15(E) *리츠 결합원리* Ritz combination principle 는 보어 모형을 앞선 경험 법칙이다. 특정 원자의 스펙트럼 선의 파장의 역수가 종종 동일 원자의 서로 다른 두 개의 스펙트럼 선의 파장의 역수들의 차이로 주어진다는 것이 이 원리의 내용이다. 보어 모형을 사용해 수소 $p \to m$ 전이가 이 원리의 예측대로 아래처럼 $p \to n$ 전이와 $m \to n$ 전이의 형태로 표시될 수 있음을 보여라.

$$\frac{1}{\lambda_{p\to m}} = \frac{1}{\lambda_{p\to n}} - \frac{1}{\lambda_{m\to n}}$$

표 1.1에 주어진 5→1 전이와 3→1 전이 파장의 값들에 근거하여 5→3 전이의 파장이 윗 식을 만족함을 계산을 통해 증명하라.

1-16(I) 이원자 분자(H_2 같은)는 질량이 각각 m인 두 개의 점입자가 길이 L인 단단한 막대로 연결되어 있다고 상상할 수 있다. 이 분자가 막대의 중심을 지나며 막대에 수직한 축 주위로 회전한다고 가정하자. 이때 이 분자의 각운동량이 보어 조건(식 1.3.16)을 만족한다고 하고, 회전에너지의 양자화된 값을 표현하는 식을 유도하라.

1-17(I) 원자의 또 다른 모형으로 질량 M, 반지름 R인 고체구가 각운동량의 보어 양자화 조건에 따라 중심을 지나는 축 주위로 회전하고 있는 것을 생각해 보자. 회전에너지가 $E_n = 5n^2h^2/16\pi^2MR^2$으로 주어지는 것을 보여라. 여기서 n은 양자수이다. 이 결과로부터 이 계가 상태 $n+1$으로부터 상태 n으로 전이할 때 방출되는 광자의 파장에 대한 표현식을 유도하라. M이 양성자의 질량(수소 원자의 질량과도 거의 같다)과 같고, $R=1$ Å, $n=2$일 때 광자의 파장을 계산하라. 파장이 가시광선 영역인 5000 Å이 되려면 대략 n의 값이 얼마여야 할까?

1-18(E) 1 keV의 에너지를 가진 전자의 드 브로이 파장을 계산하라. 이 전자가 수소 원자와 상호작용을 한다면, 고전역학으로 이를 기술할 수 있을까?

1-19(E) 움직이는 입자는 드 브로이 파장과 연관이 있다. 일반적으로 입자의 드 브로이 파장의 서너배 이내인 곳에서 입자를 관찰할 때 이 입자는 입자성을 잃고 파동처럼 행동한다. 그 결과 고전물리학으로는 충돌을 설명하는 것이 불가능하다. 러더퍼드는 정지한 금 원자핵과 알파 입자(헬륨 원자핵)의 산란에 대해 조사하였고, 고전역학을 사용해 충돌을 분석하였다. 이제 파동역학의 관점에서 이 실험을 조사해 보자.

(a) 6백만 eV의 운동에너지를 가진 알파 입자의 드 브로이 파장을 구하라.

(b) 거리 r 떨어진 전하 Q_1과 Q_2의 전기 퍼텐셜에너지는 $U = Q_1Q_2/4\pi\epsilon_0 r$로 주어진다. 알파 입자의 초기 운동에너지를 이 전기 퍼텐셜에너지와 같게 잡고, 알파 입자가 금 원자핵에 가장 근접하는 거리를 구하라. 그리고 러더퍼드가 고전역학을 사용한 것이 정당했는지 판단하라.

1-20(E) 운동학이론 kinetic theory에서 원자는 질량 m인 점입자로 취급하고, 절대온도 T인 환경에 놓인 원자의 평균 속도 v는 $mv^2 = 3kT$로 주어진다. 여기서 k는 볼츠만 상수이다. 절대온도 T에 있는 질량 m인 원자의 드 브로이 파장을 h, k, T, m의 함수로 표시하라. 실온에서 수소 원자는 보통 충돌하기 전 수천 옹스트롬 정도 이동한다. 이런 상황에서 원자를 점입자로 보는 것이 타당한가?

1-21(E) 1999년 10월 14일자 네이처 Nature에 발표된 논문[11]에서 오스트리아 빈 대학에 있는 한 그룹이 탄소-60 "버키볼" 분자의 드 브로이 파 간섭을 실험적으로 탐지했다고 보고하였다. 이 분자는 60개의 탄소 원자가 대략 구형으로 배열된 구조를 갖고 있어 축구공처럼 보인다. 이 실험에서 C-60 분자들의 최빈속도 most probable velocity 는 220 m/s였다. 이 데이터는 2.5 피코미터 picometer(1 피코미터 $= 10^{-12}$ m)의 드 브로이 파장과 잘 들어맞았다. 주어진 정보로부터 드 브로이 파장을 구하라.

1-22(E) 질량 m인 원자가 외부 관측자에 대해 정지해 있고 전자는 들뜬 상태에 있다. 이 전자가 낮은 에너지 상태로 전이하며, 파장이 λ인 한 개의 광자를 방출한다. 방출된 광자는 $p = h/\lambda$의 운동량을 가진다. 운동량을 보존하기 위해 이 원자는 어떤 속도 v로 반동을 일으키게 된다. 광자의 에너지 대 반동을 하는 원자의 운동에너지의 비를 λ, m, c, h의 함수로 구하라. 식을 유도하는데는 고전적 해석으로 충분하다. 파장이 5000 Å인 광자를 방출하는 수소 원자에 대해 이 비의 값을 구하라. 계산에서 얻은 결과를 근거로 보어 모형을 유도하는데 있어 원자의 반동에너지를 무시해도 좋을까? 같은 논리를 사용해 광자를 흡수하는 동안 얻게 되는 원자의 운동량을 실제로 측정하였다.[12]

11) *Nature* 1999; 401:680–682.

12) *Physics Today* 2005; 58(7):9.

02 장 슈뢰딩거 방정식

1장에서 열거한 증거들로부터 20세기 초 물리학자들에게 고전역학의 법칙들이 원자 수준의 물리계에는 적용되지 않음이 분명해졌다. 그리고 어떻게 고전역학을 수정하여야 원자와 분자의 미시적 특성과 들어맞는 “양자역학”을 얻을 수 있는지 하는 것이 문제였다. 또 양자역학이 거시적 수준에서는 고전역학의 결과와 일치해야 했다. 고전물리학의 핵심이 뉴턴의 법칙이듯이 양자역학의 핵심은 슈뢰딩거 방정식 Schrödinger equation (SE)이다.

지금 여기서는 단순히 “여기 슈뢰딩거 방정식이 있다 – 특정한 상황에서 어떻게 이 방정식을 푸는지 알아보자”라고 말하는 것으로 만족하라. 이것은 흡사 고전적인 점입자의 운동을 풀기 위해 외부 힘과 초기 조건을 가지고 뉴턴의 운동법칙 $\boldsymbol{F} = m\boldsymbol{a}$를 사용하는 것과 같다. 만족할 만하지는 않지만 이것은 편리한 방식이다. 기본적인 사실로부터 유도될 수 있긴 하지만, 가정으로부터 시작한 물리법칙들이 저절로 생긴 것은 아니다. 이 법칙들은 과거의 성공, 경험적 사실, 직관, 시행착오, 영감 등의 영향을 받은 사고 과정에서 나온 산물이다. 이해하기 쉽도록 받아들이기 쉬운 주장을 이용해 슈뢰딩거 방정식을 소개해 보자. 이 방식을 따르면, 방정식의 엄밀한 유도가 불가능한 경우에라도, 몇몇 고전역학적 개념과 양자역학적 개념을 결합하여 슈뢰딩거 방정식에 도달하는 것을 가능하게 한다. 물론 이 방법으로 어떤 방정식이라도 만들어낼 수 있다. 그 결과가 유용한지 아닌지는 실험에 달려 있다.

우선 2.1절에서 고전적인 파동방정식을 복습한 후 2.2절과 2.3절에서 슈뢰딩거 방정식을 유도한다. 2.4절에서는 슈뢰딩거 방정식의 풀이에 어떤 일반적인 제약이 주어지는지, 또 어떻게 풀이를 해석해야 할지 설명한다. 슈뢰딩거 방정식 그 자체처럼 방정식의 풀이 역시 근본적으로 가정에 지나지 않으며, 특별한 예와는 무관하게 가정들을 한 곳에 모아 놓는 것이 좋다고 생각하기 때문에 이런 순서를 따랐다. 슈뢰딩거 방정식을 세우거나 푸는 예들은 다음 장에서 다룬다.

2.1 고전 파동방정식

양자역학을 기술하기 위한 어떠한 방정식도 근본적으로 입자가 파동성을 가져야 한다는 논란의 여지가 없는 사실을 따라야 한다. 20세기 초 물리학자들에게 파동은 익숙한 개념이었다. 줄의 파동, 물의 파동, 음파, 전자기파 등으로 파동은 고전 물리학에 자주 등장하였다. 이제 시작하는 의미에서 고전 파동방정식과 이 방정식이 입자의 파동성을 수용할 수 있으려면 어떻게 방정식을 수정해야 할지 알아보자.

파동의 고전적인 모형으로 줄에 생긴 교란 disturbance에 대해 생각해 보자. 그림 2.1(a)에 특정 시간 $t=0$일 때에 생긴 교란이 그려져 있다. x는 원점으로부터의 거리를 의미하고, $y(x,t)$는 진폭, 즉 교란이 없는 상태로부터 위 또는 아래로 얼마나 이동하였는지를 위치와 시간의 함수로 표시한 것이다. 사실 패턴은 매우 복잡할 수 있지만, 원칙적으로 간단히 $t=0$에서 $y=f(x)$라고 적을 수 있다.

생각할 수 있는 가장 간단한 파동은 줄을 따라 패턴이 변화하지 않고 진행하는 것이다. 패턴이 줄을 따라 이동하는 속도는 줄의 장력 T와 줄의 단위 길이당 질량 μ에 의해 결정되며, $v=\sqrt{T/\mu}$의 관계를 가진다. 횡파의 경우 줄의 각 점들은 위아래로 진동하지만, 파동이 지날 때 오른쪽 또는 왼쪽으로 이동하지는 않는다. 그림 2.1(b)는 시간 t가 흐른 뒤의 파동의 패턴을 보여준다. 전체 패턴이 줄을 따라 거리 vt 만큼 이동하였다. 보기 편하도록 두 패턴의 수직 원점을 다르게 잡았다.

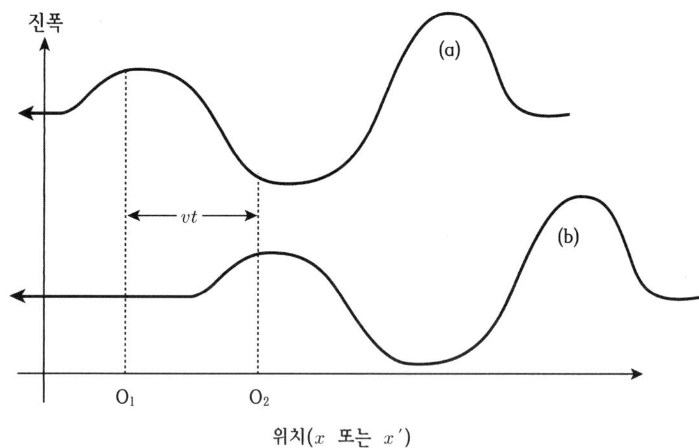

그림 2.1 다른 두 시간에서의 파동의 모습.

이제 그림에서처럼 x축 위의 두 개의 고정 위치에 관측자 O_1과 O_2가 있다고 가정하자. O_2는 O_1으로부터 오른쪽으로 거리 vt 떨어진 곳에 있다. O_1과 O_2의 위치를 각각 x와 x'이라 하자. 파동 패턴의 모양이 달라지지 않는다고 가정하면, 각 관측자는 자신의 좌표를 사용할 때 패턴을 동일한 수학적 함수로 표현하게 된다. 즉

$$y = f(x) = f(x') \tag{1}$$

덧붙여 $x' = 0$일 때 $x = vt$가 된다. 따라서 x와 x'은

$$x' = x - vt \tag{2}$$

의 관계를 가진다. 식 (2)을 식 (1)에 대입하면

$$y = f(x) = f(x - vt) \tag{3}$$

으로 주어진다.

이 식은 파동의 모양이 불변하기 위해 x, v, t가 항상 $x - vt$의 모양으로 함께 나와야 한다고 해석할 수 있다. 가능한 파동 패턴의 예로는

$$y = \sin(x - vt)$$

$$y = e^{(x - vt)^{7/8}}$$

그리고

$$y = \tanh^{-1}[(x - vt)^{-4/3}]$$

등을 들 수 있다.

반면 아래 파동은 모양을 유지할 수 없다.

$$y = \cos[x^2 - (vt)^2]$$

파동의 모양이 변하지 않기 위해 x, v, t 사이에는 제약이 존재하지만, *파동함수* wavefunction라고 부르는 파동 패턴 $y(x)$는 무한히 다양하게 적을 수 있음이 분명하다. 무한히 많은 함수들을 뒤섞지 않고서도 제약 조건을 좀 더 일반적으로 표

시할 방법은 없을까? 일반적으로 편미분방정식 partial differential equation 의 형태로 이런 물리법칙들을 적을 수 있다. 피동 패턴이 $f(x-vt)$ 형태의 함수로 표시된다고 가정하면 파동 패턴이 만족해야 할 일반 편미분방정식을 구하는 것이 가능하다[1].

이제 일반적으로 파동함수를 다음과 같이 적을 수 있다는 것을 알았다.

$$y(x,t) = f(x - vt) = f(z) \tag{4}$$

여기서 $z=x-vt$이다. 이 정의로부터 (속도는 일정하다고 가정한다)

$$\frac{\partial y}{\partial x} = \frac{\partial y}{\partial z}\frac{\partial z}{\partial x} = \frac{\partial y}{\partial z} \tag{5}$$

그리고

$$\frac{\partial y}{\partial t} = \frac{\partial y}{\partial z}\frac{\partial z}{\partial t} = -v\frac{\partial y}{\partial z} \tag{6}$$

이 결과들로부터 아래와 같은 등식을 얻을 수 있다.

$$\frac{\partial y}{\partial t} + v\frac{\partial y}{\partial x} = -v\frac{\partial y}{\partial z} + v\frac{\partial y}{\partial x} = 0 \tag{7}$$

식 (7)을 시간에 대해 편미분하면

$$\frac{\partial}{\partial t}\left(\frac{\partial y}{\partial t} + v\frac{\partial y}{\partial x}\right) = \frac{\partial}{\partial t}(0)$$

이 되며, 다시 말해

$$\frac{\partial^2 y}{\partial t^2} + v\frac{\partial}{\partial t}\left(\frac{\partial y}{\partial x}\right) = 0$$

또는

$$\frac{\partial^2 y}{\partial t^2} + v\frac{\partial}{\partial x}\left(\frac{\partial y}{\partial t}\right) = 0 \tag{8}$$

이 된다. 마지막 단계의 결과는 편미분 순서를 바꾸면 얻을 수 있다. 식 (6)으로부터 $\partial y/\partial t$를 $-v(\partial y/\partial z) = -v(\partial y/\partial x)$로 바꿀 수 있으므로

$$\frac{\partial^2 y}{\partial t^2} + v\frac{\partial}{\partial x}\left(-v\frac{\partial y}{\partial x}\right) = 0$$

또는

$$\frac{\partial^2 y}{\partial t^2} = v^2\frac{\partial^2 y}{\partial x^2} \tag{9}$$

의 결과를 얻는다.

식 (9)는 **고전 파동방정식**이다. 수리물리학에 익숙한 독자라면 특별한 경우 파동방정식의 풀이를 보통 푸리에 Fourier 또는 라플라스 Laplace 변환 transform을 사용해 구할 수 있다는 것을 알고 있지만, 이 책에서는 몰라도 상관없다. 여기서 제일 중요한 것은 "고전 파동함수" $y(x,t)$가 파동방정식을 만족한다는 사실이다.

예제 2.1

함수 $y = e^{(x-vt)^{7/8}}$이 고전 파동방정식을 만족한다는 것을 보여라.

$z = (x-vt)^{7/8}$이라 하면 함수꼴이 e^z가 된다. 주어진 변수 q에 대해

$$\frac{d}{dq}[e^{z(q)}] = e^{z(q)}\frac{dz}{dq}$$

임을 상기하라. 파동방정식의 왼편으로부터 시작하자. $q = t$라고 하면

$$\frac{dz}{dt} = \frac{7}{8}(x - vt)^{-1/8}(-v)$$

따라서

$$\frac{dy}{dt} = e^z\frac{dz}{dt} = -\frac{7}{8}(v)e^z(x-vt)^{-1/8}$$

을 얻는다.

미적분학에 나오는 연쇄법칙을 사용하면 두 번째 미분은 다음과 같이 된다.

$$\begin{aligned}\frac{d^2y}{dt^2} &= -\frac{7}{8}(v)\frac{d}{dt}[e^z(x-vt)^{-1/8}] \\ &= -\frac{7}{8}(v)\left[e^z\frac{dz}{dt}(x-vt)^{-1/8} - \frac{1}{8}e^z(x-vt)^{-9/8}(-v)\right] \\ &= -\frac{7}{8}(v)\left[-\frac{7}{8}(v)e^z(x-vt)^{-1/4} - \frac{1}{8}e^z(x-vt)^{-9/8}(-v)\right] \\ &= (v^2)\left[\frac{49}{64}(x-vt)^{-1/4} - \frac{7}{64}(x-vt)^{-9/8}\right]e^z\end{aligned}$$

이제 파동방정식의 오른편을 살펴보자. 이번에는 $q = x$라 놓고 계산하면

$$\frac{dz}{dx} = \frac{7}{8}(x-vt)^{-1/8}$$

그러므로

$$\frac{dy}{dx} = e^z\frac{dz}{dx} = \frac{7}{8}e^z(x-vt)^{-1/8}$$

두 번째 미분을 하면 다음과 같이 된다.

$$\begin{aligned}\frac{d^2y}{dt^2} &= \frac{7}{8}\frac{d}{dt}[e^z(x-vt)^{-1/8}] \\ &= \frac{7}{8}\left[e^z\frac{dz}{dx}(x-vt)^{-1/8} - \frac{1}{8}e^z(x-vt)^{-9/8}\right] \\ &= \frac{7}{8}\left[\frac{7}{8}e^z(x-vt)^{-1/4} - \frac{1}{8}e^z(x-vt)^{-9/8}\right] \\ &= \left[\frac{49}{64}(x-vt)^{-1/4} - \frac{7}{64}(x-vt)^{-9/8}\right]e^z\end{aligned}$$

두 번째 미분을 첫 번째 미분과 비교하면 파동방정식이 만족되는 것을 알 수 있다.

왜 식 (6), $\partial y/\partial t = -v(\partial y/\partial x)$에서 끝내지 않고, 또 식 (6)을 고전 파동방정식이라 부르지 않을까? 파동방정식은 공간과 시간에 대한 불변성 invariance 을 가져야 하는 것이 이유이다. 즉 x와 t의 양(+) 방향의 정의가 변하더라도 식이 변하지 않아야 한다. 식 (9)는 이런 성질을 갖고 있지만, 식 (6)은 불변성을 갖고 있지 않다.

공간(과 시간) 불변성을 고려하지 않더라도 식 (9)는 또 다른 중요한 성질인 **선형성** linearity 을 가지고 있다. 선형성이란 e^y, $\sin y$, $y^{1/2}$와 같은 비선형 항을 가지고 있지 않음을 의미한다. 서로 다른 독립적인 파동방정식의 풀이 y_1, y_2, $\cdots$, y_n (모두 동일한 속도 v를 가진다)가 존재할 때, 이들의 선형 합으로 만들어진 함수

$$y = a_1y_1 + a_2y_2 + \ldots + a_ny_n \tag{10}$$

역시 파동방정식의 풀이가 되는 것은 바로 방정식이 지닌 선형성 때문이다. 여기서 계수 $a_1, a_2, \ldots, a_n$는 모두 상수이다.

선형성은 다음과 같은 의미에서 매우 중요하다. 일반물리학 교재에서 조화 운동을 배울 때 흔히 다음과 같은 파동방정식의 풀이를 만난다.

$$y = A\sin(kx - \omega t) \tag{11}$$

여기서 A는 파동의 진폭, k는 파동의 파수 wavenumber ($k = 2\pi/\lambda$, λ는 파동의 파장), ω는 각진동수 angular frequency ($\omega = 2\pi\nu$, ν는 진동수)이다. 이는 $+x$축 방향으로 파동 패턴이 진행한다는 것을 의미한다. 파동이 $-x$축 방향으로 이동하게 하려면 식 (11)의 괄호 안에 있는 − 부호를 + 부호로 바꾸면 된다. 이제 남은 문제는 특별한 경우 파동방정식의 풀이가 이보다 더 복잡하다는데 있다. 그러나 파동방정식이 선형적이고, 푸리에 해석을 통해 항상 임의의 함수를 사인과 코사인 함수의 선형 합으로 표시할 수 있기 때문에 합 역시 풀이가 된다는 것을 확신할 수 있다. 즉 파동방정식의 풀이를 항상 식 (11)에 주어진 사인과 코사인 함수의 합으로 표시할 수 있다. 따라서 슈뢰딩거 방정식을 유도하는데 있어 식 (11)을 대표적인 파동으로 생각하면, 보편성을 희생하지 않으면서 수학적 조작을 아주 편하게 할 수 있다.

2.2 시간과 무관한 슈뢰딩거 방정식

고전 파동방정식을 어떻게 수정하여야 *양자적인* 물질파의 특성을 수용할 수 있을까? 방법은 전혀 명확히 주어져 있지 않다. 줄은 전체가 파동 현상을 보인다. 식 (2.1.9)의 y와 v는 패턴의 진폭과 속도를 각각 의미한다. 이제 우리가 원하는 것은 각 입자에 적용할 수 있는 파동방정식이다. 양자 파동방정식이 어떤 모양을 하고 있어야 할지 모르면서 어떻게 양자 파동방정식을 발견할 수 있을까? 지금 여기서 하고자 하는 일은 수학적으로 엄밀하게 방정식을 유도하려는 것은 아니다. 여기서는 기껏해야 납득할 수 있을 정도로 유도를 하려고 한다.[1)]

슈뢰딩거는 양자 파동방정식이 다음 두 가지 성질을 가져야 한다고 가정하고 방정식을 찾으려 하였다. 고전적인 파동을 통해 얻은 경험은 그로 하여금 양자 파동 방정식 역시 선형, 2차 미분방정식이 되어야 한다는 강한 믿음을 주었다. 그리고 보어 모형의 성공으로 인해 에너지가 보존되어야 한다고 믿게 되었다. 고전적인 표기법으로 역학적 에너지의 보존은

$$E = \frac{p^2}{2m} + V(x) \tag{1}$$

으로 표현되며, 여기서 p는 입자의 운동량, $V(x)$는 위치 x의 함수로 표시한 입자의 퍼텐셜에너지, 즉 *퍼텐셜 함수* potential function이다. 물론 운동량 역시 위치의 함수 $p(x)$로 표시된다. 이제 1차원의 슈뢰딩거 방정식을 유도해 보자. 나중에 3차원의 슈뢰딩거 방정식으로 일반화 할 것이다.

양자역학적인 물질파를 고전적인 파동과 연관 짓기 위해 입자의 운동량과 입자의 파장 사이에 드 브로이 관계식이 주어져 있음을 상기하라.

$$\lambda = \frac{h}{p} \tag{2}$$

이 식을 앞 절에서 소개한 사인꼴 파동함수(식 2.1.11과 $k=2\pi/\lambda$ 활용)에 대입하면 다음 식을 얻는다.

---

1) 양자적 사고와 기본 수학식이 어떤 과정을 통해 발전해 왔는지 구체적으로 알고 싶다면, 야머 Max Jammer 가 지은 *양자역학의 개념적 발전 The Conceptual Development of Quantum Mechanics* (New York, McGraw-Hill, 1966) 를 보라.

$$y = A\sin\left(\frac{p}{\hbar}x - \omega t\right) \tag{3}$$

퍼텐셜 함수 $V(x)$를 특별하게 잡지 않고 에너지 보존이라는 제약 조건을 가하기 위해 이 파동함수로부터 운동량을 구하는 방법을 생각해 보자. 식 (3)을 x로 두 번 미분하면

$$p^2 = -\frac{\hbar^2}{y}\left(\frac{d^2y}{dx^2}\right) \tag{4}$$

가 나오고, 이 식을 에너지 보존법칙(식 1)에 대입하면 아래와 같은 미분방정식을 얻게 된다.

$$-\frac{\hbar^2}{2m}\frac{d^2y}{dx^2} + V(x)y = Ey \tag{5}$$

어떤 유도 과정을 거쳐 새로운 미분방정식을 얻게 되었는지 주목하라. 이 방정식에는 처음에 가정한 사인꼴 파동함수의 구체적인 모양이 전혀 드러나 있지 않다! 식 (5)를 질량 m인 입자의 비상대론적, 1차원, 시간과 무관한 슈뢰딩거 방정식 nonrelativistic, one-dimensional, time-independent Schrödinger equation 이라고 부른다(또한 슈뢰딩거 파동방정식으로도 알려져 있다). 이 방정식과 이 방정식을 일부 응용한 것이 1926년 슈뢰딩거 Erwin Schrödinger 에 의해 몇 편의 논문으로 발표되었다[2]. 이 책의 나머지 부분에서 다룰 대부분의 내용은 슈뢰딩거의 논문으로부터 직접 나온 것들이다.

수학적으로 식 (5)는 독립 변수 x와 비독립 변수 y를 가진 2차 선형 미분방정식으로 분류된다. 여기서 유도한 것처럼 이 방정식은 단지 하나의 공간 차원 x만을 가지고 있다. 이것은 줄을 따라 이동하는 펄스에게는 좋지만, 3차원에서 움직이는 원자나 분자에게는 부적절하다. 방정식의 왼편에 파동함수에 대한 y와 z의 2차 편미분을 더해주면 3차원의 슈뢰딩거 방정식이 될 것 같다고 직관적으로 생각할 수 있다. 그런데 표기법에 약간의 문제가 있다. 파동 패턴을 나타내는 함수와 y 좌표 사이에 혼란이 있게 된다. 혼란을 피하기 위해 시간과 무관한 파동 패턴을 그리스 문자 소문자인 프사이 psi (ψ)로 표기하는 것이 물리적 관습이다. 이 표기법을 사용하면 슈뢰딩거 방정식을 다음과 같이 적을 수 있다.

$$-\frac{\hbar^2}{2m}\left(\frac{\partial^2\psi}{\partial x^2}+\frac{\partial^2\psi}{\partial y^2}+\frac{\partial^2\psi}{\partial z^2}\right) + V\psi = E\psi \qquad (6)$$

ψ가 (x,y,z)과 시간 t(다음 절에서 다룬다)의 함수이기 때문에 편미분을 사용했다. 슈뢰딩거 방정식에 나오는 퍼텐셜 함수 V와 풀이 함수 ψ 모두 일반적으로 3개 좌표 (x,y,z)의 함수라는 것을 반드시 기억하라.

똑똑한 독자라면 지금까지 슈뢰딩거 방정식을 유도하는데 있어 3가지 이상한 점이 있다는 것을 알아차렸을 것이다. 첫 번째로 고전 파동방정식을 전혀 사용하지 않았다는 점이다 – 파동함수만을 이용했다. 두 번째로 슈뢰딩거 방정식에서 양자화의 개념을 전혀 찾을 수 없다는 점이다. 마지막으로 계의 전체 에너지 E가 방정식 안에 구체적으로 나타난다는 점이다. 고전물리학의 관점에서 볼 때 마지막 지적은 분명 특이하다. 뉴턴의 법칙 $\boldsymbol{F}= m\boldsymbol{a}$에서는 에너지에 대한 언급이 없다. 에너지는 입자의 초기 위치와 속도를 알고 특정한 힘에 대해 미분방정식을 푼 후에야 결정할 수 있는 양이다. 이런 일을 "경계 조건" boundary conditions 을 제공하는 과정이라고 부른다. 슈뢰딩거 방정식의 양자화는 보통 주어진 $V(x,y,z)$와 경계조건에 대해 슈뢰딩거 방정식을 푼 이후에 얻을 수 있다. 사실 슈뢰딩거 방정식은 수학자들에게 **고유값 방정식** eigenvalue equation 으로 알려진 형태를 가지고 있다. 간략히 설명하자면 주어진 $V(x,y,z)$와 경계조건에 대해 방정식을 만족하는 제한된 함수 $\psi(x,y,z)$의 집합이 존재한다는 것을 의미한다. 그리고 이들 함수에 대해 특정한 E 값이 존재한다는 것을 의미한다. 이런 E 값의 집합은 계의 양자화된 에너지 상태를 구성한다.

식 (6)은 직교좌표로 표시되어 있다. 그러나 좌표계는 사람들이 만든 것이라 진짜 물리법칙이라면 어떤 좌표계로도 표현할 수 있어야 한다. 슈뢰딩거 방정식의 경우 아래 형태로 방정식을 적어 이 요구를 만족시킬 수 있다.

$$-\frac{\hbar^2}{2m}\nabla^2\psi(\mathbf{r}) + V(\mathbf{r})\psi(\mathbf{r}) = E\psi(\mathbf{r}) \qquad (7)$$

식에서 ∇^2은 라플라시안 연산자 Laplacian operator 이고, $\boldsymbol{r}$은 입자의 위치 (x,y,z)를 표시하는 일반 기호이다.

방정식이 좌표계와 무관한 특성은 물리학에서 심오한 의미를 가진다. 좌표계는 인간의 발명품으로 물리법칙은 물리 현상을 기술하기 위해 사용하는 원점과 좌표축의 위치 및 방향과는 무관해야 한다. 라플라시안 연산자는 좌표계에 따라 다른 형태를 가지지만, 모든 형태는 2차 도함수들의 합이라는 동일한 개념을 표현하고 있다. 물리적 계산의 결과는 계산을 위해 사용한 좌표계의 선택과는 무관해야 한다.

예제 2.2

함수 $\psi(x)=Ae^{-ikx}$는 에너지가 E인, 시간과 무관한 1차원 슈뢰딩거 방정식의 풀이로 알려져 있다고 가정하자. 여기서 $i=\sqrt{-1}$, A와 k는 상수이다. 이 경우 퍼텐셜 함수 $V(x)$는 무엇일까?

시간과 무관한 1차원 슈뢰딩거 방정식은 다음과 같다.

$$-\frac{\hbar^2}{2m}\frac{d^2\psi}{dx^2}+V(x)\psi=E\psi$$

주어진 함수의 2차 도함수는 $d^2\psi/dx^2=(ik)^2Ae^{-ikx}=-k^2\psi$가 된다. 따라서

$$-\frac{\hbar^2}{2m}(-k^2\psi)+V(x)\psi=E\psi$$

공통 인자인 ψ를 소거하면

$$V(x)=E-\frac{\hbar^2k^2}{2m}$$

즉 $V(x)=$상수가 된다. 이 경우는 에너지의 제약이 전혀 없는 *자유* 입자 free particle에 해당한다. 3장에서 이 형태의 풀이를 보게 된다. 파동함수 $\psi(x)=Be^{+ikx}$ 역시 동일한 $V(x)$를 주게 되는 것에 주목할 필요가 있다. 일반적으로 $V(x)$는 주어진 함수이고, 찾아내야 할 함수는 $\psi(x)$이다. $V(x)=$상수인 경우 두 풀이에 나타나는 k가 같다는 것을 3장에서 배울 것이다. 그러므로 이 퍼텐셜에 대한 가장 일반적인 풀이는 $\psi(x)=Ae^{-ikx}+Be^{+ikx}$가 된다. 모든 2차 미분방정식은 두 가족 family의 풀이를 가진다.

2.3 시간이 관계된 슈뢰딩거 방정식

올바른 파동함수는 공간과 시간 모두의 함수여야 한다. 앞서 슈뢰딩거 방정식을 유도하며 y (또는 ψ)의 x 도함수만을 고려하고 시간의 도함수는 생각하지 않았다. 그 결과 파동 패턴이 이동하는 방향에 대해 알 수 없게 되었다. 이 책에 나오는 대부분의 연습문제가 시간과 무관하므로 크게 문제될 것은 없다. 그러나 슈뢰딩거 방정식을 제대로 소개하기 위해 시간이 관계된 슈뢰딩거 방정식 time-dependent Schrödinger equation 을 유도해 보는 것도 의미가 있다고 생각한다. 유도를 통해 역사적 사실들을 배울 수 있으며, 또 3장에서 사용할 일부 결과들을 얻을 수도 있다. 또한 시간이 관계된 슈뢰딩거 방정식은 잘 알려진 하이젠베르크의 불확정성 원리(부록 A)를 증명하는데 필요하다.

시간이 관계된 슈뢰딩거 방정식의 풀이에 관심을 가지지 않는다고 해서 시간이 관계된 슈뢰딩거 방정식이 흔히 슈뢰딩거 방정식이라고 부르는 시간과 무관한 슈뢰딩거 방정식에 비해 덜 중요하다는 것을 의미하지는 않는다. 시간과 무관한 슈뢰딩거 방정식은 궁극적으로 주어진 퍼텐셜에 해당하는, "정상상태" stationary state 로 알려진 에너지 준위들만을 알려줄 뿐이다. 사실 시간과 무관한 슈뢰딩거 방정식의 풀이를 가지고 시간에 따라 위치가 변하는 입자들을 모델링할 수도 있다. 그리고 이런 "움직이는 파동묶음" wave packet 을 만드는 방법을 간단히 소개하는 예제가 4.8절에 나와 있다. 양자역학의 주된 응용 가운데 하나가 정상상태 사이의 전이율 transition rate 을 계산하는 것이고, 전이율을 구하려면 슈뢰딩거 방정식의 시간 의존성에 대해 잘 알아야 한다. (여기서는 기본적인 소개가 목적이라 시간과 무관한 풀이만으로 한정한다. 시간과 무관한 풀이만으로도 여러 장을 채울 수 있을 만큼 풀이와 해석이 다양하다. 따라서 이 책에서는 알려진 시간과 무관한 풀이의 극히 일부분만을 다룬다.)

이제 슈뢰딩거 방정식을 유도하는데 있어 새로운 개념인 입자의 파동성 ($\lambda = h/p$)을 이용하자. 파동 패턴에서 시간이 관계된 부분에 대해 앞서와 유사한 작업을 해 보자. 진동자에 대한 플랑크의 에너지-진동수 관계식

$$E = h\nu \tag{1}$$

을 생각해 보자. 각진동수 $\omega = 2\pi\nu$의 정의와 함께 이 식을 사용하면 파동 패턴의 식이

$$\psi = A\sin\left[\frac{1}{\hbar}(px - Et)\right] \tag{2}$$

로 달라진다.

에너지 보존식(식 2.2.1)에 나온 E가 식에 나오는 것에 주목하라. 윗 식을 미분 형태로 표시하기 위해 식 (2)의 시간에 대한 1차 도함수를 계산하면 된다.

$$\frac{\partial\psi}{\partial t} = -\frac{E}{\hbar}A\cos\left[\frac{1}{\hbar}(px - Et)\right] \tag{3}$$

그러나 이 방법에는 문제가 있다. 파동방정식이 물리법칙을 표현하기 위한 것이라면 파동방정식은 풀이의 형태와는 무관해야 한다. 다시 말해 방정식은 특별한 함수 형태의 ψ가 아닌, ψ 자체만을 포함하고 있어야 한다. E를 끄집어내는데 1차 도함수만이 필요하므로 사인 함수가 아닌 코사인 함수만이 남게 된다. 이런 어려움을 피할 수 있는 유일한 방법은 사인 함수의 제곱과 코사인 함수의 제곱의 합이 1이 된다는 것을 이용하는 것이다. 즉

$$A^2\sin^2\left[\frac{1}{\hbar}(px - Et)\right] + A^2\cos^2\left[\frac{1}{\hbar}(px - Et)\right] = A^2 \tag{4}$$

식의 처음 항이 ψ^2이라는 것을 알고 코사인 항을 따로 떼놓기 위해 식을 다시 정리하면

$$A\cos\left[\frac{1}{\hbar}(px - Et)\right] = \pm\sqrt{A^2 - \psi^2} \tag{5}$$

이 된다. 여기서 복부호 ±가 나오는 것은 제곱근을 취했기 때문이다. 이 식을 식 (3)에 대입하고 에너지를 구하면 다음과 같은 식을 얻는다.

$$E = \frac{\mp\hbar}{\sqrt{A^2 - \psi^2}}\left(\frac{\partial\psi}{\partial t}\right) \tag{6}$$

이제 이 식을 시간과 무관한 슈뢰딩거 방정식의 오른편에 대입하면 슈뢰딩거 방정식은

$$-\frac{\hbar^2}{2m}\frac{\partial^2\psi}{\partial x^2} + V(x,t)\psi = \frac{\mp\hbar\psi}{\sqrt{A^2 - \psi^2}}\left(\frac{\partial\psi}{\partial t}\right) \tag{7}$$

으로 바뀐다.

이 결과는 심각한 문제를 가지고 있다. 첫째 파동의 진폭은 일반적으로 물리법칙에 나타나지 않아야 한다. 에너지처럼 진폭은 문제에서 주어진 경계조건에 의해 결정되어야 한다. 더 큰 문제는 오른편 분모에 제곱근이 나오기 때문에 이 미분방정식이 비선형적이라는 것이다. 즉 독립적인 풀이의 합이 풀이가 될 수 없다. 게다가 부호도 애매모호하다.

진폭이 식 가운데 나타나는 문제점은 파동함수 ψ의 2차 시간 도함수를 구하면 다시 사인 함수가 나타나기 때문에 문제를 피해갈 수 있다고 생각할지 모른다. 그러나 이 역시 E^2이 들어있는 식을 얻는 결과를 낳는다. 이 경우 이 미분방정식 역시 비선형 방정식이 된다. 그 까닭은 에너지 보존식에서 에너지는 E의 1승으로만 나타나므로 $\partial^2\psi/\partial t^2$의 제곱근을 취할 필요가 있기 때문이다. 따라서 기존의 파동으로는 시간이 관계된 파동방정식을 유도할 수 없다는 결론을 얻게 된다.

이와 같은 상황에 이르자 슈뢰딩거는 허수의 지수함수 형태를 가진 파동을 머리에 떠올리게 되었다.

$$\psi(x, t) = A\exp\left[\frac{\iota}{\hbar}(px - Et)\right] \tag{8}$$

여기서 $i = \sqrt{-1}$이다. 시간과 관계된 슈뢰딩거 방정식이 불변하지만(즉 여전히 식 2.2.5를 얻는다 - 실제로 계산해 보라!), 좀 더 그럴싸한 시간이 관계된 슈뢰딩거 방정식의 형태를 유도할 수 있게 해준다는 것이 이 가정이 가진 아름다움이다. 이 가정을 사용하면

$$E = -\frac{\hbar}{\iota\psi}\left(\frac{\partial\psi}{\partial t}\right) = \frac{\iota\hbar}{\psi}\left(\frac{\partial\psi}{\partial t}\right) \tag{9}$$

를 얻을 수 있고, 여기서 $1/i = -i$를 사용했다. 이 결과를 시간과 무관한 슈뢰딩거 방정식의 오른편에 대입하면

$$-\frac{\hbar^2}{2m}\frac{\partial^2\psi}{\partial x^2} + V(x)\psi = \iota\hbar\left(\frac{\partial\psi}{\partial t}\right) \tag{10}$$

을 얻을 수 있다. 식 (10)이 바로 시간이 관계된 슈뢰딩거 방정식이다.

선형적인 시간이 관계된 미분방정식을 유도하는 성공을 거두었음에도 불구하고 아직 마지막 문제가 남아 있다. 사용한 파동함수는 오른쪽이나 왼쪽 어느 쪽으로도 이동하지 않는 파동이다. 사실 사인 함수를 지수 형태로 표시하는 오일러 Euler의 항등식

$$\sin\theta = \frac{1}{2\iota}(e^{\iota\theta} - e^{-\iota\theta}) \tag{11}$$

을 상기하면, 오른쪽으로 이동하는 "물질파"는

$$\psi(x,t) = A\sin\left[\frac{1}{\hbar}(px - Et)\right] = \frac{A}{2\iota}[e^{\iota/\hbar(px-Et)} - e^{-\iota/\hbar(px-Et)}] \tag{12}$$

로 적을 수 있음을 알 수 있다.

신기하게도 순수히 오른쪽(또는 왼쪽)으로 이동하는 파동은 시간이 관계된 파동함수의 풀이가 되지 못한다. 반면 이런 파동을 구성하고 있는 각각의 지수함수 성분들은 부호가 반대일지라도 미분방정식의 풀이가 된다.

분명한 것은 왼쪽 또는 오른쪽으로 이동하는 고전적인 파동과 맞는 것처럼 보이는 파동방정식 모두를 가질 수 없다는 점이다. 그리고 물질파를 이야기하려면 파동의 이동방향에 대한 특정한 개념이 있어야 한다는 사실이다. 이 난관을 극복하기 위해 슈뢰딩거는 식 (12)에 있는 지수 항 가운데 하나를 오른쪽(즉 $+x$축 방향)으로 움직이는 물질파로 보아야 한다는 제안을 했다. 역사적 관습에 따라 처음 항과 두 번째 항을 각각 오른쪽과 왼쪽으로 움직이는 물질파로 생각한다.

$$\psi_{\text{right}}(x,t) = A\mathrm{e}^{\iota/\hbar(px-Et)} \tag{13}$$

$$\psi_{\text{left}}(x,t) = A\mathrm{e}^{-\iota/\hbar(px-Et)} \tag{14}$$

여기서 인수 $1/2i$는 진폭에 포함시켰다. 실험을 통해 이런 관습이 옳다는 것이 밝혀졌다.

사실 식 (13)과 (14)를 오른쪽과 왼쪽으로 이동하는 파동으로 생각하기로 한 결정이 임의적이지 않다는 것은 다음 논의를 통해 알 수 있다.

시간이 관계된 슈뢰딩거 방정식인 식 (10)을 생각해 보자. 이 방정식을 시간과 무관한 슈뢰딩거 방정식 (2.2.5)와 비교해 보면 일반적으로 풀이를

$$\Psi(x,t) = \psi(x)e^{-\iota\omega t}$$

로 적을 수 있다는 것이 분명해진다. 여기서 $\psi(x)$는 시간과 무관한 슈뢰딩거 방정식의 풀이이고, $\omega = E/\hbar$이다. 이제 공간 부분이 오른쪽으로 움직이는 파동의 형태 $\psi(x) = Ae^{ikx}$를 가진 파동함수를 생각하자. 그러면 완전한 풀이를 다음과 같이 적을 수 있다.

$$\Psi(x,t) = Ae^{\iota(kx-\omega t)} = A[\cos(kx-\omega t) + \iota\sin(kx-\omega t)] \quad (15)$$

그림 2.2의 그래프 (a)와 (b)는 $t=0$에서 Ψ의 실수부(코사인)와 허수부(사인)를 나타내며, 그래프 (c)와 (d)는 조금 지난 시간 Δt의 Ψ의 실수부와 허수부를 나타낸다. Δt는 파동의 주기에 비해 매우 작다고 가정한다. $x = \omega t/k$가 아니면 시간이 더 지나도 Ψ의 실수부인 코사인 함수가 최댓값을 가지지 못한다. 허수부인 사인 함수 역시 $x = \omega t/k$가 아니면 0이 될 수 없다. Ψ의 패턴은 $t=0$와 $t=\Delta t$ 사이에 약간 오른쪽으로 전진하였다. $\psi(x) = Ae^{-ikx}$를 사용한 파동함수는 패턴이 왼쪽으로 이동한다.

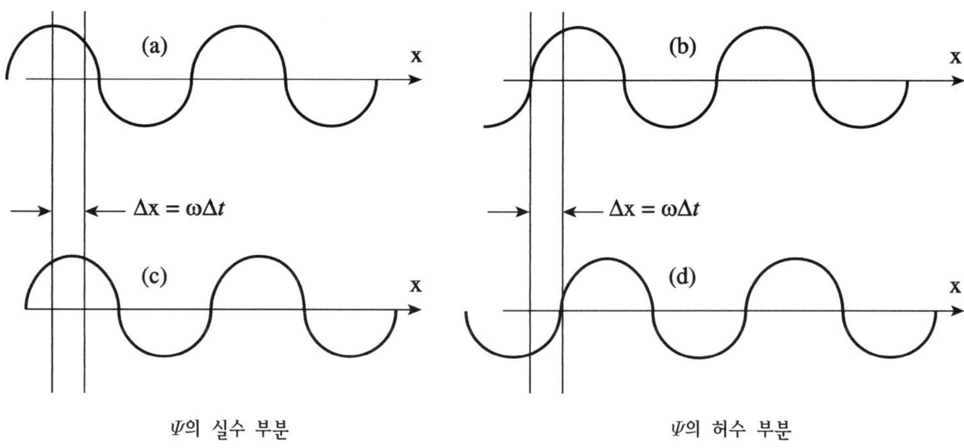

그림 2.2 $t=0$와 $t=\Delta t$에서의 $\Psi(x,t)$의 실수 및 허수 부분

앞서의 유도가 수학적으로 엄밀하지 않다는 사실을 명심하라. 슈뢰딩거 방정식을 유도하는데 있어 모범적인 파동 형태와 드 브로이, 플랑크의 관계식을 사용했지만, 슈뢰딩거 방정식의 풀이가 일반적으로 단순한 사인 함수나 지수 함수와는 전혀 다르다는 것을 알게 될 것이다.

2.4 ψ의 해석 : 확률과 경계

줄에 생긴 파동의 경우 파동 패턴 $y(x,t)$가 가진 의미는 명확하다. 파동 패턴은 줄이 평형 위치로부터 수직으로 이동한 변위를 가리킨다. 그러나 양자역학적 파동 함수 $\psi(x,y,z)$는 어떻게 해석해야 할까? 원자핵 주위를 도는 전자가 사실 "파동"일 수 있을까? 파동이기 위해 어떤 매질이 필요할까? ψ를 확률로 해석하려는 시도가 1.4절에서 잠시 언급되었다. 정확한 해결책이 1926년 독일의 물리학자 보른 Max Born 에 의해 제시되었다[3]. 보른의 결과를 정량적으로 설명하자면 물리량의 복소 공액 complex conjugate 이라는 개념을 이해해야 한다.

일반적으로 어떤 퍼텐셜 함수 $V(\mathbf{r})$에 대한 슈뢰딩거 방정식을 만족하는 파동함수 $\psi(\mathbf{r})$은 복소수 함수가 될 수 있다. 즉 파동함수가 $\psi = a + ib$의 형태를 가진다. 여기서 a와 b는 (x,y,z)의 실수 함수이다. 어떤 함수의 복소 공액 함수를 얻으려면 원래 함수에서 i를 $-i$로 바꾸면 된다. 그리고 기호로는 ψ^*로 표시한다. 즉 $\psi^* = a - ib$. 함수와 그 함수의 복소 공액 함수를 곱하면 $i^2 = -1$이므로 항상 순수한 실수 함수를 얻게 된다.

$$\psi^*\psi = (a + \iota b)(a - \iota b) = a^2 + \iota ab - \iota ab - \iota^2 b^2 = a^2 + b^2$$

그러므로 ψ가 복소수이면(따라서 물리적이 아니다), $\psi^*\psi$를 계산하여 실수 양을 얻을 수 있다. 또 $\psi^*\psi$는 흔히 $|\psi|^2$ 또는 ψ^2으로 간단히 표기한다.

ψ에 대한 보른의 해석은 다음과 같다: 위치 $\mathbf{r}$에 있는 작은 부피요소 $d\tau$ 안에서 입자를 발견할 확률은 $\psi^*(\mathbf{r})\psi(\mathbf{r})d\tau$로 주어진다. (퍼텐셜 함수 V와 혼동하는 것을 막기 위해 작은 부피요소를 표기하는데 흔히 사용하는 dV 대신 여기서는 작은 부피요소에 대해 기호 $d\tau$를 사용한다.) 이러한 해석은 주어진 시간에 입자가 정확히 어디에 위치하는지 알 수 없다는 것을 의미한다. 우리는 단지 어떤 시간에 입자를 x와 $x+dx$, y와 $y+dy$, x와 $z+dz$에서 발견할 확률이 $\Psi^*(x,y,z,t)\Psi(x,y,z,t)dxdydz$

로 주어진다는 것을 알 수 있을 뿐이다.[2)]

ψ의 확률적 해석은 때때로 입자가 두 곳 또는 그 이상의 장소에 동시에 나타날 수 있다는 일반인들에게 잘 알려진 오해를 낳기도 한다. 그렇지 않다. 입자가 (본질적으로) 점과 같은 존재가 아니라고 가정할 필요는 없다. 이것이 거시적인 수준에서는 어떤 뜻을 갖는지 알아보기 위해 친구가 이렇게 이야기하는 것을 상상해 보자. "오늘 오후 내가 집에 있을 확률은 10%, 학교에 있을 확률은 60%, 직장에 있을 확률은 30%이다." 이것은 친구가 동시에 세 장소에 있다는 것을 의미하지 않는다. 이것은 친구가 집이나 직장보다 학교에 있기 쉽다는 것을 말한다.[3)] 친구가 어느 순간 실제로 어디에 있는지 측정하기 전에는 친구의 위치에 대해 제한된 정보만을 가진다는 의미이다.

ψ의 확률적 해석은 양자역학의 물리량이 고전역학에서 다루는 친숙한 물리량들과는 분명히 다르다는 것을 의미한다. 물리학자이며 과학사 연구자인 파이스 Abraham Pais 는 근본 물리법칙이 가진 타고난 확률적 성질을 20세기 물리학의 가장 극적인 과학적 변화라고 언급하였다. 입자의 위치와 속도를 정확히 알 수 있는 대신, 우리는 주어진 공간상의 지역에서 입자가 발견될 확률만을 예측할 수 있거나, 또는 입자의 운동량의 범위만을 예측할 수 있다. 이런 확률은 어떤 장소에서 더 크고, 다른 장소에서는 이보다 작으며 심지어 0이 될 수도 있다. ψ 자신은 아무런 물리적 의미를 가지지 않는다. ψ는 단지 확률을 아는데 사용되는 수학적 양이다. 입자들은 사실 공간에서 "진동"하지 않는다. 겉보기에 물질이 "파동성"을 지닌 것처럼 보이는 까닭은 바로 *확률 분포* 때문이다.

정량적으로 보른의 해석은

$$P(\mathbf{r})\, dV = \psi^*(\mathbf{r})\, \psi(\mathbf{r})\, dV \tag{1}$$

으로 표현할 수 있다.

확률은 차원이 없는 순순한 수이다. 부피의 단위가 (길이)^{3}이므로 $\psi^*\psi$의 단위는 (길이)$^{-3}$이 된다. 따라서 $\psi^*\psi$는 *확률밀도* probability density로 알려져 있다. 말 그대로 이것은 입자가 주어진 위치 (x, y, z)에서 발견될 단위부피 당 확률을 의미

2) 보른에 의해 "양자역학"이란 용어가 만들어졌다. *Physics Today* 2001; 54(4): 94와 2001; 54(5): 90을 참고하라.

3) 양자역학에 관한 여러 일반적인 오해를 알기 원한다면 *American Journal of Physics* 1996; 64:31에 실린 스타일러 Styler DF 의 논문을 보라.

한다. 이 입자가 발견될 확률이 가장 큰 (즉 $\psi^*\psi$이 가장 큰) 위치를 최빈위치 most probable position r_{mp}라고 부른다.

보른의 해석으로부터 유추할 수 있는 중요한 결과가 하나 있다. 입자가 존재할 수 있는 전체 구간에서 이 입자를 발견할 확률은 당연히 1이 되어야 한다. 즉 각 위치에서 입자가 발견될 확률을 모두 더하면 1이 되어야 한다. 이것을 수학적으로는 다음처럼 표현할 수 있다.

$$\int \psi^* \psi dV = 1 \tag{2}$$

여기서 적분 구간은 입자가 존재할 가능성이 있는 모든 구간이 된다. 식 (2)는 부피 적분이므로 일반적으로 삼중적분이 된다. 윗 계산에 사용될 파동함수는 **제곱 적분이 가능하다**고 square-integrable 부른다. 실제로 ψ에 적용되는 이 제약조건은 주어진 퍼텐셜 함수 $V(\boldsymbol{r})$에 대한 슈뢰딩거 방정식을 풀 때 나타나는 적분 상수를 정하는데 사용된다. 적분 상수들이 결정되면 파동함수가 **규격화** normalized 되어 있다고 한다.

슈뢰딩거 방정식은 2차 미분방정식이다. 특정 $V(\boldsymbol{r})$에 대한 슈뢰딩거 방정식의 풀이는 일반적으로 두 개의 적분 상수를 가지며, 이 적분 상수들은 경계조건 boundary condition에 의해 결정된다. 경계조건은 미분방정식의 일반 풀이에 적용되는 물리적 제약을 말한다. 경계조건은 풀려고 하는 특정한 문제를 규정하는 도구이다. 일반적으로 적분 상수의 수만큼의 경계조건들이 주어진다. 슈뢰딩거 방정식의 경우 두 개의 경계조건이 필요하다. 이것은 뉴턴 법칙에 관한 문제를 풀려면 입자의 초기 위치와 초기 속도를 알아야 하는 것과 같다. 그러나 어떤 경계조건들이 필요한 지는 일반적으로 쉽게 찾을 수 있으며 문제의 유형과는 무관하다. 그러나 다음 장에서 보게 될 슈뢰딩거 방정식들의 경계조건들은 방정식의 풀이를 보면 경계조건들이 가진 의미를 잘 이해할 수 있을 것이다. 경계조건이 슈뢰딩거 방정식과 어떤 관련성을 가지고 있는지 보여주기 위해 경계조건의 성질을 여기서 설명하겠다.

많은 양자역학의 문제들은 공간상의 여러 지역들과 관련이 있으며, 각 지역은 자신의 퍼텐셜 함수 $V(\boldsymbol{r})$로 기술된다. 이럴 경우 각 지역마다 독립적으로 다른 슈뢰딩거 방정식을 풀어야 한다. 그리고 풀이를 구하기가 매우 어려울 수 있지만, 다음과 같은 주장의 일반성을 훼손하지는 않는다. 그리고 경계조건은 서로 다른 지역들이 만나는 경계에서 각 파동함수들을 "짜맞추는" 비법이라고 생각할 수 있다. 그림 2.3에 있는 두 개의 1차원 지역의 일반적인 경계를 가정함으로써 경계조건의 특징에 대해 알아보자. $x=0$에 경계가 있다고 가정하자. $x<0$인 쪽 함수에는 윗첨자 〈를 붙이고, $x>0$인 쪽 함수에는 윗첨자 〉를 붙인다. 따라서 $x<0$인 쪽 퍼텐셜 함수와 파동함수는 $\{V^<(x), \psi^<(x)\}$로 적을 수 있다. 반면 $x>0$인 쪽 퍼텐셜 함수와 파동함수는 $\{V^>(x), \psi^>(x)\}$로 적을 수 있다. 일반적으로 경계에서 $V(x)$가 연속일 수도, 또 불연속일 수도 있다. 그림에서는 일반적 특성을 강조하기 위해 불연속적인 $V(x)$를 사용하였다. 실제로 불연속적인 퍼텐셜 함수는 있을 수 없지만(왜?), 실제 퍼텐셜을 간단히 기술하는데 불연속적인 퍼텐셜이 매우 편리하기 때문에 종종 사용된다. 입자는 유일한 unique 에너지를 가져야 하기 때문에 슈뢰딩거 방정식의 두 풀이는 동일한 에너지를 가지고 있어야 한다(여기서는 단지 시간과 무관한 파동함수와 퍼텐셜만을 다룬다).

$$-\frac{\hbar^2}{2m}\frac{d^2\psi^<}{dx^2} + V^<(x)\psi^< = E\psi^< \tag{3}$$

그리고

$$-\frac{\hbar^2}{2m}\frac{d^2\psi^>}{dx^2} + V^>(x)\psi^> = E\psi^> \tag{4}$$

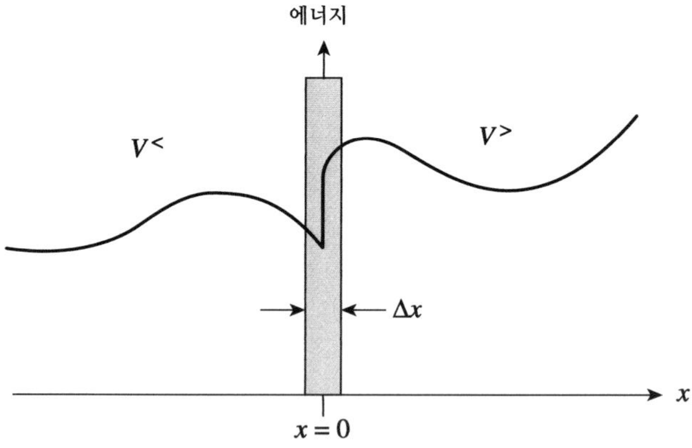

▮ 그림 2.3 $x=0$에서 불연속성을 가진 퍼텐셜 함수

첫 번째 경계조건은 공간의 각 점에서 ψ와 관련된 확률이 유일해야만 ψ의 확률

적 해석이 의미를 가진다는 것이다. 즉 $\psi(x,y,z)$가 **연속함수** continuous function **여야 한다**. 실제로 이것은 경계에서 두 풀이가 일치해야 한다는 것을 요구한다. 즉

$$\psi^{<}(\text{경계}) = \psi^{>}(\text{경계}) \tag{5}$$

두 번째 경계조건은 조금 더 복잡하다. 아래 설명은 수학적으로 엄밀하지 않지만 물리적 근거를 가지고 있다.

슈뢰딩기 방정식을 다르게 배열해 보지.

$$\frac{d^2\psi}{dx^2} = -\left(\frac{2m}{\hbar^2}\right)[E - V(x)]\,\psi(x)$$

이제 윗 식을 경계를 포함하는 구간에서 적분해 보자.

$$\int_{<}^{>}\left(\frac{d^2\psi}{dx^2}\right)dx = -\left(\frac{2mE}{\hbar^2}\right)\int_{<}^{>}\psi(x)\,dx + \left(\frac{2m}{\hbar^2}\right)\int_{<}^{>}V(x)\psi(x)\,dx \tag{6}$$

여기서 적분 구간의 끝 점은 $\{<, >\}$ 지역에 하나씩 들어 있다. 일반적으로 ψ의 2차 도함수를 적분하면 1차 도함수가 된다. 그림에 나온 것처럼 적분 구간이 경계를 포함하는 좁은 구간 Δx라 하자. 즉 $x = -\Delta x/2$로부터 $x = +\Delta x/2$까지 적분한다고 하고 최종적으로는 $\Delta x \to 0$으로 보낸다. ψ가 경계에서 연속여야 하기 때문에 (즉 $x \to 0$일 때 $\psi^{<}(x) \to \psi^{>}(x) \to \psi_{x=0}$)

$$\left(\frac{d\psi^{>}}{dx}\right)_{\substack{+\Delta x/2\\ \Delta x\to 0}} - \left(\frac{d\psi^{<}}{dx}\right)_{\substack{-\Delta x/2\\ \Delta x\to 0}} = -\left(\frac{2mE}{\hbar^2}\right)(\psi_{x=0}\,\Delta x)$$

$$+ \left(\frac{2m}{\hbar^2}\right)[V^{>}(0) - V^{<}(0)]\left(\psi_{x=0}\frac{\Delta x}{2}\right) \tag{7}$$

을 얻게 된다.

이제 $x \to 0$로 보내면 식 (7)의 오른편 첫 번째 항은 E와 $\psi_{x=0}$가 유한할 때 항상 0이 된다. 두 번째 항의 경우 두 가지 가능성을 가진다. 퍼텐셜이 경계에서 연속이거나 최악의 경우 유한한 불연속성을 가질 경우 (즉 $V^{<}(0)$과 $V^{>}(0)$이 같거

나 유한한 값만큼 다를 경우) 두 번째 항 역시 $x\to 0$일 때 0이 된다. 반면 퍼텐셜이 무한대의 불연속성을 가진다면 (즉 $V^{<}(0)$과 $V^{>}(0)$의 차이가 무한대이면), 두 번째 항은 무한대 곱하기 0이 되어 값을 결정할 수 없다(부정). 이럴 경우 $d\psi/dx$의 연속성에 대해 결론을 내릴 수 없다. (델타 함수라고 알려진 퍼텐셜 문제에 대해서만 이런 고려가 필요한데, 이 책에서는 델타 함수 퍼텐셜을 다루지 않는다.) 퍼텐셜에 있어 중요한 것은 *차이*이지 절대적인 크기가 아니라는 것을 기억하는 것이 대단히 중요하다. 힘이 $F=-dV/dx$로 주어지며 퍼텐셜에 일정한 상수 값을 더해도 힘은 달라지지 않기 때문에 퍼텐셜의 절대 크기는 중요하지 않다.

다시 반복해 보자. $V(x)$가 경계에서 연속이거나 유한한 불연속성을 가진다면, ψ의 1차 도함수는 경계에서 연속이어야 한다. 그러나 $V(x)$가 경계에서 무한대의 불연속성을 가진다면, 경계에서의 $d\psi/dx$의 연속성에 대해 무어라 말할 수 없다. 실제로는 힘이 무한대가 된다는 것을 의미하기 때문에 불연속적인 퍼텐셜이 존재할 수 없지만, 문제를 쉽게 풀 수 있도록 해주기 때문에 이런 불연속적인 퍼텐셜을 자주 가정한다.

요약을 해 보면 슈뢰딩거 방정식의 풀이는 다음 3가지 조건을 만족해야 한다.

1. ψ는 제곱 적분이 가능해야 한다. 즉 $\int \psi^* \psi \, dV = 1$.
2. ψ는 모든 곳에서 연속이어야 한다.
3. $d\psi/dx$는 경계에서 퍼텐셜이 유한한 불연속성을 가질 때만 연속이다. 하지만 무한대의 불연속성을 가진 퍼텐셜의 경우 $d\psi/dx$가 연속일 필요는 없다.

이 모든 조건들을 3장에서 공부할 예제에 사용할 것이다.

이 장을 마무리하면서 몇 가지 철학적인 논의를 하는 것이 적절할 것 같다. 슈뢰딩거 방정식 자체는 그리 인상적이지 않다. 고전물리학에도 선형, 2차 편미분방정식이 많이 나온다. 단지 풀이에 대한 해석과 풀이에 가해지는 제약조건들만이 우리에게 친숙한 뉴턴역학의 결과와 다르다. 이제 확고하고 예정된 우주가 불분명하고 만질 수 없는 확률 구름 속으로 녹아 없어졌다. 양자 세계에서는 예와 아니오도 없고, 단지 가능성만이 주어진다. 그러나 최종적으로 실험만이 물리이론의 옳고 그름을 판가름한다. 슈뢰딩거 방정식을 수소 원자와 같은 계에 응용하였을 때 실험 결과와 완전히 일치하는 예측 결과를 얻을 수 있다는 것을 뒤에서 배우게 될 것이다.

예제 2.3

파동함수 $\psi(x)=Ae^{-kx}$가 구간 $0 \le x \le \infty$에서 적용된다고 가정하자(이 구간 밖에서는 $\psi=0$이다). 이 함수가 규격화되어 있다고 할 때 A를 k의 함수로 구하라. 이 입자를 $x=0$와 $x=1/k$ 사이에서 발견할 확률은 얼마인가?

규격화된 파동함수는 $\int \psi^2 dx=1$을 만족해야 한다. 이 경우

$$A^2\int_0^{\infty} e^{-2kx}dx = 1$$

$\int_0^{\infty} e^{-ax}dx=-\frac{1}{a}e^{-ax}$ (부록 C를 보라)이고, $a=2k$이므로

$$A^2\int_0^{\infty} e^{-2kx}dx = 1 \Rightarrow A^2\left[-\frac{1}{2k}e^{-2kx}\right]_0^{\infty} = 1.$$

따라서 $A^2\left[0-\frac{1}{2k}\right]_{=1}^{\infty}=1$ 이므로 $A=\sqrt{2k}$를 얻을 수 있다.

입자를 $x=0$와 $x=1/k$ 사이에서 발견할 확률은 이 구간에 대해 ψ^2을 적분하면 구할 수 있다. 즉

$$P(0, 1/k) = \int_0^{1/k}\psi^2 dx = A^2\int_0^{1/k} e^{-2kx}dx$$

$$=(2k)\left[-\frac{1}{2k}e^{-2kx}\right]_0^{1/k} = 1 - e^{-2} \sim 0.865$$

입자를 이 구간에서 발견할 가능성은 대략 86.5%가 된다.

요 약 02

슈뢰딩거 방정식을 1차 원리에 의해 유도할 수는 없지만, 슈뢰딩거 방정식을 찾아낼 수 있는 방법은 무한하다. 이 장에서 소개한 유도 방법은 자주 사용되는 방법이다.

양자역학의 중심이 되는 관계식은 슈뢰딩거 방정식으로 1차원의 경우

$$-\frac{\hbar^2}{2m}\frac{d^2\psi}{dx^2} + V(x)\psi = E\psi$$

의 형태를 가진다.

이 선형, 2차 미분방정식과 양자역학의 관계는 $F = ma$와 뉴턴 역학의 관계와 동일하다. 일반적으로 퍼텐셜 에너지가 $V(x)$로 주어진 공간에서 질량 m인 입자의 슈뢰딩거 방정식을 풀면 이 입자의 파동함수 $\psi(x)$와 에너지 고유값 E를 구할 수 있다. 이때 경계조건을 적용해야 한다. ψ 자신은 물리적 의미를 가지고 있지 않지만, $\psi^*\psi dV$는 공간 부피요소 dV 안에서 계를 발견할 확률이 된다. 무엇보다도 양자역학의 확률적 해석 때문에 양자역학에서는 뉴턴 물리학에서 익숙하게 사용하던, 감각할 수 있는 물리량들과 완전히 결별하게 된다.

슈뢰딩거 방정식의 풀이가 만족해야 하는 경계조건들은 다음과 같다.

1. ψ는 제곱 적분이 가능해야 한다.
2. ψ는 모든 곳에서 연속이어야 한다.
3. $d\psi/dx$는 경계에서 퍼텐셜이 유한한 불연속성을 가질 때만 연속이다. 하지만 무한대의 불연속성을 가진 퍼텐셜의 경우 $d\psi/dx$가 연속일 필요는 없다.

문 제 02

2-1(E) 고전 파동방정식의 독립적인 풀이 $y_1, y_2, \cdots, y_n$ (모두 같은 속도 v를 가진다)이 존재할 때 이들의 선형 합(식 2.1.10) 역시 방정식의 풀이가 된다는 것을 증명하라.

2-2(E) 예제 2.1을 따라 파동 패턴 $y = \tanh^{-1}\left[(x-vt)^{-4/3}\right]$이 고전 파동방정식을 만족한다는 것을 보여라. $\tanh^{-1}(u)$는 변수 u의 역쌍곡탄젠트 inverse hyperbolic tangent 를 의미한다. 변수 q에 대한 이 함수의 도함수는

$$\frac{d}{dq}\{\tanh^{-1}[u(q)]\} = \left(\frac{1}{1-u^2}\right)\frac{du}{dq}$$

로 주어진다.

2-3(I) 슈뢰딩거 방정식이 에너지 보존법칙과 모범적인 파동 형태 (2.2.3)을 만족하는 유일한 미분 파동방정식은 아니다. 이 조건들을 만족하는 또 다른 미분 파동방정식을 유도하라.

2-4(I) 어떤 퍼텐셜에 대한 슈뢰딩거 방정식의 풀이가 각 지역에서 다음과 같은 3개의 파동함수 $\psi_1(x), \psi_2(x), \psi_3(x)$로 주어진다.

$$\begin{cases} \psi_1(x) = Ae^{kx} & (-\infty \le x \le 0) \\ \psi_2(x) = Bx^2 + Cx + D & (0 \le x \le L) \\ \psi_3(x) = 0 & (x \ge L) \end{cases}$$

2.4절에 있는 연속 조건을 만족하려면 B, C, D는 A의 함수로 어떻게 주어져야 하는가? $x = L$에 무한 불연속 퍼텐셜이 존재할 경우 $\psi_3(x) = 0$이 된다는 것을 3장에서 배우게 될 것이다. 따라서 $x = L$에서는 $d\psi/dx$에 대한 연

속 조건을 적용할 필요가 없다. 또 전 지역($-\infty \le x \le +\infty$)에서 풀이가 규격화되기 위해서 A, B, C, D, k와 L이 만족해야 할 관계식을 유도하라.

2-5(E) 파동함수가 $\psi(x) = Axe^{-kx}$ $(0 \le x \le \infty;\ k > 0)$으로 주어진다. ψ가 규격화되어 있을 때 A를 k의 함수로 표시하라. 적분 계산을 위해 부록 C를 참고하라.

2-6(E) 문제 2-5의 파동함수가 어떤 에너지 E에 대한 슈뢰딩거 방정식의 풀이라고 가정하자. 이에 해당하는 퍼텐셜 함수 $V(x)$는 무엇인가?

2-7(E) 파동함수 $\psi(x) = Ae^{-kx^2}$ $(-\infty \le x \le +\infty;\ k > 0)$는 어떤 에너지 E에 대한 슈뢰딩거 방정식의 풀이로 알려져 있다. 이에 해당하는 퍼텐셜 함수 $V(x)$는 무엇인가? 이와 유사한 퍼텐셜을 5장에서 다룰 것이다.

03 장 1차원 슈뢰딩거 방정식의 풀이

이 장의 목적은 여러 1차원 퍼텐셜 함수에 대해 슈뢰딩거 방정식의 풀이를 조사하는 것이다. 이런 퍼텐셜들이 CCD 칩과 같은 실제 전자 소자(예제 3.3)의 모델링이나 알파 붕괴(3.9절)과 같은 현상을 이해하는데 응용되고 있다. 2차원이나 3차원 문제를 다루지 않고 1차원 문제를 가지고 시작하는 이유는 최소한의 수학적 지식을 사용해서 많은 독특한 양자 효과를 설명해 줄 수 있기 때문이다. 이런 문제들을 통해 뒤에 나올 더 복잡한 문제를 해결할 수 있는 기초 실력을 쌓을 수 있다.

이 장은 매우 긴 장이며, 따라서 앞으로 배울 내용을 살펴보는 게 독자들에게 도움이 될 것이다. 이 장의 1부는 3.1-3.6절까지로 구성되어 있으며, *퍼텐셜 우물* potential well에 대해 중점적으로 다룬다. 간단히 말해 이것은 입자가 힘의 장벽에 의해 특정 공간에 갇혀 있는 것을 의미한다. 고전적으로 입자가 충분한 에너지를 가지고 있지 않다면 우물에서 뛰어 넘어 우물 밖으로 빠져 나올 수 없다. 이런 상황에서는 입자가, 보어 모형에서 구한 에너지처럼, 불연속적인 구속에너지 bound-energy 만을 가진다. 우선 3.1절에서 고전적인 퍼텐셜에너지 함수의 특성에 대해 복습하는 것으로 퍼텐셜 우물에 대한 연구를 시작한다. 3.2절에서는 무한 우물로 알려진 퍼텐셜에 대해 처음으로 슈뢰딩거 방정식을 직접 풀어본다. 이 고도로 이상화된 경우의 풀이는 불연속적인 파동함수와 에너지가 어떻게 2장에서 유도한 경계조건으로부터 나타나는지 잘 보여준다. 3.3-3.5절에서는 유사한 퍼텐셜인 유한 우물에 대해 다룬다. 이 경우 *양자 터널링* quantum tunneling 현상을 이해하는데 도움을 줄 것이다. *질량이 없는* 계의 경우 고전물리학에서도 이 현상과 유사한 현상(전자기파가 비전도성 매질을 통과하는 현상)이 존재하지만, 양자세계에서는 파동역학적으로 질량을 가진 입자도 터널링을 할 수 있다. 3.6절에서는 무한 우물과 유한 우물의 풀이로부터 얻게 된 정보를 임의의 퍼텐셜에 대한 대략적인 파동함수를 그려내는데 어떻게 사용하는지 설명한다. 3.7-3.10절로 구성된 2부에서는 *퍼텐셜 장벽* potential barrier을 분석하는데 치중한다. 간단히 말해 퍼텐셜 장벽은 퍼텐셜 우물을 뒤집은 것이다. 우물에 입자가 붙잡히는 대신 외부에서 입사된 입자가 장벽을 만나 일부는 반사되고 일부는 장벽을 통과한다. 퍼텐셜 우물과 장벽 문제를 푸는데 관여하는 수학은 거의 같지만, 동기나 결과는 전혀 다르다. 흡사 한 아파트의 다른 집에 살면서 서로 소통하는 것처럼, 우물과 장벽은 같은 장의 지붕 아래 있고 수학도 비슷하지만 내용은 다르다. 퍼텐셜 장벽은, 예를 들자면, 가속시킨 원자보다 작은 입자를 원자핵과 산란시켜 원자핵의 구조와 에너지 준위를 조사하는 핵물리학자들에게 특히 중요하다. 3.7절과 3.8절에서 알게 된 결과들을 3.9절에 있는 *알파 붕괴* alpha decay 현상을 설명하는데 응용한다. 알파 붕괴는 양자 터널링 효과이며, 알파 붕괴의 해석은 양자역학이 거둔 최초의 위대한 성공 스토리이다. 3.10절에서는 산란실험 scattering experiment 이 가진 속성에 대해 간략히 소개한다. 이 내용은 1부에 있는 퍼텐셜 우물에 포함시킬 수도 있지만, 산란(3.7절에서 자세히 다룰 개념)을 강조하는 의미에서 2부에서 다룬다. 마지막으로 문제가 이 장의 끝에 실려 있다.

1부 퍼텐셜 우물

3.1 퍼텐셜 우물

뉴턴 역학에서 “연습문제의 목적”은 흔히 질량 m인 물체의 위치 $\boldsymbol{r}$과 속도 $\boldsymbol{v}$에 대한 표현식을 시간의 함수로 구하는 것이다. 이 일을 하기 위해 이 물체가 받는 힘과 초기 위치 및 초기 속도가 주어져야 한다. 힘은 직접 주어지거나 아니면 퍼텐셜에너지 함수 $V(\boldsymbol{r})$의 형태로 주어진다. 물체가 받는 힘은 $\boldsymbol{F}=-\nabla V$로 주어진다. 그리고 물체의 운동은 뉴턴의 제2법칙 $\boldsymbol{F}=m\boldsymbol{a}$에 따라 일어난다. 양자역학을 적용해야 하는 문제의 경우 역시 $V(\boldsymbol{r})$이 주어지지만, 파동함수와 에너지 고유값은 슈뢰딩거 방정식을 사용해 구한다.

앞으로 주로 다룰 2가지 내용은 **에너지 준위 도표** energy-level diagram 와 **퍼텐셜 우물**이다. 이 개념들을 소개하기 위해 간단한 뉴턴 역학의 예를 생각해 보는 것이 도움이 된다. 질량 m인 열차가 그림 3.1과 같은 마찰이 없는 롤러코스터 선로 위에 있다고 가정하자.

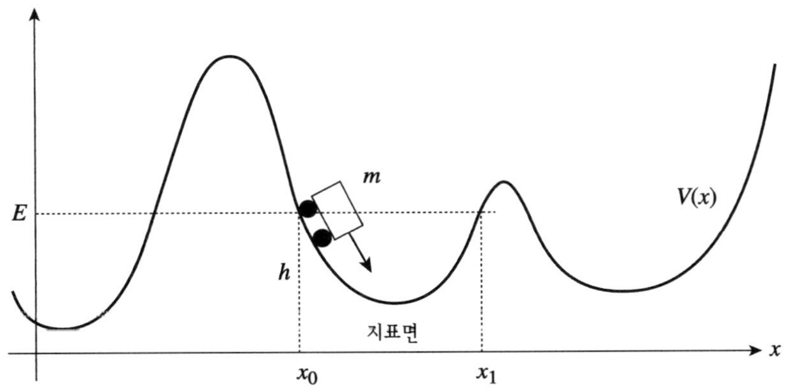

그림 3.1 롤러코스터 선로 위에 있는 열차

열차가 지면 위 높이 h 인 곳에서 출발하면, 퍼텐셜에너지는 $V = mgh$ 로 주어진다. 선로의 높이가 위치의 함수 $h(x)$ 로 주어진다면, $V(x) = mgh(x)$ 라고 쓸 수 있다. $V(x)$ 와 $h(x)$ 는 인수 mg 를 제외하면 동일하다. 따라서 그림 3.1의 곡선은 선로를 옆에서 본 것 또는 열차의 퍼텐셜에너지를 위치의 함수로 그린 것이라 생각해도 무방하다. 그리고 그림의 수직축을 "높이(m)" 또는 "에너지(J)"로 적어도 된다. 열차를 그림에서처럼 위치 x_0 에서 출발시키면, 전체 에너지는 $E = mgh(x_0)$ 가 될 것이다. 에너지/위치 도표인 그림 3.1에서 이 전체 에너지 값은 그림에 있는 수평선에 해당한다. 공기 저항에 의한 마찰이 작용하지 않는다면 E 는 "계곡" 또는 "우물" 지역인 x_0 와 x_1 사이에서 항상 일정하다. 열차가 출발하면 열차가 가속되어 계곡의 바닥에서 최고 속도에 이르고 반대편으로 이동하면서 속도가 줄다가 출발 때와 동일한 수직 높이, 또는 *에너지 준위*에 이르면 순간적으로 멈추게 된다. 열차는 이제 x_0 와 x_1 사이에서 왔다갔다 할 수 밖에 없는데, 이를 열차가 **퍼텐셜 우물** 속에 갇혔다고 하며, 열차는 **구속에너지 상태**에 있다고 한다. 기술적으로 구속 상태란 $x \to \infty$ 일 때 전체 에너지가 $V(x)$ 보다 작은 상태를 의미한다. 위치 x_0 와 x_1 는 "고전적인 반환점"으로 알려져 있는데, 이 위치에서 열차가 순간적으로 정지했다가 운동 방향을 바꾸기 때문이다. 열차가 위치 x_0 에서 어떤 속도 v_0 를 가지고 출발한다면, 초기 운동에너지 때문에 $E = mv_0^2/2 + mgh(x_0)$ 가 되어 전체 에너지선이 선로와 x_0 에서 만나지 않는다. 이 경우 그림 3.2에 보인 것처럼 열차는 새로운 구속 상태에 놓이게 된다.

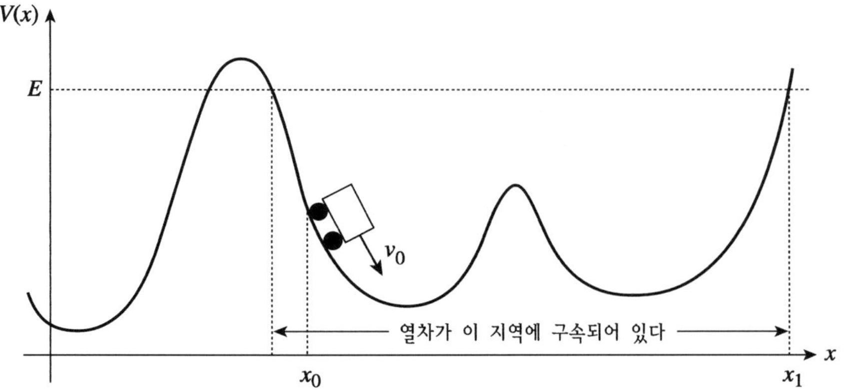

▮ **그림 3.2** 구속에너지 상태에 있는 열차

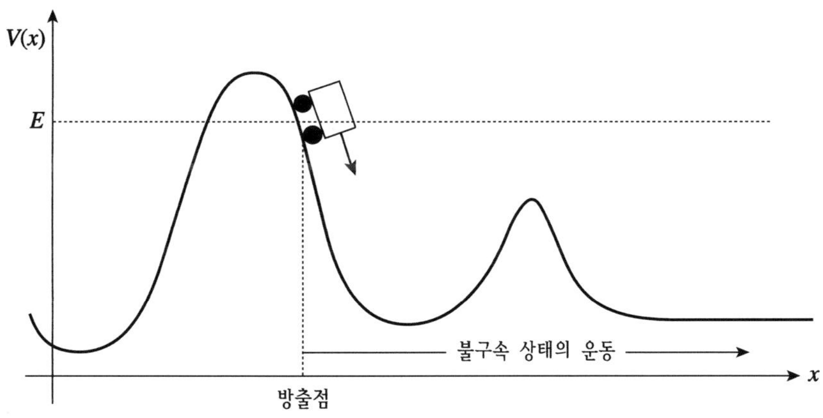

▮ **그림 3.3** 불구속에너지 상태에 있는 열차

또 다른 가능성으로 만약 선로 위 출발점의 오른쪽이 항상 출발점의 수직 높이보다 낮다면, 열차는 결국 $x=+\infty$에 도달하게 된다. 그림 3.3에 이런 **불구속에너지 상태** unbound energy state가 그려져 있다.

지금까지의 설명은 여러 곳에 응용할 수 있다. 그림 3.1-3.3은 **퍼텐셜 도표** potential diagram 라고 알려진 방법을 보여준다. 이들 그림에서 x축은 항상 위치 좌표를, y축은 에너지를 가리킨다. 일반적으로 이 도표에서 수직축은 수직 높이를 가리키지 않는다. 이 계의 퍼텐셜에너지 함수는 도표에서 보통 실선(−)으로 나타낸다.

고전적으로 계의 전체 에너지는 원리상 제한이 없다. E는 뉴턴의 제2법칙에 구체적으로 나오지 않는다. 양자역학적으로는 E가 슈뢰딩거 방정식에 구체적으로 나오며, 주어진 퍼텐셜에 대한 이 방정식의 풀이는 E를 매개변수 parameter 로서 직접 포함하고 있다. 이런 일반적인 성질을 명심하면서 간단한 1차원 퍼텐셜에 대한 슈뢰딩거 방정식을 풀어보자.

3.2 무한 퍼텐셜 우물

가장 간단한 양자역학의 문제는 매우 높은 에너지를 가진 벽 사이에 갇혀 있어 벽을 뛰어 넘는데 무한대의 에너지가 필요한 입자의 운동을 구하는 것이다. 이 문제의 퍼텐셜 도표가 그림 3.4에 주어져 있다. 질량 m인 입자가 $x=0$와 $x=L$ 사이에 있는 무한히 깊은 퍼텐셜 우물 안에서 움직인다. 이런 우물을 **무한 퍼텐셜 우물** infinite potential well , **무한 직각 우물** infinite rectangular well , **무한 사각 우물** infinite square well 등 여러 이름으로 부른다.

그림 3.4 또는 유사한 도표에서 어두운 부분은 퍼텐셜 "벽"을 뜻한다. 수식으로 무한 퍼텐셜 우물은 다음처럼 정의한다.

$$V(x) = \begin{cases} 0, & 0 \le x \le L \\ \infty, & x < 0, x > L \end{cases} \tag{1}$$

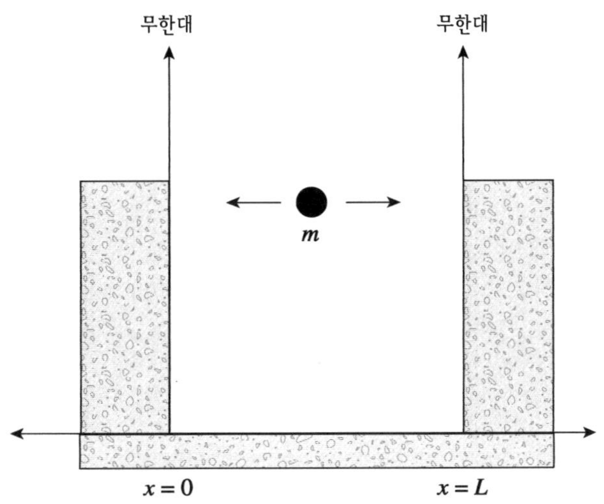

▌그림 3.4 무한 퍼텐셜 우물

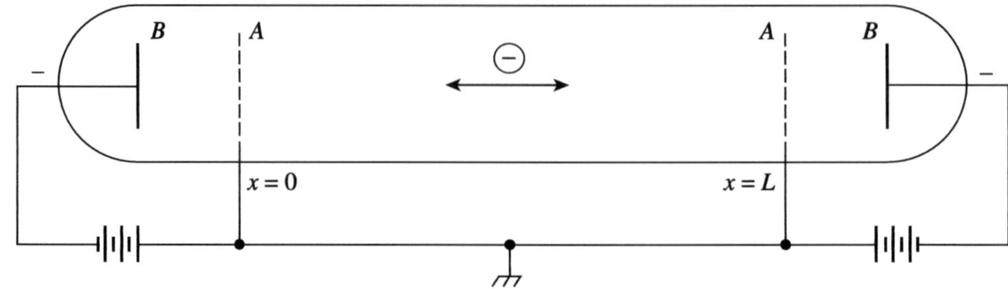

▌그림 3.5 진공관의 전극과 그리드로 만들어진 1차원 "상자"에 갇힌 전자를 보여주는 개략도. 프렌치와 테일러가 지은 *양자물리학 입문 An Introduction to Quantum Physics* (MIT 출판사, 1978)에 실린 그림을 사용했다.

벽이 물리적 장벽일 필요는 없다. 그림 3.5는 어떻게 전자 퍼텐셜 우물을 만드는지 보여주고 있다. 진공실 안의 특정 공간에 강한 전기장을 걸어 퍼텐셜 우물을 만들고 여기에 전자를 가두어 둔다.[1)]

현실적으로 전기장을 무한대로 강하게 할 수는 없지만, 아이디어는 명확하다. 전자가 $x=0$의 왼쪽을 통과하려거나 $x=L$의 오른쪽을 통과해 가려 하자마자 전자는 강한 전기적 반발력을 받아 되돌아가게 된다. $x<0$와 $x>L$로 정의된 지역을 우물의 "외부"라고 하고, $0 \le x \le L$로 정의되는 지역을 우물의 "내부"라고 부르자. 이제 $E>0$인 구속 상태의 풀이를 구해보자.

외부 지역에서 슈뢰딩거 방정식은

$$-\frac{\hbar^2}{2m}\frac{d^2\psi}{dx^2} + (\infty)\psi = E\psi, \quad (x<0, x>L) \tag{2}$$

의 형태를 가진다.

우물의 외부에서는 $\psi=0$일 때만 이 식을 만족할 수 있다. 이것은 E가 유한하기 때문이다.

우물 내부에서는 이야기가 달라진다. 여기서는 $V(x)=0$이므로 슈뢰딩거 방정식이

$$-\frac{\hbar^2}{2m}\frac{d^2\psi}{dx^2} = E\psi, \quad (0 \le x \le L) \tag{3}$$

1) 그림 3.5는 프렌치와 테일러가 지은 *양자물리학 입문 An Introduction to Quantum Physics* (MIT 출판사, 1978)에 있는 그림을 따온 것이다.

이 된다. 이 방정식을 정리하면

$$\frac{d^2\psi}{dx^2} = -k^2\psi \tag{4}$$

가 되고, 여기서

$$k^2 = \frac{2mE}{\hbar^2} \tag{5}$$

이다. 일반적으로 식 (4)의 풀이는 허수 인자를 가진 지수함수의 합이 된다.

$$\psi(x) = Ae^{\iota kx} + Be^{-\iota kx} \tag{6}$$

여기서 $i = \sqrt{-1}$ 이고, A와 B는 적분 상수이다.

2장에서 3개의 경계조건을 슈뢰딩거 방정식의 풀이에 적용해야 한다는 것을 배웠다.

1. 풀이의 제곱-적분이 규격화되어야 한다.
2. ψ는 모든 곳에서 연속여야 한다.
3. 퍼텐셜 불연속성이 무한대가 아닌 한 퍼텐셜 불연속성이 있는 곳에서 $d\psi/dx$가 연속이어야 한다.

일반적으로 마지막 2개 조건을 먼저 고려하는 것이 편리하다. 현 상황에서 무한대의 퍼텐셜 불연속성이 존재하기 때문에 조건 (3)을 사용할 수는 없다. 조건 (2)는

$$x = 0 \text{ 에서 } \psi(x) = 0 \tag{7}$$

및

$$x = L\text{에서 } \psi(x) = 0 \tag{8}$$

를 요구한다. 식 (6)에 $x = 0$를 대입하면 식이 $A + B = 0$ 또는 $B = -A$가 된다. 그러므로 일반 풀이는 다음과 같이 된다.

$$\psi(x) = A(e^{\iota kx} - e^{-\iota kx}) = (2\iota A)\sin(kx) \tag{9}$$

$x=L$에서 윗 식은

$$(2\iota A)\sin(kL) = 0 \tag{10}$$

이 된다. 이 식은 $A=0$이거나 $\sin(kL)=0$의 두 가지 가능성을 가진다. $A=0$이면 파동함수 전체가 사라지므로 규격화가 불가능해져 물리적인 풀이가 될 수 없다. 두 번째 가능성이 훨씬 더 흥미롭다. $kL=n\pi$일 때만 $\sin(kL)=0$이 된다. 여기서 n은 정수이다. 이것은 k의 값을 $k=n\pi/L$로 제한한다. 식 (5)로부터 입자에게 허용된 전체 에너지가

$$E_n = \left(\frac{\pi^2\hbar^2}{2mL^2}\right)n^2 \tag{11}$$

로 제한된다.

엄밀하게 말해 n은 0이 아닌 어떤 정수도 될 수 있고, n을 계의 **주양자수** principal quantum number 라고 부른다. 그러나 E가 n^2에 비례하기 때문에 음의 정수 n은 대응되는 양의 정수와 같은 **에너지 고유값** energy eigenvalue 을 가진다. 따라서 n의 양의 정수 $n=1,2,3,\ldots$으로만 제한해도 아무 문제가 없다. **바닥 상태 에너지** ground−state energy 는 $n=1$에 해당한다. ($n=0$를 갖는 풀이가 없다는 것에 주목하라. 이 경우 $E=k=0$이 되어 식 (4)의 풀이가 $\psi=ax+b$가 된다. 이 풀이는 상수 a와 b가 0일 때만 경계조건을 만족하게 된다.)

여기서 *양자역학적 경계조건을 적용하면 양자화된 에너지 준위가 얻어진다*는 것이 중요하다. *이것은 모든 슈뢰딩거 방정식의 구속 상태 풀이가 가진 특성이다.* 식 (11)에서 했던 것처럼 에너지 값을 양자수 n에 대응시키는 것이 관습이다. 각각의 에너지 E_n에 파동함수 ψ_n이 대응된다.

$$\psi_n(x) = (2\iota A)\sin\left(\frac{n\pi}{L}x\right) \tag{12}$$

여기서 식 (9)의 k를 $n\pi/L$로 대치했다. 음의 양자수는 양의 양자수와는 다른 파동함수를 주는 것에 주목하라: $\psi_n(x)=-\psi_{-n}(x)$. 따라서 주어진 에너지 고유값은 두 개의 파동함수를 가지게 된다. 이런 계를 **이중으로 겹쳐있다**고 doubly degenerate 한다. 그러나 이런 경우 $\psi^*\psi$만이 물리적 사실과 관련이 있고

$\psi_n^2(x) = +\psi_{-n}^2(x)$이므로 이중 겹침이 있다는 것을 측정에 의해 알기가 어렵다. 겹침 현상은 사실 물리적인 것이라기보다 수학적인 것이다. 6장과 7장에서는 진짜로 물리적인 겹침을 일으키는 퍼텐셜에 대해 배운다.

파동함수의 적분 상수 A는 얼마일까? 아직까지 사용하지 않은 조건이 하나있는데, 바로 *파동함수는 규격화되어 있어야 한다*는 사실이다. 즉 입자의 확률 분포를 우물 전체에 대해 적분했을 때 1이 되어야 한다. 그러므로 모든 가능한 n 값에 대해

$$\int_0^L \psi_n^*(x)\psi_n(x)\,dx = 1 \tag{13}$$

을 만족해야 한다.

무한 퍼텐셜 우물에서 $\psi_n^*(x)\psi_n(x) = 4A^2\sin^2(kx)$이므로, 규격화 조건을 다음처럼 적을 수 있다.

$$\begin{aligned}\int_0^L \psi_n^*(x)\psi_n(x)\,dx &= 4A^2\int_0^L \sin^2\left(\frac{n\pi}{L}x\right)dx \\ &= 4A^2\left[\frac{x}{2} - \frac{\sin(2n\pi x/L)}{4(n\pi/L)}\right]_0^L = A^2\left\{\left[\frac{L}{2} - \frac{\sin(2n\pi)}{4(n\pi/L)}\right] - \left[0 - \frac{\sin(0)}{4(n\pi/L)}\right]\right\} \\ &= 4A^2\left(\frac{L}{2}\right) = 2A^2L\end{aligned}$$

이 결과를 1로 놓으면

$$A = \sqrt{\frac{1}{2L}} \tag{14}$$

식 (12)와 (14)를 결합하면 무한 퍼텐셜 우물에 대한 규격화된 파동함수를 얻게 된다.

$$\psi_n(x) = \iota\sqrt{\frac{2}{L}}\sin\left(\frac{n\pi}{L}x\right), \quad (0 \le x \le L), \quad n = 1, 2, 3, \ldots. \tag{15}$$

A가 우물의 길이에만 의존하지 양자수 n과는 무관하다는 것을 기억하라. 이것은 규칙이라기보다 예외적인 경우임을 증명하게 될 것이다. 일반적으로 에너지 준위는 양자 상태, 입자의 질량, 우물의 폭과 플랑크 상수에 의존한다.

$\psi_n^*(x)\psi_n(x)$만이 물리적 의미를 가지기 때문에 무한 우물의 파동함수를 이야기할 때 보통 인수 i를 없애고 순수한 실수 함수로 취급한다.

지금까지 다룬 슈뢰딩거 방정식의 풀이로부터 얻은 두 가지 핵심적인 교훈을 다시 한 번 언급한다.

1. **양자화된 에너지 준위**(또는 **에너지 고유값**)는 슈뢰딩거 방정식의 풀이에 **경계조건**을 적용하면 자연스럽게 얻어지고, 특정 에너지 고유값을 가리키는 **양자수**가 나온다. 수소 원자의 보어 모형에서는 보어가 이상한 인위적인 가정을 가해 양자화된 에너지를 얻었던데 반해 슈뢰딩거 방정식에서는 에너지의 양자화가 자연스럽게 등장한다.
2. 각각의 에너지 고유값 E_n에는 계의 확률 분포를 알려주는 고유한 **파동함수**(또는 **고유함수** eigenfunction) $\psi_n(x)$가 등장한다.

그림 3.6에 3개의 가장 낮은 에너지를 가진 무한 우물 파동함수의 $|\psi_n|$과 $|\psi_n|^2$이 (임의의 스케일로) 그려져 있다. $n=1$인 상태를 계의 바닥상태 또는 정상상태라고 부른다. $|\psi_n|^2$의 그림에서 봉우리 paek 는 입자를 발견할 확률이 높은 위치에 해당한다. 계곡은 확률이 낮은 곳에 해당한다. 파동함수에서 봉우리의 수가 n과 같다. **마디** node 라고 부르는 $\psi=0$인 위치들이 존재한다. 즉 마디에서는 입자를 발견할 수 없다. 우물의 경계를 포함하면 n 상태의 마디의 수는 $n+1$이다.

그림 3.6에 있는 파동함수들은 줄에 생긴 정상파를 생각나게 한다. 사실 이 문제는 수학적으로 줄의 정상파와 동일하다. 즉 우물 경계 사이에 반파장의 파동을 정수배로 넣은 것이다. 줄의 경우 이런 구속조건 constraint 에 의해 가능한 진동수들이 결정된다. 무한 퍼텐셜 우물 안의 입자의 경우 드 브로이 관계식에 의해 동일한 구속조건이 적용되어 가능한 에너지 값들이 결정된다.

양자역학의 확률 분포 해석을 받아들인다면, 왜 일상생활에서는 물질의 파동성을 느끼지 못하는 것일까? 답은 원자 수준의 현상과 거시적인 수준(일상생활)의 현상과 관계된 양자수의 크기에 차이가 있기 때문이다. 이 사실을 알려주는 두 경우를 생각해 보자. A는 양자적인 경우이다. 20 eV($=3.20\times10^{-18}$ J)의 에너지를 가진

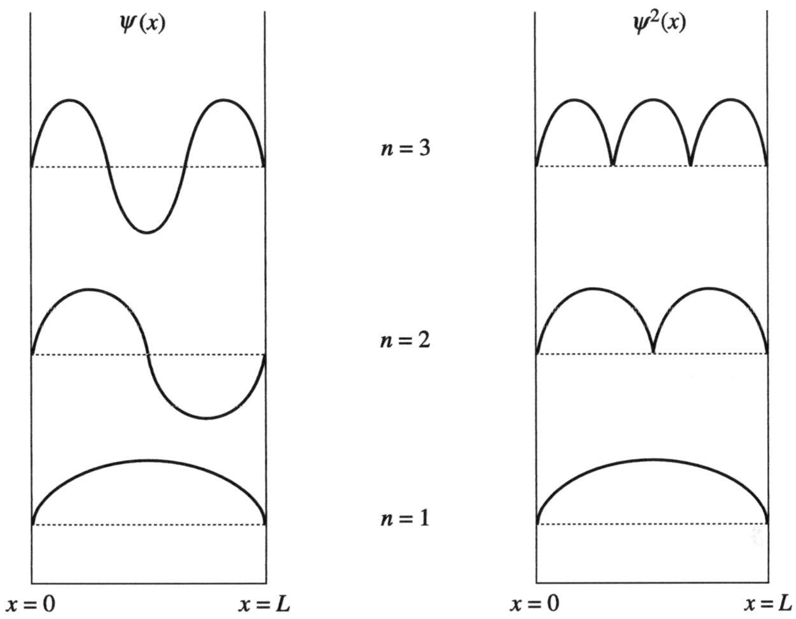

■ **그림 3.6** 무한 퍼텐셜 우물의 파동함수와 확률 분포(수직축의 스케일은 그림 마다 다름)

전자가 폭 $L=1$ Å$(=10^{-10}$ m)인 원자 수준의 퍼텐셜 우물에 갇혀 있다. B는 거시적인 경우이다. 질량이 1 kg이고 1 J의 에너지를 가진 물체가 폭 1 m인 퍼텐셜 우물에 갇혀 있다. 이럴 경우

$$n_{\mathrm{A}} = \sqrt{\frac{8m_{\mathrm{A}}L_{\mathrm{A}}^2E_{\mathrm{A}}}{h^2}} = \sqrt{\frac{8(9.11\times10^{-31}\,\mathrm{kg})(10^{-10}\mathrm{m})^2(3.20\times10^{-18}\mathrm{J})}{(6.626\times10^{-34}\mathrm{J\,sec})^2}} = 0.73$$

$$n_{\mathrm{B}} = \sqrt{\frac{8m_{\mathrm{B}}L_{\mathrm{B}}^2E_{\mathrm{B}}}{h^2}} = \sqrt{\frac{8(1\,\mathrm{kg})(1\,\mathrm{m})^2(1\,\mathrm{J})}{(6.626\times10^{-34}\mathrm{J\,sec})^2}} = 4.3\times10^{33}$$

을 얻는다.

물론 n은 정수여야 한다. 사실 독립적인 물리량인 m, L, E를 잘못 선택하여 n_A의 값이 정수가 아니다. 그러나 이보다 중요한 점은 여기 주어진 원자 수준의 문제에서 전체 길이에 대해 ψ가 단 하나의 최댓값을 가진다는 것이다. 반면 거시적인 경우 1 m의 공간에 10^{33}개의 최댓값이 존재한다. 거시적인 경우 확률 최댓값 사이의 간격이 대략 10^{-33} m 정도가 되어 원자핵의 크기보다 10의 20승(10^{20})배 작다.

따라서 최댓값의 위치를 구별할 수 없다. 이것은 1 kg의 물체가 1 m의 상자 안 어느 곳에라도 존재할 수 있다는 것을 의미한다. 거시적인 수준에서는 확률 분포의 울퉁불퉁함을 전혀 느낄 수 없다.

이 예를 더 조사해 보면 에너지 준위 사이의 간격을 에너지의 함수로 표시할 수 있다. 식 (11)로부터

$$\frac{dE_n}{dn} = 2\left(\frac{\pi^2\hbar^2}{2mL^2}\right)n = \frac{2E_n}{n}$$

을 얻는다. 이 결과로부터 거시적인 경우와 양자적인 경우 첫 번째와 두 번째 에너지 준위 사이의 간격이 각각 3×10^{-15} eV와 54.8 eV가 되는 것을 알 수 있다. 거시적인 현상에서 에너지 준위 사이의 간격은 항상 계의 에너지에 비해 매우 작아 감지할 수 없다. 따라서 에너지가 뉴턴 역학에서처럼 연속적인 양으로 보인다. 원자 수준의 현상에서는 간격이 계의 에너지와 유사한 크기를 가진다.

예제 3.1

질량 m인 입자가 1차원의 무한 퍼텐셜 우물의 $n=3$ 상태에 있을 때 이 입자를 $n=0$와 $x=L/10$ 사이에서 발견할 확률을 구하라.

입자를 무한히 작은 공간요소 dx에서 발견할 확률은 식 (2.4.1)에 따라 $(\psi^*\psi)dx$로 주어진다는 것을 알고 있다. 따라서 예제의 답은 이 확률을 주어진 구간에 대해 적분하여 얻을 수 있다.

$$P(0, L/10) = \int_0^{L/10} \psi_3^*(x)\psi_3(x)\,dx = \frac{2}{L}\int_0^{L/10} \sin^2\left(\frac{3\pi}{L}x\right)dx$$

$$= \frac{2}{L}\left[\frac{x}{2} - \frac{\sin(6\pi x/L)}{(12\pi/L)}\right]_0^{L/10} = \frac{2}{L}\left[\frac{L}{20} - \frac{\sin(3\pi/5)}{(12\pi/L)}\right] = 0.0496$$

따라서 구하려는 확률은 대략 5% 정도가 된다.

확률은 통계적인 의미만을 가진다는 것을 기억하는게 중요하다. 실제로 동일하게 준비한 수많은 무한 퍼텐셜 우물에서 입자의 위치를 측정해야 하며, 이 입자들 가운데 몇 %가 $x=0$와 $x=L/10$ 사이에 놓여 있는지를 측정해야 확률을 알 수 있다.

예제 3과 같은 문제에서 지름길을 택할 수 있다. dx가 매우 작을 때 입자를 x와 $x+dx$ 사이에서 발견할 확률이

$$V(x) = \begin{cases} 0 & (-L \le x \le L) \\ V_0 & (|x| > L) \end{cases} \tag{16}$$

으로 주어진다는 사실로부터 출발한다. 입자를 특정한 구간 Δx에서 발견할 확률을 계산하기 위해서는 적분을 하면 된다. 그러나 원하는 구간이 좁아 이 구간에서 ψ가 별로 달라지지 않는다면, Δx에서 ψ를 일정하다고 보고 확률을 다음과 같이 적을 수 있다.

$$P(x, x + \Delta x) \sim \psi_n^*(x)\psi_n(x)\,\Delta x$$

이 예제에서 $\Delta x = L/10$으로 잡고, 중간점 $x = L/20$에서 ψ를 계산하여 확률을 구하면

$$P(0, L/10) \sim \frac{2}{L}\sin^2\!\left(\frac{3\pi}{20}\right)\left(\frac{L}{10}\right) \sim 0.041$$

이 된다. 이 값은 적분을 사용하여 얻은 정확한 결과와 유사함을 알 수 있다.

3.3 유한 퍼텐셜 우물

이제 질량 m인 입자가 **유한한** 깊이를 가진 퍼텐셜 우물에 갇혀 있는 경우를 생각해 보자. 이 문제는 무한 퍼텐셜 우물에 비해 더 현실적인 문제이다. 예를 들어 광전효과 photoelectric effect 실험에서 금속 표면 가까이 있는 전자가 여기에 해당한다. 전자는 수 eV의 에너지만 가져도 금속으로부터 탈출할 수 있다. 그림 3.7

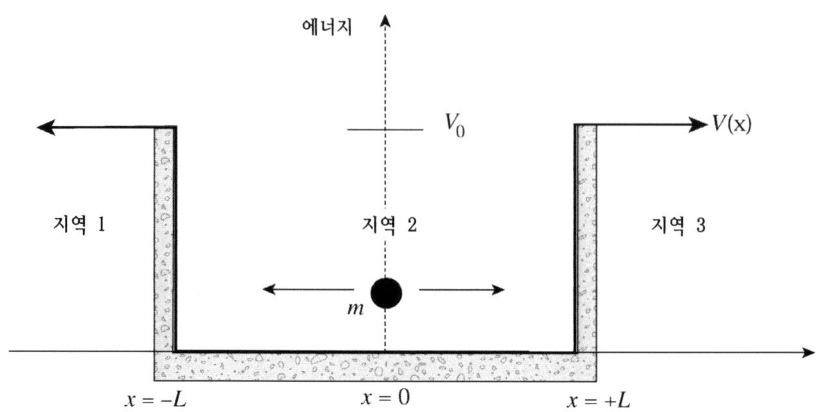

▮ **그림 3.7** 유한 퍼텐셜 우물

에 유한 퍼텐셜 우물이 그려져 있다. 유한 퍼텐셜 우물은 유한 직각 우물 또는 유한 사각 우물이라고도 불린다.

우물의 깊이가 V_0이고 폭이 $2L$이며 $x=0$에 대해 대칭성을 가진다. (무한 퍼텐셜 우물의 위치와 다르지만, 이 경우에 수학이 더 쉽다.) 우물은

$$V(x) = \begin{cases} 0 & (-L \le x \le L) \\ V_0 & (|x| > L) \end{cases} \tag{1}$$

로 기술된다. 공간을 우물 내부($|x| \le L$)와 외부($|x| > L$)로 구분하자. 우물 내부에서 $V(x)=0$이므로 슈뢰딩거 방정식이 무한 퍼텐셜 우물 내부에서의 형태와 같아진다.

$$-\frac{\hbar^2}{2m}\frac{d^2\psi_{\text{in}}}{dx^2} = E\psi_{\text{in}} \tag{2}$$

우물 외부에서는 $V(x) = V_0$이므로 슈뢰딩거 방정식은

$$-\frac{\hbar^2}{2m}\frac{d^2\psi_{\text{out}}}{dx^2} = (E - V_0)\psi_{\text{out}} \tag{3}$$

으로 표현할 수 있다.

식 (3)은 무한 우물의 경우와의 첫 번째 차이를 보여준다. 우물 밖에서 ψ가 0일

필요가 없다는 점이 다르다. 정확히 말해 두 개의 외부 지역이 있다. 한 지역은 $x \leq -L$이고, 다른 지역은 $x \geq +L$이다. 슈뢰딩거 방정식은 두 지역에서 동일하지만 결과에는 차이가 있을 수 있음을 나중에 설명하겠다. 그림 3.7에서처럼 지역을 왼쪽에서 오른쪽으로 각각 1, 2, 3으로 표시하는게 편리하다. 이 지역번호는 해당 파동함수의 밑 첨자로 사용될 것이다. (지역번호는 에너지 준위를 표시하는 양자수와는 다르다는 것에 유의하라.) 또 다시 $E < V_0$인 구속에너지 상태를 구하는 것이 우리가 해야 할 일이다.

식 (2)와 (3)을 더 간단히 적으면

$$\frac{d^2\psi_{\text{in}}}{dx^2} = -k_2^2\psi_{\text{in}} \tag{4}$$

과

$$\frac{d^2\psi_{\text{out}}}{dx^2} = k_1^2\psi_{\text{out}} \tag{5}$$

이 되며 여기서

$$k_1^2 = \frac{2m}{\hbar^2}(V_0 - E) \tag{6}$$

와

$$k_2^2 = \frac{2mE}{\hbar^2} \tag{7}$$

이다.

우물의 바닥이 $V=0$이고 $V_0 > E$인 구속상태를 찾으려 하기 때문에 k_1과 k_2 모두 양의 실수가 된다. k의 밑 첨자는 지역 번호를 의미한다는 것을 잊지 마라. 지역 3의 k 값은 지역 1의 것과 같기 때문에 $k_3 = k_1$으로 놓을 수 있다.

식 (4)의 풀이는 무한 직각 우물 내부의 파동함수와 동일한 형태를 가진다. 즉

$$\psi_{\text{in}}(x) = Ae^{\iota k_2 x} + Be^{-\iota k_2 x} \tag{8}$$

식 (5)의 풀이는 일반적으로

$$\psi_{\text{out}}(x) = Ce^{k_1 x} + De^{-k_1 x} \tag{9}$$

가 되며, C와 D는 적분 상수이다.

앞서 언급한 것처럼 식 (9)는 외부에 있는 두 지역 모두에 적용된다. 정확히 말하자면 식 (9)는 각기 다른 적분 상수를 가진 두 식으로 적어야 한다. 따라서 각 지역의 파동함수를

$$\begin{cases} \psi_1(x) = Ce^{k_1 x} + De^{-k_1 x} & (x \le -L) \\ \psi_2(x) = Ae^{\iota k_2 x} + Be^{-\iota k_2 x} & (-L \le x \le L) \\ \psi_3(x) = Ge^{k_1 x} + Fe^{-k_1 x} & (x \ge L) \end{cases} \tag{10}$$

으로 적을 수 있다. 여기서 파동함수의 밑 첨자로 지역번호를 사용했다. E는 적분 상수가 아니라 에너지를 나타내는 기호이다.

이제 2장에서 유도한 일반적인 경계조건을 적용하는 일이 남아 있다. 여기서 $x = -L$과 $x = +L$에 있는 퍼텐셜의 불연속성은 무한대가 아니기 때문에 파동함수와 파동함수의 도함수 모두 경계면에서 연속이어야 한다. 즉 다음 관계를 만족해야 한다.

$$x = -L \text{에서} \;\; \psi_1(x) = \psi_2(x) \tag{11}$$

$$x = +L \text{에서} \;\; \psi_2(x) = \psi_3(x) \tag{12}$$

$$\left.\frac{d\psi_1}{dx}\right|_{-L} = \left.\frac{d\psi_2}{dx}\right|_{-L} \tag{13}$$

$$\left.\frac{d\psi_2}{dx}\right|_{+L} = \left.\frac{d\psi_3}{dx}\right|_{+L} \tag{14}$$

이 식들을 적용하기 전에 ψ가 규격화되어야 한다는 제3의 경계조건의 특성을 고려하여 문제를 단순화해 보자. 실제로 $\psi^*\psi$를 적분하면 1이 되어야 한다. 이것은

$$\int_{-\infty}^{-L}\psi_1^*\psi_1 dx + \int_{-L}^{L}\psi_2^*\psi_2 dx + \int_{L}^{\infty}\psi_3^*\psi_3 dx = 1$$

의 조건을 요구한다. 각 파동함수의 제곱을 파동함수가 적용되는 전 지역에 걸쳐 적분한다는 사실에 주목하라.

이 제곱 적분 가능성은 문제를 야기한다. 식 (10)의 첫 번째 함수인 지역 1의 파동함수 ψ_1을 생각해 보자. $x \to -\infty$가 되면 $\psi_1(x)$는 De^{-k_1x} 항 때문에 발산하므로 $\psi^*\psi$의 적분이 절대로 수렴할 수 없다! 동일한 문제가 $x \to +\infty$일 때 $\psi_3(x)$의 첫 번째 항에서도 일어난다. 이런 파국을 막는 유일한 방법은 $\pm\infty$를 포함하고 있는 지역에서 $x \to \pm\infty$일 때 $\psi \to 0$이 되도록 만드는 것이다.

$$x \to -\infty \text{일 때 } \psi_1(x) \to 0 \tag{15}$$

그리고

$$x \to +\infty \text{일 때 } \psi_3(x) \to 0 \tag{16}$$

이런 조건들에 의해 식 (10)에서 $D = G = 0$이 되어야 한다. 이로 인해 풀이가 금방

$$\begin{cases}\psi_1(x) = Ce^{k_1x} & (x < -L)\\ \psi_2(x) = Ae^{\iota k_2x} + Be^{-\iota k_2x} & (-L \le x \le L)\\ \psi_3(x) = Fe^{-k_1x} & (x > L)\end{cases} \tag{17}$$

로 단순해진다.

지금까지 모든 것이 순조롭다. 이제 결정해야 할 4개의 상수 (A, B, C, D)가 남아있고, 식 (11)에서 (14)까지 적용 가능한 4개의 조건을 가지고 있다. 그러나 아직 끝나지 않았다. 식 (11)에서 (14)까지 적용한 후에도 제곱 적분 가능성을 적용해야 하는 일이 남아있다. 따라서 4개 상수를 구하기 위해 이보다 많은 5개의 조건을 적용해야 한다! 뒤에 나오는 식 (37)을 적용하면 이 어려움이 금방 사라진다는 것을 알게 될 것이다.

조건 (11)에서 (14)까지를 적용하면

$$Ae^{-\iota k_2L} + Be^{\iota k_2L} = Ce^{-k_1L} \tag{18}$$

$$\iota k_2 A e^{-\iota k_2 L} - \iota k_2 B e^{\iota k_2 L} = k_1 C e^{-k_1 L} \tag{19}$$

$$A e^{\iota k_2 L} + B e^{-\iota k_2 L} = F e^{-k_1 L} \tag{20}$$

$$\iota k_2 A e^{\iota k_2 L} - \iota k_2 B e^{-\iota k_2 L} = -k_1 F e^{-k_1 L} \tag{21}$$

을 얻는다.

식 (18)과 (19)는 식 (11)과 (13)으로부터 유도된 것이다. 같은 식으로 식 (20)과 (21)는 식 (12)과 (14)로부터 유도되었다. 차원이 없는 곱 k_1L과 k_2L은 자주 이런 방정식에 나타나며, 이로부터 새로운 두 개의 상수를 정의할 수 있다.

$$\eta = k_1 L = \sqrt{\frac{2m(V_0 - E)}{\hbar^2}} L \tag{22}$$

과

$$\xi = k_2 L = \sqrt{\frac{2mE}{\hbar^2}} L \tag{23}$$

이 정의를 사용해 식 (18)에서 (21)까지를 다음처럼 적을 수 있다.

$$A e^{-\iota\xi} + B e^{\iota\xi} = C e^{-\eta} \tag{24}$$

$$\iota A e^{-\iota\xi} - \iota B e^{\iota\xi} = (\eta/\xi) C e^{-\eta} \tag{25}$$

$$A e^{\iota\xi} + B e^{-\iota\xi} = F e^{-\eta} \tag{26}$$

$$\iota A e^{\iota\xi} - \iota B e^{-\iota\xi} = -(\eta/\xi) F e^{-\eta} \tag{27}$$

이 식들을 4개의 미지수에 관한 4개의 식으로 생각한다. 식 (24)에서 A를 구해보면,

$$A = e^{\iota\xi}(C e^{-\eta} - B e^{\iota\xi}) \tag{28}$$

가 된다. 이 결과를 식 (25)에 대입하여 B를 구하면

$$B = (\iota/2)Ce^{-\iota\xi}e^{-\eta}(\eta/\xi - \iota) \tag{29}$$

를 얻는다. 식 (29)를 다시 식 (28)에 대입하면 A를 C만의 함수로 표시할 수 있다.

$$A = \frac{1}{2}Ce^{-\eta}e^{\iota\xi}[1 - \iota(\eta/\xi)] \tag{30}$$

식 (29)과 (30)을 이용해 식 (26)과 (27)에서 A와 B를 제거하고 약간의 조작을 거치면

$$F = C[\cos(2\xi) + (\eta/\xi)\sin(2\xi)] \tag{31}$$

와

$$F = -C[\cos(2\xi) - (\xi/\eta)\sin(2\xi)] \tag{32}$$

를 얻게 된다. 여기서 오일러 항등식이 사용되었다. 이 두 표현식을 같게 놓으면 η와 ξ에 대한 다음과 같은 조건을 얻게 된다.

$$2\cos(2\xi) + (\eta/\xi - \xi/\eta)\sin(2\xi) = 0 \tag{33}$$

A, B, C와 F가 모두 사라지고 없다. ξ와 η가 서로 독립적이지 않다는 것을 주목하면 식 (33)의 의미를 이해하기 쉽다. 이제 식 (22)와 (23)으로부터 다음 식을 얻는다.

$$\xi^2 + \eta^2 = \frac{2mV_0L^2}{\hbar^2} = \text{상수} = K^2 \tag{34}$$

K는 우물의 **세기 매개변수** strength parameter 로 알려진 값이다. η를 $\sqrt{K^2 - \xi^2}$으로 표현하면 식 (33)을 ξ만의 식으로 적을 수 있다.

$$f(\xi, K) = (K^2 - 2\xi^2)\sin(2\xi) + 2\xi\sqrt{K^2 - \xi^2}\cos(2\xi) = 0 \tag{35}$$

주어진 K의 값에 대해 특정한 ξ 값들만이 식 (35)를 만족한다. 식 (22) 또는 (23)으로부터 이 값들은 특정한 에너지 값에 해당한다는 것을 알 수 있다. *식 (35)*

의 근은 유한 퍼텐셜우물의 에너지 고유값에 해당한다. 식 (35)의 근을 기호 ξ_n로 표시하면 에너지 준위는 $E_n = \xi_n^2 \hbar^2 / 2mL^2$으로 주어진다. 이제 식 (31) 또는 (32) 둘 중 하나를 제곱하고 식 (35)를 이용해 sin(2ξ)나 cos(2ξ)를 소거하면 결과는 $F^2 = C^2$, 즉 $F = \pm C$가 된다. 만약 $F = C$이면, 식 (24)와 (26)은 $A = B$가 된다. 이 경우 $\psi_2(x) = (2A)\cos(k_2 x)$가 되고 파동함수는 **짝 반전성** even parity , 즉 $\psi(x) = \psi(-x)$의 성질을 가진다. 반면 $F = -C$이면, 식 (25)와 (27)은 $A = -B$가 된다. 이 경우 $\psi_2(x) = (2iA)\sin(k_2 x)$가 되고 파동함수는 **홀 반전성** odd parity , 즉 $\psi(x) = -\psi(-x)$의 성질을 가진다. 따라서 유한 퍼텐셜 우물 문제는 두 개의 분리된 풀이 그룹을 가지고 있음이 분명하다. 이들을 각각 짝 풀이와 홀 풀이 집합이라고 부른다.

$$\left.\begin{aligned} B &= A \\ F &= C \end{aligned}\right\} \text{ 짝 풀이} \tag{36}$$

$$\left.\begin{aligned} B &= -A \\ F &= -C \end{aligned}\right\} \text{ 홀 풀이} \tag{37}$$

우물을 $x = 0$에 대해 대칭적으로 만들면 풀이를 자연스럽게 다른 반전성을 가진 두 그룹으로 나눌 수 있다. 식 (35)는 모든 에너지 고유값에 대해 성립하지만, 퍼텐셜이 대칭성을 가질 때는 언제나 홀 반전성을 가진 풀이와 짝 반전성을 가진 풀이가 동시에 나타난다. 이에 대해 3.6절에서 더 논의할 것이다.

두 풀이 그룹이 존재한다는 사실 때문에 식 (17) 뒤에서 암시한, 모든 경계조건을 동시에 만족할 수 없다는 어려움을 모면할 수 있다.

유한 퍼텐셜 우물이 가진 중요한 속성은 *고전물리학에서는 입자가 존재할 수 없는 우물 벽 너머에서 입자를 발견할 확률이 존재한다*는 것이다. **터널링** tunneling 또는 **장벽 투과** barrier penetration 로 알려진 이런 행동은 양자화된 에너지처럼 입자의 파동성에 의해 생기는 순수 양자역학적 현상이다. 입자가 고전물리학에서는 넘을 수 없는 퍼텐셜 장벽을 투과해 지나갈 수 있다. 주어진 에너지에 대한 **특성 터널링 길이** characteristic tunneling length 는 k_1의 역수로 주어진다. 터널링 현상의 발견에 대한 매력적인 설명이 메르츠바허 Merzbacher 의 기사에 적혀 있다. 거기서 그는 "... 20세기의 30년 동안 발전되어 온 양자역학이 이룬 성공 가운데서 터널링 현상의 이해보다 더 인상적인 것은 없다. - 이 현상은

물질파나 입자가 높은 퍼텐셜 장벽을 뚫고 투과하는 것을 말한다."라고 적었다.[2)]

그림 3.8은 가장 낮은 에너지를 가진 3개의 유한 우물 파동함수를 그린 것이다. 이 그림 역시 복소수인 파동함수 대신 파동함수의 절대값 $|\psi|$만을 그린 것이다. 반전성이 교대로 바뀌는 것과 터널링이 일어나는 것에 주목하라. 파동함수의 극값의 수가 역시 n과 같다.

유한 우물은 모든 퍼텐셜 우물에 적용되는 몇 가지 개념들의 특성을 잘 보여준다. 우물 안에서, 즉 $E > V(x)$일 때 파동함수는 식 (3.3.10)의 두 번째 함수처럼 항상 진동하는 형태를 가진다. $E < V(x)$인 지역에서는 풀이가 지수함수적으로 감소하는 형태를 가지며, 이는 터널링 현상에 해당한다. 파동함수와 파동함수의 1차 도함수는 모든 곳에서 연속이어야 하며, ψ는 흔히 구간이 $\pm\infty$까지 갈 때 이 구간의 끝에서 0이 되어야 한다. 파동함수의 극값의 수는 계의 양자수와 일치하며, 양자수는 다양한 가능한 상태들을 표시하는데 사용된다.

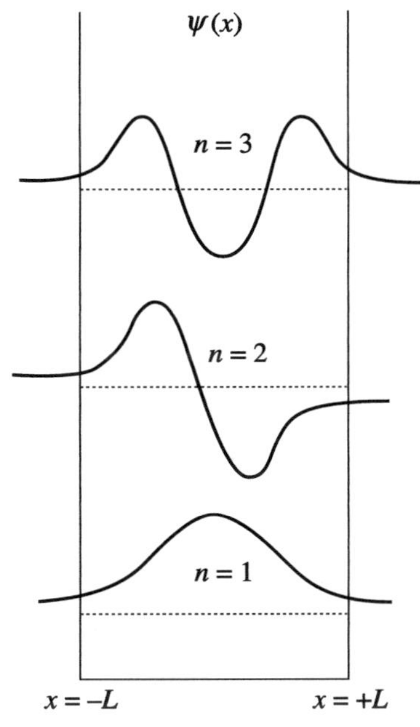

▮ 그림 3.8 유한 퍼텐셜 우물의 파동함수(수직축의 스케일은 그림마다 다름).

2) 메르츠바허 E. 양자 터널링의 초기 역사 The early history of quantum tunneling. *Physics Today* 2002; 55(8):44-49.

이 절을 끝내기 전에 에너지 고유값이 만족해야 할 조건인 식 (35)에 대해 간단히 설명하고자 한다. 무한 우물에 대한 식 (3.2.11)에서와는 달리 이 식에는 구속 상태의 양자수 "n"이 나타나 있지 않다. 유한 우물의 양자수는 다음과 같은 조작을 통해 나타난다[1].

우선 인자 K^2을 식 (35)의 양쪽에서 뽑아내어 고유값 조건을

$$[1 - 2(\xi/K)^2]\sin(2\xi) + 2(\xi/K)\sqrt{1-(\xi/K)^2}\cos(2\xi) = 0 \tag{38}$$

로 표시한다.

이제 Φ를 다음과 같이 정의한다.

$$\Phi = \sin^{-1}(\xi/K) \tag{39}$$

이 정의로부터

$$\cos^2\Phi = 1 - (\xi/K)^2 \tag{40}$$

가 성립한다. 그러므로

$$\cos(2\Phi) = \cos^2\Phi - \sin^2\Phi = 1 - 2(\xi/K)^2 \tag{41}$$

그리고

$$\sin(2\Phi) = 2\sin\Phi\cos\Phi = 2(\xi/K)\sqrt{1-(\xi/K)^2} \tag{42}$$

가 된다.

이제 다음 물리량을 생각해 보자.

$$\sin(2\xi + 2\Phi) = \sin(2\xi)\cos(2\Phi) + \cos(2\xi)\sin(2\Phi) \tag{43}$$

식 (41)과 (42)를 식 (43)에 대입하면

$$\sin(2\xi + 2\Phi) = [1 - 2(\xi/K)^2]\sin(2\xi) + 2(\xi/K)\sqrt{1-(\xi/K)^2}\cos(2\xi) \tag{44}$$

가 된다. 식 (38)과 (44)를 비교해 보자. 두 식은 동일하다. 이것은 유한 우물에 대한 고유값 방정식을 아래처럼 적을 수 있음을 의미한다.

$$\sin(2\xi + 2\Phi) = 0 \tag{45}$$

사인값은 각이 π 라디안의 정수배일 때만 0이 된다. 즉

$$2(\xi + \Phi) = n\pi$$

또는

$$\xi + \sin^{-1}\left(\frac{\xi}{K}\right) = \frac{n\pi}{2} \tag{46}$$

가 되어야 한다.

식 (46)은 유한 우물에 대한 고유값 조건을 달리 표현한 것이다. 이 식은 앞서의 식보다 훨씬 간단하며, 정수의 양자수가 식에 드러나 있다.

예제 3.2

전자가 깊이 100 eV, 폭 $L=1\,\text{Å}$인 유한 우물 안에 있다고 하고 구속에너지 상태를 구하라.

식 (34)로부터

$$K^2 = \frac{2mV_0L^2}{\hbar^2} = \frac{2(9.1095\times10^{-31}\text{kg})(1.6022\times10^{-17}\text{J})(10^{-10}\text{m})^2}{(1.0546\times10^{-34}\text{J}\cdot\text{sec})^2} = 26.2462$$

를 얻는다. 그림 3.9는 앞서의 K^2 값에 대한 $f(\xi,K)$ [식 (35)] 대 ξ의 그래프를 보여준다. η와 ξ가 모두 양의 실수여야 하기 때문에 식 (34)와 (35)로부터 ξ가 K보다 클 수 없다는 것에 주목하라. 식 (35) 또는 식 (46)을 풀면 4개의 구속 상태가 있음을 알 수 있다. 이들은 $\xi=1.3118$, 2.6076, 3.8593, 4.9630에 있으며, 에너지의 값은 각각 6.56, 25.91, 56.75, 93.85 eV에 해당한다[식 (23)].

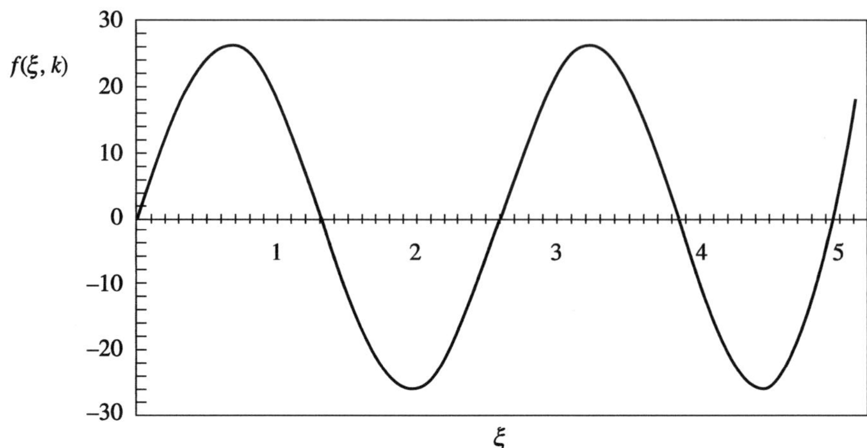

▌그림 3.9 예제 3.2

3.4 유한 사각 우물 - 짝 풀이

유한 사각 우물의 짝 반전성을 가진 풀이에 대해 더 자세히 알아보자. $B = A$, $F = C$이므로 식 (3.3.17)은

$$\begin{cases} \psi_1(x) = Ce^{k_1 x} & (x < -L) \\ \psi_2(x) = 2A\cos(k_2 x) & (-L \le x \le L) \\ \psi_3(x) = Ce^{-k_1 x} & (x > L) \end{cases} \tag{1}$$

이 된다. 같은 방식으로 식 (3.3.24)에서 (3.3.27)까지를 두 개의 조건으로 줄일 수 있다.

$$2A\cos\xi = Ce^{-\eta} \tag{2}$$

$$2A\sin\xi = (\eta/\xi)Ce^{-\eta} \tag{3}$$

규격화를 적용하면

$$\int_{-\infty}^{-L} \psi_1^* \psi_1 dx + \int_{-L}^{L} \psi_2^* \psi_2 dx + \int_{L}^{\infty} \psi_3^* \psi_3 dx = 1 \tag{4}$$

이 되어야 한다.

또 다시 각 파동함수는 파동함수가 존재하는 전 공간에 대해 적분한다는 것을 기억하라. 짝 반전성을 가진 상태를 다루기 때문에 처음과 3번째 적분은 동일하고 값은 다음과 같이 된다.

$$\int_{-\infty}^{-L} \psi_1^* \psi_1 dx = \int_{L}^{\infty} \psi_3^* \psi_3 dx = C^2 \int_{L}^{\infty} e^{2k_1 x} dx = \frac{C^2 e^{-2\eta}}{2k_1} \tag{5}$$

가운데 있는 적분을 계산하면

$$\int_{-L}^{L} \psi_2^* \psi_2 dx = 4A^2 \int_{-L}^{L} \cos^2(k_2 x) dx = 4A^2 \left[\frac{x}{2} + \frac{\sin(2k_2 x)}{4k_2} \right]_{-L}^{L}$$

$$= 4A^2 \left[\frac{\sin(2\xi)}{2k_2} + L \right] \tag{6}$$

을 얻고 따라서

$$\frac{C^2 e^{-2\eta}}{k_1} + 4A^2 \left[\frac{\sin(2\xi)}{2k_2} + L \right] = 1 \tag{7}$$

이 된다.

식 (2) 또는 (3)을 통해 C를 소거하면

$$4A^2 \left[\frac{\cos^2 \xi}{k_1} + \frac{\sin(2\xi)}{2k_2} + L \right] = 1 \tag{8}$$

이 나온다. 이 식에서 ξ와 η를 k_1과 k_2로 바꾸면 식이 다음과 같이 되고,

$$4A^2 = \frac{\eta\xi}{L[\xi\cos^2\xi + \eta\sin\xi\cos\xi + \eta\xi]} \tag{9}$$

식 (2)로부터

$$C^2 = \frac{\eta\xi e^{2\eta}\cos^2\xi}{L[\xi\cos^2\xi + \eta\sin\xi\cos\xi + \eta\xi]} = \frac{\eta\xi e^{2\eta}}{L[\xi + \eta\tan\xi + \eta\xi\sec^2\xi]} \quad (10)$$

를 얻게 된다.

식 (1), (9)와 (10)로부터 유한 사각 우물의 짝 반전성을 가진 파동함수를 정할 수 있다. 에너지 상태 ξ_n이 정해지면 A와 C를 계산할 수 있다. 무한 우물의 경우와는 달리 규격화 상수가 에너지 고유값에 의존한다.

입자를 우물 밖에서 발견할 확률은

$$P_{\text{out}}^{\text{짝}} = \int_{-\infty}^{-L} \psi_1^*\psi_1\,dx + \int_{L}^{\infty} \psi_3^*\psi_3\,dx = \frac{C^2 e^{-2\eta}}{k_1} = \frac{\xi}{[\xi + \eta\tan\xi + \eta\xi\sec^2\xi]} \quad (11)$$

로 주어진다. 이 무차원의 확률은 A와 C에 무관하고 단지 에너지 고유값에만 의존한다.

원자 수준의 유한 퍼텐셜 우물을 제작하려는 구상을 공상이라고 할 수도 있다. 그러나 주사 터널링 현미경 scanning tunneling microscopy 덕분에 이제는 원자를 한 번에 하나씩 조작할 수 있게 되었고, 이를 통해 전자를 원자들로 만든 산호초에 가둘 수 있게 되었다. 이 전자의 확률 분포는 슈뢰딩거 방정식의 풀이가 예측한 결과와 너무 잘 일치하였다(그림 3.11에 있는 설명을 보라).

3.5 유한 퍼텐셜 우물의 구속 상태의 갯수

예제 3.2에서 세기 $K = 5.12$인 유한 사각 우물이 4개의 구속 에너지 상태를 가진다는 것을 알았다. 이 가운데 가장 에너지가 큰 상태는 에너지가 우물의 꼭대기에 가까웠다. 그림 3.9에 있는 고유값 방정식 (3.3.35)의 그래프 형태로부터 더 큰 K를 가진 우물은 더 많은 구속 상태를 가질 것임을 유추할 수 있다(사실 그렇다). K가 알려진 우물에서 고유값 방정식을 풀지 않고서 미리 구속 상태의 수가 얼마인지 알아내는 방법은 없을까? 방법이 있다.

이 방법을 알기 위해 고유값 방정식을 다음처럼 적는 것이 편리하다.

$$\tan(2\xi) = -\frac{2\xi\sqrt{K^2 - \xi^2}}{K^2 - 2\xi^2} = g(\xi, K) \tag{1}$$

이 식은 고유값을 구하는 또 다른 방법을 말해준다. 함수 $g(\xi, K)$와 함수 $\tan(2\xi)$의 교점을 구하면 된다. $K=10$인 경우에 이 방법을 적용한 것이 그림 3.10에 나와 있다.

$\tan(2\xi)$은 $\xi=0,\ \pi/2,\ \pi,\ 3\pi/2, \ldots$에서 0이 되는 거의 수직한 가지들을 가지고 있다. 이 가지들은 ξ가 $\pi/4,\ 3\pi/4,\ 5\pi/4, \ldots$에 가까워 질 때 양의 무한대에 접근했다가 ξ가 $\pi/4,\ 3\pi/4,\ 5\pi/4, \ldots$를 지나면 음의 무한대에서 0을 향해 증가한다. 함수 $g(\xi, K)$는 두 개의 가지를 가지고 있다. ξ가 0으로부터 증가함에 따라 $g(\xi, K)$는 점점 감소하다가 ξ가 $K/\sqrt{2}$에 접근하면 음의 무한대 값을 가진다 (ξ의 범위가 $0 \le \xi \le K$임을 기억하라). ξ가 $K/\sqrt{2}$보다 커지면 함수가 양의 무한대로부터 감소하다가 ξ가 K일 때 0이 된다. 그림에서 $g(\xi, K)$의 두 가지와 $\tan(2\xi)$의 여러 가지들이 6개의 교점(고유값!)에서 만나는 것을 볼 수 있지만 실제로는 7개가 맞다. 한 개 교점 $\xi \sim 7.07$은 그림 아래에 숨어 있다.

K값에 관계없이 $g(\xi, K)$의 모양은 항상 그림 3.10에 있는 것과 같다는 것은 분명히 기억해야 한다. 두 개의 감소하는 가지가 $K/\sqrt{2}$에서 분리되어 있으며, 한 가지는 항상 양, 다른 가지는 항상 음이고 $\xi \to K$일 때 $g(\xi, K) \to 0^+$이다.

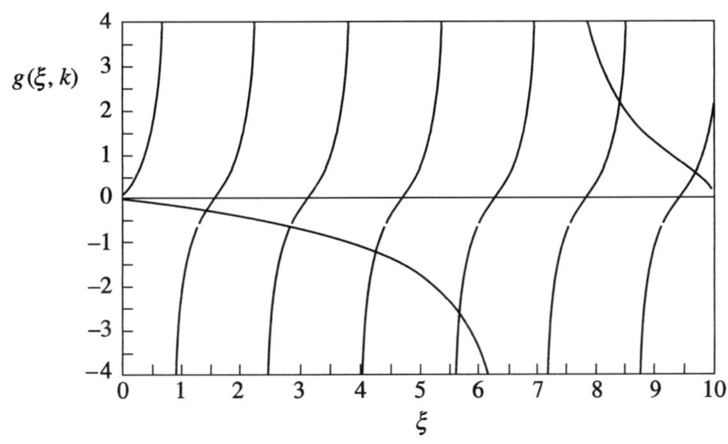

▮ **그림 3.10** $K=10$인 유한 우물에 대한 고유값 방정식과 탄젠트 함수

그림 3.10을 보면서 K가 감소하는 것을 상상해 보라. $g(\xi, K)$의 가지들은 그림의 왼쪽 가장자리를 향해 줄어드는 반면 $\tan(2\xi)$의 가지들은 변하지 않는다. 아무리 K 값이 작더라도 $g(\xi, K)$의 두 번째 가지는 항상 $\tan(2\xi)$ 함수의 첫 번째의 가지와 적어도 한 번 교차하게 된다. 따라서 *유한 사각 우물은 항상 적어도 한 개의 구속상태를 가진다*라고 결론을 내릴 수 있다.

주어진 K 값에 대해 구속상태의 수가 얼마인지 답할 수 있을까? $\tan(2\xi)$의 가지들은 $\xi=0$, $\pi/2$, π, $3\pi/2$, ...에서 0의 값을 가진다. 이제 K를 증가시킨다고 상상해 보자. 그러면 $g(\xi, K)$의 가지들이 오른쪽으로 늘어나기 시작한다. K가 $\pi/2$보다 작다면, 단 한 개의 고유값만이 존재한다. 이것은 양의 감소하는 $g(\xi, K)$의 가지가 $\tan(2\xi)$의 첫 번째 가지($\xi=0$에서 시작하는 가지)와 교차하는 것에 해당한다. K가 $\pi/2$보다 커지자마자 두 번째 고유값이 나타나는데, 이것은 $g(\xi, K)$의 가지가 $\tan(2\xi)$의 두 번째 가지와 교차해 생긴 것이다. 이상에서 분명히 알 수 있다. K가 증가하여 $2\pi/2$, $3\pi/2$, $4\pi/2$, $5\pi/2$, ,,,보다 커질 때마다 고유값의 수가 3, 4, 5, 6, ...으로 늘어난다. 그림을 잘 들여다보면 이 사실을 깨달을 수 있다. $\tan(2\xi)$의 가지들이 $\pm\infty$로 가기 때문에 $g(\xi, K)$ 가지는 $g(\xi, K)$의 종점 아래에 있는 모든 $\tan(2\xi)$의 가지들과 교차할 수 밖에 없고 이 일이 $\tan(2\xi) > 0$인 곳에서도 일어난다.

지금까지의 결론을 요약하면 주어진 K 값에 대한 고유값의 수 N을

$$N(K) = 1 + \left[\frac{2K}{\pi}\right] \tag{2}$$

로 적을 수 있다. 여기서 $[2K/\pi]$는 $2K/\pi$보다 작거나 같은 최대 정수를 말한다. $K=10$인 경우 예상대로 $N=7$이 나온다.

유한 퍼텐셜 우물은 일상생활에서 사용하는 수많은 전자소자에 실제로 응용되고 있다. 디지털 카메라는 전하 결합소자 charge-coupled-device 또는 "CCD 칩"이라고 부르는 2차원 격자 형태의 퍼텐셜 우물을 가지고 상을 얻는다. 빛에 민감한 물질을 가지고 만든 이 소자는 입사된 광자들을 탐지한다. 광자가 물질과 충돌하면 물질로부터 전자가 튀어나온다. 이 전자들이 전자적인 퍼텐셜 우물에 갇힌다. 각 우물은 영상 요소 또는 "픽셀 pixel"이라 불린다. 노출이 끝나면 전자가 칩에서 나올 수 있도록 퍼텐셜 "우물"을 적절히 높이거나 낮춰 상을 읽어 드린다. 그러고 나서 전자를 소거해 다음 노출에 대비한다. 컴퓨터에서 정보를 교환하는데 사용하는, 주위에서 흔히 볼 수 있는 "플래시 메모리" 역시 비슷한 원리에 의해 작동된다.

예제 3.3

아마추어용 망원경에 들어가는 CCD 카메라의 제조사가 자신의 제품에 60,000개의 전자를 담아둘 수 있는 “우물”을 가진 “9 마이크론 픽셀”을 가진 칩을 사용한다고 광고를 하고 있다. 이것은 각각의 작은 퍼텐셜 우물의 크기가 9 마이크론 곱하기 9 마이크론 (1 마이크론=$1\mu=10^{-6}$ m)이고 이 우물들에 60,000개의 전자를 채울 수 있다는 것을 의미한다. (각 에너지 준위는 2개의 전자를 채울 수 있으며 각 전자는 반대인 스핀을 가진다. 8장을 보라.) 문제를 단순화 시키기 위해 각 픽셀이 1차원의 유한 사각 우물이라고 가정하라. 우물의 깊이 V_0의 값이 얼마여야 할까?

$N=30,000$이기 때문에 식 (2)의 오른쪽에 있는 1은 무시해도 된다.

$$K = \frac{N\pi}{2}$$

이것을 식 (3.3.34)와 결합하여 V_0를 구하면

$$V_0 = \frac{(N\pi\hbar)^2}{8mL^2}$$

여기서 L은 우물의 폭의 절반이므로 $L=4.5$ 마이크론이 된다. 이 값을 대입하면

$$V_0 = \frac{[30{,}000\pi(1.055 \times 10^{-34}\text{J sec})]^2}{8(9.109 \times 10^{-31}\text{ kg})(4.5 \times 10^{-6}\text{ m})^2} = 6.70 \times 10^{-19}\text{ Joules}$$

로 대략 4.18 eV가 나온다. 이런 소자는 전지로 쉽게 에너지를 공급할 수 있어 전원이 없는 야외에서도 아마추어 천문가들이 관측을 할 수 있다.

원자 수준의 2차원 퍼텐셜 우물에 갇힌 전자의 확률분포를 **주사 터널링 현미경** scanning tunneling microscopy (STM) 을 가지고 직접 측정할 수 있다. 이 현미경은 1981년 IBM 취리히 연구소에 근무하던 비니히 Gerd Binnig 와 로러 Heinrich Rohrer 에 의해 발명되었으며, 이 발명으로 이들은 1986년 노벨 물리학상을 공동 수상하였다. 이 현미경에서는 매우 작은 탐침 probe tip (이상적으로는 탐침에 있는 단 한 개의 원자)을 전도성이 있는 표면에 (원자 지름의 수배 이내로) 가까이 접

근시킨다. 표면과 탐침 사이에 작은 전압을 걸어주면, 탐침은 전자가 터널링해야 할 퍼텐셜 장벽을 만든다. (3.7절에서 3.9절까지 터널링에 대해 더 다루게 될 것이다.) 그 결과 "터널링 전류"가 생기고 이 전류는 퍼텐셜 장벽의 두께에 매우 민감하다(문제 3-18을 보라). 따라서 탐침/표면 간격을 조절하여 전류가 일정하게 흐르도록 하면 표면의 모양을 원자 수준까지 그려낼 수 있고, 0.2 나노미터의 분해능까지 얻을 수 있다. 이와 관련된 기술로 **원자힘 현미경** atomic force microscopy (AFM)이 있다. 이 현미경으로는 기판 위에서 원자들을 이동시켜 나노 수준의 구조를 만들 수 있다. 그림 3.11은 원자힘 현미경으로 만든 "양자 산호초"의 주사 터널링 현미경의 "상"을 보여준다. 이 상은 구리 표면에 쌓은 48개의 철 원자를 보여주고 있다. 산호초의 지름은 대략 143Å이다. 산호초 안의 파문은 표면상태 전자의 확률분포를 나타낸다. 크로미 Crommie 등은 이 전자 분포가 원형의 2차원 상자 안에 갇힌 전자들에게서 예상되는 고유상태 분포를 따른다는 것을 밝혔다. 이 인상적인 사진은 양자역학에서 예측한 원자 수준의 확률밀도가 존재한다는 직접적인 증거이다.[3)]

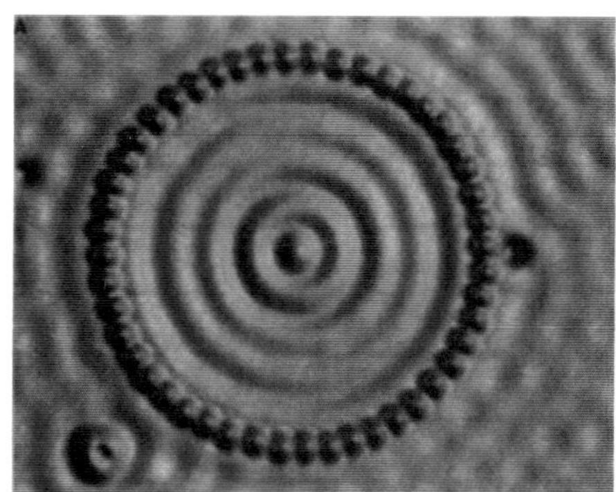

▌그림 3.11 구리 표면에 있는 철 원자로 만든 양자 산호초. 크로미 M.F. Crommie, 루츠 C. P. Lutz,와 아이글러 D. M. Eigler가 공동 발표한 논문 "금속 표면에 만든 양자 산호초에 전자 구속하기" Confinement of Electrons to Quantum Corrals on a Metal Surface, *Science* 262, 218–220, 1993의 허락을 받아 게재함

3) 원자힘 현미경에 관한 좋은 안내 기사로 루거 D. Rugar와 한스마 P. Hansma가 쓴 "Atomic force microscopy", *Physics Today* 1990: 43(10):23–30이 있다. 또 총 T. T. Tsong이 쓴 "Fifty years of seeing atoms", *Physics Today* 2006: 59(3):31–37과 기에시비 F. J. Giessibi와 퀘이트 C. F. Quate가 쓴 "Exploring the nanoworld with atomic force microscopy", *Physics Today* 2006: 59(12):44–50도 추천한다. 터널링은 또한 트랜지스터와 같은 전자 소자를 디자인하는데 있어 중요한 역할을 담당하고 있다. 원자힘 현미경의 공학적 응용에 대해 자세히 소개한 책으로 레비 A. F. J. Levi가 지은 *Applied Quantum Mechanics*, Cambridge, UK: Cambridge University Press, 2003을 들 수 있다.

3.6 파동함수 그리기

유한 퍼텐셜 우물은 단순하면서 대칭성을 가진 퍼텐셜이지만, 풀이는 몇 가지 미묘한 성질을 가지고 있다. 조금 더 복잡한 퍼텐셜들의 경우 대수적으로 풀기가 거의 불가능하다는 것을 쉽게 상상할 수 있다. 사실 슈뢰딩거 방정식의 해석학적 풀이는 매우 제한된 수의 퍼텐셜에 대해서만 가능하다. 많은 경우 풀이를 구하려고 주먹구구식의 급수 series 풀이법, 근사법, 또는 수치적분을 사용한다. 그러나 복잡한 퍼텐셜에 대한 파동함수는 몇 가지 간단한 규칙에 근거해 **정성적으로** 그릴 수 있다. 이 방법은 교육적 의미를 가지며 해석학적 풀이가 어떤 모양을 가져야 할지 알려주는 길잡이가 된다.

그림 3.12는 가상적인 예를 보여준다. 그림에 주어진 퍼텐셜 안에서 움직이는 질량 m, 전체 에너지 E인 입자에 해당하는 파동함수의 형태가 무엇인지 알고자 한다고 하자. 전체 에너지와 $V(x)$가 만나는 점들을 운동의 **고전적인 반환점** classical turning point 이라고 부른다. 이 점들은 내부와 외부 지역을 구분짓는데 내부 지역에서는 풀이가 사인 형태를 가지고, 외부 지역에서는 풀이가 지수함수적으로 감소하는 형태를 가진다.

그림에서처럼 임의의 점에서 전체 에너지를 퍼텐셜에너지와 운동에너지로 나누자. 우물이 깊은 곳에서는 운동에너지가 상대적으로 크다. 드 브로이 가설 $\lambda = h/p$에 따라 이것은 파장이 짧다는 것을 의미한다. 이것이 파동함수를 그리는 첫 번째 규칙이다. 깊은 우물 → 짧은 λ. 더 많은 마디 node ($\psi(x) = 0$인 점)를 가진 파동함수는 더 짧은 파장을 가지는데, 이것은 에너지가 더 크다는 것을 의

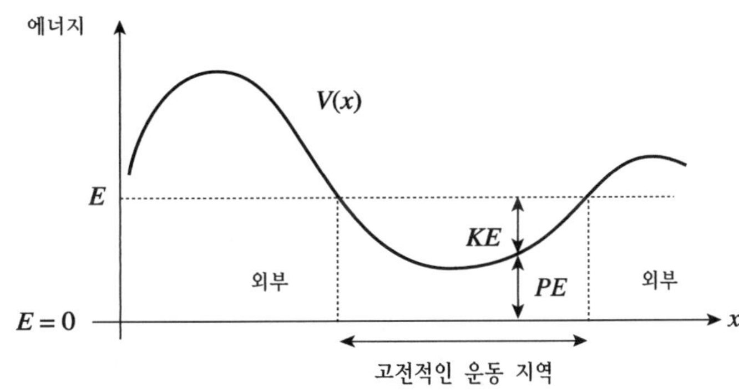

그림 3.12 가상의 퍼텐셜 우물

미한다. 바닥상태의 파동함수에는 마디가 없고, 첫 번째 들뜬 상태는 1개의 마디를, 두 번째 들뜬 상태는 2개의 마디 등으로 마디 수가 늘어난다.

우물이 좁거나 깊을 경우 ψ의 진폭은 어떻게 될까? 이 질문 역시 에너지를 이용해 대답할 수 있다. 운동에너지가 큰 곳에서는 입자의 속도 역시 크다. 따라서 우물이 깊은 지역에서는 우물이 얕은 지역에서보다 입자가 더 짧은 시간 동안만 머물게 된다. 즉 우물이 깊은 지역에서 입자를 발견할 확률이 낮아진다. 어떤 위치에서 입자를 발견할 확률은 ψ에 비례하기 때문에 ψ의 진폭 역시 우물이 깊은 곳에서 작아져야 한다. 이것이 파동함수를 그리는 두 번째 규칙이다. 깊은 우물 → 작은 진폭의 ψ.

여러 지역에서 슈뢰딩거 방정식의 풀이가 보이는 행동을 더 깊이 이해하기 위해 풀이가 가진 순수 수학적 속성들을 살펴보는 것이 도움이 된다. 다음에 나오는 설명은 아이스버그 Eisberg 와 레스닉 Resnick 의 책[2]에 있는 내용을 인용한 것이다. 슈뢰딩거 방정식을 다음과 같이 적어보자.

$$\frac{d^2\psi}{dx^2} = \frac{2m}{\hbar^2}[V(x) - E]\psi(x)$$

$[V(x)-E]>0$인 외부 지역을 생각해 보자. 어느 위치에서 $\psi>0$이면 $d^2\psi/dx^2$가 0보다 커야 한다. 반면 $\psi<0$이면 $d^2\psi/dx^2$가 0보다 작아야 한다. 내부 지역에서는 $[V(x)-E]<0$이므로 역으로 $\psi>0$이면 $d^2\psi/dx^2$가 0보다 작아야 하고, $\psi<0$이면 $d^2\psi/dx^2$가 0보다 커야 한다. 기초 미적분학에 의해 $d^2\psi/dx^2>0$인 함수는 위로 갈수록 오목해야 한다. 반면 $d^2\psi/dx^2<0$인 함수는 아래로 갈수록 오목해야 한다. 그림 3.13에 내부 지역과 외부 지역에서의 함수의 모양이 그려져 있다.

내부 지역과 왼쪽 외부 지역이 만나는 경계점 부근의 우물 내부에 있다고 가정해 보자. 경계점에서는 $d\psi/dx<0$[또는 >0]이면서 $\psi>0$이다. 왼쪽으로 이동하면 외부 지역으로 들어가게 되고 ψ는 외부 지역 파동함수의 일반적 형태인 양과 음의 지수를 가진 함수의 합으로 표현된다(식 3.3.9). ψ의 값이 처음에는 감소하지만[또는 증가하지만] $d^2\psi/dx^2>0$이므로 결국에는 $\psi=0$ 선으로부터 멀어지기 시작한다[또는 더욱 빨리 발산한다]. $x\to\infty$ 이 되면 ψ의 발산하는 부분이 무한대가 되지 않도록 억제되어야 한다. 동일한 논리를 오른쪽 외부 지역에도 적용할 수 있다. 반면

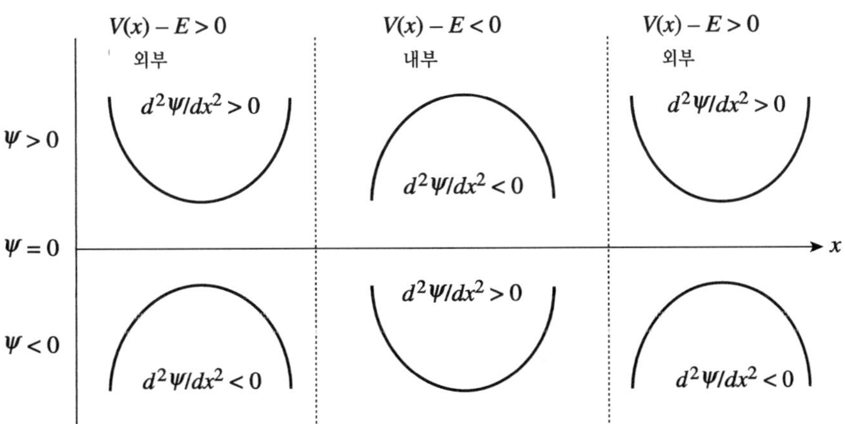

▌그림 3.13 ψ 함수의 성질

(우물 내부를 향해) 오른쪽으로 이동하면 ψ와 ψ의 도함수의 초기값이 음이냐 양이냐에 관계없이 ψ는 항상 $\psi=0$를 향해 접근하게 된다. 이런 행동으로 인해 항상 무한 우물과 유한 우물의 특징인 진동하는 형태의 풀이가 나타나게 된다.

ψ의 행동이 슈뢰딩거 방정식과 기본적인 양자역학 관계식에 근거해 유도된 만큼 파동함수의 파장과 마디 수와 곡률이 가진 성질은 어떤 퍼텐셜에도 적용할 수 있는 일반적 성질이다. 기억해야 할 다른 속성으로는 파동함수의 극점의 수가 상태의 양자 수와 같다는 것, 또 우물이 대칭적이라면 파동함수의 반전성이 교대로 바뀐다는 것을 들 수 있다. 그림 3.14에 이들 규칙들이 요약되어 있다.

이런 그림을 그릴 때 통상적으로 우물의 모양에 파동함수를 겹쳐 그린다. 그리고 에너지 준위에 따라 파동함수를 수직 윗 방향에 그린다.

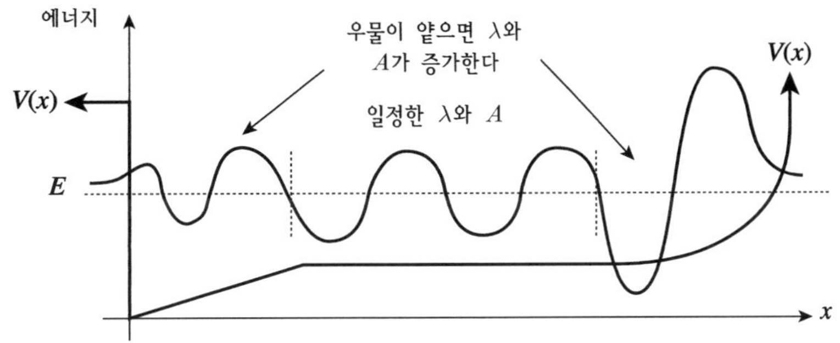

▌그림 3.14 가상의 $n=9$인 파동함수

퍼텐셜과 운동에너지에 근거한 ψ의 진폭에 관한 규칙들이 옳은 것 같지만, 때로는 ψ의 모양을 잘못 예측하기도 한다. 5장에서 다룰 포물선 형태의 조화진동자 퍼텐셜 $V(x)=kx^2/2$의 바닥상태가 좋은 예이다. 이 경우 퍼텐셜 우물의 깊이가 가장 클 때 $\psi(x)$의 진폭이 가장 커진다(그림 5.1과 5.2를 보라). 이것은 고전적인 개념에 근거를 두고 있기 때문이다. 우물이 깊을수록 진폭이 작아진다는 논리는 n이 큰 에너지 준위에만 성립한다. 이 경우 대응의 원리 correspondence principle 에 의해 높은 에너지 준위에 대해서는 고전적인 계산 결과와 양자역학적 계산 결과가 일치하지만, 낮은 에너지 준위에 대해서는 두 결과가 완전히 달라진다. 그러나 "높다"라는 용어가 "아주 높다"를 의미하지는 않는다. 그림 5.2에서 보인 것처럼 조화진동자 퍼텐셜에 대한 제4 들뜬 상태의 파동함수는 에너지에 근거한 주장과 일치한다. 고전적인 개념을 양자 현상에 적용할 때는 항상 주의해야 한다.

마지막으로 대칭적인 퍼텐셜에 대해서는 항상 홀 반전성과 짝 반전성을 가진 슈뢰딩거 방정식의 풀이가 나타난다는 것을 3.3절에서 언급하였다. 이 사실은 몇 가지 간단한 주장에 근거해 이해할 수 있다. 우리는 항상 $x=0$에 대해 퍼텐셜이 대칭이 되도록 좌표축을 잡을 수 있다. 즉 퍼텐셜이 $V(x)=V(-x)$가 된다. 퍼텐셜의 양쪽이 구별되지 않기 때문에 입자 역시 어느 한 쪽에 있는 것을 선호하지 않는다. 즉 이 입자를 발견할 *확률* 역시 $x=0$에 대해 대칭성을 가져야 한다. 즉 $\psi^2(x)=\psi^2(-x)$을 만족한다. 이 식의 제곱근을 취하면 $\psi(x)=\pm\psi(-x)$가 되어 $\psi(x)$의 반전성 역시 홀 또는 짝이 되어야 한다. ψ가 짝 반전성을 가지면, 대칭점에서 $d\psi/dx=0$이 되어 극대 또는 극소여야 한다. ψ가 홀 반전성을 가지면, 대칭점에서 $d\psi/dx\neq 0$이 되어 $x=0$에서 $\psi=0$이 되어야 한다. 몇 개의 짝 반전성과 홀 반전성을 가진 함수들을 그려보면 더 많은 결론을 얻을 수 있다. 그 가운데 하나는 대칭적인 퍼텐셜의 경우 가장 낮은 에너지 상태는 짝 반전성을 가진다는 것이다. $n=1$인 상태는 한 개의 최대값을 가져야 하는데, 홀 반전성을 가진 함수는 $x\to\pm\infty$일 때 $\psi=0$인 경계조건을 만족하면서 하나의 최대값만을 가질 수 없다. 짝 반전성을 가진 파동함수만이 항상 이 성질을 만족할 수 있다. 대칭적인 퍼텐셜의 바닥상태 파동함수는 따라서 항상 그림 3.8의 유한 사각 우물의 $n=1$ 상태의 파동함수와 유사한 모양을 가지게 된다.

대칭적인 퍼텐셜의 고에너지 상태 가운데 홀 양자수 $n=3,5,7,\ldots$를 가진 상태에 대해 생각해 보자. 원하는 대칭성과 홀수의 최대값들을 갖기 위해 ψ는 $x=0$에서 극점을 가져야 한다. 그런데 이 조건은 짝 반전성을 가진 함수의 경우에만 만족된다.

(홀 반전성을 가진 함수는 $x=0$에서 $d\psi/dx \neq 0$이다. 따라서 홀 반전성을 가진 함수는 대칭성과 홀수의 최대값들을 동시에 가져야 하는 요구를 만족할 수 없다.) 짝 양자수 $n = 2, 4, 6, \ldots$를 가진 상태의 경우 항상 적당한 홀 반전성을 가진 풀이를 쉽게 그릴 수 있다. 이유는 $x \to \pm\infty$일 때 $\psi=0$인 조건을 만족하는 대칭적인 홀 반전성 함수는 최대값들의 수가 짝수이기 때문이다. $x=0$에서 최소값을 가지는 상황에서만 짝 반전성 함수들이 가능하다. 그러나 이 경우 풀이의 경계조건이 더 늘어나기 때문에 이것을 요구할 수 없다. 이런 이유 때문에 대칭적인 퍼텐셜에 대한 풀이의 반전성이 짝, 홀, 짝, 홀 식으로 교대로 반복해 나타나게 된다. 5장에서 다룰 조화진동자 퍼텐셜은 대칭적인 퍼텐셜의 또 다른 예이다.

2부 퍼텐셜 장벽과 산란

3.7 퍼텐셜 장벽

이제부터 퍼텐셜 우물을 뒤집어 놓은 모양의 퍼텐셜 장벽 potential barrier에 대해 알아보자.

그림 3.15에 상황이 그려져 있다. 오른쪽으로 진행하는 에너지가 E인 물질파가 높이가 V_0, 두께가 L인 사각 퍼텐셜 장벽과 만난다. 이것과 유사한 고전적인 예는 공을 높이 h인 언덕을 향해 굴리는 것이다. 공의 에너지가 mgh보다 크면(즉 $E > V_0$), 공은 언덕을 넘어 반대편으로 굴러갈 수 있다. 에너지가 이보다 작

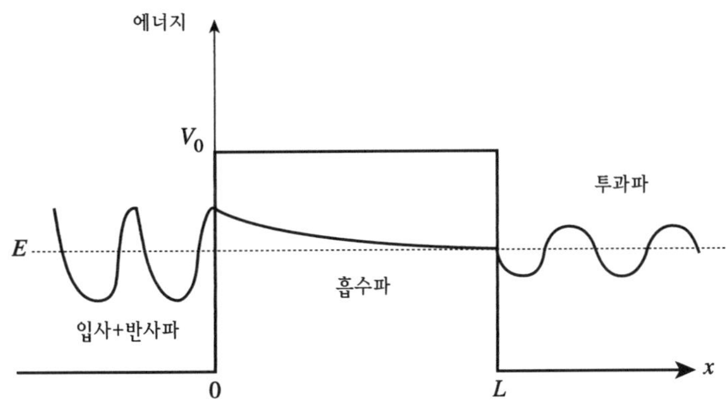

▮ 그림 3.15 사각 장벽의 투과.

다면, 공은 다시 원래 위치로 되돌아오게 된다. 그러나 퍼텐셜 우물에서 배운 터널링 현상을 통해 양자역학의 경우 상황이 매우 달라질 수 있다는 것을 짐작할 수 있다. $E < V_0$인 경우에도 물질파가 장벽을 투과할 확률이 존재한다.

이런 이유로 장벽의 왼쪽 지역에는 입사파와 장벽에서 부분 반사된 반사파가 공존하고, 장벽의 오른쪽 지역에는 투과파 또는 산란파가 존재하게 된다고 짐작할 수 있다. 장벽 안에는 식 (3.3.9) 형태의 지수함수적으로 증가하거나 감소하는 항들로 구성된 흡수파가 존재할 것이다. 직관적으로 투과파의 진폭이 E, V_0, L과 입사파의 진폭에 관계될 것이라는 예상을 할 수 있다.

퍼텐셜 장벽 문제는 많은 실용적인 응용성을 가지고 있다. 본질적으로 우리가 알고 있는 모든 원자와 원자핵 구조는 연구 대상인 원자나 원자핵에 시험 물질파를 입사시키는 실험으로부터 유도된다. 산란파의 세기와 공간 분포로부터 표적 물질의 크기와 구조에 대한 정보를 얻게 된다. 사실상 이런 실험들은 물론 3차원 실험이지만, 중요한 특징의 대부분은 1차원 해석을 통해 얻을 수 있다.

원리상 수많은 상황을 가정할 수 있다. 입자 에너지가 $E > V_0$ 또는 $E < V_0$인 것이 한 가지 상황이 될 수 있다. 공간적으로 분리된 파동묶음 또는 연속적인, 시간과 무관한 에너지를 가진 입자의 흐름의 형태로 에너지를 입사할 수 있다. 입사 입자의 드 브로이 파장에 비해 장벽의 두께가 두껍거나 얇을 수 있다. 퍼텐셜 우물에서 사용한 것과 같은 시간과 무관한 파동함수를 가지고 상황을 분석하려고 하기 때문에, 정상상태만을 다루게 된다. 즉 $E < V_0$인 입사 입자의 연속 흐름을 다룬다. (직관적으로 무관해 보이는 "입사", "반사", "투과"와 같은 용어를 사용함으로써 오해를 살 수도 있다. 왜냐하면 이런 용어들은 입자가 시간에 따라 장벽에 뚫고 반대편으로 진행하는 것을 의미하기 때문이다. 이 문제에서 실제로 우리가 알아낼 수 있는 것은 물질파의 진폭이 위치에 따라 변하기 때문에 시간과 무관한 확률 역시 위치에 따라 달라진다는 것이다.) 우선 임의의 두께를 가진 장벽에 대한 것을 공부하고 다음으로 얻은 결과를 몇몇 흥미로운 경우에 적용해 본다.

그림 3.15의 퍼텐셜은

$$V(x) = \begin{cases} V_0 & (0 \le x \le L) \\ 0 & \text{그 외 장소} \end{cases} \tag{1}$$

이다. 그림에서처럼 공간을 3개의 지역으로 구분한다. $V = 0$인 첫 번째 지역에서 슈뢰딩거 방정식의 풀이는 무한 또는 유한 사각 우물 내부의 파동함수와 동일한 형태를 가진다.

$$\psi_1(x) = A_0 e^{\iota k_1 x} + A e^{-\iota k_1 x} \tag{2}$$

여기서

$$k_1^2 = \frac{2mE}{\hbar^2} \tag{3}$$

이고, A_0와 A는 적분 상수이다.

식 (2)는 두 파동, 오른쪽으로 진행하는 진폭 A_0인 입사 물질파와 왼쪽으로 진행하는 진폭 A의 반사 물질파의 합이라고 해석할 수 있다. 반사파는 $x=0$의 장벽에서 부분적으로 반사되어 생긴 것이다. 진폭 A_0는 실험 조건에 의해 결정된다.

$E < V_0$인 지역 2에서는 파동함수가 다음 형태를 가진다.

$$\psi_2(x) = B e^{-k_2 x} + C e^{k_2 x} \tag{4}$$

여기서

$$k_2^2 = \frac{2m(V_0 - E)}{\hbar^2} \tag{5}$$

이다.

장벽이 무한대까지 뻗어 있지 않기 때문에 B나 C 어느 하나도 식 (4)에서 제거할 수 없다. 일반적인 경우 두 항이 모두 들어가 있어야 한다.

지역 3에서는 다시 $V=0$이다. 그러나 여기서는 투과파의 반사가 일어나지 않기 때문에 이 지역에서의 풀이는 오른쪽으로 진행하는 물질파의 형태를 가진다.

$$\psi_3(x) = D e^{\iota k_1 x} \tag{6}$$

지역 1과 3에서 V가 같기 때문에 파수 k 역시 동일하다는 것을 기억하라. 원래 입사파 가운데 장벽을 투과해 나오는 투과파의 에너지 역시 입사파의 에너지와 같고, 단지 투과파의 진폭만 작아진다. (방송국에서 보내는 전파의 진동수가 집 안과 집 밖에서 같은 것과 유사하다!)

실험에서는 입사파의 여러 에너지 k_1에 대해 투과파의 진폭 D를 입사파의 진폭 A_0의 함수로 측정한다. D를 A_0로 표시하려면 식 (2)부터 (6)까지 보통의 경계조건을 적용해야 한다. (입사+반사)파와 투과파가 두 방향으로 무한대까지 전파되기 때문에 예외적으로 $x \to \pm\infty$일 때 $\psi \to 0$여야 한다는 조건을 적용할 수 없다. 실험실의 크기는 원자핵의 크기에 비해 무한대라 할 정도로 크다. $x=0$와 $x=L$에서 파동함수와 그 도함수가 연속여야 한다는 조건을 적용하면 다음과 같은 4개의 식을 얻는다.

$$A_0 + A = B + C \tag{7}$$

$$\iota k_1 A_0 - \iota k_1 A = -k_2 B + k_2 C \tag{8}$$

$$B e^{-k_2 L} + C e^{k_2 L} = D e^{\iota k_1 L} \tag{9}$$

$$-k_2 B e^{-k_2 L} + k_2 C e^{k_2 L} = \iota k_1 D e^{\iota k_1 L} \tag{10}$$

A_0가 주어졌다고 하면 식 (7)에서 (10)까지를 4개의 미지수 A, B, C, D에 대한 4개의 연립 방정식이라고 생각할 수 있다. D를 A_0의 함수로 구하는 것은 시간이 많이 걸리지만 어렵지는 않으며, 3.3.절에서 유한 사각 우물을 공부할 때 비슷한 계산을 하였다. A, B, C를 소거하면 결과가

$$D = \frac{4\iota k_1 k_2 e^{-\iota k_1 L}}{[(k_2 + \iota k_1)^2 e^{-k_2 L} - (k_2 - \iota k_1)^2 e^{k_2 L}]} A_0 \tag{11}$$

로 주어진다.

D/A_0는 입사파 확률밀도의 진폭에 대한 투과파 확률밀도의 진폭의 비가 된다. 이 수의 제곱 $(D/A_0)(D/A_0)^*$은 장벽을 투과하여 반대편에서 나오는 물질파의 비를 나타내는 척도 measure 가 된다. 이 값을 **투과계수** transmission coefficient T라 부른다.

$$T = D^* D \tag{12}$$

여기서는 편의상 $A_0 = 1$로 잡았다. T를 쉽게 계산하기 위해 식 (11)의 분모에서 $e^{k_2 L}$을 밖으로 끄집어내는 것이 좋다.

$$D = \frac{4\iota k_1 k_2 e^{-\iota k_1 L} e^{-k_2 L}}{[(k_2 + \iota k_1)^2 e^{-2k_2 L} - (k_2 - \iota k_1)^2]}$$

계산 연습 삼아 T를 구해보면 다음과 같이 된다.

$$T = \frac{16 k_1^2 k_2^2 e^{-2k_2 L}}{[(k_1^2 + k_2^2)^2 (1 + e^{-4k_2 L}) - e^{-2k_2 L}(2k_1^4 - 12 k_1^2 k_2^2 + 2k_2^4)]} \tag{13}$$

식 (13)은 $E < V_0$인 사각 장벽에 대한 일반식이지만, 좀 어색해 보인다. 다음 딸림절 (a)와 (b)에서 근사를 통해 식을 간단히 할 수 있는 두 가지 경우에 대해 생각해 보자. 쌍곡삼각함수 hyperbolic trigonometric function 를 잘 알고 있다면 식 (13)을

$$T = \left[1 + \left(\frac{k_1^2 + k_2^2}{2k_1 k_2}\right)^2 \sinh^2(k_2 L)\right]^{-1}$$

으로 표현할 수 있다. 하지만 식 (13)으로 충분하다.

(a) 두꺼운 장벽 근사

장벽의 두께가 파장 $\lambda = 2\pi/k_2$와 비교해 매우 클 경우 $k_2 L \gg 1$로 놓을 수 있다. 이 경우

$$\frac{2mL^2(V_0 - E)}{\hbar^2} \gg 1 \tag{14}$$

이 된다. 이 경우 식 (13)의 $e^{-4k_2 L}$와 $e^{-2k_2 L}$ 항은 0에 가까워진다. 분모의 두 번째 항이 떨어져나가 식이

$$T_{\text{THICK}} \approx \frac{16 k_1^2 k_2^2 e^{-2k_2 L}}{(k_1^2 + k_2^2)^2}$$

또는 식 (3)과 (5)를 사용해 k_1과 k_2를 바꾸면

$$T_{\mathrm{THICK}} \approx 16\left(\frac{E}{V_0}\right)\left(1-\frac{E}{V_0}\right)e^{-\frac{2L}{\hbar}\sqrt{2m(V_0-E)}} \tag{15}$$

가 된다.

식 (15)에서 지수함수 항의 멱이 크고 음수이므로 T_{THICK}은 매우 작아진다. 다음 예를 통해 이 사실을 알 수 있다.

예제 3.4

에너지가 $E=1\,\mathrm{eV}$인 전자를 높이 $V_0=50\,\mathrm{eV}$, 폭 $L=10\,\text{Å}$인 퍼텐셜 장벽에 입사한다. 투과계수는 얼마인가?

우선 두꺼운 장벽 근사를 사용해도 된다는 것을 증명해 보자.

$$k_2L = \frac{L\sqrt{2m(V_0-E)}}{\hbar} = \frac{(10^{-9}\,\mathrm{m})\sqrt{2(9.11\times10^{-31}\,\mathrm{kg})(7.850\times10^{-18}\,\mathrm{J})}}{1.055\times10^{-34}\,\mathrm{J\cdot sec}} = 35.85$$

여기서 이 예제의 목적을 위해 이 값을 ≫라고 생각할 수 있다. 그러므로

$$T \approx 16\left(\frac{1}{50}\right)\left(\frac{49}{50}\right)e^{-71.7} \approx 2.29\times10^{-32}$$

을 얻는다.

이 전자가 장벽을 투과할 가능성은 매우 희박하다. 매초 10^6개의 전자를 입사한다고 할 때 평균적으로 1.4×10^{18}년을 기다려야 한 개의 전자가 투과한다. 이 시간은 우주 나이의 1억 배나 되는 긴 시간이다. 그러나 이런 계산 결과는 실제적으로 무의미하다. 조셉슨 접합 Josephson junction 소자라 불리는 전자소자는 전위차를 적절히 증가시키거나 감소시킴으로써 미소 전류를 매우 정확하게 조절할 수 있으며, 조절 원리로 양자 터널링을 이용한다.

두꺼운 장벽의 변형으로 반-무한대 퍼텐셜 계단 semi-infinite potential step을 생각할 수 있다. 이 경우 그림 3.15의 장벽의 두께를 무한대가 되게 할 수 있다:

$L \to \infty$. 이 경우 투과계수는 0이 된다. 즉 입자가 장벽 안으로 침투했다가 결국 다시 밖으로 나오게 된다.

(b) 얇은 장벽 근사

이 경우 장벽의 두께가 흡수파의 파장보다 작다고 가정한다. 즉 $k_2 L \ll 1$. 이것은 입사파가 장벽이 있다는 사실을 거의 의식하지 못한다는 의미이다. 따라서 $T \sim 1$이 될 것을 예상할 수 있다. $e^{-2k_2L} \approx e^{-4k_2L} \sim 1$이므로 식 (13)의 분모가 $16(k_1^2 k_2^2)$이 된다. 따라서

$$T_{\mathrm{THIN}} \approx e^{-2k_2L} \tag{16}$$

이 된다.

$k_2 L \ll 1$인 한, T_{THIN}은 1보다 약간 작아진다. 이 결과가 특별한 것은 아니다. 다음 절에서 이 결과를 이용할 수 있는 흥미로운 현상을 보게 될 것이다.

3.8 임의의 모양을 가진 장벽의 투과

식 (16)은 높이 V_0, 폭 L인 얇은 사각 장벽에 입사한 물질파의 투과계수를 알려준다. 현실적으로 이런 장벽을 만나기는 불가능하다. 예를 들어 입사한 시험 입자가 느끼는 원자핵의 퍼텐셜은 이보다 복잡한 형태를 가진다. 그러나 임의의 모양을 가진 장벽에 입사한 입자의 투과계수를 유도하는 방법이 있다. 그 방법은 장벽이 서로 맞닿아 있는 수많은 얇은 장벽들로 구성되어 있다고 생각하는 것이다.

그림 3.16은 이 방법을 보여준다. 질량 m, 에너지가 E인 입자가 함수 $V(x)$로 기술되는 퍼텐셜 장벽에 입사된다.

이 장벽을 많은 수의 맞닿은 사각 장벽들로 나눈다. 각 장벽의 폭은 Δx이다. 각 얇은 장벽은 다른 높이 $V(x)$를 가지기 때문에 식 (3.7.16)에서 다른 k 값을 가진다.

$$k(x) = \sqrt{\frac{2m[V(x) - E]}{\hbar^2}} \tag{1}$$

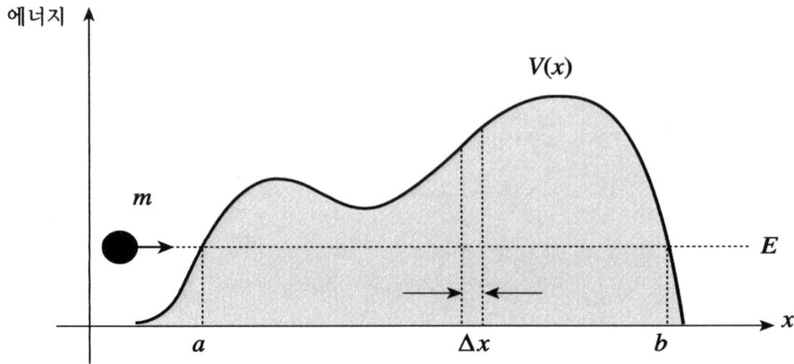

▌그림 3.16 일반적인 장벽의 투과

전체 장벽을 n개의 얇은 장벽으로 나눴다면, 전체 장벽을 투과할 확률은 각 얇은 장벽을 차례로 투과할 확률의 곱이 될 것이다.

$$P \sim (e^{-2k_1\Delta x})(e^{-2k_2\Delta x})\cdots(e^{-2k_n\Delta x}) \tag{2}$$

여기서 밑첨자는 특정한 얇은 장벽을 지시한다. 식 (2)는 좀 더 간편하게 표현할 수 있다.

$$P \sim e^{-2(k_1+k_2+\cdots+k_n)\Delta x} \sim e^{-2\sum_{i=1}^{n} k_i(x)\Delta x} \tag{3}$$

각 얇은 장벽에 대한 식 (1)을 따라 k를 x의 함수로 적는다. $n\to\infty$ 로 갈 때 식 (3)은 전체 장벽에 대한 적분으로 바뀐다.

$$P_{\text{투과}} \sim e^{-2\int k(x)dx}$$

또는 식 (1)을 사용해

$$P_{\text{투과}} \sim e^{-\frac{2\sqrt{2m}}{\hbar}\int_a^b \sqrt{V(x)-E}\,dx} \tag{4}$$

로 적을 수 있다.

식 (4)에서 적분 구간은 E와 $V(x)$ 곡선이 만나는 점 사이가 된다(그림 3.16을 보라). 실제로 입사 입자는 장벽과 충돌하기 전부터 시간에 따라 장벽을 다르게 느끼게 되므로 식 (4)는 이런 복잡한 상황을 무시한 근사식이다.

식 (4)에 제곱근이 존재하므로 해석학적으로 다룰 수 있는 경우의 수가 제한된다. 다음 예제에서 보듯이 종종 수치 적분을 해야 할 필요가 생긴다.

예제 3.5

에너지 $E=A/2$를 가진 전자가

$$V(x) = A\, e^{-(x/x_0)^2}$$

으로 주어지는 퍼텐셜 장벽에 입사된다. 만약 $A=1\,\text{eV}$, $X_o=1\,\text{Å}$ 이라면, 이 전자가 장벽을 투과할 확률은 얼마인가? (그림 3.17)

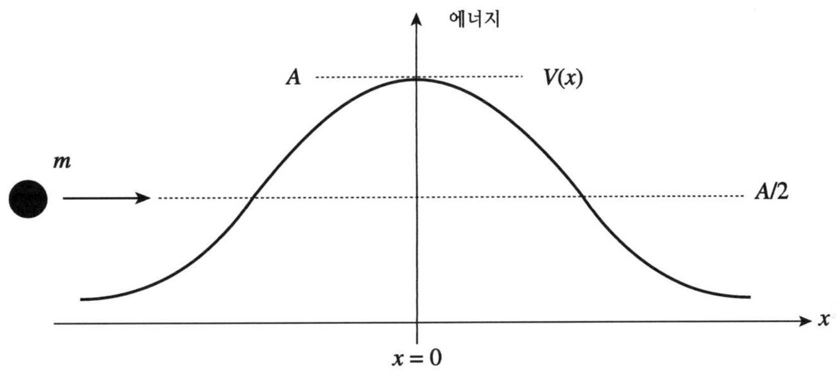

▮ **그림 3.17** 예제 3.5

식 (4)는

$$\ln P \sim -\frac{2\sqrt{2m}}{\hbar}\int\sqrt{Ae^{-(x/x_0)^2}-E}\;dx$$

가 된다. $E=A/2$를 대입하고 인자 A를 빼내면 윗 식이 다음과 같이 된다.

$$\ln P \sim -\frac{2\sqrt{2mA}}{\hbar}\int\sqrt{e^{-(x/x_0)^2}-1/2}\;dx$$

변수를 $z=x/x_0$로 바꿔 식을 적는 것이 도움이 된다. 잠시 후 왜 그런지 이유를 알게 될 것이다.

$$\ln P \sim -\frac{2x_0\sqrt{2mA}}{\hbar}\int\sqrt{e^{-z^2}-1/2}\,dz$$

적분 구간은 E가 퍼텐셜 $V(x)$와 만나는 점들, 즉 $x=\pm x_0\sqrt{\ln 2}$ 또는 $z=\pm\sqrt{\ln 2}$ 사이 구간이다. 적분이 $z=0$에 대해 대칭이므로

$$\ln P \sim -\frac{4x_0\sqrt{2mA}}{\hbar}\int_0^{\sqrt{\ln 2}}\sqrt{e^{-z^2}-1/2}\,dz$$

가 된다.

변수를 x에서 z로 바꿨을 때의 장점이 이제 명확해졌다. 적분이 차원을 가지지 않은 적분으로 바뀌졌다. 이것은 적분을 수치적으로 풀 때 매우 편리하다. 스스로 계산해 적분 값이 0.4416이 되는 것을 확인하라. 그러면

$$\ln P \sim -2.498\frac{x_0\sqrt{mA}}{\hbar}$$

가 된다.

$A=1\,\text{eV}$, $x_o=1\,\text{Å}$일 때 $P\sim 0.4047$의 무시할 수 없는 결과가 나온다. 수치 적분에 대해 알고 싶다면 프레스 Press 책의 4장을 보라.[4)]

3.9 퍼텐셜 장벽 투과와 알파 붕괴

역사적으로 수소 원자의 에너지 준위 발견(7장을 보라)을 뛰어넘는 양자역학의 최초의 위대한 성공 가운데 하나는 알파 붕괴 alpha decay 를 장벽 투과 현상으로 설명한 것이다. 이 연구는 1928년 가모브 George Gamow와 거니 Ronald Gurney, 콘돈 Edward Condon 팀에 의해 독립적으로 발표되었다[3]. 알파 붕괴는 원자핵이

4) 프레스 William H. Press, 플래너리 Brian P. Flannery, 투에콜스키 Saul A. Tuekolsky, 베터링 William T. Vetterling 이 지은 *Numerical Recipes: The Art of Scientific Computing* (Cambridge, UK: Cambridge University Press, 1986).

헬륨의 원자핵과 동일한 용어인 알파 입자를 방출하면서 자발적으로 붕괴하는 자연적 현상이다. 원래 원자핵보다 양성자가 2개 적은 *딸 원자핵* daughter nucleus 은 따라서 주기율표에서 *부모 원자핵* parent nucleus 보다 2자리 아래에 있는 원소의 동위원소가 된다. 알파 붕괴의 반감기 half-lives 는 수 마이크로초에서 수십억 년까지 매우 다양하다. 방출된 알파 입자의 에너지는 대략 4에서 9 MeV 범위를 가진다. 알파 입자의 에너지가 클수록 반감기가 짧다. 알파 붕괴의 좋은 예가 우라늄 동위원소인 U-238이 토륨-234로 붕괴하는 것이다.

$$^{238}_{92}\mathrm{U} \rightarrow {}^{234}_{90}\mathrm{Th} + {}^{4}_{2}\mathrm{He}$$

이 붕괴의 반감기는 대략 44억 7천년이나 되고 대략 4.2 MeV의 운동에너지를 가진 알파 입자를 방출한다. (1896년 초 베끄렐 Henri Bequerel 이 방사능을 발견하게 된 것도 이 붕괴 때문이다. 앞으로 이 특수 경우를 계속 다루게 되지만 여기서 설명하는 분석법은 일반적인 방법으로, 궁극적으로는 토륨 동위원소의 붕괴를 자세히 분석하는데도 사용될 수 있다.) 1911년과 1912년에 발표된 논문에서 가이거 Hans Geiger와 뉴털 John Nutall은 다음과 같은 붕괴 에너지와 반감기 사이의 관계식을 밝혔다[4].

$$\ln(t_{1/2}) = a + \frac{b}{\sqrt{E_\alpha}} \tag{1}$$

이 식에서 상수 a와 b는 원소에 따라 달라진다. 알파 붕괴를 장벽 투과과정으로 생각하면 앞서의 순수 경험적 결과식을 이해할 수 있다.

알파 붕괴를 이해하는데 있어 걸림돌은 핵력 nuclear force 이다. 양성자 사이의 엄청난 반발력을 이겨내고 원자핵을 유지하려면 단거리($\sim 10^{-15}$ m)에서만 작용하는 매우 강한 인력인 *핵력*이 핵자들 사이에 작용해야 한다. 핵력에 의한 퍼텐셜은 공간적으로 원자핵의 크기와 유사한 매우 깊은 퍼텐셜 우물로 모델링할 수 있다[5]. 그림 3.18에 원자핵의 퍼텐셜이 그려져 있다. 그림에서 폭 R의 사각 우물로 나타나 있다. 전하가 $+2e$인 알파 입자가 퍼텐셜 안에 갇혀 있다. (실제로 원자핵은 3 차원구조를 가진다. 그림 3.18에서 x축은 원래 원자핵의 중심으로부터 측정한 지름 좌표를 의미하기 때문에 정의상 $x<0$이 될 수 없다. $x=0$에서는 퍼텐셜을 무한 우물로 표시했지만 다음 분석에는 영향을 미치지 않는다.)

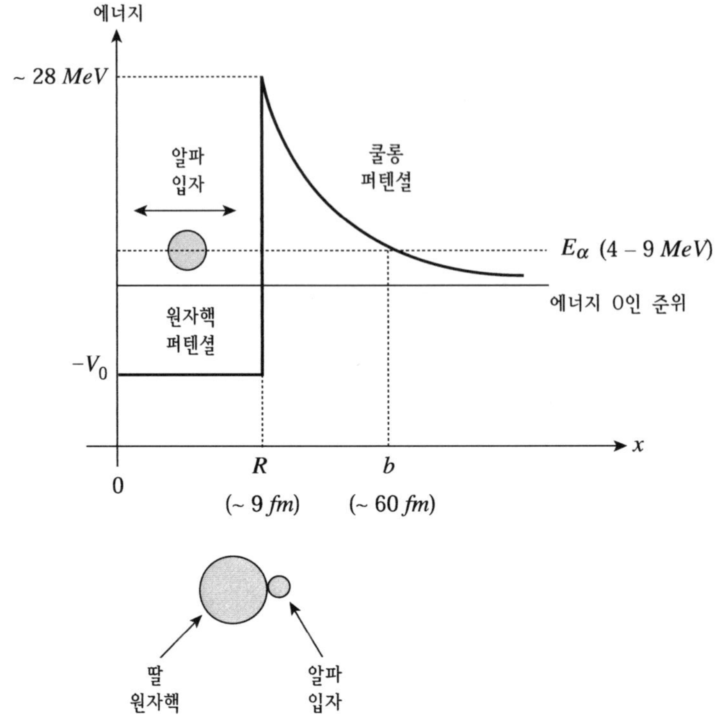

그림 3.18 알파붕괴.

그림 아래쪽의 원들은 붕괴 후의 원자핵과 방출된 알파 입자를 나타낸다. 둘이 서로 닿아 있을 때 이들의 중심 사이의 거리를 R로 정의한다. 알파 입자가 방출된 후 딸 원자핵의 역제곱 쿨롱힘에 의해 알파 입자가 강하게 밀린다. 이런 사실 때문에 퍼텐셜 함수 곡선이 감소한다(쿨롱 퍼텐셜은 $1/r$을 따른다. 다음에 나올 식 (2)를 보라). 알파 붕괴를 이해하기 힘든 것은 원자핵 퍼텐셜의 깊이가 수십 MeV이 된다는 것이다. 단지 수 MeV의 에너지를 가진 알파 입자가 어떻게 이런 우물로부터 빠져나올 수 있을까? 가모브, 거니와 콘돈은 알파 붕괴를 원자핵+쿨롱 장벽의 투과현상으로 보았다.

관계된 거리 크기를 느껴보기 위해 원자핵의 반지름이 핵자 수 A에 대해 $r \sim r_0 A^{1/3}$ 관계를 가지는 구형의 원자핵을 가정하자. 여기서 r_0는 산란 실험을 통해 경험적으로 알게 된 값으로 대략 1.2 fm (1 fm=1 femtometer=10^{-15} m. 펨토미터는 페르미 Enrico Fermi 를 기념해 페르미로도 알려져 있다)이다. 예를 들면 토륨–알파 붕괴의 경우

$$R \sim r_0(A_{\text{Th}}^{1/3} + A_{\alpha}^{1/3}) \sim (1.2\ \text{fm})(234^{1/3} + 4^{1/3}) \sim 9.3\ \text{fm}$$

가 된다.

이들이 서로 닿아 있을 때 계의 퍼텐셜에너지는 쿨롱 퍼텐셜로 주어진다. 붕괴 후 딸 원자핵의 원자 번호를 Z라 하면, 알파 입자가 전하 $Q_\alpha = 2e$를 가지기 때문에

$$V(R) = \frac{Q_Z Q_\alpha}{4\pi\epsilon_o R} = \frac{2Ze^2}{4\pi\epsilon_o R} \tag{2}$$

가 된다. 상수 $e^2/4\pi\epsilon_0$를 좀 더 편리한 단위로 아래와 같이 표시할 수 있다.

$$\beta = \frac{e^2}{4\pi\epsilon_o} = \frac{(1.6022 \times 10^{-19}\text{C})}{4\pi(8.8542 \times 10^{-12}\text{C}^2/\text{Nm}^2)} = 2.3071 \times 10^{-28}\,(\text{J} \cdot \text{m})$$
$$= 1.440(\text{MeV} \cdot \text{fm}) \tag{3}$$

붕괴 후의 토륨-알파 입자계에 대해 두 원소가 접촉하고 있을 때

$$V(R) = \frac{2\beta Z}{R} \sim 27.9\ \text{MeV}$$

가 된다. 이때 토륨 원자핵에 대해 $Z = 90$을 사용했다. R에서의 (원자핵+쿨롱) 장벽의 높이는 그림 3.18에 보인 것처럼 대략 28 MeV가 된다. 왜 알파 붕괴를 고전적인 에너지에 근거해 이해할 수 없는지 보여주기 위해 이 과정이 거꾸로 일어난다고 상상해 보자. 알파 입자를 고정된 토륨 원자핵을 향해 쏜다. 알파 입자의 운동에너지가 4.2 MeV 정도라면, 고전적으로는 알파 입자가 28 MeV보다 높은 쿨롱 장벽을 뛰어넘어 원자핵 안으로 들어가 핵력에 의해 원자핵과 융합이 될 수 없다. 그러나 양자역학적으로는 알파 입자가 쿨롱 장벽을 투과할 수 있는 작은 확률이 존재한다. (실제의 알파 붕괴는 이것의 역과정이지만, 상황을 이해하는데 아무 차이를 주지 않는다. 모든 기본적인 물리과정은 시간에 대해 가역적이어야 한다. 즉 알파 입자가 들어오는 것이나 나가는 것이 계산에 차이를 주지 않아야 한다.)

고전적으로 알파 입자가 핵 안으로 들어가 융합되는 경우 입사한 알파 입자의 운동에너지가 E_α라면, 전하가 Ze인 표적 원자핵에 다가갈 수 있는 최소 거리 b는

$$b = \frac{2\beta Z}{E_\alpha} \tag{4}$$

로 주어진다.

$E_\alpha = 4.2$ MeV인 토륨-알파 입자계에 대해 이 값은 $b \sim 62$ fm 또는 $b \sim 6.6\,R$에 해당한다. 이 거리가 그림 3.18에 그려져 있다.

이제 투과확률을 계산해 보자. 퍼텐셜 장벽이 식 (2)와 (3)에 기술되어 있다. 대수적인 표현이 편하도록 투과확률의 자연대수를 취하자.

$$\ln P_\alpha \sim -\frac{2\sqrt{2m_\alpha}}{\hbar}\int_R^b \sqrt{\frac{2\beta Z}{x} - E_\alpha}\, dx \tag{5}$$

R이 b에 비해 상당히 작기 때문에 근사적으로 $R \sim 0$라 놓을 수 있다. E_α를 적분 밖으로 뽑아내고 변수를 $y = x/b$로 바꾸면 식 (5)가 다음과 같이 된다.

$$\ln P_\alpha \sim -\frac{2\sqrt{2m_\alpha E_\alpha}\, b}{\hbar}\int_0^1 \sqrt{\frac{1}{y} - 1}\, dy$$

식 (4)의 b를 대입하고 또 다른 변수 $y = \sin^2 w$를 도입하면

$$\ln P_\alpha \sim -\left(\frac{8\beta Z\sqrt{2m_\alpha}}{\hbar\sqrt{E_\alpha}}\right)\int_0^{\pi/2} \cos^2 w\, dw$$

을 얻을 수 있다. 이 적분값은 $\pi/4$이므로

$$\ln P_\alpha \sim -\left(\frac{2\beta Z\sqrt{2m_\alpha}\,\pi}{\hbar}\right)\frac{1}{\sqrt{E_\alpha}} \sim -\frac{K}{\sqrt{E_\alpha}} \tag{6}$$

가 나온다. 여기서 상수 K는 알파 붕괴에 대한 **가모브 인자** Gamov factor 로 알려져 있다.

이 결과를 가이거-뉴털 법칙과 연결하기 위해 다음과 같이 생각해 보자. 알파 입자가 부모 원자핵 안에 갇혀 있으면서 매초 N번의 탈출 시도를 한다고 가정하자. 매초 탈출에 성공한 알파 입자의 수는 NP_α가 되며 탈출 사이의 평균 시간 τ는 이 값의 역수, 즉 $1/(NP_\alpha)$가 된다. 또는 $\tau \sim (1/N)e^{K/E_\alpha^{1/2}}$가 된다. τ를 어떤 의미에서 반감기라고 생각하면, 다음 식을 예상할 수 있다.

$$\ln t_{1/2} \sim \ln\left(\frac{1}{N}\right) + \frac{K}{\sqrt{E_\alpha}} \tag{7}$$

이 식은 정확히 가이거-뉴털 법칙과 같은 에너지 의존도를 가지고 있다! (엄밀히 말해 수많은 원자핵이 있으며 각 원자핵 안에는 끊임없이 탈출을 시도하고 있는 한 개의 알파 입자가 들어있다고 가정한다. 그럴 때 τ는 평균 탈출시간을 나타내게 된다.) 가이거-뉴털 법칙의 형태를 얻었다는 것이 인상적이긴 하지만, 이 계산에 통해 실험[5]과 매우 잘 일치하는 K의 예측 값을 얻을 수 있다는 것을 보여주어야 한다.

표 3.1에 토륨의 7개 동위원소들의 반감기와 붕괴 에너지 값들이 나열되어 있다. 이 원소들은 10^{-5} 초로부터 140억 년까지의 엄청 다른 반감기 범위를 가지고 있기 때문에 계산이 잘 맞는지 시험할 수 있는 좋은 기회를 제공하고 있다. 토륨은 $Z=88$인 라듐으로 붕괴한다. 이 자료들이 그림 3.19에 그려져 있다.

▌표 3.1 토륨의 알파붕괴

질량수 A	E (MeV)	반감기 (초)
220	8.95	10^{-5}
222	8.13	2.18×10^{3}
224	7.31	1.04
226	6.45	1854
228	5.52	6.0×10^{7}
230	4.77	2.5×10^{12}
232	4.08	4.4×10^{17}

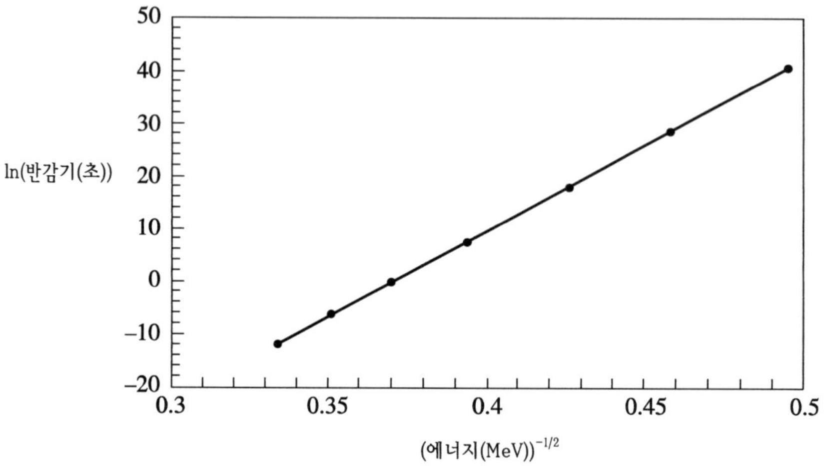

그림 3.19 $t_{1/2}$ 대 E_α의 실험 측정값 및 이론 예측값

그림 3.19의 직선은 자료에 최소제곱법을 적용해 얻은 것으로(E_α의 단위는 MeV이고 t의 단위는 초이다) 다음 식으로 표시할 수 있다.

$$\ln t_{1/2} = -119.84 + \frac{323.87}{\sqrt{E_\alpha}} \tag{8}$$

여기서 K의 단위는 MeV$^{1/2}$이다. 식 (6)으로부터 K의 예측 값을 구하면 알파 입자의 질량을 등가 에너지로 적을 수 있다: $m_\alpha = \mu_\alpha/c^2$. 여기서 μ_α=3727.38 MeV이다. 따라서

$$K = \frac{2\beta Z\sqrt{2m_\alpha}\pi}{\hbar} = \frac{2\beta Z\sqrt{2\mu_\alpha}\pi}{\hbar c}$$

을 얻는다.

이제 $\hbar c = 3.1616\times10^{-26}$ J·m=197.33 MeV·fm이므로 식 (3)의 β 값과 Z=88을 사용하면

$$K = \frac{2(1.440)(88)\sqrt{2(3727.38)}\pi}{197.33} = 348.38\ \text{MeV}^{1/2}$$

을 예상할 수 있다. 이 예측 값은 실험값에 비해 약 7.5% 크다. 이 모형의 가정을

고려할 때(3차원 현상을 1차원으로 생각했고 원자핵 퍼텐셜의 정확한 모양을 무시하였으며 $R \sim 0$으로 잡았다), 이것은 엄청난 성공이다. *알파 붕괴를 장벽 투과 현상으로 보면 가이거-뉴털 법칙을 자연스럽게 설명할 수 있다는 것이 이 절의 요점이다.* 이처럼 큰 범위에 걸쳐 실험과 정량적으로 일치하는 결과를 보여준 물리 이론은 거의 없다. 가모브-거니-콘돈의 분석은 양자역학이 옳다는 것을 보여준 설득력 있는 예이며 동시에 양자역학이 원자핵 안에서도 유효하다는 것을 보여주었다.

3.10 1차원 퍼텐셜 우물에 의한 산란

이 장에서 공부할 마지막 현상은 퍼텐셜 우물에 의한 물질파의 산란이다. 즉 물질파가 낮은 에너지의 퍼텐셜을 만났을 때 나타나는 현상이다. 이 상황이 그림 3.20에 그려져 있다.

편의상 퍼텐셜 우물의 정상의 에너지를 0으로 잡는다. 우물의 깊이가 V_0이므로 우물 바닥의 에너지는 $V(x) = -V_0$가 된다. 우물의 한쪽 벽이 $x=0$에 있고 폭은 L이라 하자. 에너지 $E > 0$인 물질파가 왼쪽에서 입사되어 $x=0$와 $x=L$에서 갑작스런 퍼텐셜의 변화를 느낀다. 이 때문에 이들 위치에서 물질파의 일부가 반사되거나 투과된다. 지역 1과 2에는 오른쪽으로 이동하는 파동과 왼쪽으로 이동하는 파동이 공존한다. 반면 지역 3에는 오른쪽으로 이동하는 투과파만이 존재한다. 3.7절에서 했던 분석법을 따라 파동함수를 다음과 같이 적을 수 있다.

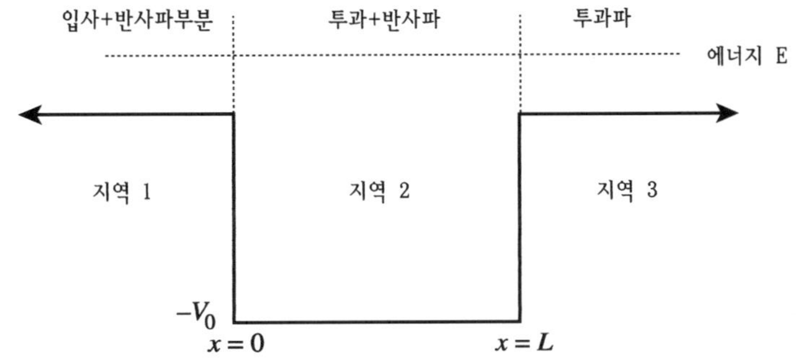

▮ 그림 3.20 1차원 퍼텐셜 우물에 의한 산란

$$\psi_1(x) = A_0 e^{\iota k_1 x} + A e^{-\iota k_1 x} \tag{1}$$

$$\psi_2(x) = B e^{\iota k_2 x} + C e^{-\iota k_2 x} \tag{2}$$

그리고

$$\psi_3(x) = D e^{\iota k_1 x} \tag{3}$$

여기서

$$k_1^2 = \frac{2mE}{\hbar^2} \tag{4}$$

와

$$k_2^2 = \frac{2m(E + V_0)}{\hbar^2} \tag{5}$$

이다.

식 (5)와 식 (3.7.5)의 부호 차이는 이 절에서 우물의 정상의 에너지가 0이기 때문에 생긴다. 고전역학 입장에서 볼 때 입사 입자는 우물을 빠져나오기 충분한 에너지를 가지고 있다. 양자역학 입장에서는 입자가 우물 안에 "갇힐" 확률이 존재하여 투과계수가 1이 되지 않을 수 있다는 것을 알게 될 것이다.

역시 A_0는 실험에서 주어지는 값이라고 가정하자. 목표는 D를 A_0의 함수로 표현하여 투과계수 $T = D^* D$를 계산하는 것이다. 일상적인 경계조건인 $x = 0$와 $x = L$에서의 ψ 및 ψ의 도함수의 연속성을 적용하면 다음 식을 얻는다.

$$A_0 + A = B + C \tag{6}$$

$$\iota k_1 A_0 - \iota k_1 A = \iota k_2 B - \iota k_2 C \tag{7}$$

$$B e^{\iota k_2 L} + C e^{-\iota k_2 L} = D e^{\iota k_1 L} \tag{8}$$

$$\iota k_2 B e^{\iota k_2 L} - \iota k_2 C e^{-\iota k_2 L} = \iota k_1 D e^{\iota k_1 L} \tag{9}$$

$A_0=1$로 놓고 약간의 수학을 거쳐 D에 대해 풀면

$$D=\frac{4k_1k_2e^{-\iota k_1L}}{[(k_1+k_2)^2e^{-\iota k_2L}-(k_2-k_1)^2e^{\iota k_2L}]} \tag{10}$$

이 나온다. 따라서 투과계수 $T=D^*D$는 다음과 같이 주어진다.

$$T=\frac{16k_1^2k_2^2}{(k_1+k_2)^4-(k_2^2-k_1^2)^2(e^{2\iota k_2L}+e^{-2\iota k_2L})+(k_2-k_1)^4}$$

이 결과를 다음과 같이 간단하게 할 수 있다. 분모의 첫 번째와 마지막 항을 전개하여 더해주면 $2\left(k_1^4+6k_1^2k_2^2+k_2^4\right)$이 된다. 오일러 항등식을 사용하면 분모의 가운데 항의 지수함수의 합을 $2\cos(2k_2L)$로 적을 수 있다. 따라서 최종적으로 다음 식이 나온다.

$$T=\frac{16k_1^2k_2^2}{2(k_1^4+6k_1^2k_2^2+k_2^4)-2(k_2^2-k_1^2)^2\cos(2k_2L)}$$

$\cos(2k_2L)=2\cos^2(k_2L)-1$을 대입하면 식이 더 간단해진다. 따라서 최종 결과는

$$T=\frac{4k_1^2k_2^2}{(k_1^2+k_2^2)^2-(k_2^2-k_1^2)^2\cos^2(k_2L)} \tag{11}$$

로 아주 간단하게 된다.

이 식의 3가지 흥미로운 경우에 대해 생각해 보자.

(a) 저에너지 산란

여기서는 입사 입자가 우물의 깊이에 비해 매우 낮은 에너지를 가지고 있다. 즉 $E \ll V_0$ 또는 $k_1 \ll k_2$이다. $E\sim 0$으로 놓으면 k_1 역시 0으로 생각해도 무방하다. 그리고 k_2는 E에 조금 의존하게 된다. 식 (11)의 분모에서 $k_1\sim 0$으로 놓으면 투과계수는

$$T(E \ll V_0) \sim \frac{4k_1^2}{k_2^2 \sin^2(k_2 L)} \tag{12}$$

로 주어진다. 이 결과의 에너지 의존도는 주로 k_1에 의해 결정된다. $k_1 \propto \sqrt{E}$ 이므로 *낮은 에너지에서 투과계수는 입사파의 에너지에 비례한다*고 결론지을 수 있다. $E \to 0$이 되면 입사 입자는 거의 우물 안에 갇히게 된다.

(b) 고에너지 산란

높은 에너지를 가진 입사파의 경우 $E \gg V_0$가 되어 $k_1 \sim k_2$가 된다. 이 경우 식 (11)은 다음과 같이 된다.

$$T(E \gg V_0) \sim 1 \tag{13}$$

이것은 놀라운 결과가 아니다. 높은 에너지를 가진 입자는 우물이 있다는 것을 거의 느끼지 못한다.

(c) 공명 산란

앞서의 근사로부터 완벽한 투과($T=1$)는 절대 불가능하다고 생각할 수 있다. 이것은 틀린 생각이다. 특정한 에너지에 대해 정확히 $T=1$이 된다.

n이 정수라 하고 $k_2 L = n\pi$인 경우를 생각해 보자. 이 경우 $\cos^2(k_2 L) = 1$이 되어 식 (11)의 분모가 정확히 $4k_1^2 k_2^2$이 된다. 따라서

$$T(k_2 L = n\pi) = 1 \tag{14}$$

을 얻게 된다.

이것이 바로 **공명 조건** resonance condition 이다. 특정 에너지를 가진 입사 물질파가 볼 때 우물이 없는 것과 같다. 공명 산란의 필요조건은 우물의 폭이 정확히 물질파의 반파장($k=2\pi/\lambda$인 것을 기억하라)의 정수배가 되어야 한다는 것이다. 램사우어-타운젠드 산란 Ramsauer-Townsend scattering 이라 부르는 이 현상은 전자를 불활성 기체에 입사했을 때 특정 에너지에서 전자의 산란 단면적 scattering cross-section 이 최소가 되는 것을 말한다. 불활성 기체의 원자는 닫힌 전자 껍질(8장)로 구성되어 있기 때문에 입사 입자들은 명확히 정의된 힘을 받는다.

조건 $k_2 L = n\pi$를 k_2의 정의와 함께 사용하면 공명 산란 에너지의 식을 구체적으로 얻을 수 있다.

$$E_{\text{공명}} = \frac{1}{2m}\left(\frac{n\pi\hbar}{L}\right)^2 - V_0, \quad (n = 1, 2, 3, \ldots) \tag{15}$$

한 가지 예로 $n=1$, $m=m_e$, $L=2\text{Å}$, $E_{\text{공명}}=1\,\text{eV}$이라고 해 보자. 그러면 $V_0=8.41\,\text{eV}$이 되어, 원자 수준에서 볼 때 합리적인 값을 얻게 된다. 그러나 식 (11)의 예측대로 T가 첫 번째 최대에 도달한 이후 E를 더 증가시키면 T가 너무 빠르게 커지기 때문에 T는 거의 1에 가까운 값을 가지게 된다.

요 약 03

무한 사각 우물의 에너지 준위는 다음과 같이 주어진다.

$$E_n = \left(\frac{\pi^2 \hbar^2}{2mL^2}\right)n^2$$

일반적으로 $V=$일정, $E > V$인 지역에서 슈뢰딩거 방정식의 풀이는

$$\psi(x) = Ae^{ikx} + Be^{-ikx}$$

의 형태를 가진다. 여기서 k는

$$k^2 = \frac{2m}{\hbar^2}(E - V)$$

으로 주어진다.

$V=$일정, $E < V$일 때는

$$\psi(x) = Ce^{kx} + De^{-kx}$$

가 되며, k^2을 $-k^2$으로 바꾸어야 한다. $V(x)$가 대칭 함수라면, 에너지 준위가 서로 교대로 나타나는 두 그룹의 풀이를 가진다. 한 그룹의 풀이는 짝 반전성을, 다른 그룹의 풀이는 홀 반전성을 가진다.

폭 $2L$, 깊이 V_0인 유한 사각 우물 안에서 움직이는 질량 m인 입자의 에너지 준위는

$$f(\xi, K) = (K^2 - 2\xi^2)\sin(2\xi) + 2\xi\sqrt{K^2 - \xi^2}\cos(2\xi) = 0$$

을 풀어 구할 수 있다. 여기서

$$K^2 = \frac{2mV_0L^2}{\hbar^2}$$

은 우물의 세기 매개변수이고,

$$\xi = \sqrt{\frac{2mE}{\hbar^2}}L$$

이다.

이 우물이 가지는 구속 상태의 수는 다음과 같이 주어진다.

$$N(K) = 1 + \left[\frac{2K}{\pi}\right]$$

$E < V$일 때 장벽 투과 현상을 보이는 슈뢰딩거 방정식의 풀이를 얻는다. 장벽 안 거리 x에서 입자를 발견할 확률은 특성 붕괴거리 characteristic decay length 를 가진 지수함수를 따라 감소한다.

$$\lambda_{터널링} \sim \frac{\hbar}{2\sqrt{2m[V(x) - E]}}$$

질량 m, 에너지 E인 입자가 높이 V, 두께 L인 사각 장벽을 투과할 확률은 모든 매개변수에 대해 복잡한 함수 형태를 보인다. $V(x)$로 정의되는 임의의 모양을 가진 장벽의 경우 투과 확률은

$$P_{투과} \sim e^{-\frac{2\sqrt{2m}}{\hbar}\int_a^b \sqrt{V(x)-E}\,dx}$$

로 주어진다. 여기서 적분구간은 E가 $V(x)$ 곡선과 만나는 점들 사이 구간이다. 다양한 동위원소들의 알파 붕괴 반감기를 장벽 투과 현상으로 설명할 수 있다.

폭 L, 깊이 $V=-V_0$인 사각 퍼텐셜 우물에 입사한 질량 m인 입자가 여러 *공명 에너지* resonance energy 에서 100% 투과를 일으킨다. 공명 에너지는

$$E_{공명} = \frac{1}{2m}\left(\frac{n\pi\hbar}{L}\right)^2 - V_0, \quad (n = 1, 2, 3, \dots)$$

으로 주어진다.

문 제 03

3-1(E) 슈뢰딩거 방정식의 또 다른 표현식은

$$-\left(\frac{\hbar^2}{2m}\right)\left(\frac{d\psi}{dx}\right)^2 + V\psi^2 = E\psi^2$$

이다. (힌트: 문제 2-3을 보라.) 무한 퍼텐셜 우물의 경우 이 방정식의 풀이가 존재하지 않는다는 것을 보여라.

3-2(I) $L=10\,\text{Å}$인 무한 사각 우물 안에 있는 전자에 대한 E_n, ψ_n, ψ_n^2을 보여주는 컴퓨터 프로그램을 짜 보라. $n=1$에서 6까지 ψ_n, ψ_n^2을 크기에 맞게 따로따로 그려라. 이 상태들의 에너지는 각각 얼마인가?

3-3(E) 고전물리학을 사용해 1차원 무한퍼텐셜 우물 안에 있는 입자의 속도 v에 대한 식을 유도하라. 이 결과를 $L=1\,\text{Å}$인 무한우물 안의 전자에 적용하라. n의 값이 얼마일 때 v가 광속보다 커질까? 이때의 에너지 값은 얼마인가?

3-4(I) 한 실험물리학자가 그림 3.5와 같은 무한 퍼텐셜 우물을 제작하겠다며 연구비를 신청한다. 구체적인 실험 내용은 다음과 같다. $L=1\,\text{mm}$인 우물을 만들고 전자를 우물에 주입한 후 광학 분광기를 사용해 낮은 n 상태 사이의 전이에서 방출되는 광자의 파장을 측정하겠다는 것이다. 양자역학의 전문가로서 이 연구비 신청을 심사하라는 부탁을 받았다면 어떤 결정을 내리는 것이 좋을까?

3-5(E) 어떤 퍼텐셜 안에 있는 입자가 파동함수 $\psi(x)=Axe^{-kx}\,(0 \le x \le \infty;\ k>0$; 문제 2-5를 보라)로 기술된다. $k=0.5\,\text{Å}^{-1}$라 할 때 이 입자를 $x=2.0$과 $2.1\,\text{Å}$ 사이에서 발견할 확률은 얼마인가?

3-6(I) 적절한 경계조건과 식 (3.3.17)을 사용해 3.3절에 있는 식 (35)의 유도를 증명하라.

3-7(I) 식 (3.3.36)과 (3.3.37)을 증명하라.

3-8(I) 짝 반전성과 홀 반전성을 가진 몇몇 함수들을 그림으로 그리고, 대칭 퍼텐셜의 풀이가 가진 반전성에 관한 3.6절의 주장들이 옳다는 것을 보여라.

3-9(E) 깊이 25 MeV, 전체 폭 $2L = 10^{-14}$ m인 원자핵 퍼텐셜 안에서 양성자가 움직이고 있다. 이 퍼텐셜을 유한 사각 우물로 가정할 수 있다면, 이 양성자가 가질 수 있는 에너지 상태의 수는 얼마인가?

3-10(I) 그림 3.10처럼 $\tan(2\xi)$와 $g(\xi, K)$를 여러 K 값에 대해 x의 함수로 그리고 값을 계산할 수 있는 컴퓨터 프로그램을 짜 보라. 결과를 예제 3.2와 비교하라. 여러 m, V_0, L 값의 조합에 대해 프로그램을 돌려보라. 어떤 경향성을 발견할 수 있을까?

3-11(I) 아래 그림에 보인 반무한 퍼텐셜 우물 semi-infinite potential well 안에서 움직이는 질량 m인 입자를 생각하라. $E < V_0$라고 가정하여 이 계에 대한 슈뢰딩거 방정식을 적고 방정식을 풀어라. $x = 0$와 $x = L$에 대해 적절한 경계조건을 적용해 허용된 에너지 고유값에 대한 표현식을 유도하라. $V_0 = 10$ eV, $L = 5$ Å, $m = m_{전자}$일 때 두 개의 가장 낮은 에너지 구속상태에 대해 에너지 값을 eV로 구하라.

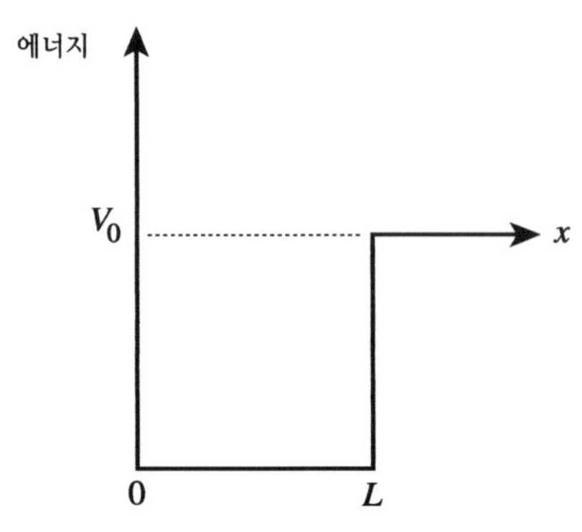

▮ **그림** P3.11 문제 3-11

3-12(I) 유한 사각 우물의 홀 반전성 상태에 대해 식 (3.4.11)과 유사한 식을 유도하라.

3-13(I) (a) 유한 사각 우물의 짝 반전성 상태에 대한 고유값 조건을 $\xi^2 \tan\xi^2 = K^2(1-\epsilon)$으로 적을 수 있다는 것을 보여라. 여기서 K는 식 (3.3.34)에서 정의된 것과 같고 $\epsilon = E/V_0$이다.

(b) 낮은 에너지 상태의 경우 ξ가 매우 작다. (a)의 결과로부터 이런 상태의 ξ 값에 대한 표현식을 유도하라. 이 결과를 $K=1.5$인 경우에 적용하고 나온 값을 정확한 값과 비교하라.

3-14(I) 예제 3.2에서 이야기한 계에 대해 이 입자를 우물 밖에서 발견할 확률을 4개의 가능한 구속 상태에 대해 각각 구하라.

3-15(E) 다음 그림에 있는 퍼텐셜 우물에 대해 에너지 E를 가진 파동함수의 모양을 그려보라.

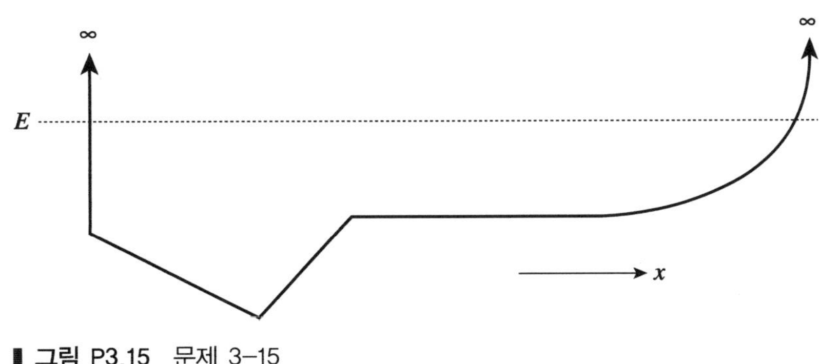

그림 P3.15 문제 3-15

3-16(I) 사각 퍼텐셜 장벽에 대해 유도한 D와 T의 표현식, 식 (3.7.11)과 (3.7.13)을 증명하라.

3-17(E) 에너지가 10 eV인 전자들이 높이 20 eV, 폭 50 Å인 사각 퍼텐셜 우물에 입사된다. 투과계수는 얼마인가?

3-18(E) 양자 터널링에서 투과확률은 장벽의 높이 또는 폭이 약간 변화해도 민감하게 반응한다. $V(x)-E=10$ eV인 전자를 폭이 20 Å인 사각 장벽에 입사한다고 하자. 폭을 21 Å으로 증가시킬 때 투과확률은 원래 투과확률의 몇 배가 되는가?

3-19(I) 주어진 $m, E, V(x)$에 대해 장벽 투과확률 식 (3.8.4)를 수치적으로 적분해 주는 컴퓨터 프로그램을 짜 보라. 예제 3.5의 결과와 비교해 보라. 또 $E=0.1A$, $0.2A$, ..., $0.9A$에 대해 P 대 E의 그래프를 그려라.

3-20(I) 퍼텐셜 장벽이 $V(x)=\sqrt{A^2-\alpha^2x^2}$, $|x|\leq(A/\alpha)$로 정의되어 있다.

(a) $V(x)$를 그려라.

(b) 질량 m, 에너지 $E(<A)$인 입자를 이 장벽에 입사한다. 투과확률을 구하는 적분식을 $\beta=E/A$와 $\sin(y)=\alpha x/A$의 함수로 유도하라.

(c) (b)에서 구한 식을 가지고 $\beta=0.1$에서 1.0까지 0.1씩 증가시켜 가며 $A=10$ eV, $\alpha=2$ eV/Å인 장벽과 충돌하는 전자의 투과확률을 구하라. 결과를 그래프로 그려보라.

3-21(I) $0 \le x \le A$일 때는 $V(x)=V_0(1-x/A)$, 다른 곳에서는 $V(x)=0$로 정의되는 퍼텐셜 장벽이 주어져 있다. 질량 m, 에너지 $E(<V_0)$를 가진 입자가 왼쪽으로부터 이 장벽에 입사된다. 투과확률의 표현식을 유도하라. $V_0=5$ eV, $E=2$ eV이고 $A=12$ Å일 때 이 장벽에 입사된 전자의 투과확률의 결과를 수치적으로 구하라. 이런 형태의 퍼텐셜은 전자가 전기장이 걸린 금속 표면에서 자발적으로 탈출해 나오는 냉방출 cold emission 현상의 모형에 사용된다. 이 투과확률의 표현식은 *파울러-노드하임* 공식 Fowler-Nordheim formula 으로 알려져 있다.

3-22(I) 퍼텐셜 장벽이 아래와 같이 정의된다.

$$V(x) = \begin{cases} (V_0/L^2)x^2 & 0 \le x \le L \\ 0 & x < 0; x > L \end{cases}$$

질량 m, 에너지 $V_0/2$인 입자가 $x<0$으로부터 이 장벽에 입사된다. 투과확률의 표현식을 유도하라. $L=10$ Å, $V_0=5$ eV인 이 장벽에 입사된 전자의 투과확률을 계산하라.

3-23(E) 질량이 70 kg인 주자가 5 m/s의 속도로 달린다. 이 주자는 운동에너지를 모두 위로 도약하는데 사용한다고 하더라도 높이 5 m의 벽을 뛰어 넘을 만큼의 충분한 운동에너지를 가지고 있지 않다. 벽의 두께가 0.2 m라 하고 이 주자가 벽을 뛰어 넘는 대신 벽을 "양자 터널링"할 확률을 추정해 보라.

3-24(E) 3.9절에 주어진 정보로부터 토륨 원자핵에 갇힌 알파 입자가 매초 탈출을 기도하는 횟수를 대략적으로 계산해 보라.

3-25(I) 다음 표에는 원자번호 88인 라듐의 여러 동위원소들에 대한 알파 붕괴 에너지와 반감기가 나열되어 있다. 라듐은 알파 붕괴에 대한 가모브 모형을 따르는가?

질량번호 A	E_α (MeV)	반감기
214	7.136	2.46 초
220	7.46	0.019 초
221	6.608	29 초
222	6.656	38 초
223	5.176	11.435 일
224	5.686	3.66 일
226	4.784	1599 년

3-26(E) 원자핵이 베타붕괴를 하여 전자를 방출한다. 가모브 인자의 유도과정을 살펴봄으로써 주어진 원자핵이 베타붕괴를 할 확률이 알파붕괴를 할 확률보다 작을 지 또는 클 지를 예측할 수 있을까? 다른 모든 요소들은 같다고 가정하라.

3-27(I) 퍼텐셜 우물에 의한 산란의 투과계수 표현식인 식 (3.10.11)을 증명하라.

3-28(E) 깊이가 4 eV인 유한 퍼텐셜 우물에 의한 전자 산란실험에서 에너지가 5 eV인 전자가 100% 투과된다. 이 우물의 폭은 얼마일까? 다시 $T=1$이 되는 이보다 높은 다음 전자 에너지는 얼마일까?

04 장 연산자, 기댓값과 불확정성 원리

이 장에서는 양자역학의 해석과 관련된 슈뢰딩거 방정식의 속성 및 물질파에 대해서 다루고자 한다. 이 장의 목적은 슈뢰딩거 방정식의 새로운 풀이를 배우기보다 풀이를 해석하는 방법을 배우는데 있다. 이 장에서 배울 내용 가운데 많은 것들은 가설이거나 엄밀한 증명을 위해 더 많은 배경지식을 필요로 하는 것들이다. 때때로 엄밀한 증명보다 직관을 사용해 이해시키고자 한다.

4.1절에서는 수학적인 **연산자** operator 의 개념을 소개한다. 슈뢰딩거 방정식을 어떻게 **연산자로 표기**하는지 보여줌으로써 **고유값 방정식** eigenvalue equation 이 어떤 것인지 알려주려고 한다. 다음으로 수학적인 연산자가 물리적으로 관측가능한 양과 어떤 관계를 가지는지 설명한다. 4.2절에서는 **기댓값** expectation value 에 대해 다룬다. 아마 계산을 하는 목적은 실험과 비교할 수 있는 어떤 것을 구하는데 있을 것이다. 양자역학은 기댓값을 통해 우리에게 예측된 결과를 알려준다. 4.3절과 4.4절에서는 유명한 **하이젠베르크의 불확정성 원리** Heisenberg uncertainty principle 를 준직관적 semi-intuitive 으로 증명하고, 두 물리량이 불확정성 관계식으로 연결되어 있는지를 확인하는 방법을 보여주려고 한다. 4.5절에서는 양자역학에서 적절히 정의한 물리량의 평균값이 어떻게 뉴턴역학의 예측과 일치하는지 알려주는 **에렌페스트 정리** Ehrenfest's theorem 를 다룬다. 4.6절에서는 **직교 정리** orthogonality theorem 를 다룬다. 직교 정리는 9장의 건드림 이론을 이해하는데 매우 중요한 역할을 담당한다. 4.7절에서는 **중첩 정리** superposition theorem 를 다루는데 이 역시 9장 건드림 이론을 이해하는데 있어 대단히 중요한 역할을 한다. 이 정리를 응용한 예가 4.8절에서 다룰 무한 사각 우물 안에서 움직이는 입자이다. 여기서는 이 입자의 운동을 시간이 관계된, 두 개의 무한 우물 상태의 합으로 표현한다. 마지

막으로 4.9절에서는 주어진 퍼텐셜에 대해 운동에너지의 기댓값과 퍼텐셜 에너지의 기댓값 사이의 관계를 알려주는 **비리알 정리** virial theorem 를 유도한다.

4.1 연산자의 성질

다시 시간과 무관한 1차원 슈뢰딩거 방정식을 생각해 보자.

$$\left(-\frac{\hbar^2}{2m}\frac{d^2}{dx^2} + V(x)\right)\psi(x) = E\psi(x) \tag{1}$$

왼편에는 $\psi(x)$의 2차 도함수 항에 $V(x)\psi(x)$항이 더해진다. 이 계산의 결과가 $E\psi(x)$이다. 왼편에 있는 큰 괄호 안의 항을 $\psi(x)$에 작용(또는 연산)시키면 $E\psi(x)$를 돌려준다고 말할 수 있다. E를 $\psi(x)$에 대응되는 에너지라고 해석하면, 큰 괄호 안의 항은 **전체 에너지 연산자** total energy operator 처럼 행동한다. 고전물리학에서는 이것을 **해밀토니안 연산자** Hamiltonian operator 라고 부르며 기호로 H로 표기한다.

$$H = -\frac{\hbar^2}{2m}\frac{d^2}{dx^2} + V(x) \tag{2}$$

슈뢰딩거 방정식은 **연산자 표기법** operator notation 으로 다음과 같이 적을 수 있다.

$$H\psi(x) = E\psi(x) \tag{3}$$

연산자 operator 는 함수에 적용하여 결과를 알려주는 존재로, 입력값이나 함수를 처리하여 출력값을 알려주는 컴퓨터 프로그램의 서브루틴과 유사하다. 연산자가 하는 연산은 입력함수에 상수를 곱하거나 함수를 미분하거나 또는 함수를 적분하거나 어떤 것을 함수에 더하는 것 등이 될 수 있다. 일상생활에서 접할 수 있는 연산자들은 많다. 예를 들면 "세금"이라고 부르는 연산자를 상상해 보자. 세금 연산자를 봉급에 적용시키면 물어야 할 세금 액수를 알려준다. 연산자 자체는 무의미하다. 연산자를 함수에 적용시켰을 때만 연산자는 의미를 가진다. 식 (3)에 있는 ψ를 소거하는 실수를 범하지 않도록 주의하라.

우리는 특정한 함수 $\psi(x)$만이 주어진 퍼텐셜 $V(x)$에 대한 슈뢰딩거 방정식을 만족한다는 것을 알고 있다. 이 함수들을 $V(x)$에 대한 **고유함수** eigenfunction 라고 부르며, 각 고유함수에 대응되는 상수 E를 이 고유함수의 **고유값** eigenvalue 이라고 부른다. 고유값 방정식의 일반적인 형태는

$$(\text{연산자})(\text{고유함수}) = (\text{고유값})(\text{고유함수}) \tag{4}$$

로 주어진다.

보통의 대수학에서처럼 연산자는 자신의 바로 오른쪽에 있는 함수나 양에 적용되지만 연산자가 고유함수에 적용될 때만 식 (4)의 형태가 성립한다. 이제 식 (1)로 돌아가 보자. 전체 에너지 연산자를 운동에너지(KE)와 퍼텐셜에너지(PE) 연산자의 합으로 생각할 수 있다. 그러면

$$\text{KE}_{\text{op}} = -\frac{\hbar^2}{2m}\frac{d^2}{dx^2} \tag{5}$$

$$\text{PE}_{\text{op}} = V(x) \tag{6}$$

으로 적을 수 있다. 연산자 대수학의 예로 무한 우물의 파동함수

$$\psi_n(x) = \sqrt{\frac{2}{L}}\sin\left(\frac{n\pi x}{L}\right)$$

에 대한 연산을 생각해 보자. 이 경우 $V(x)=0$이므로

$$\begin{aligned} H\psi_n(x) &= -\frac{\hbar^2}{2m}\frac{d^2\psi_n(x)}{dx^2} \\ &= -\frac{\hbar^2}{2m}\frac{d^2}{dx^2}\left(\sqrt{\frac{2}{L}}\sin\left(\frac{n\pi x}{L}\right)\right) = \frac{\hbar^2}{2m}\frac{n^2\pi^2}{L^2}\left(\sqrt{\frac{2}{L}}\sin\left(\frac{n\pi x}{L}\right)\right) \\ &= E_n\psi_n(x) \end{aligned}$$

가 된다. 여기서 식 (3.2.11)을 사용했다.

에너지 이외에도 다른 흥미로운 **동역학 변수** dynamical variable 가 많이 존재

한다. 예를 들면 위치, 선운동량, 각운동량 등이 이에 해당한다. 이런 동역학 변수들에 대응되는 연산자들은 무엇일까? 모든 측정가능한 물리량에 대응되는 연산자가 존재한다는 것이 양자역학의 기본 가정이다. 위치(x)와 같은 가장 간단한 경우 연산자는 단순히 x 그 자체이다(3차원인 경우 $\boldsymbol{r} = x\boldsymbol{x} + y\boldsymbol{y} + z\boldsymbol{z}$이고, $\boldsymbol{x}$, $\boldsymbol{y}$, $\boldsymbol{z}$는 직교좌표의 단위벡터들이다). 선운동량의 연산자는 2장에서 배운 오른쪽 또는 왼쪽으로 움직이는 물질파에 대한 표현식

$$\psi(x, t) = Ae^{\pm\frac{\iota}{\hbar}(px - Et)}$$

을 떠올리면 유도할 수 있다.

미분을 하여 p를 뽑아내어 보자.

$$\frac{\partial\psi}{\partial x} = \pm\left(\frac{\iota}{\hbar}\right)p\left\{Ae^{\pm\frac{\iota}{\hbar}(px-Et)}\right\} = \pm\left(\frac{\iota}{\hbar}\right)p\psi$$

또는

$$p\psi \equiv \pm\left(\frac{\hbar}{\iota}\right)\frac{\partial\psi}{\partial x} = \left(\mp\ \iota\hbar\frac{\partial}{\partial x}\right)\psi$$

윗 식에서 $1/i = -i$를 사용하였다. 식에서 부호는 파동의 부호와 복호동순이다. 따라서 다음 관계를 얻을 수 있다.

$$(p_x)_{\text{op}} = -\iota\hbar\frac{\partial}{\partial x} \tag{7}$$

y와 z에 방향에 대해서도 같은 방식을 적용하면

$$(p_y)_{\text{op}} = -\iota\hbar\frac{\partial}{\partial y} \tag{8}$$

와

$$(p_z)_{\text{op}} = -\iota\hbar\frac{\partial}{\partial z} \tag{9}$$

가 된다.

p_x, p_y와 p_z 각각은 단지 한 좌표에 대해서만 미분을 하기 때문에 편미분 기호를 사용한 것에 주목하라. 이 결과를 특정 좌표계를 언급하지 않아도 되는 편리한 벡터 형태로 표시할 수 있다.

$$\boldsymbol{p}_{\text{op}} = -\iota\hbar\nabla \tag{10}$$

여기서 ∇는 기울기 연산자 gradient operator 이다. 몇몇 유용한 연산자들을 표 4.1에 요약하여 표시하였다.

▌표 4.1 유용한 연산자

물리량	연산자
위치	x
선운동량	$-\iota\hbar\nabla$
운동에너지	$-\dfrac{\hbar^2}{2\text{m}}\nabla^2$
퍼텐셜에너지	$V(x)$
임의의 함수 $f(x)$	$f(x)$

여러 수들을 차례로 곱할 수 있는 것처럼 여러 연산자들을 차례로 함수에 적용할 수 있다. 그러나 일반 대수학과 연산자 대수학 사이에는 중요한 차이가 있다. 연산자 대수학에서는 연산자의 순서가 최종 결과에 영향을 준다. 즉 연산자 대수학에서는 교환법칙이 성립하지 않는 경우가 많다. 위치, 선운동량과 운동에너지 연산자를 가지고 이 점을 확인시켜 줄 수 있다. 임의의 함수 $f(x)$에 위치 연산자를 먼저 적용하고 그 후 선운동량 연산자를 적용시킨다고 하자.

$$(p_x)_{\text{op}}[(x)_{\text{op}}f(x)] = (p_x)_{\text{op}}[x f(x)] = -\iota\hbar\frac{\partial}{\partial x}[x f(x)]$$

$$= -\iota\hbar\left[f(x) + x\frac{df}{dx}\right] \tag{11a}$$

반면 연산자의 순서를 역으로 해 보자. 그러면

$$(x)_{\text{op}}[(p_x)_{\text{op}} f(x)] = (x)_{\text{op}}\left[-\iota\hbar\frac{\partial}{\partial x}f(x)\right] = -\iota\hbar\, x\frac{df}{dx} \tag{11b}$$

가 된다. $f(x)=0$일 때만 p와 x의 연속 연산에 대해 교환법칙이 성립한다. 그러나 또 다른 경우는 결과가 연산자의 순서에 무관할 수 있다.

$$(p_x)_{\text{op}}[(\text{KE})_{\text{op}} f(x)] = (p_x)_{\text{op}}\left[-\frac{\hbar^2}{2m}\frac{d^2f}{dx^2}\right] = \frac{\iota\hbar^3}{2m}\frac{d^3f}{dx^3} \tag{12a}$$

과

$$(\text{KE})_{\text{op}}[(p_x)_{\text{op}} f(x)] = (\text{KE})_{\text{op}}\left[-\iota\hbar\frac{df}{dx}\right] = \frac{\iota\hbar^3}{2m}\frac{d^3f}{dx^3} \tag{12b}$$

아직까지 연산자의 순서가 계산 결과에 영향을 준다는 사실이 그리 중요하지 않다. 나중에 이런 성질이 하이젠베르크의 불확정성 원리와 밀접하게 관련되어 있음을 배울 것이다.

여기서 표기법에 대해 언급하고자 한다. 보통 굵은 활자체 bold type 는 선운동량과 같은 벡터 또는 연산자를 표시할 때 사용한다. 스칼라 연산자인 해밀토니안 연산자(식 2)를 의미하는 기호 H는 예외이다. 또한 혼동을 할 가능성이 적을 때는 자주 기호에 연산자를 의미하는 밑첨자 "op"를 붙이지 않는다.

4.2 기댓값

양자역학의 일부 문제들("무한 우물 안에 있는 입자가 $n=3$인 상태에 있을 때 이 입자의 에너지는 얼마인가?")을 풀면 정확한 답을 얻을 수 있다는 것을 이미 배웠다. 반면 다른 문제들("이 입자의 위치는 무엇인가?")의 경우 확률 분포로만 답할 수 있다. 그러나 후자의 경우 질문을 달리하면 더 많은 정보를 알아낼 수 있다. 이 입자가 주어진 시간에 어디에 있느냐를 묻는 것은 무의미하지만 입자의 *평균* 위치를 묻는 것은 의미가 있다. 실험적으로 $n=3$인 상태의 전자가 들어 있는 무수한 동일한 무한 우물을 준비하면 이런 질문에 답할 수 있다. 동시에 여러 전자의 위치를 특정하여 평균값을 구하면 된다. 이 위치 평균값에 대한 이론적 예측값을 위치의 **기댓값** expectation value 이라고 부르고 $\langle x \rangle$로 표기한다. 이 절의 목적은 모든 x의 함수에 대해 기댓값을 $\psi(x)$로 표현하는 방법을 유도하는 것이다.

기댓값과 확률분포 사이의 관계식을 구하기 위해 산술 평균이라는 익숙한 개념으로부터 시작하는 것이 도움이 된다. N명의 키를 조사했다고 하자. 개인 i의 키를 x_i라 하면 이들의 평균 키는 다음과 같이 주어진다.

$$\langle x \rangle = \frac{1}{N}\sum_{i=1}^{N} x_i \tag{1}$$

이제 칸으로 나누어 결과를 구하는 방법을 생각해 보자. 즉 그림 4.1에 나와 있는 것처럼 막대그림표 형태로 여러 키의 범위에 속하는 사람의 수를 표시한다.

지수 j를 사용하여 칸을 지정한다. x_j는 칸 j가 속한 범위의 중앙에 해당하는 키를 의미하고, n_j는 칸 j에 속한 사람들의 수를 말한다. 그러면 평균 키는

$$\langle x \rangle = \frac{1}{N}\sum_{\text{칸 } j} x_j n_j = \sum_{\text{칸 } j} x_j \left(\frac{n_j}{N}\right) \tag{2}$$

로 표현할 수 있다.

이제 n_j/N은 칸 j에 속한 사람 수와 전체 사람 수의 비가 된다. 이것은 무작위로 한 사람을 뽑았을 때 정확히 칸 j에 속한 사람이 뽑힐 확률 p_j와 같다. 따라서

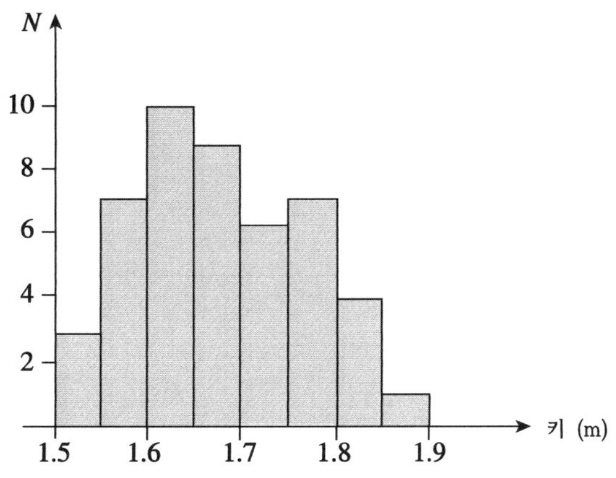

그림 4.1 가상의 키 분포

$$\langle x \rangle = \sum_{\text{칸 } j} x_j p_j \tag{3}$$

이 성립한다.

모든 칸에 대해 합을 구하는 것은 모든 키를 더하는 것과 동일하다. 식 (3)을 더 이해하기 쉽도록 적으면

$$\langle x \rangle = \sum_{\text{모든} x} x\, p(x) \tag{4}$$

의 형태가 된다. 말로 설명하자면, 어떤 양 x의 평균값이란 x에 x가 나올 확률을 곱해 (모든 가능한 x 값에 대해) 더한 값이다.

간단한 예로 불연속적인 값을 갖는 변수를 가지고 식 (4)를 계산해 보자. 학생 30명으로 구성된 그룹에 대해 조사한다고 하자. 이중 3명은 3과목을, 18명은 4과목을, 8명은 5과목을, 1명은 6과목을 수강하고 있다. 변수 x를 각 학생들이 수강하고 있는 과목 수라고 하자. 그러면 지수 j가 3에서 6이 된다(왜?). 그룹에 속한 특정 학생이 {3, 4, 5, 6}과목을 수강할 확률은 {3/30, 18/30, 8/30, 1/30}={0.100, 0.600, 0.267, 0.033}으로 주어진다. 이 값들은 식 (2)의 (n_j/N)에 해당된다. 이 확률을 모두 더하면 1이 된다는 것에 유의하라. 그럼 학생들이 수강하는 평균 과목 수는 식 (4)를 사용해 계산할 수 있다. 즉 3(0.100)+4(0.600)+5(0.267)+6(0.033) =4.233. (이 값은 학생들이 듣는 전체 과목 수 127을 학생수 30으로 나누어도 얻을 수 있다.) 평균 과목 수를 듣는 학생은 아무도 없다는 사실에 유의하라! 이 사실은 양자역학에서 *중첩 상태* superposition state 라고 부르는 상태가 가진 속성과 유사하다(4.8절과 9.2절을 보라). 어떤 학생이 몇 과목을 수강하는지 측정하면 불연속적인 "고유값" 3, 4, 5, 6을 얻게 된다. 그러나 평균값은 (일반적으로) 고유값과는 다르다.

양자역학적 평균과 관련해 입자를 x와 $x+dx$ 사이에서 발견할 확률이 $\psi^*(x)\psi(x)dx$임을 알고 있다. 위치가 불연속 변수가 아닌 연속 변수라는 것을 알면 위치의 **기댓값**을

$$\langle x \rangle = \int x\psi^*(x)\psi(x)\,dx \tag{5}$$

처럼 표현할 수 있다.

이때 적분 구간은 입자가 존재할 수 있는 물리적 공간 구간이 된다. 때때로 적분 구간을 $\pm\infty$로 적기도 한다.

위치의 함수이거나 위치 미분과 관련된 양 - 선운동량 또는 에너지 등 - 의 기댓값을 계산하고 싶다면 어떻게 해야 할까? 기댓값을 계산하는 일반 규칙은 다음과 같다.

$$\langle \textbf{관측가능량} \rangle = \int \psi^*(x)[(\text{연산자})\psi(x)]\,dx \tag{6}$$

여기서 (연산자)는 관심의 대상인 관측가능량에 대응되는 연산자를 말한다. 이 식에서 계산 순서가 매우 중요하다. 우선 $[(\text{연산자})\psi(x)]$부터 계산해야 한다. 이 결과에 $\psi^*(x)$를 곱한 뒤 적분을 한다.

식 (6)을 증명하는 것은 조금 복잡하다. 당분간 기댓값은 이 식을 사용해 계산할 수 있다는 것을 아는 것만으로 충분하다. 양자역학적 기댓값을 구하는 이 식이 뉴턴역학에서 평균값을 구하는 식과 같다는 것을 직관적으로 깨닫는 것으로 충분하다. 이에 대해 4.5절에서 더 다룬다.

고유값(예를 들어 계의 가능한 "정상상태 에너지")과 기댓값은 매우 다른 양이라는 것을 강조할 필요가 있다. 4.8절에서 더 이야기하겠지만 계를 한 번 측정하면 *항상* 고유값 가운데 하나를 얻게 되지 기댓값을 얻을 수는 없다. 계가 시간과 무관한 특정 정상상태에 있을 때에만 측정 결과가 기댓값과 일치한다. 입자의 운동과 같이 시간이 관계된 현상은 중첩 상태를 통해서만 모델링할 수 있다(4.7절과 4.8절을 보라). 이 경우 어떤 물리량의 기댓값은 가능한 모든 고유값들의 평균을 취한 값이 된다.

예제 4.1

무한 우물의 파동함수에 대해 식 (6)을 사용해 $\langle x\rangle, \langle p\rangle, \langle E\rangle, \langle x^2\rangle, \langle p^2\rangle$을 계산하라.

파동함수는 다음과 같이 주어진다.

$$\psi_n(x) = \sqrt{\frac{2}{L}}\sin\left(\frac{n\pi x}{L}\right)$$

$a = n\pi/L$로 놓고 식 (6)에 따라 계산하면

$$\langle x\rangle = \int_0^L \psi_n^*(x)\{x\psi_n(x)\}dx = \frac{2}{L}\int_0^L \sin(ax)\{x\sin(ax)\}dx$$

$$= \frac{2}{L}\int_0^L x\sin^2(ax)\,dx = \frac{2}{L}\left[\frac{x^2}{4} - \frac{x\sin(2ax)}{4a} - \frac{\cos(2ax)}{8a^2}\right]_0^L$$

$$= \frac{L}{2}$$

이 결과는 무한 우물 안에 있는 입자의 위치를 여러 번 측정했을 때 위치의 평균으로 $x = L/2$를 얻는다는 것을 의미한다. 이 값은 양자수 n과 무관하다는 것에 주목하라. 이 결과는 우물이 대칭적이라는 사실과 관련이 있다. 즉 입자가 어느 상태에 있든지 관계없이 우물의 어느 한쪽을 다른 쪽보다 선호하지 않는다는 사실을 의미한다.

$\langle p\rangle$를 계산할 때 $(p_x)_{op}$가 미분 형태를 가졌다는 것에 주의해야 한다.

$$\langle p\rangle = \int_0^L \psi_n^*(x)\left[-\iota\hbar\frac{d}{dx}\psi_n(x)\right]dx = -\frac{2\iota\hbar}{L}\int_0^L \sin(ax)\left[\frac{d}{dx}\sin(ax)\right]dx$$

$$= -\frac{2\iota a\hbar}{L}\int_0^L \sin(ax)\cos(ax)dx = -\frac{\iota\hbar}{L}[\sin^2(ax)]_0^L = 0$$

이 결과 역시 놀랍지 않다. 우물의 대칭성에 의해 입자가 오른쪽으로 운동할 확률이 왼쪽으로 운동할 확률과 같기 때문이다.

에너지의 기댓값도 같은 식으로 계산할 수 있다.

$$\langle E\rangle = \int_0^L \psi_n^*(x)[\boldsymbol{H}\psi_n(x)]\,dx = \frac{2}{L}\int_0^L \sin(ax)\left[-\frac{\hbar^2}{2m}\frac{d^2}{dx^2}\sin(ax)\right]dx$$

$$= \frac{\hbar^2 a^2}{mL}\int_0^L \sin^2(ax)\,dx = \frac{\hbar^2\pi^2 n^2}{mL^3}\left[\frac{x}{2} - \frac{\sin(2ax)}{4a}\right]_0^L$$

$$= \frac{\hbar^2\pi^2 n^2}{2mL^2} = E_n$$

무한 우물의 상태 n에 대한 에너지의 기댓값은 바로 이 상태의 에너지 고유값이 된다.

$\langle x^2\rangle$은 구하면

$$\langle x^2\rangle = \int_0^L \psi_n^*(x)\,[x^2\,\psi_n(x)]\,dx = \frac{2}{L}\int_0^L x^2\sin^2(ax)dx$$

$$= \frac{2}{L}\left[\frac{x^3}{6} - \left(\frac{x^2}{4a} - \frac{1}{8a^3}\right)\sin(2ax) - \frac{x\cos(2ax)}{4a^2}\right]_0^L = \frac{2}{L}\left[\frac{L^3}{6} - \frac{L^3}{4\pi^2 n^2}\right]$$

$$= \frac{L^2}{3}\left[1 - \frac{3}{2\pi^2 n^2}\right]$$

을 얻는다.

$\langle x^2\rangle$이 $\langle x\rangle^2$가 같지 않다는 것에 주목하라. 두 양은 다른 의미를 가지고 있다. $\langle x\rangle^2$은 위치의 평균값의 제곱인 반면, $\langle x^2\rangle$은 위치 제곱의 평균값이다.

선운동량의 특정한 멱 power 에 대한 연산자는 $(p_x)_{op}$를 자신에 연속적으로 작용시켜 유도할 수 있다. 1차원의 경우

$$p_x^2 = (p_x)(p_x) = \left(-\iota\hbar\frac{\partial}{\partial x}\right)\left(-\iota\hbar\frac{\partial}{\partial x}\right) = -\hbar^2\frac{\partial^2}{\partial x^2} = 2m(KE)$$

따라서 무한 우물 파동함수에 대해

$$\langle p^2\rangle = 2m < \mathrm{KE} > = \frac{\pi^2\hbar^2 n^2}{L^2}$$

이 된다.

$\langle x^2 \rangle$과 $\langle p^2 \rangle$은 각각 (길이)^{2}과 (선운동량)^{2}의 단위를 가진다는 것에 주목하라. 이 예제의 결과들은 나중에 (4.32절에서) x와 p의 평균값의 분산을 구하는데 사용된다.

예제 4.2

7장에서 수소 원자에 대해 공부하게 되는데, 거기서 자주 $\psi(x) = Ax^n e^{-kx/2}$, $0 \le x \le \infty$의 형태를 가진 파동함수를 만나게 된다. 이 함수에서 $k > 0$이고 n은 양의 정수이다. 이런 함수는 항상 특정한 x 값에서 최댓값을 가지며 그 이상의 x에서는 무한히 긴 지수함수 꼬리를 가진다.

(a) 이 함수가 규격화되어 있다면, A 값은 얼마인가?

(b) 어떤 x 값에서 ψ가 최댓값을 가질까? $\langle x \rangle$는 얼마이고, 이 값은 함수가 최대가 되는 x 값과 어떤 관계를 가지나?

함수가 규격화되었다면

$$A^2 \int_0^\infty x^{2n} e^{-kx} dx = 1$$

을 만족해야 한다. 부록 C를 참조해 이 적분을 구하면 $(2n)!/k^{2n+1}$이 된다. 그러므로

$$A^2 = \frac{k^{2n+1}}{(2n)!}$$

ψ가 최댓값을 갖는 곳을 구하기 위해 $d\psi/dx = 0$로 놓는다.

$$\frac{d\psi}{dx} = A(nx^{n-1} - kx^n/2)e^{-kx/2} = 0$$

$$\Rightarrow x_{\max} = \frac{2n}{k}$$

이제 x의 기댓값은 다음과 같이 주어진다.

$$\langle x \rangle = \int \psi^* x \psi \, dx = A^2 \int_0^\infty x^{2n+1} e^{-kx} dx.$$

다시 부록 C를 참조하여 계산하면

$$\langle x \rangle = A^2 \frac{(2n+1)!}{k^{2n+2}} = \frac{k^{2n+1}(2n+1)!}{(2n)! \quad k^{2n+2}} = \frac{2n+1}{k}$$

을 얻는다.

모든 n에 대해 x의 평균값은 ψ가 최대가 되는 x 값보다 항상 크다. 즉

$$\frac{\langle x \rangle}{x_{\max}} = \frac{2n+1}{2n}$$

식 (6) 형태의 적분이 양자역학 계산에 자주 등장한다. 이런 적분들을 적는 번거로움을 줄이기 위해 **디랙 표기법** Dirac notation (또는 디랙의 **브라켓** bracket 표기법) 이라고 부르는 간단한 표기법을 사용하는 것이 편리하다. 디랙 표기법에서는 $f(x)$의 기댓값을 $\langle \psi^*(x) | f(x) | \psi(x) \rangle$로 적는다.

$$\langle \psi^*(x) | f(x) | \psi(x) \rangle = \int \psi^*(x) \{[f(x)]_{\mathrm{Op}}\} \psi(x) \, dx \tag{7}$$

여기서 $|f(x)|$는 $[f(x)]_{\mathrm{Op}}$, 즉 $f(x)$에 대응되는 연산자를 의미한다. 더 단순화시켜 파동함수를 떼어버리고 간단히 $\langle f(x) \rangle$로 적기도 한다. 이런 표기법을 사용할 때 심지어 연산자가 나타나지 않을 때도 있다. 예를 들어 두 함수 $\psi_1(x)$와 $\psi_2(x)$의 **겹침적분** overlap integral (두 함수의 x 범위는 동일하다고 가정한다)을 디랙 표기법으로 아래와 같이 적을 수 있다.

$$\langle \psi_1 | \psi_2 \rangle = \int \psi_1(x) \psi_2(x) \, dx \tag{8}$$

이 적분은 또한 $\psi_1(x)$와 $\psi_2(x)$의 **내적** inner product 으로도 알려져 있다. 적분을 간단하게 적기 위해서 여러 형태의 디랙 표기법이 앞으로 자주 이 책에 등장할 것이다.

이 절을 마치기 전에 흥미로운 수학적 결과를 하나 언급하고자 한다. 무한 우물이 가진 대칭성 때문에 무한 우물 파동함수에 대해 $\langle p \rangle = 0$가 놀라운 사실이 아님을 이미 배웠다. 사실 모든 시간과 무관한 파동함수에 대해 $\langle p \rangle = 0$임을 증명할 수 있다. 일반적으로 3차원 선운동량 연산자는 $\boldsymbol{p} = -i\hbar\nabla$로 주어진다. 그러므로

$$\langle \boldsymbol{p} \rangle = -\iota\hbar \int_V \psi(\nabla\psi)\,dV$$

이고 ψ가 0이 아닌 전 공간이 적분 구간이 되며, dV는 부피 요소이다.
$\psi(\nabla\psi) = \frac{1}{2}\nabla(\psi^2)$이므로 이 식을 다음처럼 적을 수 있다.

$$\langle \boldsymbol{p} \rangle = -\frac{\iota\hbar}{2} \int_V \nabla(\psi^2)\,dV$$

이제 벡터 미적분의 발산 정리 divergence theorem (가우스 정리 Gauss's theorem 또는 그린 정리 Green's theorem 라고도 부름)를 적용하면, 함수의 기울기 gradient 에 대한 부피 적분을 부피를 둘러싸고 있는 표면에 대한 함수의 면적분으로 바꿀 수 있다. 즉

$$\langle \boldsymbol{p} \rangle = -\frac{\iota\hbar}{2} \int_S \psi^2\,d\boldsymbol{S} \tag{9}$$

여기서 $d\boldsymbol{S}$는 부피 V를 둘러싸고 있는, 바깥쪽을 향하는 면적 요소 벡터를 의미한다. 원리상 우주 끝까지 적분 구간을 연장할 수 있기 때문에 ψ가 규격화될 수 있도록 ψ가 적분 경계에서 항상 0에 접근해야 한다. 즉 일반적으로 $[\psi^2]_{경계} = 0$이 되고 따라서 항상 $\langle \boldsymbol{p} \rangle = 0$이 된다.

$\langle \boldsymbol{p} \rangle = 0$을 구한 것이 그리 놀라운 일은 아니다. 직관적으로 시간과 무관한 파동함수는 시간과 무관한 위치의 기댓값(즉 $\langle \boldsymbol{r} \rangle =$ 상수)을 가지리라 예상할 수 있다. 위치 연산자($\boldsymbol{r}$)가 시간과 무관하기 때문에 자연히 $\langle \boldsymbol{p} \rangle = 0$이 되어야 한다. 따라서 시간과 무관한 ψ를 가진 양자 입자는 정지해 있는 고전 입자와 같다고 생

각할 수 있다. 단순하지만, 이 결과는 양자역학의 선운동량 연산자가 지닌 이상한 속성을 우리에게 알려주고 있다. 고전역학에서 선운동량은 시간 미분으로 주어진다. 즉 $\langle \boldsymbol{p} \rangle = m\boldsymbol{v} = m(d\boldsymbol{r}/dt)$. 그러나 양자역학에서 선운동량은 공간 미분, $\boldsymbol{p} = -i\hbar\nabla$ 으로 주어진다. 고전적으로 선운동량을 구하기 위해 공간 미분을 하는 것은 완전히 잘못된 것이지만, 양자역학에서서는 옳다. 시간과 무관한 ψ에 대한 공간 미분이 0이 아닐지라도 경계조건에 의해 항상 $\langle \boldsymbol{p} \rangle = 0$가 된다. $\boldsymbol{p}$가 가진 이런 이상한 성질은 양자역학의 비상식적인 면을 보여주는 또 다른 예가 된다.

4.3 불확정성 원리

입자가 파동성을 가지기 때문에 입자의 위치를 정확히 말하는 것이 불가능하다. 이런 불확정성을 정량적으로 표현한 것이 **하이젠베르크의 불확정성 원리** Heisenberg uncertainty principle 이다. 불확정성 원리를 정확히 기술하기 전에 우선 정성적인 설명을 통해 이 중요한 원리를 이해하도록 하자.

그림 4.2는 두 개의 가상적인 물질파를 보여준다. 패턴 (a)는 파장이 λ인 사인파의 일부분이다. 반면 패턴 (b)는 특정 공간 Δx에 주로 몰려있는 물질파를 나타낸다. (이런 "파동묶음" wave packet 은 중첩이라고 부르는 기술을 사용해 얻을 수 있다. 4.7절과 4.8절을 보라.)

패턴 (a)는 잘 정의된 파장 λ로 기술할 수 있다. 이 드 브로이 파장을 가지고 물질파의 선운동량 $p = h/\lambda$을 정확하게 구할 수 있다. 그러나 (b)의 경우 입자가 본질적으로 공간의 크기가 Δx인 지역에 주로 몰려있다. 그러나 이 파동묶음을 특정 공간에 국한시키기 위해 선운동량의 정확한 값을 희생해야 한다. 파동묶음의

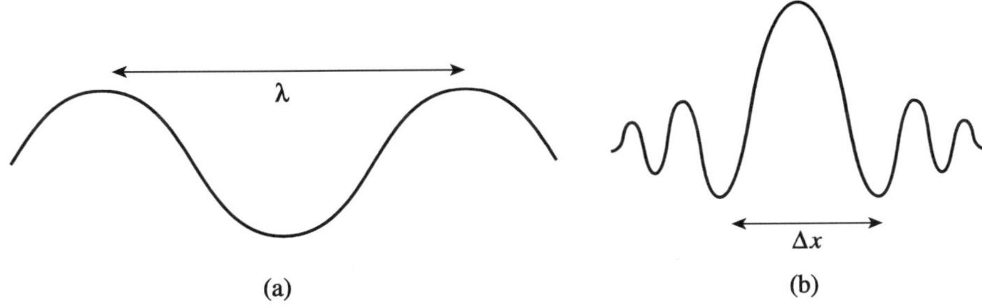

▌그림 4.2 가상의 물질파

패턴을 하나의 특정한 파장으로 기술할 수 없기 때문이다. 퓨리에 해석 Fourier analysis 에 익숙하다면 적절한 진폭과 파장을 가진 수많은 파동을 더해 다양한 파동 패턴을 만들 수 있다는 것을 알고 있을 것이다. 패턴 (b)와 같이 원하는 패턴이 고도로 한 곳에 몰려 있으려면, 많은 사인과 코사인 항들을 더해야 한다. 즉 수많은 선운동량들이 기여를 하고 있다는 말이다. 더욱 더 많은 항들을 더하면 Δx를 더 작게 할 수 있지만, 선운동량은 더욱 더 애매해진다. 따라서 자연은 위치와 선운동량을 동시에 정확하게 아는데 제한을 가한다.

불확정성 원리는 공식적으로 다음과 같이 표현한다. x와 p의 불확정성을 이들의 분산 variance 으로 정의하면

$$\Delta x = \sqrt{\langle x^2 \rangle - \langle x \rangle^2} \tag{1}$$

과

$$\Delta p = \sqrt{\langle p^2 \rangle - \langle p \rangle^2} \tag{2}$$

처럼 표시할 수 있다. 그리고 이들의 곱 $\Delta x \Delta p$는 다음 구속조건을 따라야 한다.

$$\Delta x \, \Delta p \ \geq \ \hbar/2 \tag{3}$$

예제 4.3

예제 4.1의 결과를 사용하여 무한 퍼텐셜 우물 안에서 움직이는 입자의 $\Delta x \Delta p$를 계산하라.

예제 4.1에서

$$\langle x \rangle = L/2$$

$$\langle p \rangle = 0$$

$$\langle x^2 \rangle = \frac{L^2}{3}\left[1 - \frac{3}{2\pi^2 n^2}\right]$$

$$\langle p^2 \rangle = \frac{\pi^2 \hbar^2 n^2}{L^2}$$

을 얻었다. 이것을 사용하면

$$\Delta x = L\sqrt{\frac{1}{12} - \frac{1}{2\pi^2 n^2}}$$

과

$$\Delta p = \frac{\pi \hbar n}{L}$$

을 얻는다. 따라서

$$\Delta x \Delta p = \sqrt{\frac{n^2\pi^2}{12} - \frac{1}{2}}\hbar$$

$n=1$일 때 $\Delta x \Delta p$의 값이 최소가 되며, 여기서

$$(\Delta x \Delta p)_{n=1} = 0.568\hbar \ (\geq 0.5\hbar)$$

이다. n이 매우 클 경우

$$(\Delta x \Delta p)_{n\to\infty} \approx \frac{n\pi\hbar}{\sqrt{12}} \approx 0.907n\hbar$$

이 된다. $\Delta x \Delta p$의 최소값을 보여주는 파동함수를 가진 퍼텐셜이 과연 존재할 지 의심이 들지 모른다. 물론 존재한다. 단조화진동자 퍼텐셜의 바닥상태가 그것이다. 이 경우 파동함수는 가우스 함수 형태 $\psi \sim e^{-kx^2}$를 가진다. 5장에서 이 퍼텐셜 및 퍼텐셜에 대한 풀이를 공부하게 된다.

불확정성 원리를 응용하여 주어진 퍼텐셜 안에서 움직이고 있는 입자의 바닥상태 에너지를 추정할 수 있다. 다시 폭이 L인 무한 우물을 생각해 보자. 입자가 우물 안에서만 존재할 수 있다는 사실로부터 $\Delta x \leq L$임을 추측할 수 있다. 대칭성으로부터 $\langle p \rangle = 0$가 되므로 $\Delta p = \sqrt{\langle p^2 \rangle} = \sqrt{2m\langle E \rangle}$ 가 된다. 그 결과

$$L\sqrt{2m\langle E\rangle} \;\geq\; \hbar/2$$

또는

$$\langle E\rangle \;\geq\; \frac{\hbar^2}{8mL^2}$$

을 얻는다.

이 결과를 정확한 값(식 3.2.11)과 비교하면, 인자 $4\pi^2$ 만큼 작다는 것을 알 수 있다. 불확정성에 근거해 구한 바닥상태 에너지는 일반적으로 정확한 값은 아니지만, 적절한 예측을 하는데, 또 계의 에너지 고유값이 계의 매개변수에 어떻게 의존하는지를 결정하는데 유용하다. 다음 예는 이 사실을 잘 보여준다.

예제 4.4

조화 진동자 퍼텐셜은 $V(x) = kx^2/2,\ -\infty \leq x \leq \infty$로 주어진다. 불확정성 원리를 사용해 이 퍼텐셜 안에서 움직이는 질량 m인 입자의 바닥상태 에너지를 추정하라.

조화 진동자 퍼텐셜은 $x=0$에 대해 대칭이므로, $\langle x \rangle = \langle p \rangle = 0$가 된다. 계의 전체 에너지를

$$E = \frac{p^2}{2m} + V(x) = \frac{p^2}{2m} + \frac{kx^2}{2}$$

으로 적을 수 있다.

이제 전체 에너지의 기댓값을 운동에너지와 퍼텐셜에너지의 기댓값의 합으로 적을 수 있다.

$$\langle E\rangle = \frac{\langle p^2\rangle}{2m} + \frac{k}{2}\langle x^2\rangle$$

그러므로

$$\Delta x = \sqrt{\langle x^2\rangle - \langle x\rangle^2} = \sqrt{\langle x^2\rangle}$$

와

$$\Delta p = \sqrt{\langle p^2\rangle - \langle p\rangle^2} = \sqrt{\langle p^2\rangle}$$

따라서

$$< E > \ = \frac{(\Delta p)^2}{2m} + \frac{k}{2}(\Delta x)^2$$

불확정성 원리에 의해

$$\Delta p \ \geq \ \frac{\hbar}{2(\Delta x)}$$

이므로 다음과 같이 표시할 수 있다.

$$\langle E\rangle = \frac{\hbar^2}{8m(\Delta x)^2} + \frac{k}{2}(\Delta x)^2$$

이 결과를 $\triangle x$에 대해 최소화하면 E의 최소값을 구할 수 있다. $d\langle E\rangle/d(\triangle x)$를 0으로 놓으면 다음과 같이 주어진다.

$$\frac{d\langle E\rangle}{d(\Delta x)} = -\frac{\hbar^2}{4m(\Delta x)^3} + k(\Delta x) = 0$$

또는

$$(\Delta x)^4_{\min} = \frac{\hbar^2}{4km}$$

이 결과를 $\langle E \rangle$의 식에 대입하면

$$\langle E \rangle \geq \hbar\omega/2$$

를 얻는다. 이 식에서 ω는 조화진동자의 고전적인 각진동수 $\sqrt{k/m}$ 이다. 5장에서 이 바닥상태 에너지가 이 퍼텐셜에 대한 슈뢰딩거 방정식을 풀어 구한 바닥상태 에너지와 정확히 일치하는 것을 보게 된다.

불확정성 원리를 증명하는 것은 복잡하지만, 역사적 중요성 때문에 한 번 살펴볼 필요가 있다. 글의 흐름을 방해하지 않기 위해 증명을 책 뒤에 있는 부록 A1에 실었다. 미국물리학회에서 준비한 하이젠베르크의 일생과 업적을 소개한 웹사이트의 주소는 http://www.aip.org/history/heisenberg/이다.

4.4 교환자와 불확정성 관계식

두 관측가능량이 불확정성 관계식을 따를지 어떻게 선험적으로 a priori 알 수 있을까? 동일한 질문인데, 어떤 경우에 두 연산자의 고유값을 동시에 측정할 수 있을까? 이 질문에 대해 일반화시킨 불확정성 관계식으로 답할 수 있다. 두 연산자 A와 B가 있고, 앞 절의 식 (1)에서 정의한 대로 이들의 분산을 ΔA와 ΔB라고 하자. 이들 연산자가 일반화시킨 불확정성 관계식

$$(\Delta A)(\Delta B) \geq \frac{1}{2}\sqrt{-[A,B]^2} \tag{1}$$

을 만족한다는 것을 증명할 수 있다[1]. 여기서 $[A,B]$는 두 연산자 A와 B의 **교환자** commutator 라고 알려진 또 다른 연산자로

$$[A, B] = A_{\text{op}}B_{\text{op}} - B_{\text{op}}A_{\text{op}} \tag{2}$$

로 정의한다.

$[A,B]$가 0이 아니라면, A와 B를 연결해주는 불확정성 관계식을 만족한다. 불

확정성 관계식으로 연결된 물리 변수의 쌍을 **공액** conjugate 또는 **상보** complementary 변수라고 부른다. 식 (2)의 형태로부터 파동함수가 A와 B 모두의 고유함수이면, 연산 순서가 문제가 되지 않기 때문에 $[A, B]=0$이 되는 것을 알 수 있다. 즉 $[A,B]$의 고유값을 동시에 정확히 측정할 수 있다.

지금까지 이야기한 일반적인 관계식을 가지고 1차원에서의 $(\Delta x \Delta p_x)$에 대한 불확정성 원리를 증명할 수 있다.

$$x_{\text{op}} = x \tag{3}$$

과

$$(p_x)_{\text{op}} = -\iota\hbar\frac{d}{dx} \tag{4}$$

임을 잊지 말라. 미분 순서가 중요하다는 것을 보여주기 위해 임의의 함수 ψ를 사용해 계산하자. 이제 연산자를 의미하는 밑 첨자 op는 떼어 버린다.

$$\begin{aligned}[x, p_x]\psi &= (xp_x - p_x x)\psi = \{x(p_x\psi) - p_x(x\psi)\} \\ &= \left\{x\left(-\iota\hbar\frac{d\psi}{dx}\right) + \iota\hbar\frac{d}{dx}(x\psi)\right\} = \iota\hbar\left\{-x\frac{d\psi}{dx} + x\frac{d\psi}{dx} + \psi\right\} \\ &= (\iota\hbar)\psi\end{aligned}$$

그러므로

$$[x, p_x] \equiv \iota\hbar$$

이고

$$(\Delta x)(\Delta p_x) \geq \frac{1}{2}\sqrt{-(\iota\hbar)^2}$$

또는

$$(\Delta x)(\Delta p_x) \geq \frac{\hbar}{2}$$

가 되어 정확히 불확정성 원리와 같아진다.

불확정성 원리와 관련해 의미가 확실하지 않은 많은 철학적 질문들이 나왔다. 파이스 Pais 는 이런 상황을 다음과 같이 점잖게 적고 있다[2].

나는 자주 불확정성 원리가 불운하다고 느꼈다. 이유는 하이젠베르크가 생각하고 있었던 것과는 전혀 다르게 불확정성 원리를 기술한 대중 서적들이 대부분이기 때문이었다. 다시 말해 불확정성 원리는 우리가 모르는 것이 무엇이냐가 아니라 왜 우리가 어떤 것들은 알 수 없느냐 하는 것이다. 일상적인 표현에서 "불명확하다"라는 말은 "분명할 수도 있다"는 것을 배제하지 않는다. 그러므로 불확정성 원리 대신 알려지지 않음 un-knowability 의 원리라는 용어를 사용하였다면 오해가 줄었을 것이다. 물론 이제는 누구도 다른 용어를 사용하기 힘들다.

이 절을 마치기 전에 7장에서 사용할 교환자의 성질에 대해 좀 더 알아보자. 3개의 연산자 A, B와 C가 있고 교환자 $[AB, C]\psi$를 구하고자 한다. 교환자에서 A를 앞으로 뽑아내 $A[B, C]\psi$로 적고 싶지만, 이것은 연산의 순서를 바꾸는 것이므로 틀린 결과를 주게 된다. 그러나 다음 방법을 따르면 올바른 인수분해 형태를 얻을 수 있다. 교환자의 올바른 전개는

$$[AB,C]\psi = AB(C\psi) - C(AB\psi)$$

이다. 이제 이 식의 오른쪽에 $AC(B\psi) - AC(B\psi)$를 더해도 이 양이 0이므로 식에는 변화가 없다.

$$[AB,C]\psi = AB(C\psi) - C(AB\psi) + AC(B\psi) - AC(B\psi)$$

윗 식의 오른쪽을 재배열하여 첫 번째 항과 네 번째 항을 두 번째 항과 세 번째 항을 함께 묶어보자.

$$[AB,C]\psi = A(BC - CB)\psi + (AC - CA)(B\psi)$$

오른쪽의 첫 번째 괄호 안의 항은 B와 C의 교환자가 되고, 두 번째 괄호 안의 항은 A와 C의 교환자가 된다.

$$[AB,C]\psi = A[B,C]\psi + [A,C](B\psi)$$

즉 처음의 교환자를 다음과 같은 형태로 적을 수 있다.

$$[AB,C] \equiv A[B,C] + [A,C]B \tag{5}$$

예제 4.5

파동함수 ψ는 $H\psi = E\psi$로 주어지는 에너지 고유값 E를 가진다. 여기서 H는 해밀토니안 연산자로 $H = -\epsilon(d^2/dx^2) + V(x)$, $\epsilon = (\hbar^2/2m)$이다. $A = x$, $B = p_x$, $C = H$라 하고 식 (5)를 사용해 $[xp_x, H]$를 구하라.

우선 $A[B,C]\psi$를 구한다.

$$A[B,C]\psi = x(p_xH - Hp_x)\psi = x\{p_x(E\psi) - H(-\iota\hbar\psi')\}$$

여기서 프라임 부호(')는 x에 대한 미분을 의미한다. 해밀토니안 연산자를 적용하면

$$A[B,C]\psi = x\left\{(-\iota\hbar)(E\psi') - \left(-\epsilon\frac{d^2}{dx^2} + V\right)(-\iota\hbar\psi')\right\}$$

$$= x\{(-\iota\hbar)(E\psi') + (\iota\hbar)(-\varepsilon\psi''' + V\psi')\}$$

$$= (\iota\hbar)\{xV\psi' - Ex\psi' - \varepsilon x\psi'''\}$$

이 된다.

식 (5)의 오른쪽에 있는 다른 항은

$$[A, C](B\psi) = [x, H](p_x\psi) = (-\iota\hbar)[x, H]\psi'$$

$$= (-\iota\hbar)\{x(H\psi') - H(x\psi')\}$$

$$= (-\iota\hbar)\left\{x\left(-\epsilon\frac{d^2}{dx^2} + V\right)(\psi') - \left(-\epsilon\frac{d^2}{dx^2} + V\right)(x\psi')\right\}$$

$$= (-\iota\hbar)\{-\epsilon x\psi''' + xV\psi' - (-2\epsilon\psi'' - \epsilon x\psi''' + xV\psi')\}$$

$$= (\iota\hbar)\{-2\epsilon\psi''\}$$

이 된다. 그러므로

$$[xp_x, H] = (\iota\hbar)\{xV\psi' - Ex\psi' - \epsilon x\psi''' - 2\epsilon\psi''\}$$

이 된다.

4.5 에렌페스트의 정리

4.2절에서 언급했듯이 양자역학적 기댓값을 식 (4.2.6)에 따라 계산했을 경우 결과가 고전물리학 법칙과 일치한다는 것을 보일 수 있다. 이제 에렌페스트 정리[3]라고 부르는 이 주장을 증명해 보자. 보편적 증명을 위해 3차원의 경우를 생각해 보자 .

파동함수가 $\Psi(x,t)$인 계를 생각해 보자. (일반적으로 파동함수가 위치와 시간의 함수라는 것을 강조하기 위해 파동함수의 기호를 대문자로 적는) 선운동량의 기댓값은 다음과 같이 주어진다.

$$\langle \boldsymbol{p} \rangle = -\iota\hbar \int \Psi^* \nabla \Psi \, dV \quad (1)$$

여기서 dV는 3차원 부피 요소를 말한다. 이제 힘과 선운동량의 변화율의 관계식인 뉴턴의 법칙을 적용하자. 힘은 항상 퍼텐셜의 음의 기울기로 표현할 수 있다.

$$\boldsymbol{F} = \frac{d\boldsymbol{p}}{dt} = -\nabla U \tag{2}$$

이 식에서 부피 요소 dV와의 혼동을 피하기 위해 퍼텐셜 함수를 U로 표시했다. $\langle dp/dt \rangle = -\langle \nabla U \rangle$임을 보일 수 있다면, *평균적으로* 양자계가 고전역학에 따라 행동한다고 결론을 내릴 수 있다. 식 (1)로부터

$$\begin{aligned}
\frac{\partial}{\partial t}\langle \boldsymbol{p} \rangle &= -\iota\hbar \frac{\partial}{\partial t}\int \Psi^* \nabla \Psi \, dV \\
&= -\iota\hbar \int \left\{ \frac{\partial \Psi^*}{\partial t}\nabla \Psi + \Psi^* \frac{\partial}{\partial t}(\nabla \Psi) \right\} dV \\
&= -\iota\hbar \int \left\{ \frac{\partial \Psi^*}{\partial t}\nabla \Psi + \Psi^* \nabla\left(\frac{\partial \Psi}{\partial t}\right) \right\} dV
\end{aligned} \tag{3}$$

을 얻는다.

마지막 단계에서 적분 안에 있는 두 번째 항의 미분 순서를 교환했다. 식 (3)은 공간 좌표에 대한 적분이지만, 시간에 대한 도함수가 들어 있다. 2장에서 배운 시간과 무관한 슈뢰딩거 방정식을 사용해 이것들을 소거할 수 있다. 즉

$$\nabla^2 \Psi - \epsilon U \Psi = \frac{2m}{\iota\hbar}\frac{\partial \Psi}{\partial t} \tag{4}$$

그리고 이 식의 복소 공액 식인

$$\nabla^2 \Psi^* - \epsilon U \Psi^* = -\frac{2m}{\iota\hbar}\frac{\partial \Psi^*}{\partial t} \tag{5}$$

을 얻을 수 있다. 여기서 $\epsilon = 2m/\hbar^2$로 정의했다. 식 (4)와 (5)를 사용해 시간 도함수를 구하면

$$\frac{\partial \Psi}{\partial t} = \frac{\iota\hbar}{2m}\{\nabla^2 \Psi - \epsilon U \Psi\} \tag{6}$$

와

$$\frac{\partial \Psi^*}{\partial t} = -\frac{\iota\hbar}{2m}\{\nabla^2\Psi^* \;-\; \epsilon U\Psi^*\} \tag{7}$$

가 된다.

식 (6)과 (7)을 식 (3)에 대입하면

$$\frac{\partial \ \langle \ \boldsymbol{p} \ \rangle}{\partial t} = -\iota\hbar\int\left\{-\frac{\iota\hbar}{2m}\{\nabla^2\Psi^* - \epsilon U\Psi^*\}(\nabla\Psi) + \frac{\iota\hbar}{2m}\Psi^*\nabla\{\nabla^2\Psi - \epsilon U\Psi\}\right\}dV \tag{8}$$

이 된다.

적분 안의 기울기 연산을 전개하면 일부 항이 상쇄되어 다음 식을 얻는다.

$$\frac{\partial \ \langle \ \boldsymbol{p} \ \rangle}{\partial t} = \frac{\hbar^2}{2m}\int\{-(\nabla\Psi)(\nabla^2\Psi^*) \ + \ \Psi^*(\nabla^3\Psi)\}dV + \int\Psi(-\nabla U)\Psi^* dV \tag{9}$$

이 식의 두 번째 적분을 생각해 보자. 이 항을 물리적으로 해석하면

$$\int\Psi(-\nabla U)\Psi^* dV = \langle -\nabla U\rangle = \langle \boldsymbol{F}\rangle \tag{10}$$

식 (9)의 첫 번째 적분이 0이 되는 것을 보일 수 있다면, 이제 원하는 결과에 도달하게 된다. 이것을 보이려면 벡터 미적분에 대한 지식이 필요하다.

편의상 $f = \Psi^*$, $g = \nabla\Psi$로 정의하자. 그러면

$$\int\{-(\nabla\Psi)(\nabla^2\Psi^*) \ + \ \Psi^*(\nabla^3\Psi)\}dV = \int\{f(\nabla^2 g) - g(\nabla^2 f)\}dV \tag{11}$$

가 된다.

그린의 제2 항등식에 의해 이 적분은 V를 감싸는 면에 대한 면적분과 동일해진다.

$$\int\{f(\nabla^2 g) - g(\nabla^2 f)\}dV = \int\{f(\nabla g) - g(\nabla f)\}\cdot d\mathbf{S}$$

$$= \int\{\Psi^*(\nabla^2\Psi) - (\nabla\Psi)(\nabla\Psi^*)\}\cdot d\mathbf{S} \tag{12}$$

ψ와 $\nabla\psi$가 점근적으로 사라진다는 물리적으로 합리적인 가정을 사용하면 식 (9)의 오른쪽에 있는 첫 번째 적분은 0이 되고 식에서 남은 항들에 의해 에렌페스트의 정리가 옳다는 것을 증명하게 된다.

시간과 공간에 대한 거대 평균을 구하는 극한적인 경우 양자역학의 결과가 고전역학의 결과와 같다는 것을 에렌페스트의 정리가 보여주고 있다. 보른 Max Born [4]에 의하면 "입자의 운동은 확률 법칙을 따르지만, 확률 자체는 인과법칙을 따라 전파된다."

4.6 직교 정리

이 절에서는 9장의 건드림 이론을 구하는데 필요한 슈뢰딩거 방정식의 풀이와 관련된 정리인 직교 정리 orthogonality theorem 를 증명하려고 한다. 1차원에서 증명을 하지만, 3차원으로 확장하는 것은 어렵지 않다.

두 개의 파동함수 $\psi_n(x)$와 $\psi_k(x)$를 생각해 보자. 두 함수 모두 주어진 퍼텐셜 $V(x)$에 대한 슈뢰딩거 방정식을 만족한다. 이들의 에너지 고유값이 각각 E_n과 E_k이면, 직교 정리는 다음과 같이 적을 수 있다.

$$\int\psi_k^*(x)\psi_n(x)dx = 0 \quad (E_k \neq E_n) \tag{1}$$

여기서 적분 구간은 계의 전체 구간이다.

파동함수는

$$-\frac{\hbar^2}{2m}\frac{d^2\psi_n}{dx^2} + V(x)\psi_n = E_n\psi_n \tag{2}$$

과

$$-\frac{\hbar^2}{2m}\frac{d^2\psi_k}{dx^2} + V(x)\psi_k = E_k\psi_k \tag{3}$$

를 만족해야 한다.

식 (3)의 공액 복소함수와 식 (2)에 각각 ψ_n과 ψ_k^*를 곱하자. 그 다음에 식 (3)을 식 (2)에서 빼면 $V(x)$를 없앨 수 있어 식이 다음과 같이 정리된다.

$$-\frac{\hbar^2}{2m}\left[\psi_k^*\frac{d^2\psi_n}{dx^2} - \psi_n\frac{d^2\psi_k^*}{dx^2}\right] = (E_n - E_k)\psi_k^*\psi_n \tag{4}$$

이제 식 (4)를 전체 구간에 대해 적분하면

$$-\frac{\hbar^2}{2m}\int\left[\psi_k^*\frac{d^2\psi_n}{dx^2} - \psi_n\frac{d^2\psi_k^*}{dx^2}\right]dx = (E_n - E_k)\int\psi_k^*\psi_n dx \tag{5}$$

가 된다. 왼쪽의 적분을 생각해 보자. 피적분 함수를 다음과 같이 적을 수 있다.

$$\left[\psi_k^*\frac{d^2\psi_n}{dx^2} - \psi_n\frac{d^2\psi_k^*}{dx^2}\right] = \frac{d}{dx}\left[\psi_k^*\frac{d\psi_n}{dx} - \psi_n\frac{d\psi_k^*}{dx}\right]$$

이것을 사용하면 식 (5)의 왼쪽은

$$-\frac{\hbar^2}{2m}\int\frac{d}{dx}\left[\psi_k^*\frac{d\psi_n}{dx} - \psi_n\frac{d\psi_k^*}{dx}\right]dx = -\frac{\hbar^2}{2m}\left[\psi_k^*\frac{d\psi_n}{dx} - \psi_n\frac{d\psi_k^*}{dx}\right]_{\text{경계}} = 0$$

이 된다. 파동함수가 점근적으로 사라진다고 가정하면 마지막 단계를 얻을 수 있다. 즉 식 (5)가

$$(E_n - E_k)\int\psi_k^*\psi_n dx = 0$$

로 간단해 진다. 만약 $E_k \neq E_n$이라면 식 (1)의 증명이 끝난다.

어떤 함수 $\psi_j(x)$의 집합이라도 이 집합에 속한 두 개의 함수가 이런 적분 형태의 제약조건을 만족할 경우 **직교** 함수 집합 orthogonal set of functions 을 이룬다고 한다. 추가로 이 집합의 각 구성원들이 규격화되어 있다면 이들을 **직교규격** orthonormal 함수 집합이라고 부른다. 이 경우 디랙 표기법을 사용해 직교성을 수학적으로 다음과 같이 간결하게 표현할 수 있다.

$$\int \psi_k^* \psi_n dx = \langle \psi_k^* | \psi_n \rangle = \delta_k^n \tag{6}$$

여기서 δ_n^k는 아래와 같이 정의되는 **크로네커 델타** Kronecker delta 를 나타낸다.

$$\delta_k^n = \begin{cases} 1 & (k = n) \\ 0 & (k \neq n) \end{cases} \tag{7}$$

4.7 중첩 정리

이 절에서는 중첩 정리에 대해 살펴보고자 한다. 중첩 정리는 9장에서 다룰 건드림 이론과 변분근사법 variational approximation method 을 이해하는데 필요한 수학적 토대를 제공한다. 이 정리는 사실 훨씬 더 유용하게 응용되는 일반적인 도구이다. 실제 입자를 기술하기 위한 시간과 관계된 파동함수를 찾는 과정에서 중첩 정리가 결정적인 역할을 담당하며, 이에 대해서는 다음 절에서 다루게 된다. 양자역학에 관한 더 높은 수준의 공부나 연구를 하게 된다면 의심할 여지없이 중첩 정리를 만나게 될 것이다.

슈뢰딩거 방정식을 풀고자 하는 어떤 퍼텐셜 $V(x)$가 주어져 있고, 방정식을 풀어 수많은 (또는 무한개의) 파동함수 $\psi_i(x)$와 고유에너지 E_i를 구했다고 가정하자. 이제 각 풀이의 선형 합을 구해 “초 파동함수 super-wavefunction” Ψ를 얻으려 한다고 상상해 보자.

$$\Psi(x) = \sum_i a_i \psi_i(x) \tag{1}$$

여기서 a_i는 전개 계수이다. 추가로 $\psi_i(x)$의 전체 구간에 대해 Ψ 역시 규격화되어 있다고 가정하면 이것으로부터 a_i가 따라야 할 다음과 같은 제약 조건을 얻을 수 있다.

$$\int \Psi\Psi^* dx = 1 \quad \Rightarrow \quad \int\left(\sum_i a_i\psi_i\right)\left(\sum_j a_j^*\psi_j^*\right)dx = 1 \tag{2}$$

윗 식에서 적분 및 합을 구할 때 순서를 바꾸어도 괜찮다는 것을 이해할 수 있어야 한다. (이해가 되지 않는다면 Ψ를 몇 개의 항들로 적은 후 직접 계산을 해 보라.) 이제 규격화 조건을 다음처럼 다시 적을 수 있다.

$$\sum_i \sum_j a_i a_j^* \langle \psi_i | \psi_j^* \rangle = 1 \tag{3}$$

여기서 적분에 대해 디랙 표기법을 사용했다. 앞 절에서 구한 직교 정리로부터 적분은 δ_i^j가 되어야 한다. 결과적으로 j에 대한 내부 합에서 $j=i$일 때만 0이 되지 않는다. 규격화 조건은 따라서 다음과 같이 된다.

$$\sum_i a_i^2 = 1 \tag{4}$$

여기서 $a_i^* a_i = a_i^2$으로 적었다. 따라서 Ψ가 규격화되어 있다면, 전개 계수의 제곱의 합은 1이 되어야 한다.

이제 Ψ로 표기한 중첩상태의 에너지의 기댓값을 계산한다고 하자. 4.2절에 의해 해밀토니안 연산자를 적용한다.

$$\langle E \rangle = \int \Psi(H\Psi^*)dx = \int\left(\sum_i a_i\psi_i\right)\left\{H\sum_j a_j^*\psi_j^*\right\}dx \tag{5}$$

$H(\psi_i) = E_i\psi_i$임을 상기하여 합 안에 연산자를 적용하면

$$\langle E \rangle = \int\left\{\left(\sum_i a_i\psi_i\right)\left(\sum_j a_j^* E_j\psi_j^*\right)\right\}dx = \sum_j \sum_j a_i a_j^* E_j \langle \psi_i | \psi_j^* \rangle \tag{6}$$

을 얻는다. (식 3에서처럼) 직교 정리를 적용하면 이 식이 다음과 같이 된다.

$$\langle E \rangle = \sum_i \sum_j a_i a_j^* E_j \delta_i^j = \sum_i a_i^2 E_i \tag{7}$$

따라서 중첩상태의 에너지의 기댓값은 각 상태의 에너지에 가중치를 곱한 합 weighted sum 이 되며, 가중치는 전개 계수의 제곱과 같다.

계가 어떠한 개별 고유상태 ψ_i에도 있을 수 있다면 이 계가 또한 식 (1)의 형태를 따르는 중첩상태에 있을 수 있다는 것이 양자역학의 기본 가정이다. 즉 *계가 한 고유상태에만 있을 필요는 없다.* 계가 실제로 어떤 상태에 있을지 측정할 경우 중첩상태 Ψ가 고유상태 ψ_i 가운데 하나로 "붕괴 collapse"하며, 계가 ψ_i 상태에 있을 확률은 a_i^2으로 주어진다고 이 가정을 확대 해석할 수 있다. 이 가정을 중첩 정리 superposition theorem 라고 부른다. 많은 동일하게 준비된 중첩상태 계의 에너지를 측정하면 평균적으로 식 (7)에서 예측한 결과를 얻게 된다.

중첩 정리는 9장에서 아주 유용하게 사용된다. 9장은 함수를 고유함수의 선형합으로 만들 수 있다는 생각에 근거를 두고 있으며, 식 (3)과 (6)에 나오는 적분과 유사한 적분들을 단순화하기 위해 직교 정리를 사용한다. 다음 절에서는 중첩 정리를 이용해 *움직이는* 확률분포를 식으로 표현하는 것에 대해 공부한다.

4.8 시간이 관계된 파동묶음 만들기

중첩 정리를 좀 더 발전시켜 응용한 중요한 예가 바로 주어진 퍼텐셜 안에서 시간에 따라 움직이는, 또는 퍼텐셜의 영향을 받지 않고 자유롭게 움직이는 입자를 나타내는 파동함수를 구하는 것이다. 이런 파동함수는 필연적으로 주어진 퍼텐셜에 대한 정상상태에 시간 의존도를 나타내는 지수 함수를 곱한 함수들의 중첩을 통해 만들어질 수밖에 없다. 이 책에서는 슈뢰딩거 방정식의 시간과 무관한 풀이에 중점을 두고 있지만 이 절에서는 어떻게 이런 "파동묶음 wavepacket"을 만들고 이를 어떻게 해석하느냐를 다룰 것이다. 양자역학을 더 공부하게 된다면 이런 시간이 관계된 많은 중첩 상태들을 만나게 될 것이다.

고유에너지 E를 가진 어떤 파동함수 $\psi(x)$가 주어진 퍼텐셜 $V(x)$에 대한 시간과 무관한 슈뢰딩거 방정식의 풀이라고 가정하자. 식 (2.3.15)에 의해 이 파동함수와 에너지에 대한 시간이 관계된 슈뢰딩거 방정식의 풀이 $\Psi(x,t)$는 다음과 같이 주어진다.

$$\Psi(x,t) = \psi(x)e^{-\iota\omega t} = \psi(x)e^{-\iota(E/\hbar)t} \tag{1}$$

이 식에 의해 $\psi(x)$가 시간이 관계된 $\Psi(x,t)$로 변환된다 하더라도 시간이 관계된 측정 가능한 결과를 예측하지는 못한다. $\Psi(x,t)$에 관한 물리적으로 측정 가능한 양인 확률분포가 시간 의존성을 가지지 않기 때문이다. 즉

$$\Psi^2 = \Psi^*\Psi = [\psi^*(x)e^{+\iota(E/\hbar)t}][\psi(x)e^{-\iota(E/\hbar)t}] = \psi^*(x)\psi(x) \tag{2}$$

이것은 입자의 확률분포가 절대로 시간에 따라 변하지 않는다는 것을 의미한다. 다른 말로 하자면 입자가 움직이지 않는다! 실제 입자들이 움직인다는 것을 잘 알고 있으므로 양자역학적 파동함수를 가지고 어떻게 입자의 움직임을 표현할 수 있을까? 답은 식 (1)의 형태를 가진 파동함수들을 *중첩*시키는 것이다.

중첩 효과를 단 두 개의 파동함수를 가지고 보여줄 수 있다. 잠시 논의가 일반적인 것이 될 수 있도록 동일한 퍼텐셜 $V(x)$를 만족하고 고유에너지 값이 각각 E_1과 E_2인 두 개의 규격화된 파동함수 $\psi_1(x)$와 $\psi_2(x)$를 상상해 보자. 일반적으로 그럴 필요는 없지만, 편의상 $\psi_1(x)$와 $\psi_2(x)$ 모두 실수 함수라고 가정하자. 밑 첨자를 $n=1$과 $n=2$인 상태를 의미한다고 생각하지 말아야 한다 (하지만 여기서는 그렇게 사용했다). 이들은 일반적으로 $V(x)$에 대한 두 풀이를 나타내기 위해 사용되었다. 이제 시간이 관계된 중첩 상태 Ψ를 다음과 같이 만들어 보자.

$$\Psi = \alpha\psi_1 e^{-\iota\omega_1 t} + \beta\psi_2 e^{-\iota\omega_2 t} \tag{3}$$

여기서 α와 β는 실수인 상수이고 (이 역시 꼭 실수일 필요는 없다) 편의상 $\psi_1(x)$와 $\psi_2(x)$에서 공간과 관계된 (x) 기호는 표시하지 않았다. 이제 이 중첩 상태의 (측정 가능한) 확률밀도를 계산해 보자.

$$\Psi^2 = \Psi^*\Psi = [\alpha\psi_1 e^{+\iota\omega_1 t} + \beta\psi_2 e^{+\iota\omega_2 t}][\alpha\psi_1 e^{-\iota\omega_1 t} + \beta\psi_2 e^{-\iota\omega_2 t}]$$

$$= \alpha^2\psi_1^2 + \beta^2\psi_2^2 + \alpha\beta(\psi_1\psi_1)[e^{+\iota(\omega_1-\omega_2)t} + e^{-\iota(\omega_1-\omega_2)t}] \tag{4}$$

오일러의 항등식 $e^{\pm i\theta} = \cos\theta \pm i\sin\theta$를 사용하면 결과를 순수 실수 함수로 표시할 수 있다.

$$\Psi^2 = \alpha^2\psi_1^2 + \beta^2\psi_2^2 + 2\alpha\beta(\psi_1\psi_2)\cos[(\omega_1 - \omega_2)t] \tag{5}$$

Ψ^2은 실수값의 공간과 *시간*이 관계된 함수이다. 계속해서 계를 관측하면 시간이 관계된 확률분포를 보게 된다. 즉 입자가 *움직인다*! $\cos(\omega t)$ 형태의 함수는 시간 주기 $T\,(\omega T = 2\pi)$가 지나면 같은 값이 반복된다. Ψ^2은 두 상태의 에너지 차이에 의존하는 주기를 가지고 "진동한다". 즉 주기는

$$T = \frac{2\pi}{(\omega_1 - \omega_2)} = \frac{2\pi}{(1/\hbar)(E_1 - E_2)} = \frac{h}{(E_1 - E_2)} \tag{6}$$

로 주어진다.

Ψ^2이 시간에 따라 진동하더라도 Ψ^2의 규격화는 시간과 무관하다는 것을 쉽게 증명할 수 있다. 이 사실은

$$\int \Psi^2 dx = 1 \quad \Rightarrow \quad \alpha^2\int \psi_1^2 dx + \beta^2\int \psi_2^2 dx + 2\alpha\beta\cos[(\omega_1 - \omega_2)t]\int \psi_1\psi_2 dx = 1 \tag{7}$$

을 통해 알 수 있다.

만약 E_1과 E_2가 다르다면, ψ_1과 ψ_2가 직교해야 한다(4.62절). 이것은 마지막 적분이 0이 되어 시간 의존성이 사라진다는 것을 의미한다. ψ_1과 ψ_2가 독립적으로 규격화되어 있기 때문에 식 (7)은

$$\alpha^2 + \beta^2 = 1 \tag{8}$$

이 되어 시간과 무관한 합 상태에 관한 식 (4.7.4)와 같아진다. 같은 방식으로 계산하면 이 중첩계의 에너지 기댓값은 식 (4.7.7)과 유사하게 된다.

$$\langle E \rangle = \alpha^2 E_1 + \beta^2 E_2 \tag{9}$$

지금까지의 주장이 식 (3)의 형태로 주어지는 모든 시간이 관계된 중첩에 대해 성립한다는 것을 강조할 필요가 있다. ψ가 만족해야 할 $V(x)$에 관한 어떤 가정도 하지 않았다. 식 (3)은 더 많은 항을 더하는 것으로 확장할 수 있다. 더 많은 항을 사용한다면 식 (8)과 (9) 역시 직교 정리에 의해 동일하게 확장되어야 한다.

중첩 상태에 있는 입자의 평균 위치의 시간 의존성을 기댓값을 얻는 통상적인 방법을 사용해 계산해 보자.

$$\langle x \rangle = \int (\Psi^* x \Psi)\, dx \tag{10}$$

이 적분을 식 (7)에서처럼 계산하면 결과가 다음과 같이 나온다.

$$\langle x \rangle = \alpha^2 \int (x\psi_1^2)dx + \beta^2 \int (x\psi_2^2)dx + 2\alpha\beta\cos[(\omega_1 - \omega_2)t] \int (x\psi_1\psi_2)dx \tag{11}$$

ψ_1과 ψ_2가 직교하더라도 식 (11)의 마지막 적분은 0이 되지 않는다는 것에 주목하라.

이제 이 결과를 두 개의 무한 사각 우물 파동함수

$$\psi_1(x) = \sqrt{\frac{2}{L}}\sin\left(\frac{n_1\pi x}{L}\right), \qquad E_1 = \left(\frac{\pi^2\hbar^2}{2mL^2}\right)n_1^2$$

과

$$\psi_2(x) = \sqrt{\frac{2}{L}}\sin\left(\frac{n_2\pi x}{L}\right), \qquad E_2 = \left(\frac{\pi^2\hbar^2}{2mL^2}\right)n_2^2$$

의 합으로 구성된 중첩 상태라는 특수한 경우에 적용해 보자.

그림 4.3은 $n_1=2$, $n_2=3$, $\alpha=0.7$, $\beta=\sqrt{1-\alpha^2}=\sqrt{0.51}$의 중첩 상태에 대한 Ψ^2를 $t=0$, $T/4$, $T/2$, $3T/4$일 때 그린 것이다. 이 그림에서는 곡선이 겹치지 않게 하려고 곡선을 위로 조금씩 이동하였고, 편의상 $L=1$로 잡았다. $t=0$일 때 입자의 확률분포는 $x\sim 0.2$에서 주 봉우리가 나타나고 $x\sim 0.6$에서 두 번째 봉우리

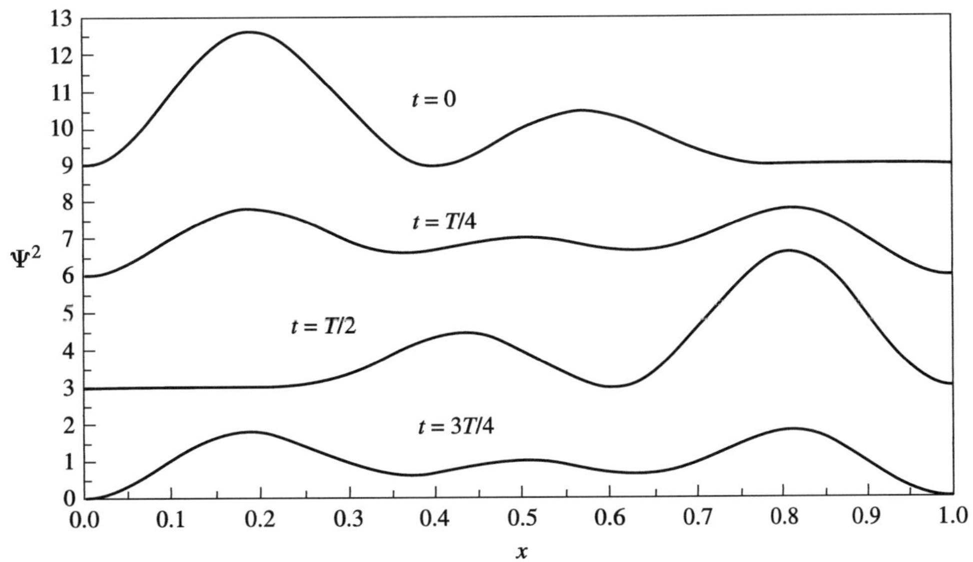

▌**그림 4.3** 시간에 따라 변화하는, 무한 사각 우물($L=1$) 파동함수의 $n=2$와 $n=3$의 중첩 상태($\alpha=0.7$, $\beta=\sqrt{0.51}$)의 확률밀도 분포. (식 4.8.3과 4.8.8을 보라.) 잘 보이게 하려고 곡선을 수직 방향으로 이동하였다. 곡선은 모두 $x=0$과 $x=1$에서 $\Psi^2=0$이 되어야 한다.

가 나타난다. $t=T/4$가 되면 확률분포가 퍼져 우물 전체에 걸쳐 거의 균일하게 된다. 운동의 반 주기에 해당하는 $t=T/2$에서는 원래의 확률분포 봉우리의 재구성이 일어나지만 봉우리 위치는 원래 위치의 거울상이 된다. 즉 주 봉우리가 오른쪽으로 이동하여 $x=L$에 있는 벽에서 반사되려고 하는 반면 두 번째 봉우리는 왼쪽으로 이동한다. $t=3T/4$에서 확률분포는 다시 $t=T/4$일 때의 분포의 거울상이 되지만 $x=L/2$에 대해 분포가 대칭적이므로 이 사실이 분명하게 드러나지 않는다. $t=T$에서 $t=0$일 때의 패턴이 다시 나타난다. 따라서 확률분포는 매 T초마다 우물 안에서 반복해서 변한다.

식 (11)은 이 식의 마지막 적분이 사라지지 않을 경우 $\langle x\rangle$가 Ψ^2과 동일한 주기를 가지고 진동한다는 것을 보여준다. 또 마지막 적분이 0이 되면 $\langle x\rangle$가 시간과 무관하게 된다. 현재 예의 경우 예제 4.1의 결과는 식 (11)의 처음 두 적분이 $L/2$가 된다는 것을 가리킨다. 세 번째 적분은 특히 단순하지 않다. 전체 계산 결과는

$$\langle x\rangle = \frac{L}{2} + 2\alpha\beta\left(\frac{L}{\pi^2}\right)\cos[(\omega_1-\omega_2)t]\left\{\left[\frac{(-1)^{n_1-n_2}-1}{(n_1-n_2)^2}\right]-\left[\frac{(-1)^{n_1+n_2}-1}{(n_1+n_2)^2}\right]\right\}$$

이 된다. 여기서 규격화 조건 $\alpha^2+\beta^2=1$이 사용되었다. n_1과 n_2가 모두 짝수이거나 모두 홀수이면, 이 결과에 나온 시간 의존항은 $x=L/2$에 대한 중첩 상태의 대칭성 때문에 0이 된다. 이들의 반전성이 (이 예에서처럼) 서로 다르면, $\langle x \rangle$은 주기 T를 가지고 진동하며 진폭은 α, β, n_1, n_2에 의존한다. 여기서 선택한 매개변수의 값에 대해 $\langle x \rangle$는 0.3055와 0.6945 Å 사이에서 진동한다. $L=1$ Å인 우물 안에서 움직이는 이런 특수한 중첩 상태에 있는 전자의 진동 주기는 $T \sim 2.2\times10^{-17}$초가 된다. 이 시간 동안 $\langle x \rangle$의 변위는 2(0.6945 − 0.3055) Å = 0.778 Å으로 대략 3.5 $\times 10^6$ m/s 또는 0.01 c에 해당한다. 이런 방법을 사용해 얻은 속도를 "군속도" group velocity 라고 부른다.

지금까지 모든 수학과 계산을 끝냈지만, 입자를 두 에너지 상태가 동시에 결합된 어떤 것으로 생각하는 것이 어떤 *의미*를 가지는가? 양자역학의 기본 가정은 다음과 같다. 이런 계에 있는 수많은 입자들의 에너지를 측정했을 때, 모든 개별적인 측정 결과는 *E_1 또는 E_2만*을 얻게 되지만 측정값의 *평균*은 식 (10)의 예측과 같다는 것이 이 질문에 대한 실험적인 대답이 된다. 파동함수는 입자의 위치와 에너지를 측정했을 때 이들의 *통계적인* 결과만을 예측할 수 있다. 이제는 실제로 중첩 상태에 있는 양자계를 준비하여 측정을 할 수 있는 기술을 가지게 되었다. 중첩 상태를 관찰하면 중첩 상태가 어떻게 단일 상태로 "붕괴"하는지 알려준 실험이 *Physics Today* 1997; 50(1):9 기사에 간략하게 기술되어 있다. 아울러 *Physics Today* 1998; 51(4):22, 2000;53(9):9, 2003;56(8):43-49 기사도 읽어보라.

좀 더 실제적인 질문은 "무한 우물 (또는 다른 임의의 퍼텐셜) 안에 있는 한 입자가 $t=0$일 때 특정 위치 "x"에 있다. 이 조건을 주어진 퍼텐셜에 대한 파동함수의 합으로 표현하기 위해 어떻게 해야 할까? 입자의 다음 운동에 대한 양자역학의 예측은 무엇일까?" 하는 것이다. 이 질문에 답하려면 $t=0$에서의 입자의 위치에 대한 확률분포를 함수로 표시할 수 있어야 한다. 예를 들면 입자의 초기 위치에 대한 불확정성과 같은 크기의 폭을 가진, 진폭은 크지만 좁은 사각형 함수 $\phi(x)$을 생각할 수 있다. 주어진 퍼텐셜에 대한 슈뢰딩거 방정식의 시간과 무관한 풀이 $\psi_i(x)$를 알면, $\phi(x)$를 다양한 전개계수 a_i를 가진 $\psi_i(x)$의 무한 합으로 적을 수 있다. 즉 $\phi(x)=\sum a_i\psi_i(x)$. 여기서 $\phi(x)$는 $t=0$일 때의 $\Psi(x,t)$와 같으며, 계수 a_i는 식 (3)에서 $\alpha, \beta, \ldots$의 구실을 한다. 그러나 여기서의 요점은 계수 a_i를 마음대로 정하는 것이 아니라 $\psi_i(x)$로부터 $\phi(x)$를 만들어 낼 수 있도록 계수를 정해야 한다는 것이다. 계수를 정하는 구체적인 방법이 9.2절에 나와 있으며, 이 방법을 퓨리에 해석 Fourier analysis 이라고 부른다. 계수가 결정되면, 각각의 $\psi_i(x)$에 시간이 관계된 지수 인자를 붙여 식 (3)과 같은 시간이 관계된 중첩 상태를 만들 수 있다. 이 중첩 상태를 가지고 $\langle x \rangle$와 $\langle E \rangle$와 같은 관측 가능한 양들을 예측할 수 있다. 이제 우리는 이동하는 확률분포를 얻을 수 있는 중첩 상태를 얻게 되었다. 이런 분석 방법을 퍼텐셜 안에 구속되어 있지 않은 자유 입자에도 적용할 수 있다. 지유 입자에 적용하는 것이 프렌치와 테일러 책의 8장에 자세히 선명되어 있지만, 우선 이 책의 9.2절에 있는 방법에 익숙해져야 한다.

마지막으로 이 절의 내용이 1장에 나온 플랑크의 흑체 복사 분석과 어떤 정량적인 관계가 있는지 알아보자. 그림 4.3이 퍼텐셜 우물 안에서 진동하는 전자를 나타낸다고 가정해 보자. 이 전자의 진동수는 중첩 상태의 에너지 차이에 의해 결정된다. 전자기학 이론에 의하면 특정한 진동수로 진동하는 전하는 같은 진동수를 가진 전자기파를 방출한다. 결과적으로 양자화된 에너지 준위를 가진 계의 경우 계는 플랑크가 가정한 것처럼 특정 불연속적 진동수에서만 전자기파를 흡수하거나 방출한다는 것을 의미한다.

4.9 비리알 정리

이 절에서는 주어진 퍼텐셜에 대한 운동에너지 연산자와 퍼텐셜에너지 연산자의 기댓값 사이의 관계를 알려주는 비리알 정리 virial theorem 에 대해 설명하려고 한다.

설명하기 앞서 *시간과 무관*하다고 알려진 어떤 연산자 A가 주어져 있다고 가정하자. 이제 연산자 A와 해밀토니안 연산자 H의 교환자를 임의의 파동함수 ψ에 작용시켜보자.

$$[A, H]\psi = A(H\psi) - H(A\psi) \tag{1}$$

일반적으로 ψ는 공간과 시간 모두에 의존한다고 가정한다. 식 (2.3.10)으로부터 해밀토니안 연산자를

$$H \equiv \iota\hbar\frac{\partial}{\partial t} \tag{2}$$

로 적을 수 있다. 따라서 식 (1)은

$$[A, H]\psi = (\iota\hbar)\left\{A\left(\frac{\partial\psi}{\partial t}\right) - \frac{\partial}{\partial t}(A\psi)\right\} \tag{3}$$

가 된다.

이제 A가 시간과 무관하다면, 식 (3)의 중괄호 안의 마지막 항에 있는 A를 밖으로 꺼낼 수 있다.

$$[A, H]\psi = (\iota\hbar)\left\{A\left(\frac{\partial\psi}{\partial t}\right) - A\left(\frac{\partial\psi}{\partial t}\right)\right\} = 0 \tag{4}$$

즉 A가 시간과 무관할 때 $[A, H]\psi=0$여야 한다.

비리알 정리는 A가 위치와 선운동량 연산자의 벡터 내적으로 정의된 경우에 대해 이 항등식을 이용하여 얻는다.

$$A \equiv \boldsymbol{r}_{\text{op}} \cdot \boldsymbol{p}_{\text{op}} = -(\iota\hbar)\boldsymbol{r} \cdot \nabla \tag{5}$$

여기서 ∇는 일상적인 기울기 연산자이다. A와 H의 교환자를 주어진 퍼텐셜 V에 대한 슈뢰딩거 방정식의 풀이인 파동함수 ψ에 적용하면

$$[A, H]\psi = \iota\left(\frac{\hbar^3}{2m}\right)[\boldsymbol{r} \cdot \nabla(\nabla^2\psi) - \nabla^2(\boldsymbol{r} \cdot \nabla\psi)] + (\iota\hbar)[V(\boldsymbol{r} \cdot \nabla\psi) - \boldsymbol{r} \cdot \nabla(V\psi)] \tag{6}$$

를 얻게 되고, 식에서 통상적인 슈뢰딩거 방정식 $H\psi = -(\hbar^2/2m)\nabla^2\psi + V\psi$에 나오는 해밀토니안의 "공간" 형태를 사용하였다.

식 (6)의 오른쪽에 있는 첫 번째 대괄호를 "1부"라고 부르고, 두 번째 대괄호는 "2부"라고 부르자. 이제 각 부분을 분석해 보자.

1부의 첫 번째 항을 생각해 보자. 기울기 연산자는

$$\nabla(\nabla^2\psi) = \frac{\partial}{\partial x}(\nabla^2\psi)\boldsymbol{x} + \frac{\partial}{\partial y}(\nabla^2\psi)\boldsymbol{y} + \frac{\partial}{\partial z}(\nabla^2\psi)\boldsymbol{z}$$

로 적을 수 있다. 여기서 $\boldsymbol{x}, \boldsymbol{y}, \boldsymbol{z}$는 보통의 직교 단위 벡터를 의미한다. 라플라시안 연산자 Laplacian operator 는

$$\nabla^2\psi = \frac{\partial^2\psi}{\partial x^2} + \frac{\partial^2\psi}{\partial y^2} + \frac{\partial^2\psi}{\partial z^2}$$

을 의미한다.

이 항을 전개하는데 있어 도함수를 아래처럼 좀 더 간편하게 적으면 편리하다.

$$\psi_{\text{abc}} = \frac{\partial^3\psi}{\partial a\,\partial b\,\partial c}$$

따라서

$$\nabla(\nabla^2\psi) = (\psi_{xxx} + \psi_{xyy} + \psi_{xzz})\boldsymbol{x} + (\psi_{yxx} + \psi_{yyy} + \psi_{yzz})\boldsymbol{y} + (\psi_{zxx} + \psi_{zyy} + \psi_{zzz})\boldsymbol{z}$$

를 얻게 된다.

내적을 구하는 통상적인 과정을 적용하면 1부의 첫 번째 항은 다음과 같이 된다.

$$\boldsymbol{r} \cdot \nabla(\nabla^2\psi) = x(\psi_{xxx} + \psi_{xyy} + \psi_{xzz}) + y(\psi_{yxx} + \psi_{yyy} + \psi_{yzz}) + z(\psi_{zxx} + \psi_{zyy} + \psi_{zzz}) \tag{7}$$

이제 1부의 두 번째 항을 살펴보자. 동일한 도함수 표기법을 사용하면

$$\nabla^2(\boldsymbol{r} \cdot \nabla\psi) = 2(\psi_{xx} + \psi_{yy} + \psi_{zz}) + x(\psi_{xxx} + \psi_{yyx} + \psi_{zzx}) + y(\psi_{xxy} + \psi_{yyy} + \psi_{zzy}) + z(\psi_{xxz} + \psi_{yyz} + \psi_{zzz}) \tag{8}$$

와 같이 된다.

1부를 수식으로 나타내기 위해 식 (7)과 (8)을 결합하면, 도함수는 미분순서에

무관하기 때문에 모든 3차 도함수 항들이 상쇄된다. 또한 $\psi_{xx}+\psi_{yy}+\psi_{zz}\equiv\nabla^2\psi$ 이므로 식이

$$\iota\left(\frac{\hbar^3}{2m}\right)[\boldsymbol{r}\cdot\nabla(\nabla^2\psi)-\nabla^2(\boldsymbol{r}\cdot\nabla\psi)]=2\iota\hbar\left(-\frac{\hbar^2}{2m}\nabla^2\psi\right)=2\iota\hbar(\mathrm{KE_{op}}\psi) \tag{9}$$

로 간단해진다.

2부의 계산은 훨씬 단순하다. $\nabla(V\psi)=\psi(\nabla V)+V(\nabla\psi)$로 적을 수 있으므로

$$V(\boldsymbol{r}\cdot\nabla\psi)-\boldsymbol{r}\cdot\nabla(V\psi)=V(\boldsymbol{r}\cdot\nabla\psi)-\boldsymbol{r}\cdot(\psi\nabla V)-\boldsymbol{r}\cdot(V\nabla\psi)$$

을 얻는다.

마지막 항에서 V는 순수 스칼라 함수이므로 괄호 밖으로 보낼 수 있다. 그러면 오른편의 첫 번째 항과 마지막 항이 상쇄된다. 오른편의 가운데 항에서도 같은 식으로 스칼라 함수 ψ를 괄호 밖으로 보낼 수 있으므로

$$(\iota\hbar)[V(\boldsymbol{r}\cdot\nabla\psi)-\boldsymbol{r}\cdot\nabla(V\psi)]=-\iota\hbar(\boldsymbol{r}\cdot\nabla V)\psi \tag{10}$$

만이 남는다.

이제 식 (6), (9), (10)에 의해

$$[A,H]\psi=2\iota\hbar(\mathrm{KE_{op}}\psi)-\iota\hbar(\boldsymbol{r}\cdot\nabla V)\psi \tag{11}$$

를 얻을 수 있다.

ψ^*를 곱하여 파동함수의 전체 구간에 대하여 적분하여 기댓값을 구하면

$$\langle[A,H]\rangle=\iota\hbar(2\langle\mathrm{KE}\rangle-\langle\boldsymbol{r}\cdot\nabla V\rangle) \tag{12}$$

처럼 된다.

그러나 $A\equiv r_{\mathrm{op}}\cdot p_{\mathrm{op}}$는 시간과 무관한 연산자이므로 식 (4)는 $\langle[A,H]\rangle=0$이

된다. 따라서 임의의 퍼텐셜 V에 대해 결론적으로

$$2\langle \mathrm{KE} \rangle = \langle \boldsymbol{r} \cdot \nabla V \rangle \tag{13}$$

가 성립하고, 식 (13)을 비리알 정리라고 부른다.

비리알 정리에서 얻게 되는 흥미로운 결론 가운데 하나는 퍼텐셜이

$$V(r) = kr^n \tag{14}$$

으로 순수 *지름* 퍼텐셜 radial potential 형태를 가질 경우와 관련이 있다. 여기서 n은 임의의 멱 power 이다. 이 경우

$$\nabla V = \left(\frac{\partial V}{\partial r}\right)\boldsymbol{r}' = nkr^{n-1}\boldsymbol{r}'$$

이 되고 여기서 $\boldsymbol{r}'$은 구형좌표계에서의 지름 단위벡터이다(6.2절을 보라). 그러므로

$$\boldsymbol{r} \cdot \nabla V = (r\boldsymbol{r}') \cdot (nkr^{n-1}\boldsymbol{r}') = nkr^n = nV$$

를 얻는다.

그러면 비리알 정리로부터

$$2\langle \mathrm{KE} \rangle = n\langle V \rangle \tag{15}$$

임을 알 수 있다.

쿨롱 퍼텐셜은 이 형태에서 $n=-1$인 경우에 해당한다. 이것은 비리알 정리에 의해 평균적으로 수소 원자의 퍼텐셜에너지 값이 운동에너지 값의 2배인 음의 값을 가진다는 것을 의미하며, 이런 결과는 보어 모형의 결과와 일치한다. 일반적으로 $\langle E \rangle = \langle \mathrm{KE} \rangle + \langle V \rangle$이므로 이 결과는 또한 쿨롱 퍼텐셜의 경우 $\langle E \rangle = -\langle \mathrm{KE} \rangle$임을 의미하고 따라서 선운동량의 기댓값 $\langle p^2 \rangle = 2m_e \langle \mathrm{KE} \rangle$를 $\langle p^2 \rangle = -2m_e \langle E_n \rangle = \hbar^2/(a_0^2 n^2)$으로 표현할 수 있음을 의미한다.

예제 4.6

조화진동자 퍼텐셜 $V(x)=kx^2/2, -\infty \le x \le \infty$에 대한 바닥상태 파동함수가 $\psi(x)= Ae^{-\alpha^2x^2/2}$로 주어진다. 여기서 A는 규격화 상수이고, $\alpha=(mk/\hbar^2)^{1/4}$이다. (5장에서 이 퍼텐셜에 대해 자세히 분석한다.) 이 퍼텐셜과 파동함수가 비리알 정리를 만족한다는 것을 증명하라.

$2\langle \text{KE}\rangle = \langle \boldsymbol{r} \cdot \nabla V\rangle$인 것을 보이면 된다. 우선 왼쪽 항에 대해 생각해 보자. KE 연산자는 $-(\hbar^2/2m)\partial^2/\partial x^2$이다. 그러므로

$$2\text{KE}_{\text{op}}\psi = -\frac{\hbar^2}{m}\frac{\partial^2\psi}{\partial x^2} = -\frac{A\hbar^2}{m}(-\alpha^2 e^{-\alpha^2x^2/2} + \alpha^4x^2e^{-\alpha^2x^2/2})$$

이 되고 기댓값은

$$\langle 2\text{KE}_{\text{op}}\rangle = \int_{-\infty}^{\infty}\psi^*(\text{KE}_{\text{op}}\psi)\,dx = -\frac{A^2\hbar^2}{m}\left(-\alpha^2\int_{-\infty}^{\infty}e^{-\alpha^2x^2}dx + \alpha^4\int_{-\infty}^{\infty}x^2e^{-\alpha^2x^2}dx\right)$$

이 된다. 적분 값을 구하면 결과가 다음과 같이 주어진다.

$$\langle 2\text{KE}_{\text{op}}\rangle = \frac{A^2\hbar^2\alpha\sqrt{\pi}}{2m}$$

비리알 정리 식의 오른편은

$$\boldsymbol{r}\cdot\nabla V = (x\boldsymbol{x})\cdot(kx\boldsymbol{x}) = kx^2$$

이므로

$$\langle \boldsymbol{r}\cdot\nabla V\rangle = A^2k\int_{-\infty}^{\infty}x^2e^{-\alpha^2x^2}dx = \frac{A^2k\sqrt{\pi}}{2\alpha^3}$$

이다. $\alpha=(mk/\hbar^2)^{1/4}$이므로 비리알 정리는

$$\langle 2\text{KE}_{\text{op}}\rangle = \frac{A^2\hbar^2\alpha\sqrt{\pi}}{2m} = \frac{A^2\hbar^2\sqrt{\pi}}{2m}\left(\frac{mk}{\hbar^2}\right)^{1/4} = \frac{A^2\sqrt{\pi}\,\hbar^{3/2}k^{1/4}}{2m^{3/4}}$$

과

$$\langle \boldsymbol{r} \cdot \nabla V \rangle = \frac{A^2 k \sqrt{\pi}}{2\alpha^3} = \frac{A^2 k \sqrt{\pi}}{2} \left(\frac{\hbar^2}{mk} \right)^{3/4} = \frac{A^2 \sqrt{\pi}\, \hbar^{3/2} k^{1/4}}{2m^{3/4}}$$

을 만족한다.

5장에 있는 문제 5-18에서는 이 질문에 대해 좀 더 자세히 조사한다.

예제 4.7

퍼텐셜 $V(x) = kx^n/2,\ -\infty \le x \le \infty$이 주어져 있다. 여기서 n은 양의 짝수이다. 질량이 m인 입자가 이 퍼텐셜에 있을 때 슈뢰딩거 방정식의 풀이가 $\psi(x) = Ae^{-\alpha^2 x^2/2}$로 주어진다고 가정하자. 입자가 비리알 정리를 만족한다면, α는 $m, n, \hbar, k$의 함수로 어떻게 주어질까? 이 파동함수가 특정 n에 대한 슈뢰딩거 방정식의 풀이가 될 수 있을까?

이 파동함수는 4.6절에서 사용한 파동함수와 동일하다. 따라서

$$\langle 2\mathrm{KE_{op}} \rangle = \frac{A^2 \hbar^2 \alpha \sqrt{\pi}}{2m}$$

이다. 이제

$$\boldsymbol{r} \cdot \nabla V = (x\boldsymbol{x}) \cdot \left(\frac{nk}{2} x^{n-1} \boldsymbol{x} \right) = \frac{nk}{2} x^n$$

이 된다. 그러므로 비리알 정리의 오른편은

$$\langle \boldsymbol{r} \cdot \nabla V \rangle = \frac{A^2 nk}{2} \int_{-\infty}^{\infty} x^n e^{-\alpha^2 x^2} dx = \frac{A^2 n k}{2\alpha^{n+1}} \Gamma\left(\frac{n+1}{2} \right)$$

이 된다.

감마함수 $\Gamma(x)$가 부록 C에 정의되어 있다. $< 2\mathrm{KE_{op}} >$를 $\langle \boldsymbol{r} \cdot \nabla V \rangle$와 등식이 되게 하고 α에 관해 풀면

$$\alpha^{n+2} = \frac{nmk}{\sqrt{\pi}\hbar^2}\Gamma\left(\frac{n+1}{2}\right)$$

을 얻는다.

$n=2$로 놓고 이 결과를 점검할 수 있다. $\Gamma(3/2) = \sqrt{\pi}/2$이므로 4.6절에서 배운대로 $\alpha^4 = mk/\hbar^2$이 된다.

이 시행 파동함수 trial wavefunction 가 주어진 퍼텐셜에 대한 비리알 정리를 만족하더라도 일반적으로 이런 함수가 주어진 퍼텐셜에 대한 슈뢰딩거 방정식을 만족하지는 *않는다*. 이 사실을 알아보기 위해 $\psi(x)$와 $V(x)$를 슈뢰딩거 방정식에 대입하면 결과는

$$\frac{\hbar^2\alpha^2}{2m} - \frac{\hbar^2\alpha^4}{2m}x^2 + \frac{k}{2}x^n = E$$

가 된다.

이 식이 의미를 가지려면 x와 관계된 두 항은 서로 상쇄되어야 하므로 위에서 구한 것처럼 $n=2$, $\alpha^4 = mk/\hbar^2$이 되어야 한다. 그러면 남은 항은 $E = \hbar^2\alpha^2/2m$이 되어 $n=2$일 때의 퍼텐셜의 바닥상태 에너지가 된다. 그러나 $n \neq 2$이면 풀이가 존재하지 않게 된다.

이 예제의 결과는 모순인 것처럼 보인다. 분명히 파동함수 안에 든 조절 가능한 매개변수 α만을 가지고 가상의 파동함수가 주어진 퍼텐셜에 대해 비리알 정리를 만족하게 하였다. 그러나 이 파동함수가 이 퍼텐셜에 대한 슈뢰딩거 방정식의 풀이가 될 지는 장담할 수 없다. 어떻게 이런 일이 일어날 수 있을까? 답은 비리알 정리를 유도하는데 전혀 슈뢰딩거 방정식을 사용하지 않았다는데 있다. 비리알 정리를 유도하는데 있어 해밀토니안 연산자 H의 정의와 (식 (6)의 바로 다음을 보라.) 시간과 무관한 연산자 A가 $[A, H] = 0$을 만족한다는 사실만을 이용했다. 반면 ψ가 $H\psi = E\psi$를 만족해야 한다는 사실은 전혀 사용하지 않았다. 사실상 비리알 정리는 슈뢰딩거 방정식의 풀이를 구하거나 짐작하는데 특별히 도움을 주지 않는다. 그러나 고전역학과 대응된다는 사실 때문에 비리알 정리를 유도하였다. 비리알 정리는 중심퍼텐셜 central potential 에 대한 운동에너지와 퍼텐셜에너지 사이의 흥미로운 일반적인 관계를 보여준다. 중심퍼텐셜의 좋은 예가 바로 쿨롱 퍼텐셜이다.

요 약 04

측정 가능한 물리량인 연산자 Op의 *기댓값* ⟨Op⟩는 다음과 같이 주어진다.

$$\langle \mathrm{Op} \rangle = \int \psi^*(x)\{(\mathrm{Op})\psi(x)\}dx$$

우선 $\{(\mathrm{Op})\psi(\mathrm{x})\}$를 계산하는 것이 중요하고, 다음으로 적분을 하기 전에 $\psi^*(x)$를 곱한다. 몇 가지 유용한 물리적인 연산자들이 표 4.1에 주어져 있다. 디랙 표기법을 사용하면 표기를 매우 간단히 할 수 있다. 즉

$$\langle \psi^*(x)|f(x)|\psi(x)\rangle = \int \psi^*(x)\{\mathrm{Op}[f(x)]\}\psi(x)dx$$

하이젠베르크의 불확정성 원리는 입자의 위치와 선운동량을 동시에 측정할 때 내재적으로 존재하는 불확정성 Δx와 Δp가

$$\Delta x \Delta p \geq \hbar/2$$

의 제약조건을 따른다는 것을 의미한다. 여기서 Δx는

$$\Delta x = \sqrt{\langle x^2 \rangle - \langle x \rangle^2}$$

으로 정의되며, ⟨ ⟩는 디랙 표기법으로 정의된 기댓값을 의미한다. Δp 역시 같은 식으로 정의된다. 이 관계식은 주어진 퍼텐셜의 바닥상태 에너지를 대략적으로 구할 때 가장 유용하게 쓰인다. 4.32절을 보라.

두 물리량 A와 B에 대응되는 두 연산자 A_{op}와 B_{op}의 교환자는

$$[A, B] = A_{\mathrm{op}}B_{\mathrm{op}} - B_{\mathrm{op}}A_{\mathrm{op}}$$

로 정의한다. 만약 $[A, B]$를 임의의 파동함수 ψ에 적용했을 때 $[A, B]$가 0이 아닌 결과를 준다면, A와 B 사이에 다음과 같은 형태의 불확정성 관계식이 성립한다.

$$(\Delta A)(\Delta B) \ \geq \ \frac{1}{2}\sqrt{-[A, B]^2}$$

만약 $[A,B]\psi = 0$이면 A와 B의 고유값을 동시에 정확하게 측정할 수 있다.

주어진 퍼텐셜에 대한 슈뢰딩거 방정식의 풀이인 두 개의 파동함수 $\psi_n(x)$와 $\psi_k(x)$는 직교 정리에 의해

$$\langle \psi_k^* | \psi_n \rangle = \delta_k^n$$

를 만족해야 한다. 여기서 δ_n^k는 크로네커 델타 기호로 $k = n$이면 1이고 그렇지 않으면 0이다.

중첩 정리란 파동함수를 아래 식과 같이 고유상태의 선형 합으로 만들 수 있다는 것을 말한다.

$$\Psi(x) = \sum_i a_i \psi_i(x)$$

그러면 이 중첩계의 에너지의 기댓값은

$$\langle E \rangle = \sum_i a_i^2 E_i$$

로 주어진다.

비리알 정리는 운동에너지의 기댓값과 퍼텐셜 함수 V가 다음과 같은 관계를 가진다는 것을 말한다.

$$2\langle \mathrm{KE} \rangle = \langle \boldsymbol{r} \cdot \nabla V \rangle$$

여기서 $\boldsymbol{r}$은 위치 벡터이다.

문 제 04

4-1(E) 그림 4.1의 자료를 가지고 ⟨키⟩, ⟨키⟩^{2}, ⟨키^2⟩과 Δ(키)를 구하라. 칸의 폭은 0.05 m이다. 각 칸의 유효 키는 칸의 중앙값(즉 키가 1.525 m인 사람이 세 명, 1.575 m인 사람이 일곱 명이 있다 등등)을 잡는다.

4-2(I) 무한 퍼텐셜 우물의 파동함수에 대해 $\langle xp\rangle = -\langle px\rangle = i\hbar/2$임을 증명하라.

4-3(I) 질량 m인 입자가 가상의 파동함수 $\psi(x) = Ae^{-\alpha x}$, $(0 \leq x \leq \infty$; 아니면 $\psi = 0)$를 가진다. 규격화 상수 A를 α의 함수로 구하라. $\langle x\rangle$와 $\langle p\rangle$를 α와 m의 함수로 구하라.

4-4(E) 불확정성 원리는 $\Delta x \Delta p \geq \hbar/2$로 표시된다. 어떤 실험에서 초기 시간의 양성자의 위치가 $\Delta x = 10^{-15}$m의 정확도로 알려져 있다고 한다. 선운동량의 고전적인 정의를 사용하여 양성자의 속도의 불확정성을 구하라. 위치$=vt$로 주어진다면, 양성자의 위치의 불확정성이 1 m로 커지는데 걸리는 시간은 얼마일까?

4-5(E) 짧은 라디오파 광자 펄스의 폭이 $\tau = 0.001$초이다. 따라서 이 펄스의 길이는 $\tau c = 3\times 10^5$ m가 되고, 각 광자는 펄스 안의 어디에도 있을 수 있기 때문에 광자의 위치의 불확정성 역시 $\Delta x = 3\times 10^5$ m가 된다. 이 광자의 선운동량의 불확정성은 얼마인가? 광자의 선운동량과 진동수가 $p = h\nu/c$의 관계를 가진다면, 이 광자의 진동수의 불확정성은 얼마인가?

4-6(I) 조화진동자의 바닥상태 파동함수는

$$\psi_0(x) = \frac{\sqrt{\alpha}}{\pi^{1/4}} e^{-\alpha^2 x^2/2}$$

으로 주어진다(5장을 보라). 여기서 α는 상수이다. 이 상태에 대해 $\Delta x \Delta p = \hbar/2$임을 증명하라.

4-7(I) 가상의 파동함수 $\psi(x) = A/(a^2 + x^2)$, $(-\infty \le x \le \infty)$가 퍼텐셜 $V(x)$에 대한 에너지 E를 가진 슈뢰딩거 방정식의 풀이라고 가정하자.

(a) 규격화 상수 A를 α의 함수로 구하라.

(b) 함수 $V(x)$는 무엇인가?

(c) 이 함수에 대해 $\Delta x \Delta p$를 구하라. 불확정성 원리를 만족하는가?

4-8(I) 가상의 파동함수가 $\psi(x) = Ax^2 e^{-\alpha x}$, $(0 \le x \le \infty)$로 주어져 있다. 이 파동함수를 규격화하고 $\Delta x \Delta p$를 계산하라.

4-9(A) $\psi(x) = Ax^{n/2} e^{(-\beta x^q/2)}$, $(0 \le x \le \infty;\ n, q > 0)$인 파동함수의 형태를 가지고 앞 문제의 계산을 반복하라. $\Delta x \Delta p$를 n과 q의 함수로 그려라. 어떤 경향을 갖고 있는가?

4-10(I) 다음과 같은 *선형 퍼텐셜* 안에서 움직이는 질량 m인 입자의 바닥상태 에너지를 불확정성 원리를 사용해 추정하라.

$$V(x) = \begin{cases} \infty & (x \le 0), \\ \alpha x & (x \ge 0) \end{cases}$$

힌트: $x = 0$와 $x = E/\alpha$에서 퍼텐셜과 만나는 특정 에너지 준위 E를 상상하라. $x \sim \Delta x$, $p \sim \Delta p \sim \hbar/2(\Delta x)$로 잡아라.

4-11(E) 질량 m인 비상대론적 "자유" 입자(즉 퍼텐셜이 0인 곳에 있는 입자)가 속도 v로 움직이고 있다. 이 입자의 에너지는 $mv^2/2 = p^2/2m$로 주어지고 여기서 $p = mv$이다. 이 경우 불확정성 원리 $\Delta x \Delta p \ge \hbar/2$가 $\Delta E \Delta t \ge \hbar/2$가 된다는 것을 보여라. 아인슈타인에 의하면 이 질량은

$E=mc^2$으로 주어지는 에너지와 등가이다. 또한 불확정성 원리를 $\Delta m \Delta t \geq \hbar/2c^2$로 적을 수 있음을 보여라. 자유 중성자(원자핵에 구속되어 있지 않은 중성자)는 10.25분의 베타붕괴 반감기를 가진다. 이 반감기를 Δt로 잡으면 중성자의 질량의 불확정성은 얼마가 되는가?

4-12(I) (a) $[x^n, p_x] = i\hbar n x^{n-1}$과 (b) $[x, p_x^n] = i\hbar n p_x^{n-1}$임을 보여라. 나중 경우 두 개의 함수 $u(x)$와 $v(x)$의 곱의 n차 도함수가 다음과 같이 주어진다는 것을 알면 도움이 된다.

$$\frac{d^n}{dx^n}(uv) = \sum_{j=0}^{n} \binom{n}{j} \frac{d^j v}{dx^j} \frac{d^{n-j} u}{dx^{n-j}}$$

4-13(E) 함수 $k(x)$에 대해 $[k(x), p_x] = i\hbar \dfrac{dk}{dx}$임을 보여라.

4-14(E) 4개의 연산자 A, B, C, D에 대해

$$[(A+D), (B+C)] = [A, B] + [A, C] + [D, B] + [D, C]$$

임을 보여라. 여기서 대괄호는 교환자를 의미한다.

4-15(E) 무한 퍼텐셜 우물의 파동함수가 직교 집합을 형성한다는 것을 증명하라.

4-16(E) 4.3절에서 질량 m인 입자가 직선 길이 $\Delta x \sim L$ 안에 갇혀 있는 것과 입자의 에너지가 $E \geq \hbar^2/8mL^2$를 만족한다는 것을 보았다. (중성자가 발견되기 이전의) 핵물리학 연구의 초기에는 원자핵 안에 있는 중성 입자는 양성자와 전자가 결합한 것이라는 주장이 있었다. 그러나 불확정성 원리가 발견된 후 이 주장이 틀렸다는 반박이 나왔다. $L \sim 10^{-15}$ m인 핵 퍼텐셜 안에 갇힌 전자의 최소 에너지는 얼마나 될까? 이 값을 3.9절에서 계산한 무거운 원소의 원자핵 우물의 깊이와 비교하라.

4-17(E) 최신 끈이론 string theory 에 의하면 우주 안에 존재하는 대부분의 기본 구조가 여러 에너지 상태로 진동하는 길이 $L \sim 10^{-35}$ m인 "끈"이라고 주장한다. 이 끈의 질량은 *플랑크 질량* Planck mass $m_p = \sqrt{\hbar c/G}$로 잡을 수 있으며, 여기서 G는 뉴턴의 중력 상수이다. 4.3절의 뒷 부분에서 이야기한 내용을 근거로 진동하는 끈의 최소 에너지를 추정하라. 답을 기가전자볼트(G eV$=10^9$ eV)로 표시하라. 이런 에너지를 현재의 입자가속기로 얻을 수 있다고 생각하나?

4-18(I) 무한 퍼텐셜 우물의 3개의 가장 낮은 에너지 상태를 가지고 만든 중첩 파동함수를 생각해 보자.

$$\Psi = \frac{1}{\sqrt{3}}\psi_1 + \frac{1}{\sqrt{4}}\psi_2 + \sqrt{\frac{5}{12}}\psi_3$$

ψ가 규격화되어 있음을 증명하라. 이 계의 $\langle E \rangle$는 얼마인가? 답을 가장 낮은 무한 우물 상태의 에너지 E_1의 함수로 표시하라.

4-19(E) 파동함수의 제곱은 1로 규격화되어야 한다. 이것을 디랙 표기법으로 적어라.

4-20(I) 5장에서 단조화진동자 퍼텐셜에 대해 다룰 것이다. 이 퍼텐셜에 대한 두 개의 가장 낮은 에너지 상태의 파동함수가 $\psi_0 = A_0 e^{-\gamma^2 x^2/2}$와 $\psi_1 = A_1 x e^{-\gamma^2 x^2/2}$, $(-\infty \le x \le \infty)$로 주어지며, A_0와 A_1은 규격화 상수로 $A_0 = \sqrt{\gamma/\sqrt{\pi}}$와 $A_1 = \sqrt{2\gamma^3/\sqrt{\pi}}$로 주어진다. 또 γ는 질량 및 퍼텐셜의 특성과 관계된 상수이다. (5장에서 설명하겠지만 이 퍼텐셜의 경우 양자수의 번호를 $n=0$로부터 시작하는 데는 충분한 이유가 있다.) 4.8절의 방법을 이용해 이 두 함수를 가지고 시간이 관계된 중첩 상태를 만들라. 중첩 상태의 $\langle x \rangle$의 진동 진폭이 $\langle x \rangle = \alpha\beta\sqrt{2}/\gamma$로 주어지는 것을 보여라. 여기서 α와 β는 식 (4.8.3)에 나오는 α와 β이다. 이 결과의 단위가 맞는가?

4-21(I) 함수 $\psi(x) = Axe^{-\beta x/2}$가 선형 퍼텐셜 $V(x) = kx$, $(\beta, k > 0;\ 0 \le x \le \infty;$ 다른 곳에서는 $V(x) = \infty$이며 $\psi = 0)$에 대한 슈뢰딩거 방정식의 풀이라는 주장이 있다고 가정하자. 비리알 정리를 만족한다면 β는 k의 함수로 어떻게 표현되는가? 이 함수가 실제로 이 선형 퍼텐셜에 대한 슈뢰딩거 방정식의 풀이일까?

05 장 조화진동자

이 장에서는 **조화진동자** harmonic oscillator **퍼텐셜**에 대한 슈뢰딩거 방정식의 풀이에 대해 알아보고자 한다. 이 퍼텐셜은 아래와 같은 **선형 복원력** linear restoring force 을 받는 물체에 적용된다.

$$F = -kx \quad (-\infty \le x \le \infty)$$

이런 계의 고전적인 모형은 힘 상수 k인 용수철에 매달린 질량 m인 입자이다. 용수철을 평형 위치로부터 변위 x 만큼 잡아당기면 (또는 압축시키면) 용수철은 x에 비례하는 힘으로 입자를 당겨 (또는 밀어) 사인 형태의 주기적인 운동 – 일명 단조화운동 simple harmonic motion – 이 일어난다. 그리고 이 운동의 주기는 $T = 2\pi\sqrt{m/k}$ 초가 된다. 이원자 분자 diatomic molecule 는 근사적으로 두 개의 원자핵이 용수철로 연결된 것처럼 행동한다. 조화진동자 퍼텐셜에 대한 슈뢰딩거 방정식을 풀면 어떻게 그림 1.2(d)에 있는 등간격의 스펙트럼 선들이 생기는지 알 수 있다.

선형 복원력에 해당하는 퍼텐셜은 힘을 적분하여 얻을 수 있다.

$$V(x) = -\int F\,dx = \int kx\,dx = kx^2/2 + c$$

여기서 c는 적분 상수이다. 이것이 바로 **조화진동자 퍼텐셜**이다. 퍼텐셜에너지 *차이*만이 물리적으로 의미를 가지기 때문에 보통 식에서 $c = 0$으로 잡는다. c가 0이 아닐 때와 0일 때의 차이는 퍼텐셜에너지 값을 높이거나 낮추는 정도이다. 조화진동자 퍼텐셜에 대한 슈뢰딩거 방정식은 다음과 같이 된다.

$$-\frac{\hbar^2}{2m}\frac{d^2\psi(x)}{dx^2} + \frac{1}{2}kx^2\psi(x) = E\psi(x)$$

이 퍼텐셜에 대한 슈뢰딩거 방정식의 풀이는 5.1-5.4절에서 자세히 다룬다. 단조화진동자는 뉴턴 역학에서 잘 알려진 계이다. 고전 진동자의 결과와 양자 진동자의 결과를 비교하는 것은 교육적 의미를 가지는데 5.5절에서 이에 대해 다룬다. 조화진동자 퍼텐셜의 또 다른 풀이법을 5.6절에서 소개하지만 이 부분은 빼고 넘어가도 무방하다.

5.1 차원 분석

조화진동자 퍼텐셜이 그림 5.1에 그려 있다. 고전적으로 이 퍼텐셜 안에서 움직이는 전체 에너지 E를 가진 계는 $E = kx_0^2/2$이라 할 때 반환점 $\pm x_0$ 바깥에 존재할 수 없다. 양자역학적으로는 $|x| \geq x_0$이더라도 ψ가 일반적으로 0이 아닐 수 있기 때문에 반환점 밖에서도 존재할 확률을 가진다. $V(x)$가 x의 함수이기 때문에 앞서 다룬 퍼텐셜 우물/장벽에 비해 좀 더 복잡하다. 그러나 $V(x)$의 표현식이 모든 x에 적용되기 때문에 ψ와 $d\psi/dx$의 연속성을 통해 연결시켜야 할 내부와 외부 지역이 없다는 점에서 복잡함이 다소 줄어든다. 즉 모든 x에서 성립하는 $\psi(x)$의 표현식만이 존재한다. 동시에 $V(x)$가 $\pm\infty$까지 작용하므로 궁극적으로 $x \to \pm\infty$일 때 ψ가 0이 되어야 한다. $E > V$일 때(즉 우물 안 $|x| \leq x_0$에 있을 때) ψ가 퍼텐셜 우물의 사인파 형태를 가지리라 예상할 수 있다. 반면 $|x| > x_0$이면 ψ가 지수함수적으로 감소하게 되리라 예상할 수 있다. 또한 조화진동자 퍼텐셜은 $x = 0$에 대해 대칭이므로 풀이의 반전성이 교대로 나타나게 될 것도 예상할 수 있다.

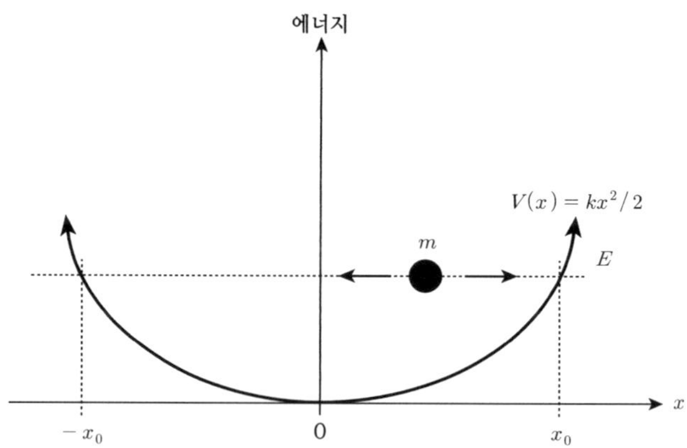

그림 5.1 조화진동자 퍼텐셜

조화진동자 퍼텐셜에 대한 슈뢰딩거 방정식의 풀이를 구하기에 앞서 방정식을 차원이 없는 형태로 만들어 보자(예제 3.5에서 동일한 일을 했다). 이 작업은 매우 중요한 교훈을 주며 이렇게 하면 수학이 쉬워진다.

입자의 질량(m), $\hbar$, 퍼텐셜에 나오는 상수들을 조합한 두 개의 식을 발견함으로써 어떠한 슈뢰딩거 방정식도 차원이 없는 방정식으로 만들 수 있다. 예를 들어 한 식은 길이의 역수 차원을 갖고 있고, 다른 한 식은 에너지의 역수의 차원을 가진다. 이러한 식에서 얻은 상수들을 각각 α와 ϵ이라고 하자. 그러면 차원이 없는 변수 $\xi = \alpha x$와 $\lambda = \epsilon E$를 정의할 수 있다. 따라서 슈뢰딩거 방정식의 x와 E는 ξ와 λ로 표시된다. 그 결과 상수를 가지지 않은 차원이 없는 미분방정식을 얻게 되고, 따라서 이 방정식은 원래 방정식보다 다루기가 쉬워진다. 특히 차원이 없는 식은 단위가 너무 크거나 너무 작은 양들에 신경을 쓰지 않아도 되기 때문에 수치계산을 하는데 편리하다. 차원이 없는 미분방정식의 풀이가 구해지면, 간단한 변환을 통해 이를 원래 변수로 복원할 수 있다.

조화진동자 퍼텐셜은 단 하나의 상수 k만을 포함하고 있다. 길이의 역수 단위를 가지는 식을 $m, \hbar, k$를 가지고 만들어 보자. 이것은 $m^a k^b \hbar^c$이 $(\mathrm{m})^{-1}$의 단위를 갖는 멱수 a, b, c의 값을 구하는 것이다. 질량의 단위가 kg, k의 단위가 N/m (= kg/s^2), $\hbar$의 단위가 J · s (= kg · m^2/s)인 것을 기억한다면,

$$\mathrm{meter}^{-1} \equiv (\mathrm{kg})^a \left(\frac{\mathrm{kg}}{\mathrm{sec}^2}\right)^b \left(\frac{\mathrm{kg\,meter}^2}{\mathrm{sec}}\right)^c \equiv \mathrm{kg}^{a+b+c}\,\mathrm{meter}^{2c}\,\mathrm{sec}^{-(2b+c)}$$

가 된다.

단위가 같게 되려면, $c = 1/2$이 되어야 한다. 더 나아가 $(2b+c)$가 0이 되어야 하므로 $b = -c/2 = +1/4$이 된다. 마지막으로 $(a+b+c)$ 역시 0이 되어야 하므로 $a = +1/4$이 된다. 결과적으로 다음과 같이 정의할 수 있다.

$$\alpha = m^a k^b \hbar^c = m^{1/4} k^{1/4} \hbar^{-1/2} = \left(\frac{mk}{\hbar^2}\right)^{1/4} \tag{1}$$

두 번째로 $m^a k^b \hbar^c$의 단위가 J의 역수가 되기를 원한다. 즉

$$\mathrm{Joule}^{-1} = \frac{\mathrm{sec}^2}{\mathrm{kg\,meter}^2} \equiv (\mathrm{kg})^a \left(\frac{\mathrm{kg}}{\mathrm{sec}^2}\right)^b \left(\frac{\mathrm{kg\,meter}^2}{\mathrm{sec}}\right)^c \equiv \mathrm{kg}^{a+b+c}\,\mathrm{meter}^{2c}\,\mathrm{sec}^{-(2b+c)}$$

이 되어야 하므로 멱수를 구해보면 $c=-1, b=-1/2, a=+1/2$이 된다. 따라서

$$\varepsilon = m^a k^b \hbar^c = m^{1/2} k^{-1/2} \hbar^{-1} = \frac{1}{\hbar}\sqrt{\frac{m}{k}} = \frac{1}{\hbar\omega}$$

을 얻는다. 여기서 $\omega = \sqrt{k/m}$는 고전적인 질량/용수철계의 **각진동수** angular frequency 이다. 수학적인 편의를 위해 추가로 ϵ에 (차원이 없는) 상수 2를 곱한 것으로 정의한다.

$$\varepsilon = \frac{2}{\hbar\omega} \tag{2}$$

α와 ϵ이 각각 길이 및 에너지 역수의 단위를 가진다는 것을 스스로 확인하라. 다음 단계는 위치와 에너지에 관한 차원이 없는 변수들을 다음과 같이 정의하는 것이다.

$$\xi = \alpha x \tag{3}$$

와

$$\lambda = \epsilon E \tag{4}$$

식 (3)과 (4)를 조화진동자의 슈뢰딩거 방정식에 치환하면서 도함수 역시 치환해야 한다는 것을 잊지 말아야 한다. 즉

$$\frac{d^2}{dx^2} \equiv \alpha^2 \frac{d^2}{d\xi^2}$$

치환이 끝나면 슈뢰딩거 방정식이 다음과 같이 변한다.

$$\frac{d^2\psi}{d\xi^2} + (\lambda - \xi^2)\psi = 0 \tag{5}$$

이 식은 원래 식보다 매우 잘 정리되어 있다(문제 5-1을 보라). 식 (2)에서처럼 ϵ의 정의에 2가 없다면 이 값이 식 (5)의 λ항에 남게 된다. λ는 계의 에너지와 관련이 있기 때문에 λ가 특정한 값만을 가지도록 만드는 경계조건이 존재하리라 예상할 수 있다.

예제 5.1

몇몇 우주론 cosmological theory, 끈 이론 string theory, 대통일 이론 grand-unified theory 에서 *플랑크 시간* Planck time 은 "시간의 양자" 역할을 한다. 즉 가장 짧은 시간 간격을 의미한다. 이 양은 상수 $G, c, \hbar$의 조합으로 주어지며 시간의 단위를 가진다. 차원 분석을 사용하여 플랑크 시간의 표현식을 유도하라. 또 이 값은 얼마가 되나?

아래와 같이 주어지는 멱수 (a, b, c)를 찾으면 된다.

$$\mathrm{s}^1 \equiv c^a h^b G^d$$

광속 c와의 혼동을 피하기 위해 C의 멱수로 d를 사용했다는 것에 주목하라. 적절한 단위((부록 D)로 치환하면

$$\mathrm{s}^1 \equiv \left(\frac{\mathrm{m}}{\mathrm{s}}\right)^a \left(\frac{\mathrm{kgm}^2}{\mathrm{s}}\right)^b \left(\frac{\mathrm{m}^3}{\mathrm{kgs}^2}\right)^d \equiv \mathrm{m}^{a+2b+3d}\,\mathrm{kg}^{b-d}\,\mathrm{s}^{-a-b-2d}$$

를 얻는다. 멱수를 일치시키면 3개의 식을 얻을 수 있다.

$$a + 2b + 3d = 0$$
$$b - d = 0$$

과

$$-a - b - 2d = 1$$

중간에 있는 식으로부터 $d = b$가 된다. 이 식을 첫 번째 식에 대입하면 $a = -5b$가 된다. 그러면 마지막 식에서 $b = 1/2$이 나온다. 따라서 $b = d = 1/2$, $a = -5/2$가 된다. 플랑크 시간은 흔히 기호로 t_P로 적는다.

$$t_P = c^{-5/2}h^{1/2}G^{1/2} = \sqrt{\frac{hG}{c^5}}$$

상수 값들을 대입하면

$$t_P = \sqrt{\frac{(6.626 \times 10^{-34})(6.674 \times 10^{-11})}{(2.998 \times 10^8)^5}} = 1.351 \times 10^{-43}\text{s}$$

가 나오는데, 플랑크 시간이 정말 짧은 시간이라는 것을 알 수 있다.

5.2 점근 풀이

우리가 할 일은 $\psi(\xi)$에 관한 방정식 (5.1.5)를 푼 후 $\xi = \alpha x$의 변환식을 사용해 결과를 다시 x 좌표로 바꾸는 것이다. 퍼텐셜의 형태 때문에 계수가 상수인 선형 풀이를 이 경우에는 적용할 수 없다. 이럴 때는 급수 풀이를 생각해야 하고 아래에서 보는 것처럼 급수 풀이가 좋은 선택이 된다. 그러나 이 퍼텐셜이 지닌 물리학에 관한 지식을 이용하는 좀 더 우아한 방법이 있다.

유한 사각 우물(3.3–3.5절)을 생각해 보라. 이 경우 역시 반환점(우물의 벽)에 의해 운동이 결정된다. 반환점 바깥에서 파동함수는 지수함수적으로 감소한다. 이 문제에서도 유사한 상황이 일어나기 때문에 ξ(또는 x) $\to \pm\infty$ 일 때 $\psi(\xi)$가 0에 접근해야 한다고 유추할 수 있다.

이런 유추는 옳은 것으로 판명되며 상당한 일반성과 효력을 가진 방법을 찾을 수 있게 해 준다. 이 방법에서는 우선 ψ의 **점근 형태** asymptotic form 를 구한다. 그럼 문제는 ξ가 "작은" 값일 때의 풀이를 구하는 것으로 간단해진다. 이 작은 값의 풀이를 점근 형태에 곱한 함수가 모든 ξ에 대한 풀이가 된다. 이 절의 목적은 조화진동자 퍼텐셜에 대한 점근 풀이를 찾는 것이다. 자세한 일반 풀이는 5.3절에서 구하고, 5.4절에서는 최종 풀이의 특성에 대해 알아보고자 한다.

ψ의 점근 풀이를 구하기 위해 ξ가 클 때의 식 (5.1.5)를 생각해 보자. 이 경우 ξ^2 항이 식을 지배하므로 슈뢰딩거 방정식이

$$\frac{d^2\psi}{d\xi^2} \sim \xi^2\psi \qquad (\xi \to \pm\infty) \tag{1}$$

와 같이 단순해진다.

유한 우물의 풀이를 되돌아 보면 윗 방정식의 점근적 시행 풀이로

$$\psi(\xi) \sim A\exp(\beta\xi^n), \qquad (\xi \to \pm\infty) \tag{2}$$

의 형태를 생각할 수 있다. 여기서 A, β와 n은 결정해야 할 상수들이다. 이 시행 풀이를 미분하면

$$\frac{d^2\psi(\xi)}{d\xi^2} = [n^2\beta^2\xi^{2n-2} + n(n-1)\beta\xi^{n-2}]\,\psi(\xi) \tag{3}$$

가 되고, 이 식을 식 (1)에 대입하면

$$n^2\beta^2\xi^{2n-2} + n(n-1)\beta\xi^{n-2} \sim \xi^2 \tag{4}$$

을 얻는다.

ξ의 멱수들을 일치시키지 않으면 식 (4)는 무의미한 식이 된다. 시행 풀이의 형태로부터 n이 양이어야 한다는 것을 알 수 있다(왜?). ξ가 클 경우 왼편에서는 첫 번째 항이 주도하므로 식 (4)를

$$n^2\beta^2\xi^{2n-2} \sim \xi^2 \tag{5}$$

처럼 적을 수 있다.

ξ의 멱수가 $2n-2=2$, 즉 $n=2$일 때만 등식이 성립한다. 곱하기 인자들(왼편에 있는 $n^2\beta^2$과 오른편에 있는 1) 역시 일치해야 하므로 $4\beta^2=1$, 즉 $\beta=\pm1/2$가 되어야 한다. $\beta=+1/2$을 선택하면 점근 풀이의 형태는 $\psi(\xi)\propto\exp(+\xi^2/2)$가 된다. 그런데 이 풀이는 규격화가 불가능하다. 반면에 $\beta=-1.2$을 선택하면 규격화된 풀이가

$$\psi(\xi) \sim A\exp(-\xi^2/2) \qquad (\xi \to \pm\infty) \tag{6}$$

의 형태를 가지게 된다.

이 결과는 점근 풀이로 지수함수적인 형태를 가정한 것이 옳았음을 말해준다. $\xi \to \infty$일 때 가정한 풀이, 식 (2)가 식 (1)을 만족하려면 풀이가 특정한 형태 $\psi(\xi) \propto \exp(-\xi^2/2)$를 가져야 하며, $n=2$인 경우만이 유일하게 가능하다. 부분적인 풀이만을 구했기 때문에 아직 규격화 상수 A를 구하려는 시도는 무의미하다. 나중에 규격화 상수에 대해 다룬다. 이제 ξ가 클 때의 ψ의 일반적인 함수 형태를 알았다는 것이 중요하다.

5.3 급수 풀이

조화진동자 퍼텐셜에 대한 슈뢰딩거 방정식의 일반 풀이는 무엇일까? 옳은 풀이를 모른다면 시행착오 과정을 거칠 수 밖에 없다. 시행 풀이(보통 독립 변수의 다항식 급수)를 가정하고 미분방정식을 만족할 때까지 고치는 수 밖에 없다. 이것은 문제를 푸는 우회적인 방법 같아 보일 지 모르지만 정당한 방법이다. 풀이를 미분방정식에 다시 대입해 맞는지 확인하면 결국 풀이를 얻을 수 있게 된다.

어떤 방법을 써서 이 문제에 대한 슈뢰딩거 방정식의 풀이를 구하든지 앞 절에서 구한 ψ의 지수함수적인 점근 행동을 풀이에 적용하고 싶다. 이렇게 하는 한 가지 방법은 ψ가 두 함수의 곱으로 표현된다고 가정하는 것이다. 한 함수는 ψ의 점근 행동을 보여주고 다른 함수는 아직 모른다. 아직 알려지지 않은 다른 함수를 $H(\xi)$라고 놓으면

$$\psi(\xi) = H(\xi)e^{-\xi^2/2}$$

으로 적을 수 있고, 이제 $H(\xi)$만 결정하면 된다.

이 가정이 옳다는 것을 어떻게 알 수 있을까? 아직까지는 알 수 없다는 것이 답이다. 시행착오를 거쳐야 하는 상황에서처럼 이런 가정이 옳다는 것을 안 이후에야 비로소 답을 알 수 있게 된다.

$H(\xi)$는 무엇일까? 기초 미적분학으로부터 임의의 x(또는 ξ)의 함수를 무한 다항식으로 나타낼 수 있다는 것을 알고 있다. 즉 테일러 Taylor 또는 맥러린 MacLaurin 급수 전개가 가능하다. $H(\xi)$를 이런 급수로 나타낼 수 있다고 가정해 보자.

$$H(\xi) = a_0 + a_1\xi + a_2\xi^2 + \cdots = \sum_{n=0}^{\infty} a_n \xi^n \tag{2}$$

여기서 a_n은 급수가 미분방정식을 만족할 때까지 조작해야 할 상수 계수(전개계수)이다. 다시 이것은 가정이라는 점을 기억하라. 이런 급수 전개가 미분방정식을 만족할 때만 이 가정은 올바른 가정이 된다.

이제 조화진동자에 대한 슈뢰딩거 방정식을 푸는 일이 남아있다.

$$\frac{d^2\psi}{d\xi^2} + (\lambda - \xi^2)\psi = 0 \tag{3}$$

다음 단계는 식 (1)에 직접 대입하여 슈뢰딩거 방정식을 $H(\xi)$에 대한 미분방정식으로 바꾸는 일이다. 식 (1)을 두 번 미분하면

$$\frac{d^2\psi}{d\xi^2} = \left(\frac{d^2H}{d\xi^2} - 2\xi\frac{dH}{d\xi} + (\xi^2 - 1)H\right)e^{-\xi^2/2} \tag{4}$$

이 되고 여기서 식을 간단하게 하기 위해 $H(\xi)$에서 ξ를 적지 않았다. 이 결과와 식 (1)을 식 (3)에 대입하여 지수함수 인자를 소거하면 H에 대한 미분방정식을 얻을 수 있다.

$$\frac{d^2H}{d\xi^2} - 2\xi\frac{dH}{d\xi} + (\lambda - 1)H = 0 \tag{5}$$

이제 다음 형태의 H의 급수 풀이를 적용해 보자.

$$H(\xi) = \sum_{n=0}^{\infty} a_n\xi^n \tag{6}$$

합의 지수인 n이 0부터 시작한다는 것에 주목하라. ξ의 음의 멱수는 허용하지 않는다. $\xi=0$도 이 퍼텐셜의 적용 범위에 포함되기 때문에 음의 멱수는 함수가 무한대가 되는 문제를 일으킨다. (실제로 ψ가 무한대가 되면 자동적으로 이런 ψ는 파동함수로서의 자격을 잃는다. 그러나 ψ의 규격화가 가능하다면 문제가 없다. 여기서 다룰 ψ는 유한한 값만을 가져야 한다.) 식 (6)을 미분하면

$$\frac{dH}{d\xi} = \sum_{n=0}^{\infty} n a_n \xi^{n-1} \tag{7}$$

과

$$\frac{d^2H}{d\xi^2} = \sum_{n=0}^{\infty} n(n-1) a_n \xi^{n-2} \tag{8}$$

이 된다.

식 (6), (7)과 (8)을 식 (5)에 대입하여 동일한 멱수를 가진 항끼리 모으면 다음과 같은 식을 얻게 된다.

$$\sum_{n=0}^{\infty} n(n-1) a_n \xi^{n-2} + \sum_{n=0}^{\infty} [\lambda - 1 - 2n] a_n \xi^n = 0 \tag{9}$$

식 (9)는 귀찮아 보인다. 합을 전개하면 두 항으로부터 $j \geq 2$일 때의 ξ^j 기여도를 구할 수 있다. ξ의 멱수가 같은 모든 항들을 함께 묶어 표시하는 것이 편리하다. 표기법에 재주를 부려 이와 같은 일을 해 낼 수 있다. 식 (9)의 첫 번째 합을 생각해 보자. $n=0$ 또는 1일 때 $n(n-1)$ 인자 때문에 이 합은 전혀 기여를 하지 않는다. 즉

$$\sum_{n=0}^{\infty} n(n-1) a_n \xi^{n-2} = 0 + 0 + \sum_{n=2}^{\infty} n(n-1) a_n \xi^{n-2} \tag{10}$$

이런 합 지수 n을 *허깨비* 지수 dummy index 라고 부른다. 모든 가능한 무한대까지의 정수값(≥ 0)에 대해 합을 구하기 때문에 합은 합의 지수로 사용하는 기호와는 무관하다. 지수를 변환하는 일은 적분을 간단히 하기 위해 변수를 변환하는 일과 정확히 동일하다. 예를 들어 새로운 지수 j를 $j=n-2$로 정의한다고 하자. 그러면 식 (10)을

$$\sum_{n=0}^{\infty} n(n-1) a_n \xi^{n-2} = \sum_{n=2}^{\infty} n(n-1) a_n \xi^{n-2} = \sum_{j=0}^{\infty} (j+2)(j+1) a_{j+2} \xi^j \tag{11}$$

로 적을 수 있다.

원래 지수가 있던 모든 곳에서 지수를 새로운 지수를 변화시킨 것에 주목하라. 합에 기여하는 가장 낮은 n 값이 $n=2$이고 $j=n-2$이기 때문에 가장 낮은 j 값은 $j=0$가 된다.

식 (11)에서 j와 n은 모두 허깨비 지수이다. 따라서 j를 다시 n으로 바꿔도 무방하므로(실제로는 새로운 지수를 $n=j$으로 정의하는 셈이다) 식을

$$\sum_{n=0}^{\infty} n(n-1)a_n\xi^{n-2} = \sum_{n=0}^{\infty}(n+2)(n+1)a_{n+2}\xi^n \tag{12}$$

처럼 적을 수 있다.

식 (12)가 옳은 식인지 의심이 간다면 양쪽의 합을 전개해 보면 된다. 두 식은 완전히 동일하다(문제 5-2). 이런 조작을 통해 식 (9)에 있는 ξ^{n-2} 항을 다른 항에 있는 ξ^n의 형태로 변환시킬 수 있다. 이제 식 (9)에 있는 항들을 결합하면

$$\sum_{n=0}^{\infty}[(n+1)(n+2)a_{n+2} + (\lambda - 1 - 2n)a_n]\xi^n = 0 \tag{13}$$

을 얻을 수 있다.

이런 지수 변환과정은 미분방정식의 급수 풀이에서 자주 사용되는 유용한 수단이다.

식 (13)을 자세히 살펴보자. 대괄호 [ ] 안에 있는 항들은 순수한 수이다. 이들은 ξ와 무관하다. 일반적으로 ξ는 0이 아니지만(실제로는 $-\infty \le \xi \le \infty$) 합은 0이어야 한다. 모든 ξ에 대해 합이 0이 되려면 대괄호 안의 양 역시 0이 되어야 한다. 이 때문에

$$a_{n+2} = \frac{(2n+1-\lambda)}{(n+1)(n+2)}a_n \tag{14}$$

을 만족해야 한다.

식 (14)를 **회귀 관계식** recursion relation 이라고 부른다. 이 식은 급수 풀이의 전개 계수를 이전 계수로부터 **회귀적으로** 구할 수 있게 해준다. 풀이를 구하기 위해서는 처음 두 개의 계수값 a_0와 a_1이 주어져야 한다. 모든 짝수 지수의 계수들은 a_0의 함수로 표시되고, 모든 홀수 지수의 계수들은 a_1의 함수로 표시된다. 두 계수

가 필요한 까닭은 2차 미분방정식을 풀 때 항상 경계조건에 의해 주어지는 두 개의 적분상수가 등장하는 것을 생각하면 이해할 수 있을 것이다. 회귀 관계식이 연속된 계수 쌍들을 연결해 준다는 사실로부터 $H(\xi)$의 급수 풀이를 다음과 같이 두 딸림 급수 subseries 의 합으로 나눌 수 있다.

$$H(\xi) \sim (a_0 + a_2\xi^2 + a_4\xi^4 + \cdots) + (a_1\xi + a_3\xi^3 + a_5\xi^5 + \cdots) \tag{15}$$

여기서 딸림 급수의 계수들은 식 (14)의 관계를 만족한다.

지금 이 경우에서는 단지 하나의 경계조건만이 존재한다. 즉 $\xi \to \pm\infty$ (또는 $x \to \pm\infty$)일 때 $\psi(x)$가 유한해야 한다. 이제 식 (1)로부터 $\psi(\xi)$는 두 함수 $H(\xi)$와 $\exp(-\xi^2/2)$의 곱이다. 이 함수 가운데 나중 함수는 분명히 수렴한다. 사실 5.2절에서 수렴하는 함수만 의도적으로 선택하였다. 따라서 $H(\xi)$가 수렴하는 한, 또는 최악의 경우 $H(\xi)$가 $\exp(+\xi^2/2)$보다 느리게 발산하는 한 전체 함수는 수렴하게 된다. 남은 문제는 $H(\xi)$의 점근 행동이다. 불행하게도 $H(\xi)$는 $\exp(+2\xi^2)$으로 점근한다. 이 사실을 알기 위해 지수함수 $\exp(\eta\xi^p)$의 일반적인 급수 전개를 생각해 보자.

$$\begin{aligned}\exp(\eta\xi^p) &= 1 + \eta\xi^p + \frac{\eta^2\xi^{2p}}{2!} + \frac{\eta^3\xi^{3p}}{3!} + \cdots \\ &\quad + \frac{\eta^n\xi^{np}}{n!} + \frac{\eta^{n+1}\xi^{(n+1)p}}{(n+1)!} + \frac{\eta^{n+2}\xi^{(n+2)p}}{(n+2)!} + \cdots\end{aligned} \tag{16}$$

우리가 가정한 급수 풀이는 짝수 지수와 홀수 지수의 딸림 급수인 식 (15)의 연속된 항들을 연결시켜 주는 식 (14)로부터 생긴 것이다. 한 딸림 급수의 연속된 항들 사이의 비는 식 (2)와 식 (14)로부터

$$\left[\frac{\text{항}(n+1)}{\text{항}(n)}\right]_{\text{딸림급수}} = \frac{a_{n+2}}{a_n}\xi^2 = \frac{(2n + 1 - \lambda)}{(n+1)(n+2)}\xi^2$$

처럼 된다.

식 (16)의 지수함수에서 연속된 항들 사이의 비는

$$\left[\frac{\text{항}(n+1)}{\text{항}(n)}\right]_{\text{지수함수}} = \frac{\eta\xi^p}{(n+1)}$$

이다.

이제 $n \to \infty$ 일 때 이 표현식들을 비교하면

$$\left[\frac{\text{항}(n+1)}{\text{항}(n)}\right]_{\substack{\text{딸림급수} \\ n\to\infty}} \sim \frac{2}{n}\xi^2 \tag{17}$$

과

$$\left[\frac{\text{항}(n+1)}{\text{항}(n)}\right]_{\substack{\text{지수함수} \\ n\to\infty}} \sim \frac{\eta}{n}\xi^p \tag{18}$$

임을 알 수 있다.

식 (17)과 식 (18)의 분자는 동일하다. $p=2$와 $\eta=2$라 하면 조화진동자 급수 풀이는 $\exp(\eta\xi^p) = \exp(2\xi^2)$ 형태의 지수함수처럼 행동한다고 결론을 내릴 수 있다. 즉 $\psi(\xi)$가

$$\psi(\xi) = H(\xi)e^{-\xi^2/2} \sim e^{2\xi^2}e^{-\xi^2/2} \sim e^{3\xi^2/2} \tag{19}$$

처럼 행동하며 이 풀이는 분명히 발산하므로 규격화할 수 없게 된다. 이런 파국을 막는 유일한 방법은 $H(\xi)$ 급수의 항의 수가 유한하여 $\xi \to \infty$ 로 갈 때 전체 함수가 수렴하는데 점근 풀이 $e^{-\xi^2/2}$가 주된 역할을 담당하게 하는 것이다. 이것은 $H(\xi)$의 급수가 유한개의 항을 갖는 것으로 끝나야 한다는 것을 의미한다. (유한개의 항을 가진 다항식에 수렴하는 지수함수를 곱해 얻은 전체 함수는 항상 수렴하게 된다. 왜 그럴까?)

$H(\xi)$가 유한개의 항에서 끝나야 한다는 요구조건 때문에 이 계의 에너지 준위가 양자화된다. $H(\xi)$에서 ξ의 멱수의 최대값이 n이라면, 즉 $j > n$일 때 모든 $a_j = 0$이라면, 회귀 관계식에 의해

$$\lambda = 2n + 1 \tag{20}$$

을 얻는다.

한 가지 문제가 남아 있다. 회귀 관계식(식 14)은 두 계수를 연결해 주기 때문에 짝수 계수의 집합$(a_0, a_2, \dots)$과 홀수 계수의 집합$(a_1, a_3, \dots)$을 동시에 구할 수 없다. 추가적으로 a_0 *또는* a_1 *가운데 하나를 0으로 놓아야 한다.*

따라서 그 결과 함수 $H_n(\xi)$의 가족을 얻게 된다. 이 가족의 구성원은 최대 ξ^n까지 ξ의 짝수 또는 홀수 멱수만을 가진(둘 다 가질 수는 없다) 다항식이 된다. 지수 n은 다른 풀이를 가리키는 용도로 쓰인다.

앞서의 끝내기 조건과 λ의 정의(식 5.1.2와 5.1.4)로부터 양자수 n에 해당하는 에너지를 결정할 수 있다.

$$\lambda = 2n + 1 = \frac{2E}{\hbar\omega}$$

또는

$$E = \left(n + \frac{1}{2}\right)\hbar\omega = \left(n + \frac{1}{2}\right)\hbar\sqrt{\frac{k}{m}}, \quad n = 0, 1, 2, 3, \ldots \tag{21}$$

E가 n에 비례한다는 것에 주목하라. 즉 조화진동자 퍼텐셜의 에너지 준위는 일정한 간격으로 분포되어 있다. 1장의 그림 1.2(d)에서 본 분자 스펙트럼 선들이 동일한 간격으로 분포되어 있는 이유가 이것이다. 조화진동자의 **영점 에너지** zero-point energy 는 $\hbar\omega/2$이다. 예제 4.4를 통해 영점 에너지는 하이젠베르크의 불확정성 원리가 가진 한 속성임을 알았다.

조화진동자 퍼텐셜이 분자 사이의 인력과 비슷하기 때문에 동일한 간격으로 떨어져 있는 에너지 준위를 **진동 준위** vibrational level 라고 부른다. 문제 5-7을 통해 실제 분자들 사이의 힘 상수가 수백 N/m 정도가 된다는 것을 알게 될 것이다.

실제로 분자는 3차원적인 대상이므로 1차원 분석을 통해 전체를 이해할 수는 없다. 사실 그림 1.2(d)에서 분자 스펙트럼에 동일 간격의 선들 사이에 또 다른 선이 있는 것을 볼 수 있다. 이런 선들은 **회전 준위** rotation level 때문에 나타난다. 회전 준위는 분자가 질량 중심 주위로 회전하기 때문에 생기는 회전 각운동량의 양자화로 인해 생긴다. 각운동량의 파동역학에 관해서는 6, 7, 8장에서 자세히 다룰 것이다. 이원자 분자 diatomic molecule 의 에너지에 대해서는 8장에서 간략하게 다룬다. 두 원자의 결합 퍼텐셜은 $V(x) = kx^2/2$보다 복잡하기 때문에 문제가 더욱 복잡해진다. 좀 더 알아보면 모스 퍼텐셜 Morse potential [1]

$$V(r) = D\{1 - \exp[-a(r - r_o)]\}^2$$

을 사용할 때 관측된 스펙트럼을 더 잘 설명할 수 있다. 1차 근사에서는 모스 퍼텐셜과 조화진동자 퍼텐셜이 동일하다. 분자의 구조와 스펙트럼은 지금도 여러 학자들에 의해 활발히 연구되고 있다.

예제 5.2

문제 5-7에서 이원자 분자가 힘 상수 $k \sim 500$ N/m를 가진 조화진동자처럼 행동한다는 것을 알게 될 것이다. 이런 퍼텐셜의 영향을 받는 수소 원자($m \sim m_{\text{양성자}} = 1.673 \times 10^{-27}$ kg)를 생각해 보자. 이 원자의 영점 에너지는 얼마인가?

힘 상수 500 N/m은 일반 용수철의 힘 상수 ~6.5 N/m에 비해 놀랄 만큼 큰 값이다. 그러나 이런 매우 큰 값에도 불구하고 영점 에너지(E_{ZP})는 원자 수준의 아주 작은 값을 가진다.

$$E_{ZP} = \frac{\hbar}{2}\sqrt{\frac{k}{m}} = \frac{(1.055 \times 10^{-34}\,\text{J sec})}{2}\sqrt{\frac{500\ \text{N/m}}{1.673 \times 10^{-27}\,\text{kg}}} = 2.88 \times 10^{-20}\,\text{J}$$

이것은 대략 0.18 eV에 해당하는 아주 작은 에너지이다. 그러나 수많은 원자들이 분자 사슬에 있다는 것을 고려하면 전체 합은 충분히 커진다. 그러나 이 에너지는 이용할 수 없는 에너지이다.

추가해서 $k \sim 500$ N/m의 값은 어떻게 추정했는지 살펴보자. 1Å 떨어져 있는 두 전자 사이의 쿨롱 힘을 계산해 보면 크기가 $F \sim 2.3 \times 10^{-8}$ N이 되는 것을 알 수 있다. 단위 길이당 힘은 따라서 $\sim (2.3 \times 10^{-8}\,\text{N})/(10^{-10}\,\text{m}) \sim 230$ N/m가 되어, 문제에서 주어진 k 값과 크기가 대략 유사하다. 정확한 값은 분자의 성질에 의존하지만, 전하량과 물리적 크기로 결정되는 원자 수준의 상황을 고려하면 대략 이 정도의 크기를 예상할 수 있다.

5.4 에르미트 다항식과 조화진동자 파동함수

식 (5.3.5)의 풀이 $H_n(\xi)$ 가족을 **에르미트 다항식** Hermite polynomial 이라고 부른다. 에르미트 다항식의 성질과 규격화에 대한 자세한 내용은 웨버와 아프켄의 책의 13장에 잘 나와 있다. 처음 몇 개의 에르미트 다항식이 표 5.1에 주어져 있다.

▌표 5.1 에르미트 다항식

$H_0(\xi)=1$	$H_4(\xi)=16\xi^4-48\xi^2+12$
$H_4(\xi)=2\xi$	$H_5(\xi)=32\xi^5-160\xi^3+120\xi$
$H_2(\xi)=4\xi^2-2$	$H_6(\xi)=64\xi^6-480\xi^4+720\xi^2-120$
$H_3(\xi)=8\xi^3-12\xi$	$H_7(\xi)=128+\xi^7-1344\xi^5+3360\xi^3-1680\xi$

각 경우 $H_n(\xi)$ 급수에 나오는 ξ의 최대 멱수항이 ξ^n이라는 것에 주목하라. 에르미트 다항식을 실제 공간(x)으로 표시하려면 $\xi=\alpha x$를 대입하면 된다.

규격화된 조화진동자 파동함수는 다음과 같이 주어진다.

$$\psi_n(x) = A_n H_n(\xi) e^{-\xi^2/2} = A_n H_n(\alpha x) e^{-\alpha^2 x^2/2} \tag{1}$$

여기서 A_n은 규격화 인자로 아래와 같이 주어진다.

$$A_n = \sqrt{\frac{\alpha}{\sqrt{\pi}2^n n!}} \tag{2}$$

그리고

$$\alpha = (mk/\hbar^2)^{1/4} \tag{3}$$

이다.

$H_0(\xi)$와 $H_1(\xi)$를 알면 차수가 $n=2$인 에르미트 다항식은 회귀 관계식을 사용해 얻을 수 있다.

$$H_{n+1}(x) = 2xH_n(x) - 2nH_{n-1}(x)$$

그림 5.2는 ($\alpha=1$로 가정했을 때) $n=0$과 $n=5$인 조화진동자의 파동함수를 보여주고 있다. $\psi_n(\xi)$가 n이 짝수인 경우에는 대칭이고, n이 홀수인 경우에는 반대칭이다. 주어진 n에 대해 $n+1$개의 극대값이 존재한다. n이 증가할수록 ψ가 최대값

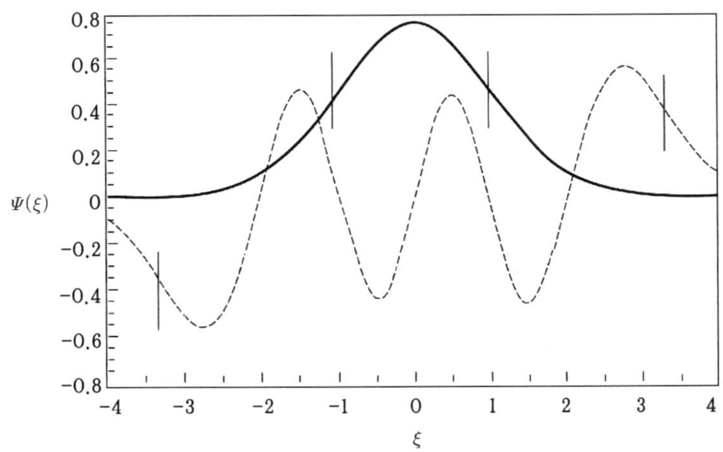

▌그림 5.2 $n=0$(실선)과 $n=5$(점선)일 때의 조화진동자 파동함수. 수직선은 각 파동함수에 대한 고전적인 반환점의 위치를 나타낸다. 반환점이 $n=0$일 때는 $\xi_{turn}=\pm1$, $n=5$일 때는 $\xi_{turn}=\pm\sqrt{11}$이다. 문제 5-8을 보라

에 도달하는 ξ 값이 고전적인 반환점(그림에서 수직선)에 가까워진다. 우물 바깥에서 진동자를 발견할 확률은 $n=0$일 때 최대가 된다.

예제 5.3

바닥상태($n=0$)에 있는 조화진동자가 고전적인 반환점 바깥쪽에 있을 확률을 구하라.

바닥상태 조화진동자의 규격화된 파동함수는

$$\psi_0(x) = \frac{\sqrt{\alpha}}{\pi^{1/4}} e^{-\alpha^2x^2/2}$$

이다. 여기서 $E_0 = \hbar\omega/2$이다.

고전적으로 금지된 지역은 $V(x) > E_0$ 또는

$$E_0 = \hbar\omega/2$$

에 해당한다. 즉

$$kx^2/2 > \hbar\omega/2$$

이 된다. 정리하면

$$|x| > \beta, \text{여기서 } \beta = \sqrt{\frac{\hbar\omega}{k}}$$

이다. 우물 *내부*에서 진동자를 발견할 확률을 구한 뒤 1에서 이 확률을 빼면 원하는 확률을 계산하기가 더 쉬워진다.

$$P(\text{외부}) = 1 - P(\text{내부})$$

그리고

$$P(\text{내부}) = 2\int_0^\beta \psi_0^*\psi_0\, dx = \frac{2\alpha}{\sqrt{\pi}}\int_0^\beta e^{-\alpha^2x^2}dx$$

이다.

인자 2는 $x=0$에 대한 $\psi^*\psi$의 대칭성 때문에 나온 것이다. $\xi=\alpha x$로 정의했기 때문에

$$P(\text{내부}) = \frac{2}{\sqrt{\pi}}\int_0^{\alpha\beta} e^{-\xi^2}d\xi$$

가 된다.

이 적분은 대수적으로 풀리지 않는다. 수치적으로 적분을 풀어야 한다. 이런 형태의 적분은 수리물리학의 여러 문제(특히 통계학)에 등장하며, **오차함수** error function 로 알려져 있다.

$$erf(z) = \frac{2}{\sqrt{\pi}}\int_0^z e^{-\xi^2}d\xi$$

$erf(z)$의 수표가 여러 수학 핸드북에 나와 있다. 이 함수의 점근 성질 가운데 일부가 웨버와 아프켄의 책 5.10절에 소개되어 있다. 오차함수를 계산하는 방법은 프레스의 책 6.2절에 나와 있다. 이 예제의 경우 $\omega^2 = k/m$이므로

$$z = \alpha\beta = \left(\frac{mk}{\hbar^2}\right)^{1/4}\left(\frac{\hbar\omega}{k}\right)^{1/2} = \left(\frac{m\omega^2}{k}\right)^{1/4} = 1$$

이 되어 $erf(1)$의 값이 필요하다. $erf(1)=0.843$이므로 $P(\text{외부})=0.157$이 되어 분명 무시할 수 없는 결과를 얻는다. 이것은 3장에서 처음으로 접한 양자 터널링 현상의 또 다른 증거라고 볼 수 있다.

예제 5.4

바닥상태에 있는 조화진동자의 제곱평균제곱근 root-mean-square 변위 $\sqrt{\langle x^2 \rangle}$ 을 구하고, 결과를 고전적인 반환점과 비교하라.

x^2의 기댓값을 구하면

$$\langle x^2 \rangle = \int_{-\infty}^{\infty} \psi_0^* x^2 \psi_0 dx = \frac{\alpha}{\sqrt{\pi}} \int_{-\infty}^{\infty} x^2 e^{-\alpha^2 x^2} dx = \frac{2\alpha}{\sqrt{\pi}} \int_{0}^{\infty} x^2 e^{-\alpha^2 x^2} dx$$

$$= \frac{2\alpha}{\sqrt{\pi}} \left(\frac{\sqrt{\pi}}{4\alpha^3} \right) = \frac{1}{2\alpha^2} = \frac{\hbar}{2\sqrt{mk}}$$

을 얻는다.

$x_{turn} = \sqrt{\hbar\omega/k}$ 이므로

$$\frac{\langle x^2 \rangle}{x_{turn}^2} = \frac{\hbar}{2\sqrt{mk}} \frac{k}{\hbar\omega} = \frac{k}{2\omega\sqrt{mk}} = \frac{k}{2\sqrt{k/m}\sqrt{mk}} = \frac{1}{2}$$

이 된다. 따라서

$$\sqrt{\langle x^2 \rangle} = \frac{x_{turn}}{\sqrt{2}}$$

이 진동자의 제곱평균제곱근 변위는 고전적인 반환점의 위치보다 작은데, 이것은 직관적으로 생각했을 때 옳은 결과이다.

5.5 고전 조화진동자와 양자 조화진동자의 비교

양자 조화진동자의 분석을 통해 주어진 양자수 n에 대한 파동함수가 차수 n의 다항식과 지수함수의 곱으로 주어진다는 것을 알았다. 이 파동함수는 고전역학에 나오는 질량-용수철계를 기술하는데 사용하는 *시간이 관계된* 함수와는 다른 것처럼 보인다. 다음에 나올 분석을 통해 질량 m인 입자가 힘 상수 k인 용수철에 달려 있을 때 용수철의 평형점($x=0$)으로부터 거리 D 변위(늘어나거나 줄어듬)되었다가 놓으면 운동이 다음과 같이 기술된다는 것을 보일 것이다.

$$x = D\cos(\omega t) \qquad (1)$$

여기서 각진동수 ω는 양자역학적 분석에 나온 $\omega = \sqrt{k/m}$과 동일하다(식 5.1). 고전 조화진동자의 전체에너지는 $E = kD^2/2$로 주어지며 전체 변위의 연속함수가 된다.

단조화진동자는 잘 알려진 뉴턴 운동계이므로 이에 대한 양자역학의 풀이와 고전역학의 풀이를 비교하고 큰 차이를 보이는 이 두 가지를 중재하는 것은 교육적 의미를 가진다. 양자역학적 예측은 변함없이 확률로 주어지기 때문에 확률적 예측을 통해서만 비교 가능하다. 양자역학적으로 진동자를 x와 $x+dx$ 사이에서 발견할 확률은 $P_{\text{양자}}(x, x+dx) = |\psi|^2 dx$로 주어진다. 우리가 할 일은 고전 진동자에 대해 유사한 표현식을 유도하여 동일한 에너지를 가진 고전 진동자와 양자 진동자의 표현식을 비교하는 것이다. 식 (1)은 고전 진동자가 시간의 함수로 *어디에* 있을지를 알려준다. 이 식을 미분하여 주어진 시간에서의 진동자의 *속도*의 표현식으로 바꿔보자.

$$v = \frac{dx}{dt} = -\omega D\sin(\omega t) \qquad (2)$$

잠시 후 명확해 지겠지만 이 표현식의 오른편을 $x(t)$의 함수로 다시 적어보자. $\sin^2\theta + \cos^2\theta = 1$을 사용하면 $D\sin(\omega t) = \sqrt{D^2 - D^2\cos^2(\omega t)}$로 적을 수 있다. 따라서

$$v = -\omega D\sin(\omega t) = -\omega\sqrt{D^2 - D^2\cos^2(\omega t)} = -\omega\sqrt{D^2 - x^2} \qquad (3)$$

이 된다.

이제 고전 질량-용수철계를 여러 주기 동안 무작위적으로 사진을 찍어 수많은 정지 사진을 얻은 후 모든 사진을 겹친다고 상상해 보자. 나온 영상을 살펴보면 전체 사진 가운데 입자가 x와 $x+dx$ 사이에 있는 사진이 몇 장이나 되는지 통계를 얻을 수 있다. 계의 모든 진동은 동일하기 때문에 이 숫자로부터 진동자가 한 번 진동하는 동안 이 지역에서 머문 시간을 구할 수 있다. 폭이 dx인 작은 공간 지역을 지나는 시간은 $dx/v(x)$가 되고 여기서 $v(x)$는 위치 x에서의 진동자의 속도이다. 식 (2)의 속도를 식 (3)과 같이 위치와 관계된 형태로 적은 것은 이 때문이다. 진동자가 한 번 크게 왔다갔다하면 이 작은 지역을 두 번 지나게 되므로

$$P_{고전}(x, x+dx) = 2\frac{[dx/v(x)]}{T} = \left[\frac{2}{T\omega\sqrt{D^2-x^2}}\right]dx$$

$$= \left[\frac{2}{T\omega\sqrt{D^2-x^2}}\right]dx = \left[\frac{1}{\pi\sqrt{D^2-x^2}}\right]dx \tag{4}$$

로 적을 수 있다. 식 (3)에 있는 음의 부호를 없앤 이유는 진동자가 이 지역에서 머무는 시간의 크기에만 관심이 있기 때문이다.

비교가 가능하도록 하려면 동일한 에너지를 가진 양자 진동자와 고전 진동자가 필요하다.

$$\left(n+\frac{1}{2}\right)\hbar\,\omega = \frac{1}{2}kD^2 \quad \Rightarrow \quad D^2 = (2n+1)\frac{\hbar\omega}{k} \tag{5}$$

식 (4)를 5.1절(식 5.1.1과 5.1.3)에서 소개한 차원이 없는 변수 $\xi = \alpha x$의 형태로 표시하는 것이 편리하다. 식 (5)를 사용하여 D를 소거하면 식 (4)가 아래와 같은 형태로 변환된다는 것을 스스로 증명해 보라.

$$P_{고전}(\xi, \xi+d\xi) = \left[\frac{1}{\pi\sqrt{2n+1-\xi^2}}\right]d\xi \tag{6}$$

여기서 대괄호 [ ] 안의 내용이 *고전 확률밀도*가 된다.

양자 진동자의 경우

$$P_{양자}(x, x+dx) = \psi^2(x)dx = [A_n H_n(\alpha x)e^{-\alpha^2x^2/2}]^2 dx$$

이 되고 여기서 규격화 상수들은 식 (5.4.2)처럼 주어지며 $H_n(\xi)$는 에르미트 다항식이다. 이 식을 ξ 공간으로 변환시키면

$$P_{양자}(\xi, \xi+d\xi) = \left[\frac{1}{\sqrt{\pi}2^n n!}H_n^2(\xi)e^{-\xi^2}\right]d\xi \tag{7}$$

가 된다.

양자상태 n에 대해 운동의 반환점 – 즉 고전적인 운동의 한계 – 은 $\xi = \pm\sqrt{2n+1}$로 주어진다(문제 5-8). 반환점에서 $P_{고전}$이 발산하는 것에 주목하라. 이것은 진동자가 반환점에서 순간적으로 정지하여 이곳에서 발견될 확률이 매우 크다는 것을 한다는 것을 의미한다.

식 (6)과 (7)을 해석학적으로 비교하기는 어렵다. 따라서 수치적인 예를 드는 것으로 만족하자. 거시적 수준의 에너지가 필요하다면, $m=1\,\text{kg}$, $k=500\,\text{N/m}$, $D=1\,\text{m}$으로 놓을 수 있는데, 이 경우 $n\sim10^{35}$이 된다. 그러나 에르미트 다항식이 진동하기 때문에 $P_{양자}$를 그리기가 불가능하고 개별 확률 봉우리의 값들을 구해야 한다. 그러므로 훨씬 더 작은 n의 경우를 생각할 필요가 있다.

그림 5.3은 $n=15$일 때의 확률 밀도[식 (6)과 (7)의 대괄호 속 내용]를 보여준다. 파동치는 곡선이 $P_{양자}$이고, 매끄러운 위로 열린 곡선이 $P_{고전}$이다. 그래프를 눈으로 살펴보면 $P_{고전}$이 $P_{양자}$의 평균값을 잘 따라가는 것을 알 수 있다. 사실 이 에너지가 미시적인 수준의 에너지라는 것을 고려하면, 놀라운 일치를 보인다고 할 수 있다($k=500\,\text{N/m}$과 $n=15$인 $1\,\text{kg}$의 진동자의 경우 식 (5)에 의해 $D\sim10^{-17}\,\text{m}$가 된다. 이 진동자가 가진 에너지는 대략 $10^{-13}\,\text{eV}$가 된다). n을 증가시키면 봉우리의 공간 밀도가 $\xi_{반환점}/n \propto 1/\sqrt{n}$ (식 5)이 되어 n이 커질 때 감소하므로 $P_{양자}$의 파동 사이의 간격 역시 줄어든다($P_{고전}$은 그림에서 보듯이 항상 위로 열린 형태

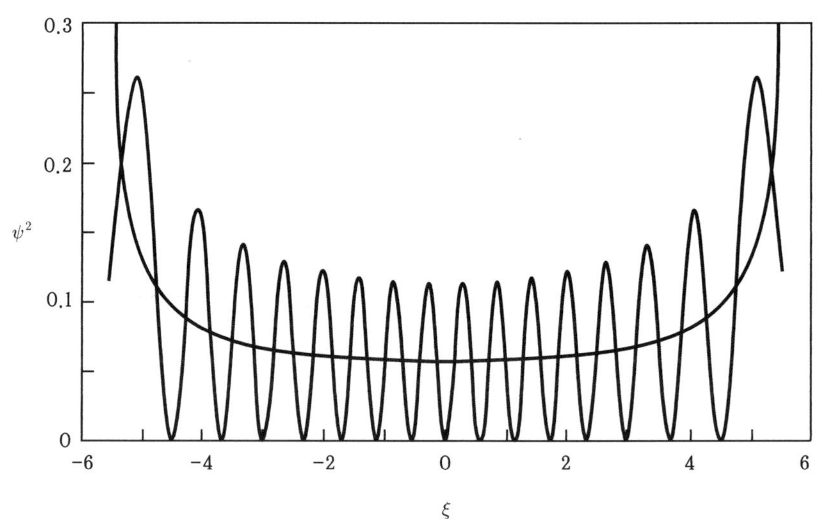

그림 5.3 $n=15$일 때의 고전 진동자(매끄러운 위로 열린 곡선)와 양자 진동자(파동치는 곡선)의 확률 밀도. 고전적인 반환점의 위치는 $\xi\sim\pm5.57$이다.

를 가진다). 실제로 진동자의 위치는 많은 파동들이 포함된 거리 구간에서 위치를 샘플링하여 측정한다. 이렇게 유도한 양자 확률 분포는 높은 정확도를 가지고 고전 확률 분포와 일치하게 될 것이다. ($n=15$일 때 잘 일치한다고 하면, $n=10^{35}$일 때는 얼마나 잘 일치할 지 상상해 보라!) 이런 식으로 계의 양자수가 클 때 양자역학의 예측은 대응되는 고전역학의 결과와 일치한다. 실제로 질량-용수철계는 양자화된 에너지를 가지고 있지만, 사실상 에너지 준위와 공간 확률 분포는 연속적이라고 생각할 수 있다.

5.6 올림 연산자와 내림 연산자(생략해도 무방)

이 절에서는 디랙이 처음으로 소개한 조화진동자 퍼텐셜에 대한 연산자에 근거한 또 다른 풀이법에 대해 알아본다. 이 방법의 장점은 5.1–5.3절에 나온 슈뢰딩거 방정식의 긴 풀이를 피해갈 수 있다는 것이다. 이 방법을 다른 퍼텐셜에도 적용할 수 있지만 단점은 관련된 연산자의 적절한 형태를 찾아내기 어렵다는 것이다.

디랙의 방법은 두 개의 연산자를 정의하는 것으로 시작한다.

$$A^{+} = \frac{\iota}{\alpha\sqrt{2}}\left(-\frac{d}{dx} + \alpha^2 x\right) \tag{1}$$

와

$$A^{-} = \frac{\iota}{\alpha\sqrt{2}}\left(-\frac{d}{dx} - \alpha^2 x\right) \tag{2}$$

여기서 α는 식 (5.1.1)에서 정의한 상수로

$$\alpha = \left(\frac{mk}{\hbar^2}\right)^{1/4} \tag{5.1.1}$$

로 주어진다.

조금 뒤 분명해지겠지만, 이 연산자들은 각기 *올림 연산자* raising operator 와 *내림 연산자* lowering operator 로 불린다.

A^+와 A^-의 정의로부터 어떻게 조화진동자 퍼텐셜에 대한 풀이를 구할 수 있는지 알아보려면 우선 이 연산자들의 몇 가지 성질을 살펴보는 것이 필요하다. 이 연산자를 작용시킬 파동함수를 ψ라 하자. 여기서 α는 앞서 정의한 것과 같지만, 허깨비 파동함수 ψ는 어떤 함수라도 무방하며 꼭 조화진동자 파동함수일 필요는 없다. 우선 A^-를 $(A^+\psi)$의 결과에 적용했을 때 어떤 일이 생기는지 알아보자.

$$A^-(A^+\psi) = \frac{\iota}{\alpha\sqrt{2}}\left(-\frac{d}{dx} - \alpha^2 x\right)\left[\frac{\iota}{\alpha\sqrt{2}}\left(-\frac{d\psi}{dx} + \alpha^2 x\psi\right)\right]$$

$$= \frac{\iota^2}{2\alpha^2}\left(\frac{d^2\psi}{dx^2} - \alpha^2\psi - \alpha^2 x\frac{d\psi}{dx} + \alpha^2 x\frac{d\psi}{dx} - \alpha^4 x^2\psi\right)$$

$$= -\frac{1}{2\alpha^2}\left(\frac{d^2\psi}{dx^2} - \alpha^2\psi - \alpha^4 x^2\psi\right) \tag{3}$$

같은 식으로

$$A^+(A^-\psi) = -\frac{1}{2\alpha^2}\left(\frac{d^2\psi}{dx^2} + \alpha^2\psi - \alpha^4 x^2\psi\right) \tag{4}$$

를 얻을 수 있다.

따라서 A^+와 A^-의 교환자를 ψ에 적용시키면

$$[A^-, A^+]\psi = (A^-A^+ - A^+A^-)\psi$$

$$= -\frac{1}{2\alpha^2}\left(\frac{d^2\psi}{dx^2} - \alpha^2\psi - \alpha^4 x^2\psi\right) + \frac{1}{2\alpha^2}\left(\frac{d^2\psi}{dx^2} + \alpha^2\psi - \alpha^4 x^2\psi\right)$$

$$= \psi \tag{5}$$

가 된다.

식 (5)는 $[A^-, A^+]$를 일종의 "등가 unity" 연산자로 볼 수 있음을 가리킨다. 즉

$$[A^-, A^+] \equiv (A^-A^+ - A^+A^-) \equiv 1 \tag{6}$$

이 결과는 전적으로 특정 파동함수와는 무관하다. 이제 $(A^{-}A^{+} + A^{+}A^{-})$를 ψ에 적용한 결과가 무엇인지 알아보자.

$$(A^{-}A^{+} + A^{+}A^{-})\psi = -\frac{1}{2\alpha^2}\left(\frac{d^2\psi}{dx^2} - \alpha^2\psi - \alpha^4x^2\psi\right)$$

$$- \frac{1}{2\alpha^2}\left(\frac{d^2\psi}{dx^2} + \alpha^2\psi - \alpha^4x^2\psi\right)$$

$$= \left(-\frac{1}{\alpha^2}\frac{d^2}{dx^2} + \alpha^2x^2\right)\psi \tag{7}$$

곱하기 인자만 제외한다면 식 (7)의 오른편 괄호 안은 정확히 조화진동자 퍼텐셜의 해밀토니안 연산자와 같다.

$$-\frac{1}{\alpha^2}\frac{d^2\psi}{dx^2} + \alpha^2x^2\psi = -\frac{\hbar}{\sqrt{mk}}\frac{d^2\psi}{dx^2} + \frac{\sqrt{mk}}{\hbar}x^2\psi$$

$$= \frac{2\sqrt{m/k}}{\hbar}\left(-\frac{\hbar^2}{2m}\frac{d^2}{dx^2} + \frac{k}{2}x^2\right)\psi \tag{8}$$

$\omega = \sqrt{k/m}$로 정의하면 식 (7)과 (8)로부터 해밀토니안 연산자는

$$H \equiv \frac{\hbar\omega}{2}(A^{-}A^{+} + A^{+}A^{-}) \tag{9}$$

로 주어진다. 이제 식 (6)으로부터

$$(A^{-}A^{+} - A^{+}A^{-}) \equiv 1 \quad \Rightarrow \quad A^{-}A^{+} \equiv 1 + A^{+}A^{-} \tag{10}$$

라고 쓸 수 있다.

이 결과를 식 (9)에 대입하면

$$H \equiv \hbar\omega(A^{+}A^{-} + 1/2) \tag{11}$$

을 얻을 수 있다.

이 결과를 이용해 H와 A^+의 교환자를 ψ에 적용해 보자.

$$
\begin{aligned}
[H, A^+]\psi &= (HA^+ - A^+H)\psi \\
&= \hbar\omega(A^+A^- + 1/2)(A^+\psi) - \hbar\omega A^+(A^+A^- + 1/2)\psi \\
&= \hbar\omega(A^+A^-A^+ - A^+A^+A^-)\psi \\
&= \hbar\omega A^+(A^-A^+ - A^+A^-)\psi \\
&= (\hbar\omega A^+)\psi \qquad (12)
\end{aligned}
$$

여기서 두 번째 줄부터 마지막 줄에 나오는 $(A^-A^+ - A^+A^-)$를 간단히 하기 위해 식 (6)을 사용했다. 식 (12)는 항등식

$$[H, A^+] \equiv \hbar\omega A^+ \qquad (13)$$

가 된다. 같은 식으로

$$[H, A^-] \equiv -\hbar\omega A^- \qquad (14)$$

를 쉽게 증명할 수 있다.

반복하는 것처럼 보이겠지만 이제 식 (13)을 사용해 식 (12)의 계산을 다시 해 보자. 그러면 다음과 같은 중요한 결론을 얻게 된다.

$$
\begin{aligned}
&(HA^+ - A^+H)\psi = \hbar\omega(A^+\psi) \\
&\Rightarrow H(A^+\psi) - A^+(H\psi) = \hbar\omega(A^+\psi)
\end{aligned}
$$

H를 ψ에 적용하면 $E\psi$가 된다. 여기서 E는 ψ에 대응되는 에너지이다. 즉

$$H(A^+\psi) - A^+(\mathrm{E}\psi) = \hbar\omega(A^+\psi)$$

또는

$$H(A^+\psi) = (E + \hbar\omega)(A^+\psi) \qquad (15)$$

를 얻게 된다.

식 (15)의 구조를 보라. 이것은 고유값 방정식이다. 여기서 얻은 중요한 결론은 A^+ *를* ψ *에 적용하면 새로운 함수* $(A^+\psi)$ *가 생기는데 이 함수의 에너지 고유값은* ψ *의 에너지에* $\hbar\omega$ *만큼 더한 에너지가 된다*는 것이다. 동일한 방법을 사용하여 쉽게

$$H(A^-\psi) = (E - \hbar\omega)(A^-\psi) \tag{16}$$

임을 보일 수 있다. 즉 A^- *를* ψ *에 적용하면 새로운 함수* $(A^-\psi)$ *가 생기는데 이 함수의 에너지 고유값은* ψ *의 에너지에서* $\hbar\omega$ *만큼 뺀 에너지가 된다.* 이 결과는 A^+와 A^-를 적용하는 파동함수와는 무관한 매우 일반적인 성질임을 다시 언급한다. 유도과정의 어디에서도 ψ가 조화진동자의 파동함수라고 가정하지 않았다.

A^+와 A^-를 *올림* 연산자와 *내림* 연산자라고 부르는 이유가 이제 명확해졌다. 파동함수에 이들 연산자를 적용하면 원래 에너지에 비해 $\hbar\omega$ 만큼 에너지가 올라가거나(A^+의 경우) 내려가는(A^-의 경우) 새로운 파동함수를 얻게 된다. 때때로 A^+와 A^-를 **사다리 연산자** ladder operator 라고 부르기도 한다.

조화진동자의 파동함수와 에너지를 이 방법으로 구하려면 더 나갈 필요가 있다. 조화진동자 퍼텐셜은

$$V(x) = \frac{k}{2}x^2 \tag{17}$$

이다.

모든 곳에서 $V > 0$이므로 에너지 고유값들이 모두 양의 값이어야 한다고 유추할 수 있다. ψ가 이 퍼텐셜에 대한 에너지 $E > 0$인 풀이라고 가정하자. 내림 연산자 A^-를 연속적으로 적용하면 한 번 적용할 때마다 에너지가 $\hbar\omega$ 만큼씩 줄어드는 파동함수를 구할 수 있다. 이 과정을 무한히 진행한다면 음의 에너지 상태에 도달하게 되어 모든 에너지는 양이 되어야 한다는 처음 가정과 모순이 된다. 따라서 가장 낮은 양의 에너지를 가진 상태, 즉 (ψ_0, E_0)가 존재해야 한다고 유추할 수 있다. 그리고 A^-를 더 적용한다고 했을 때 이보다 낮은 상태는 존재할 수 없어야 한다. 즉 ψ_0는 다음 조건을 만족해야 한다.

$$A^{-}\psi_0 = 0 \tag{18}$$

그러면 식 (18)을 만족하는 ψ_0를 구체적으로 구할 수 있게 된다.

$$\frac{\iota}{\alpha\sqrt{2}}\left(-\frac{d\psi_0}{dx} - \alpha^2 x\psi_0\right) = 0 \tag{19}$$

이런 간단한 미분방정식의 풀이는 $\psi_0 = Ke^{-\alpha^2 x^2/2}$가 됨을 알 수 있다. 여기서 K는 적분상수인데 이 바닥상태 조화진동자 파동함수를 규격화하면 구할 수 있다. E_0는 ψ_0를 슈뢰딩거 방정식에 대입하거나 식 (11)에 적용하여 구할 수 있다.

$$H\psi_0 = E_0\psi_0 \;\Rightarrow\; \hbar\omega(A^{+}A^{-} + 1/2)\psi_0 = \left(\frac{1}{2}\hbar\omega\right)\psi_0 = E_0\psi_0 \tag{20}$$

여기서 $A^{-}\psi_0 = 0$라는 사실을 사용하였다.

A^{+}와 A^{-}를 파동함수에 적용하면 에너지가 $\pm\hbar\omega$ 만큼 변화하기 때문에 파동함수 역시 곧바로 이런 에너지를 가진 조화진동자 파동함수가 된다고 생각하지 말아야 한다. 실제로 사다리 연산자를 적용하면

$$A^{+}\psi_n = \iota\sqrt{n+1}\,\psi_{n+1} \tag{21}$$

과

$$A^{-}\psi_n = -\iota\sqrt{n}\,\psi_{n-1} \tag{22}$$

이 된다.

이것을 증명하기 위해 에르미트 다항식이 만족하는 두 개의 회귀 관계식(웨버와 아프켄 책의 13.1절을 보라)을 알고 있어야 한다. 즉

$$-\frac{dH_n}{d\xi} + 2\xi H_n = H_{n+1} \tag{23}$$

과

$$\frac{dH_n}{d\xi} = 2nH_{n-1} \tag{24}$$

예를 들어 식 (21)은 다음과 같이 증명할 수 있다. A^+는 $\xi = \alpha x$로 아래와 같이 주어진다.

$$A^+ = \frac{\iota}{\sqrt{2}}\left(-\frac{d}{d\xi} + \xi\right)$$

따라서 식 (5.4.1)로부터

$$A^+\psi_n = \frac{\iota}{\sqrt{2}}\left(-\frac{d}{d\xi} + \xi\right)(A_n H_n e^{-\xi^2/2}) = \frac{\iota A_n}{\sqrt{2}}\left(-\frac{dH_n}{d\xi} + 2\xi H_n\right)e^{-\xi^2/2} \tag{25}$$

을 얻는다. 식 (5.4.2)로부터 규격화 인자는

$$A_n = \sqrt{2(n+1)}\,A_{n+1} \tag{26}$$

을 만족한다.

식 (23)과 (26)을 식 (25)에 대입하면

$$\begin{aligned} A^+\psi_n &= \frac{\iota\sqrt{2(n+1)}\,A_{n+1}}{\sqrt{2}}(H_{n+1})e^{-\xi^2/2} \\ &= \iota\sqrt{n+1}\,A_{n+1}H_{n+1}e^{-\xi^2/2} = \iota\sqrt{n+1}\,\psi_{n+1} \end{aligned} \tag{27}$$

이 된다.

식 (24)를 이용하면 비슷한 방식으로 식 (22)을 증명할 수 있다.

조화진동자 퍼텐셜에 대한 사다리 연산자 방법은 다른 장점도 가지고 있다. 선운동량 연산자가 $p_{op} = -(i\hbar)(d/dx)$이므로, 식 (1)과 식 (2)를 다시 정리하면

$$p_{op} = \frac{\alpha\hbar}{\sqrt{2}}(A^+ + A^-) \tag{28}$$

와

$$x_{op} = -\frac{\iota}{\sqrt{2}\alpha}(A^{+} - A^{-}) \tag{29}$$

가 된다.

모든 조화진동자 상태, 즉 $E_n = (n+1/2)\hbar\omega$를 가진 ψ_n에 대해 x^2의 기댓값을 구하고 싶다고 해 보자. 이것을 구하려면 다음 계산을 해야 한다.

$$\langle x^2 \rangle = \int \psi_n (x_{op}^2 \psi_n) dx$$

$$= \frac{\iota^2}{2\alpha^2}\int \psi_n [(A^{+} - A^{-})(A^{+}\psi_n - A^{-}\psi_n)] dx$$

$$= -\frac{1}{2\alpha^2}\int \psi_n (A^{+}A^{+}\psi_n - A^{+}A^{-}\psi_n - A^{-}A^{+}\psi_n + A^{-}A^{-}\psi_n) dx$$

피적분 함수 안에 있는 괄호 속의 처음 항을 보라. $A^{+}A^{+}\psi_n$은 ψ_{n+2}에 비례하므로 ψ_n과 직교한다. (4장의 직교 정리를 복습하라.) 이 결과와 ψ_n의 곱의 적분은 따라서 0이 되어야 한다. 같은 주장을 괄호 안의 마지막 항에도 적용할 수 있다. 두 번째 항과 세 번째 항만이 0이 되지 않고 적분에 기여한다. 즉

$$\langle x^2 \rangle = \frac{1}{2\alpha^2}\int \psi_n (A^{+}A^{-} + A^{-}A^{+}) \psi_n dx$$

피적분 함수의 괄호 속 항은 바로 식 (9)에 있는 해밀토니안 연산자이다.

$$\langle x^2 \rangle = \frac{1}{2\alpha^2}\frac{2}{\hbar\omega}\int \psi_n (H\psi_n) dx = \frac{1}{\alpha^2\hbar\omega}\int \psi_n (E_n\psi_n) dx$$

$$= \frac{E_n}{\alpha^2\hbar\omega} = \frac{1}{\alpha^2}(n + 1/2) \tag{30}$$

$\langle p^2 \rangle$도 같은 방법을 사용해 구할 수 있다. 파동함수와 에르미트 다항식의 성질만을 가지고 이런 계산들을 직접 하기는 너무 어렵다(문제 5-10을 보라).

이 연산자 방법은 위력적이지만 조화진동자 해밀토니안이 일종의 “제곱의 합” 형태(식 8)를 가지고 있어 식 (9)에서처럼 “인수분해”될 수 있다는 한계도 있다. 일반적으로 모든 퍼텐셜에 대해 이런 조작법이 적용될 수는 없지만, 유사한 올림 및 내림 연산자를 정의하여 보다 어려운 계산을 해 낼 수 있는 상황도 존재한다. 8장에서 각운동량과 관련된 유사한 상황을 만나게 될 것이다.

요 약 05

조화진동자 퍼텐셜 $V(x) = kx^2/2$의 풀이는 양자역학의 고전적인 성공 이야기로 거의 모든 양자역학 교재에 나와 있다. 분자 스펙트럼을 이해하는데 있어 핵심이 되는 것은 이 퍼텐셜이 어떻게 변형되었는지 알아내는 것이다.

조화진동자 퍼텐셜의 파동함수와 에너지를 구하는 것 못지않게 중요한 것이 풀이를 구하기 위해 일반적이며 강력한 3가지 기술을 사용하였다는 것이다. (i) 슈뢰딩거 방정식을 차원이 없는 형태로 바꾸는 기술, (ii) x가 매우 클 때 성립하는 점근 풀이를 구하는 기술, (iii) 점근 풀이에 급수 풀이를 곱하여 모든 x에 대해 성립하는 풀이를 구하는 기술이 그것이다. 급수 풀이가 수렴하도록 함으로써 계의 에너지 고유값을 얻을 수 있었다.

규격화된 조화진동자의 파동함수는 다음과 같이 주어진다.

$$\psi_n(x) = A_n H_n(\xi) e^{-\xi^2/2} = A_n H_n(\alpha x) e^{-\alpha^2 x^2/2}$$

여기서 A_n은 규격화 인자로

$$A_n = \sqrt{\frac{\alpha}{\sqrt{\pi}\, 2^n n!}}$$

의 값을 가지며

$$\alpha = (mk/\hbar^2)^{1/4}$$

이다.

$H_n(x)$는 차수 n인 에르미트 다항식을 말하며 $n(n=0,\ 1,\ 2,\ \ldots)$은 양자수가 된다. 처음 몇 개의 $H_n(x)$의 구체적인 함수 형태가 표 5.1에 나와 있다. 다른 차수의 에르미트 다항식은 회귀 관계식으로부터 구할 수 있다.

$$H_{n+1}(x) = 2xH_n(x) - 2nH_{n-1}(x)$$

또는 야심이 있다면 생성 함수

$$H_n(x) = (-1)^n e^{x^2} \frac{d^n}{dx^n}(e^{-x^2})$$

로부터 직접 계산해 얻을 수 있다.

상태 n에 있는 조화진동자의 에너지는

$$E = \left(n + \frac{1}{2}\right)\hbar\sqrt{\frac{k}{m}}, \quad n = 0, 1, 2, 3, \ldots$$

으로 주어진다.

올림 및 내림 연산자는

$$A^+ = \frac{\iota}{\alpha\sqrt{2}}\left(-\frac{d}{dx} + \alpha^2 x\right)$$

와

$$A^- = \frac{\iota}{\alpha\sqrt{2}}\left(-\frac{d}{dx} - \alpha^2 x\right)$$

로 주어진다.

조화진동자의 해밀토니안을 이들 연산자를 사용해 적을 수 있다.

$$H \equiv \hbar\omega(A^+A^- + 1/2)$$

이 연산자들을 조화진동자 상태에 적용하면

$$A^+\psi_n = \iota\sqrt{n+1}\,\psi_{n+1}$$

과

$$A^-\psi_n = -\iota\sqrt{n}\,\psi_{n-1}$$

이 된다.

위치 및 선운동량 연산자들을 이들 연산자를 사용해 적으면

$$x_{op} = -\frac{\iota}{\sqrt{2}\alpha}(A^{+} - A^{-})$$

와

$$p_{op} = \frac{\alpha\hbar}{\sqrt{2}}(A^{+} + A^{-})$$

가 된다.

문 제 05

5-1(I) 식 (5.1.2), (5.1.3)과 (5.1.4)를 조화진동자 퍼텐셜에 대한 슈뢰딩거 방정식에 대입하면 식 (5.1.5)이 나온다는 것을 증명하라.

5-2(E) 식 (5.3.12)의 양변의 처음 몇 개의 항들을 전개하여 식이 옳다는 것을 확인하라.

5-3(A) 식 (5.3.1), (5.3.6), (5.3.14)와 규격화 조건을 사용하여 $n=2$인 조화진동자의 파동함수를 구하고 표 5.1과 비교하라.

5-4(I) 표 5.1과 식 (5.4.1), (5.4.2), (5.4.3)으로부터 조화진동자의 세 번째 들뜬 상태($n=3$)의 파동함수를 구체적으로 구하라. 이 파동함수가 조화진동자 퍼텐셜에 대한 슈뢰딩거 방정식을 만족한다는 것을 증명하라.

5-5(I) $n=0$과 $n=2$인 조화진동자 파동함수가 서로 직교한다는 것을 실제 계산을 통해 증명하라.

5-6(I) 질량 m인 입자가 조화진동자 퍼텐셜의 처음 들뜬 상태($n=1$)에 있다고 가정하자. 이 입자를 고전물리학적으로 허용된 지역의 바깥쪽에서 발견할 확률을 구하라.

5-7(E) 이원자 분자의 경우 조화 퍼텐셜의 분석은 앞서 배운 것과 동일하지만 질량 m을 분자의 환산 질량 $m_1m_2/(m_1+m_2)$로 바꿔야 한다. 여기서 m_1과 m_2는 분자를 구성하고 있는 개별 원자의 질량이다. 수소 분자 H_2의 경우 진동 준위 사이의 동일한 간격은 선형 진동수 $\nu=12.48\times10^{13}$ Hz에 해당한다. H_2의 유효 힘 상수 k를 구하라.

5-8(E) 에너지 상태 n에 있는 조화진동자의 고전적인 반환점이 $\xi_{turn} = \pm\sqrt{2(n+1/2)}$가 된다는 것을 보여라.

5-9(A) 9장에서 선형 퍼텐셜이라고 부르는 퍼텐셜에 대해 배울 것이다.

$$V(x) = \begin{cases} \infty, & x \le 0 \\ \alpha x, & x > 0 \end{cases}$$

5.1과 5.2절에서 유도한대로 이 퍼텐셜에 대한 슈뢰딩거 방정식을 차원이 없는 형태로 바꾸고 점근 풀이를 구하라. 그리고 급수 풀이를 가정하여 회귀 관계식을 구하라. 이 퍼텐셜은 해석학적 풀이를 가지는가?

5-10(A) 조화진동자 파동함수에 대해 $\Delta x \Delta p = (n+1/2)\hbar$가 된다는 것을 증명하라. 힌트:

(i) $\langle x \rangle$와 $\langle p \rangle$는 각각 얼마인가?

(ii) 에르미트 다항식이

$$\int_{-\infty}^{\infty} \xi^2 H_n^2(\xi) e^{-\xi^2} d\xi = \sqrt{\pi}\, 2^n n!\,(n + 1/2)$$

을 만족한다는 것을 알면 도움이 된다.

(iii) $\langle p^2 \rangle$을 계산할 때 식 (5.1.5)를 사용하면 도움이 된다. ξ를 x로 변환하라.

5-11(I) *모스 퍼텐셜* Morse potential 은

$$V(x) = V_o\{e^{-2x/b} - 2e^{-x/b}\}$$

로 주어진다. 여기서 b는 상수이다. 적절한 전개를 통해 (x/b)의 값이 작을 때 이 퍼텐셜은 $k = 2V_0/b^2$이고 퍼텐셜 에너지가 $-V_0$ 만큼 이동한, 즉

$$V(x) \sim -V_o + \left(\frac{V_o}{b^2}\right)x^2$$

인 조화진동자 퍼텐셜과 같아진다는 것을 보여라.

5-12(A) 5.1절에서 각각 미터의 역수와 줄의 역수의 단위를 가진 α와 ϵ을 도입하고 x와 E를 차원이 없는 ξ와 λ로 각각 교체하여 조화진동자에 대한 슈뢰딩거 방정식을 차원이 없는 방정식으로 변환시켰다. 보다 일반적인 형태를 가진 퍼텐셜 $V(x)= A|x|^p$을 생각해 보자. 이 경우 α와 ϵ을 멱수 p의 함수로 표시하라. α와 ϵ에 순수 곱하기 상수 (K_α, K_ϵ)를 포함시켜 슈뢰딩거 방정식이

$$\left(\frac{d^2\psi}{d\xi^2}\right) + (\lambda - |\xi|^p)\psi = 0$$

의 형태를 가지도록 α와 ϵ를 멱수 p의 함수로 구하라.

5-13(I) 문제 5-12에서처럼 $V(x) = Ax^p\,(-\infty \le x \le \infty)$ 형태의 퍼텐셜에 대해 생각해 보자. p가 짝수여서 절대값이 필요없는 경우를 가정하자. 이 경우 5.2절의 점근 풀이를 일반화하라. $\psi \sim \exp(-\beta\xi^n)$으로 잡자. n과 β는 p와 어떤 관계가 있나? $\psi = F(\xi)\exp(-\beta\xi^n)$라 잡고 이 경우에 대한 5.3절의 급수 풀이를 일반화하라. 식 (5.3.5)와 유사한 $F(\xi)$의 미분방정식이

$$\frac{d^2F}{d\xi^2} - 2\xi^{p/2}\frac{dF}{d\xi} + [\lambda - (p/2)\xi^{p/2-1}]F = 0$$

이 되는 것을 보여라.

5-14(I) $H(\xi)$의 급수 풀이를 구하는데 있어 $H(\xi)= \sum a_n\xi^n$의 형태를 가정했다. 풀이가 ξ의 정수승의 급수가 되지 않을 수도 있다는 것을 감안하면 좀 더 조심해야 하며, 또 다른 “지시” 멱수 “c”를 ξ에 포함시켜 $H(\xi)= \sum a_n\xi^{n+c}$로 표현해야 한다. 이런 풀이를 가지고 다시 작업하여 $c=0$가 되어야 한다는 것을 증명하라.

5-15(E) 식 (5.6.28)과 (5.6.29)가 식 (5.6.1)과 (5.6.2)로부터 유도된다는 것을 보여라.

5-16(E) 내림 연산자 A^-를 $n=3$인 조화진동자 파동함수에 적용하면 식 (5.6.22)가 예측한 결과를 얻을 수 있다는 것을 보여라.

5-17(E) 식 (5.6.30)을 얻은 방법을 따라 올림 연산자와 내림 연산자를 사용하여 n번 째 조화진동자 상태에 대해 $\langle p^2 \rangle = \alpha^2 \hbar^2 (n+1/2)$가 되는 것을 보여라. 그리고 $\Delta x \Delta p$가 문제 5-10에서 주어진 것처럼 된다는 것을 증명하라.

5-18(I) 비리알 정리가 모든 조화진동자 상태에서 성립한다는 것을 보여라. 문제 5-10에서 주어진 항등식이 도움이 될 것이다.

5-19(I) 차원 분석을 사용하여 단위가 시간이 되는 양을 ϵ_0, m_e, e, c의 함수로 구하라.

06 장 3차원 슈뢰딩거 방정식과 각운동량의 양자 이론

3장과 5장에서 여러 1차원 퍼텐셜에 대한 슈뢰딩거 방정식의 풀이에 대해 공부했다. 이런 풀이들은 불연속적인 에너지, 반전성이 교대로 변하는 파동함수, 장벽 투과, 공명 산란과 같은 여러 독특한 양자역학적 현상들을 보여주었다. 이 풀이들이 고전물리학과 양자역학의 차이를 명확히 보여주긴 했지만 실제로 현실적인 문제를 풀려면 슈뢰딩거 방정식의 3차원 풀이에 대해 충분히 공부해야 할 필요가 있다는 것이 분명해진다. 이것이 바로 이 장과 7장의 목적이다.

비교적 간단한 퍼텐셜에 대한 슈뢰딩거 방정식의 3차원 풀이를 조사하려 하여도 쉽지 않다. 7장에서 다룰 수소 원자의 쿨롱 퍼텐셜에 대한 연구가 가장 흥미롭긴 하지만 여기서 다룰 내용이 이 책의 핵심 내용이다. 이 소개 부분의 목적은 이 두 장을 공략할 계획을 세우는 것이다. 궁극적으로 차원을 추가하게 되면 1차원 문제에서는 존재하지 않는 두 가지 물리적 현상이 생긴다는 것을 알게 될 것이다. 즉 **에너지 겹침** energy degeneracy 와 **각운동량의 양자화** quantization of angular momentum 가 그것이다.

3차원 슈뢰딩거 방정식은 2장에서 이미 소개하였다.

$$-\frac{\hbar^2}{2m}\nabla^2\psi(r) + V(r)\psi(r) = E\psi(r)$$

여기서 r은 3차원 위치 벡터이다. 6.1절에서는 변수분리법이라고 알려진, 다차원의 좌표계에서 슈뢰딩거 방정식을 풀 수 있는 매우 강력한 도구에 대해 배울 것이다. 이 방법을 3차원의 무한 사각 우물에 적용하면 양자역학 역사상 가장 중요한 문제 가운데 하나인 좁은 진동수 범위에 있는 광자 상태의 수(식 1.2.4)를 대략적으로 구할 수 있다. 우리의 궁극적인 목적은 쿨롱 퍼텐셜에 대한 슈뢰딩거 방정식의 풀이를 구하는 것이기 때문에 6.2절에서는 구형 좌표계의 성질들을 복습하는데 집중한다. 구형 좌표계를 사용하면 쿨롱 퍼텐셜이 가장 잘 분리되는 것을 볼 수 있다. 쿨롱 퍼텐셜과 같은 퍼텐셜에 대한 슈뢰딩거 방정식의 풀이가 가진 중요한 속성은 각운동량의 양자화이다. 따라서 6.3절은 이 장의 나머지 부분과 7장에서 아주 유용하게 사용할 일명 각운동량 연산자를 구하는데 집중한다. 쿨롱 퍼텐셜은 두 입자간의 거리에만 관계되고 방향과는 무관한 **중심 퍼텐셜** central potential 또는 **지름 퍼텐셜** radial potential 로 알려진 것의 한 가지 예이다. 따라서 모든 중심 퍼텐셜은 보통 $V(\boldsymbol{r})$이 아닌 $V(r)$의 형태를 가진다. (쿨롱 퍼텐셜의 경우 1장에서 보어 모형을 다룰 때처럼 r은 전자와 원자핵 사이의 거리이다.) 6.4절에서는 중심 퍼텐셜에 대한 슈뢰딩거 방정식을 구형 좌표계에서 변수분리하는 법을 다룬다. 이 변수분리의 중요한 결과는 슈뢰딩거 방정식이 자연스럽게 "지름방정식 radial equation"과 "각방정식 angular equation"으로 분리된다는 것이다. 그리고 퍼텐셜 $V(r)$은 지름방정식에만 나타나게 된다. 그 결과 각방정식의 풀이는 모든 중심 퍼텐셜에 대한 아주 일반적인 풀이가 되며 6.3절에서 구한 각운동량 연산자와 밀접히 관련되어 있다. 6.5절에서는 슈뢰딩거 방정식의 각방정식의 일반 풀이에 대해 집중한다. **구면조화함수** spherical harmonics 라고 부르는 복잡한 함수를 자연스럽게 만나게 된다. 계의 에너지 고유상태는 예상했듯이 전적으로 퍼텐셜과 경계조건에 의존한다. 그러나 중심 퍼텐셜의 경우 각풀이 angular solution 만을 통해서는 에너지 준위를 알 수 없다. 에너지 준위는 오직 지름방정식과 관련이 있다. 7장은 중심 퍼텐셜에 대한 지름방정식의 일반적인 소개로 시작된다(7.1절). 그러고 나서 3개의 특정한 중심 퍼텐셜, 즉 무한 구형 퍼텐셜 우물과 유한 구형 퍼텐셜 우물(7.2절과 7.3절. 이것은 3장의 1차원 퍼텐셜 우물과 유사한 것이다), 그리고 가장 중요한 쿨롱 퍼텐셜(7.4절과 7.5절)에 대한 지름방정식의 풀이를 다룬다. 생략해도 무방한 8장은 이 장에서 소개한 각운동량 연산자와 관련된 고급 속성들에 대해 다룬다.

이 장은 내용이 길고 매우 수학적이며 추상적인 내용을 다루고 있다. 최선의 충고는 한 단계씩 차분히 요점과 수학적 조작을 이해하면서 나가라는 것이다. 또 (항상 그래왔듯이) 장의 마지막에 있는 문제를 푸는 것을 잊지 마라.

6.1 변수분리법: 직교 좌표계

퍼텐셜에너지 함수 $V(r)$이 3개 좌표 모두의 함수라면 슈뢰딩거 방정식을 풀기가 매우 힘들다. 다행히도 종종 이 일을 아주 간단하게 만들어주는 방법이 존재한다. **변수분리법** method of separation of variables 으로 알려져 있는 이 방법을 예를 들어 설명해 보자.

1차원의 무한 퍼텐셜 우물 안에 들어있는 질량 m인 입자의 3차원 버전인 무한 퍼텐셜 상자를 예로 들 수 있다. 이 상자는 그림 6.1에 있는 것처럼 1차원 퍼텐셜 우물과 유사하게 통과할 수 없는 단단한 벽으로 둘러싸인 차원 (a,b,c)의 용기이다.

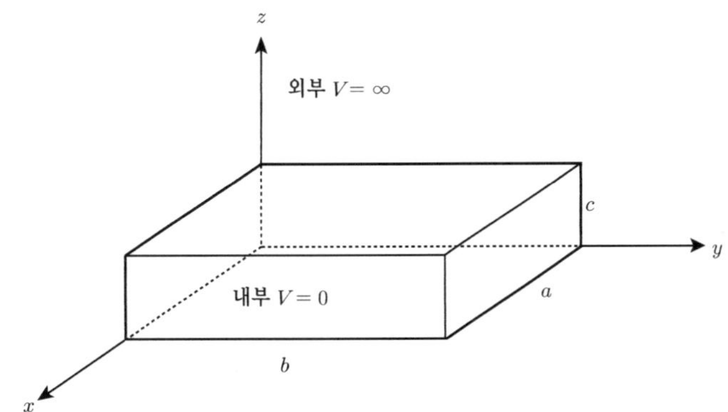

▌그림 6.1 무한 퍼텐셜 상자

무한 퍼텐셜 상자는 다음과 같이 정의된다.

$$V(x,y,z)=\begin{cases}0, & (0\le x\le a,\ 0\le y\le b,\ 0\le z\le c)\\ \infty & (\text{그 외 지역})\end{cases} \tag{1}$$

상자 밖에서는 1차원 경우와 동일한 이유로 $\psi=0$이 된다.

상자 안에서의 슈뢰딩거 방정식은

$$-\frac{\hbar^2}{2m}\left(\frac{\partial^2\psi}{\partial x^2}+\frac{\partial^2\psi}{\partial y^2}+\frac{\partial^2\psi}{\partial z^2}\right)=E\psi \tag{2}$$

가 된다.

식 (2)는 편미분방정식 partial differential equation 으로 앞서 다룬 상미분방정식 ordinary differential equation 에 비해 훨씬 더 풀기가 어렵다.

변수분리법의 핵심은 ψ를 3개의 분리된 함수들의 곱으로 표시할 수 있다는 것이다. 또 각 함수는 단지 한 좌표에만 의존한다. 즉

$$\psi(x, y, z) = X(x)Y(y)Z(z) \tag{3}$$

로 풀이를 적을 수 있다.

대문자는 소문자로 표시한 좌표의 함수를 나타낸다는 것을 기억하라. 이 가정을 엄밀하게 증명하지는 못하지만 역으로 미분방정식을 풀어 가정이 옳다는 것을 보일 수 있다. 이 가정이 성립한다고 하면 풀이를 구할 수 있고, 그렇지 않다면 다른 방법을 찾아야 한다.

식 (3)을 식 (2)에 대입하면 3개의 함수 X, Y, Z 가운데 2개 함수는 편미분 할 때 편미분 변수와 무관하므로 상수가 되어 밖으로 나온다. 즉

$$-\frac{\hbar^2}{2m}\left(YZ\frac{\partial^2 X}{\partial x^2} + XZ\frac{\partial^2 Y}{\partial y^2} + XY\frac{\partial^2 Z}{\partial z^2}\right) = E(XYZ) \tag{4}$$

각 편미분 도함수는 한 변수에만 관계되므로 이들을 상미분 도함수로 바꿀 수 있다.

$$-\frac{\hbar^2}{2m}\left(YZ\frac{d^2 X}{dx^2} + XZ\frac{d^2 Y}{dy^2} + XY\frac{d^2 Z}{dz^2}\right) = E(XYZ) \tag{5}$$

식 (5)를 (XYZ)로 나누면

$$-\frac{\hbar^2}{2m}\left(\frac{1}{X}\frac{d^2 X}{dx^2} + \frac{1}{Y}\frac{d^2 Y}{dy^2} + \frac{1}{Z}\frac{d^2 Z}{dz^2}\right) = E \tag{6}$$

를 얻게 된다.

식 (6)을 자세히 들여다보자. 괄호 안의 각 항은 단지 한 좌표만의 함수이다. 좌표들이 서로 무관한 만큼 각 함수들 역시 서로 무관하다. 그러나 식의 오른편은 상수이다. 그 결과 3개의 독립적인 좌표들의 함수가 더해져 상수가 되어야 한다. 이 일은 각 함수들이 모두 상수일 때만 가능하다. 이 상수들을 E_x, E_y, E_z라 하면, 식

(6)을 3개의 연립 상미분방정식으로 나눌 수 있다.

$$-\frac{\hbar^2}{2m}\left(\frac{1}{X}\frac{d^2X}{dx^2}\right) = E_x \tag{7}$$

$$-\frac{\hbar^2}{2m}\left(\frac{1}{Y}\frac{d^2Y}{dy^2}\right) = E_y \tag{8}$$

$$-\frac{\hbar^2}{2m}\left(\frac{1}{Z}\frac{d^2Z}{dz^2}\right) = E_z \tag{9}$$

그리고

$$E = E_x + E_y + E_z \tag{10}$$

E_x, E_y와 E_z를 **분리 상수** separation constant 라고 부른다. 이 방법을 계속해서 적용하면 항상 차원만큼의 분리 상수를 얻게 된다.

여기서 가장 핵심이 되는 결과는 원래의 편미분방정식을 3개의 상미분방정식으로 단순화시켰다는 것이다. 식 (7)–(9)는 정확히 1차원 무한 우물의 슈뢰딩거 방정식과 일치한다. 3장에서 구한 것처럼 X, Y, Z의 규격화된 풀이를 다음과 같이 적을 수 있다.

$$X(x) = \sqrt{\frac{2}{a}}\sin\left(\frac{n_x \pi x}{a}\right), \quad E_x = \frac{h^2 n_x^2}{8ma^2} \tag{11}$$

$$Y(y) = \sqrt{\frac{2}{b}}\sin\left(\frac{n_y \pi y}{b}\right), \quad E_y = \frac{h^2 n_y^2}{8mb^2} \tag{12}$$

$$Z(z) = \sqrt{\frac{2}{c}}\sin\left(\frac{n_z \pi z}{c}\right), \quad E_z = \frac{h^2 n_z^2}{8mc^2} \tag{13}$$

각 차원마다 자신의 양자수를 가진다는 것과 상자의 (x, y, z) 차원이 해당 파동함수에 나타난다는 것에 주목하라. 식 (7)–(9)를 독립적으로 풀어야 했기 때문에 이런 일이 생겼다.

상자의 부피가 $V = abc$인 것을 생각하면 전체 파동함수는

$$\psi(x,y,z) = \sqrt{\frac{8}{V}}\sin\left(\frac{n_x\pi x}{a}\right)\sin\left(\frac{n_y\pi y}{b}\right)\sin\left(\frac{n_z\pi z}{c}\right) \tag{14}$$

처럼 적을 수 있고, 전체 에너지는 아래와 같이 주어진다.

$$E = \frac{h^2}{8m}\left(\frac{n_x^2}{a^2} + \frac{n_y^2}{b^2} + \frac{n_z^2}{c^2}\right),\quad (n_x, n_y, n_z) = 1, 2, 3, \ldots \tag{15}$$

무한 퍼텐셜 상자의 파동함수는 따라서 3개의 1차원 무한 우물의 파동함수들의 곱으로 생각할 수 있다. 그리고 전체 에너지는 각 차원의 에너지를 더한 값이 된다. X, Y, Z가 서로 독립적으로 규격화되어 있기 때문에 ψ 역시 규격화되어 있다. 이 문제에 대한 풀이를 구했다는 것은 변수분리법의 처음 가정이 옳았다는 것을 의미한다.

3차원의 파동함수를 2차원인 종이에 그리는 일은 어렵다. 식 (14)는 공간 상의 각 점 (x,y,z)를 값(ψ)에 대응시켜준다. 따라서 4개의 값을 2차원 표면에 그려야 하는 문제가 생긴다. 2차원 무한 우물의 파동함수는 다루기가 조금 쉽다. 그림 6.2는 $(a,b)=(1,1)$이고 $(n_x,n_y)=(5,2)$인 경우에 대한 $\psi(x,y)$를 보여준다. 그림에서

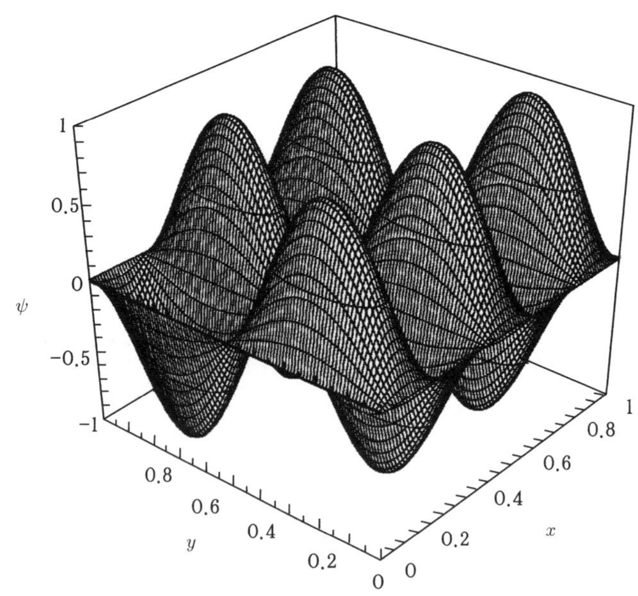

그림 6.2 $(n_x,n_y)=(5,2)$일 때의 2차원 무한 우물의 파동함수

는 2차원 진폭 인자 $\sqrt{4/ab}$ 를 편의상 1로 잡았다. x와 y 방향으로 각각 5개와 2개의 극대값이 있는 것에 주목하라. 그림을 3차원의 경우로 확장하는 것은 독자들에게 숙제로 맡긴다.

이런 슈뢰딩거 방정식의 다차원 풀이가 가진 중요한 속성은 **에너지 겹침** energy degeneracy 이다. 변의 길이가 모두 L로 동일한, 즉 $a=b=c=L$인 무한 퍼텐셜 상자를 생각해 보자. 가능한 에너지 준위는

$$E = \frac{h^2}{8mL^2}(n_x^2 + n_y^2 + n_z^2),\quad (n_x, n_y, n_z) = 1, 2, 3, \ldots \tag{16}$$

이 된다.

양자수를 1,2,3, ... 등으로 서로 무관하게 고를 수 있기 때문에 다른 조합의 (n_x, n_y, n_z)가 동일한 전체 에너지를 가질 수 있다. 예를 들어 3개의 다른 조합 $(n_x, n_y, n_z)=(2,1,1)$ 또는 (1,2,1) 또는 (1,1,2) 모두 동일한 에너지 $E=6h^2/8mL^2$을 가진다. 이 에너지 준위들은 3중으로 겹쳐있다고 부른다. 에너지 겹침이란 다른 양자 상태 (n_x, n_y, n_z)가 동일한 전체 에너지 E를 가지고 있다는 것을 의미한다. 주어진 에너지 준위의 겹침의 정도는 에너지가 클수록 급격히 증가하는 것이 분명하다. 그러나 이것이 모든 무한 퍼텐셜 상자가 겹침을 보인다는 것을 의미하는 것은 아니다. 식 (15)로부터 변의 길이의 비 $a:b:c$가 정수의 제곱들의 비일 때만 겹침이 일어나는 것을 알 수 있다. 다차원의 문제에서는 겹침 가능성을 피할 수 없다. 어떤 경우에 겹침이 있을지는 경계조건에 의해 결정된다.

겹침이라는 개념은 새로운 개념이므로 이해하기가 쉽지 않을 것이다. 간단한 비유가 도움이 될 수 있다. 두 개의 주사위를 굴리는 것을 생각해 보자. 전체 합이 12가 될 수 있는 방법은 단 하나 뿐이다. 두 주사위 모두 6이 나와야 한다. 반면 합이 5일 때는 4가지 경우("상태")가 있다. 즉 (1,4), (2,3), (3,2), (4,1)이 가능하다. 전체 합이 12인 경우의 겹침은 1이고, 전체 합이 5인 경우의 겹침은 4라고 이야기할 수 있다.

특수한 경우에 변수분리법이 적용 가능한지 미리 알 수는 없을까? 사용하는 좌표계및 퍼텐셜 함수의 형태와 관련이 있다는 것이 답이다. 아이젠하트 Eisenhart 는 퍼텐셜이

$$V = A\,X_1(x_1) + B\,X_2(x_2) + C\,X_3(x_3)$$

의 형태를 가질 때 슈뢰딩거 방정식이 11개 이상의 좌표계(익숙한 직교좌표계, 원통형 좌표계, 구형 좌표계를 포함)에서 변수분리가 가능하다는 것을 보였다[1]. 여기서 대문자 X_1은 좌표 x_1의 함수를 의미한다.

이 절을 마치기 위해 이 문제를 1장에서 다룬 플랑크의 흑체복사 이론과 연결시켜 보려 한다. 즉 무한 3차원 퍼텐셜 상자 안에 갇힌 질량 m인 입자가 가질 수 있는 개별 양자상태의 수를 유도한다. 이 문제는 3.5절에서 유한 1차원 사각 우물 안에서 움직이는 질량 m인 입자가 가질 수 있는 에너지 상태 수에 대한 식을 유도한 것과 유사하다.

식 (15)로부터 양자상태 (n_x, n_y, n_z)에 대응되는 에너지는

$$E = \frac{h^2}{8m}\left(\frac{n_x^2}{a^2} + \frac{n_y^2}{b^2} + \frac{n_z^2}{c^2}\right), \quad (n_x, n_y, n_z) = 1, 2, 3, \ldots \tag{17}$$

으로 주어진다.

가능한 양자상태의 수를 묻는 질문을 "입자의 에너지가 E보다 작거나 같은 개별 양자상태의 수가 얼마인가?"로 좀 더 정확하게 바꿀 수 있다. 이 질문에 대한 답을 구하는 일은 흥미로운 기하학적 문제이다.

우선 식 (17)을 E로 나눈다.

$$1 = \left(\frac{n_x^2}{\alpha^2}\right) + \left(\frac{n_y^2}{\beta^2}\right) + \left(\frac{n_z^2}{\gamma^2}\right) \tag{18}$$

여기서

$$\{\alpha, \beta, \gamma\} = \left\{\sqrt{\frac{8mEa^2}{h^2}}, \sqrt{\frac{8mEb^2}{h^2}}, \sqrt{\frac{8mEc^2}{h^2}}\right\} \tag{19}$$

의 정의를 사용했다.

3차원 기하학 교재를 들여다 보자. 식 (18)은 (n_x, n_y, n_z)축을 따라 반축 semi-axes (α, β, γ)를 가진 3차원 타원체 ellipsoid 의 표면을 나타내는 식이다. 그림 6.3은 양의 8분공간 octant 에 있는 타원체를 보여주고 있다. 전체 타원체(8개 8분공간 모두)의 부피는 $(4\pi/3)\alpha\beta\gamma$이다.

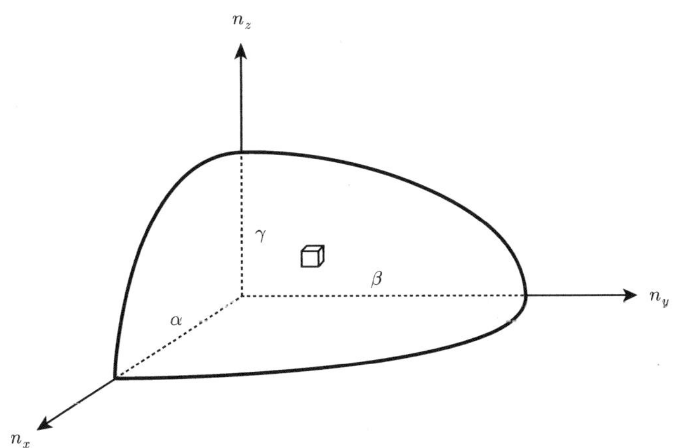

▮ **그림 6.3** 양의 8분공간에 있는 반축 (α, β, γ)의 타원체

이 문제에서 차원이 없는 축 (n_x, n_y, n_z)은 연속 변수가 아니라 불연속적인 정수 양자수이다. 그림 6.3에 보인 것처럼 공간이 부피가 $\Delta n_x \Delta n_y \Delta n_z$이고 (n_x, n_y, n_z)의 정수값에 위치한 수많은 작은 정육면체들로 나누어져 있다고 가정해 보자. 그리고 $\Delta n_x = \Delta n_y = \Delta n_z = 1$로 가정하자. 각각의 작은 부피 요소(그림 6.3에 한 개가 그려져 있다)는 단일 양자상태 (n_x, n_y, n_z)에 해당한다. 그러면 타원체의 전체 부피는 에너지가 E보다 작은 개별 양자상태의 수를 나타내게 된다. 이 수를 흔히 기호 $N(E)$로 표기한다. (n_x, n_y, n_z)가 양의 정수에 국한되기 때문에 $N(E)$는 양의 8분공간에서의 타원체의 부피로 주어진다.

$$N(E) = \frac{1}{8}\left(\frac{4\pi}{3}\right)\alpha\beta\gamma = \frac{\pi}{6}\sqrt{\frac{8mEa^2}{h^2}}\sqrt{\frac{8mEb^2}{h^2}}\sqrt{\frac{8mEc^2}{h^2}}$$

또는

$$N(E) = \frac{8^{3/2}\pi}{6}\frac{Vm^{3/2}}{h^3}E^{3/2} \tag{20}$$

여기서 상자의 부피를 $V = abc$로 잡았다.

식 (20)은 통과가 불가능한 벽으로 둘러싸인 부피 V인 상자 안에 갇힌 질량 m인 입자가 가질 수 있는, 에너지가 E보다 작은 개별 양자상태의 수를 나타낸다. $N(E)$가 작다면(즉 E가 작다면), 그림 6.3의 타원체 표면이 상대적으로 많은 수의 개별 단위 부피들과 만나게 되어 정확한 수를 세기 어렵기 때문에 $N(E)$는 식 (20)으로 정확히 예측되지 않는다. 그러나 E가 크다면, 타원체 표면으로 둘러싸인 내부 부피를 작은 부피 요소의 수로 나타낸 근사값이 아주 정확해진다.

플랑크에게 흥미를 준 또 다른 물리량은 에너지가 E와 $E+dE$ 사이에 있는 양자상태의 수였다. $E+dE$에서 식 (20)의 값을 구하여 $N(E+dE)$와 $N(E)$의 차이를 계산하면 이 값을 얻을 수 있다.

$$N(E+dE) = \frac{8^{3/2}\pi}{6}\frac{Vm^{3/2}}{h^3}(E+dE)^{3/2} = \frac{8^{3/2}\pi}{6}\frac{Vm^{3/2}}{h^3}E^{3/2}(1+dE/E)^{3/2}$$

$dE \ll E$라면 테일러 급수 전개를 사용할 수 있다.

$$N(E+dE) \sim \frac{8^{3/2}\pi}{6}\frac{Vm^{3/2}}{h^3}E^{3/2}\left[1+\frac{3}{2}\frac{dE}{E}+\dots\right]$$

그러므로 에너지가 E와 $E+dE$ 사이에 있는 양자상태의 수는

$$N(E+dE) - N(E) \sim \frac{8^{3/2}\pi}{4}\frac{Vm^{3/2}}{h^3}E^{1/2}dE \tag{21}$$

가 되어야 한다. 이것을 흔히 $N(E)dE$로 적는다.

이 결과와 플랑크의 흑체복사 공식과의 관계를 이제 알 수 있다. 첫 번째, 곧 밝혀질 이유로 인해 식 (21)을 동일한 선운동량 형태 $N(p)dp$로 변환할 수 있다. $E=p^2/2m$이므로 $dE=(p/m)dp$가 되어

$$N(p)dp \sim \frac{4\pi V}{h^3}p^2dp \tag{22}$$

를 얻을 수 있다.

식 (22)는 입자의 선운동량이 p와 $p+dp$ 사이에 있는 양자상태의 수를 나타낸다. 이제 입자를 광자라고 가정해 보자. 1장에서 아인슈타인의 에너지–선운동량–정지 질량 관계식 $E^2=p^2c^2+m_0^2c^4$으로부터 정지 질량 m_0를 0으로 놓으면 어떻게 광자에 대한 파장–선운동량 관계식 $\lambda=h/p$이 유도되는지 보았다. $\lambda=c/\nu$로 놓으면 이 식을 $p=h\nu/c$으로 쓸 수 있고 따라서 $dp=(h/c)d\nu$가 된다. 그러면 식

(22)는 진동수 형태로

$$N(\nu)d\nu \sim \frac{4\pi V}{c^3}\nu^2 d\nu \tag{23}$$

로 주어진다.

인수 2만 제외하면 이 식은 부피 V인 방 안에 들어 있는 광자의 "정규 모드 normal mode"의 수를 나타내는 플랑크의 식 (1.2.4)와 같다. 어떻게 플랑크 상수가 상쇄되었는지 주목하라. 우선 선운동량으로 변환한 까닭은 식 (21)에서 $m=0$로 놓았을 때 직접적으로 0인 결과가 나오기 때문이다. 인수 2가 사라진 까닭은 광자가 가진 다른 편광 상태 때문이다. 사실 여기서 올바른 결과를 유도해 냈다는 것이 조금 놀랍기는 하다. 슈뢰딩거 방정식은 상대론적인 방정식이 아니며 질량이 없는 입자를 다루도록 되어 있지 않다! 엄밀한 결과를 유도하려면 맥스웰 방정식으로부터 직접 정규 모드를 계산해야 한다[2]. 여기서 유도한 것은 결과적으로 엄밀하다고 할 수 없다. 그럼에도 불구하고 여기에서 언급한 이유는 무한 퍼텐셜 상자의 유용성을 보여주기 위함이다.

예제 6.1

전자가 에너지 $E \le 1$ eV인 단 하나의 양자상태를 가지기 위한 공간의 부피를 구하라.

부피를 구하기 위해 식 (20)를 사용하자.

$$V = \frac{6Nh^3}{8^{3/2}\pi m^{3/2}E^{3/2}}$$

이제 $N=1, E=1\,\text{eV}=1.602\times10^{-19}\,\text{J}$로 놓으면 MKS 단위계로

$$V = \frac{6Nh^3}{8^{3/2}\pi m^{3/2}E^{3/2}} = \frac{(1.745\times10^{-99})}{8^{3/2}\pi(8.694\times10^{-46})(6.412\times10^{-29})}$$

$$= 4.403\times10^{-28}\,\text{m}^3$$

을 얻는다.

이 부피를 가진 구의 반지름은 대략 4.7Å으로 원자 수준의 크기를 가진다.

6.2 구형 좌표계

어떤 점(예를 들어 원점)으로부터의 거리만이 중요하고 방향과는 무관한 함수가 관심의 대상인 문제는 구형 대칭성 spherical symmetry 을 가지고 있다고 한다. 예를 들어 점전하 Q에 의한 전기장의 크기는

$$E = \frac{Q}{4\pi\epsilon_o r^2} \tag{1}$$

으로 주어진다. 여기서 r은 전하와 전기장을 구하려는 점 사이의 거리이다. 전하로부터 거리 r인 곳에 있는 한, 전기장 E의 크기는 변하지 않으며 전하로부터의 방향과는 무관하다. 이런 상황을 기술하기 위해 한 좌표가 단순히 r인 좌표계를 선택하는 것이 편리하다. 특정한 r은 구 표면 상의 한 점을 나타내게 된다. 공간에서의 위치를 완전히 지정하기 위해서는 위도와 경도에 해당하는 두 개의 좌표를 더 필요로 한다. 이런 점을 염두에 두고 만들어진 구형 좌표계는 (r,θ,ϕ)로 표시한다.

구형 좌표계와 직각 좌표계의 관계가 그림 6.4에 주어져 있다. 점 $P(r,\theta,\phi)$에 대응되는 직각 좌표는

$$\left.\begin{aligned} x &= r\sin\theta\cos\phi \\ y &= r\sin\theta\sin\phi \\ z &= r\cos\theta \end{aligned}\right\} \tag{2}$$

처럼 정의된다. 또는 역관계

$$\left.\begin{aligned} r &= \sqrt{x^2+y^2+z^2} \\ \theta &= \cos^{-1}(z/r) \\ \phi &= \tan^{-1}(y/x) \end{aligned}\right\} \tag{3}$$

도 성립한다.

(r,θ,ϕ)와 $(r+dr,\theta+d\theta,\phi+d\phi)$로 둘러싸인 공간 부피는

$$dV = r^2\sin\theta\, dr\, d\theta\, d\phi \tag{4}$$

로 주어진다.

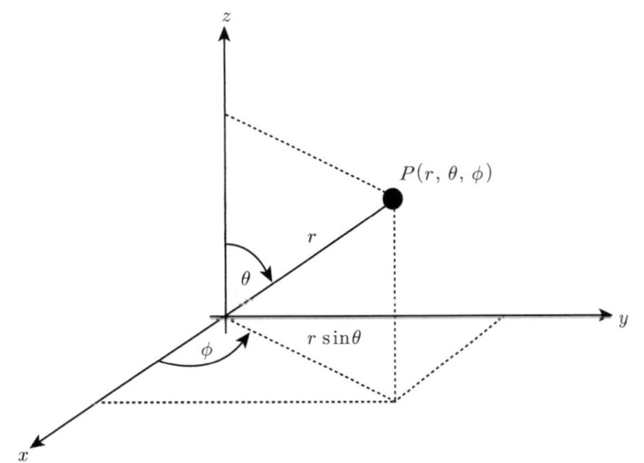

▌그림 6.4 구형 좌표계

구형 좌표계의 단점은 단위 벡터가 좌표 그 자체의 함수라는 점이다. 이것은 좌표가 직각 좌표의 조합(식 3)으로 정의되기 때문이다. 통상적인 직각 좌표계의 단위 벡터를 $(\boldsymbol{x}, \boldsymbol{y}, \boldsymbol{z})$라고하면 구형 좌표계의 단위 벡터 $(\boldsymbol{r}, \boldsymbol{\theta}, \boldsymbol{\phi})$는 다음과 같이 주어진다.

$$\left.\begin{aligned} \boldsymbol{r} &= \sin\theta\cos\phi\,\boldsymbol{x} + \sin\theta\sin\phi\,\boldsymbol{y} + \cos\theta\,\boldsymbol{z} \\ \boldsymbol{\theta} &= \cos\theta\cos\phi\,\boldsymbol{x} + \cos\theta\sin\phi\,\boldsymbol{y} - \sin\theta\,\boldsymbol{z} \\ \boldsymbol{\phi} &= -\sin\phi\,\boldsymbol{x} + \cos\phi\,\boldsymbol{y} \end{aligned}\right\} \tag{5}$$

역으로 직각 좌표계의 단위 벡터들은 구형 좌표계의 단위 벡터로 다음과 같이 표시할 수 있다.

$$\left.\begin{aligned} \boldsymbol{x} &= \sin\theta\cos\phi\,\boldsymbol{r} + \cos\theta\cos\phi\,\boldsymbol{\theta} - \sin\phi\,\boldsymbol{\phi} \\ \boldsymbol{y} &= \sin\theta\sin\phi\,\boldsymbol{r} + \cos\theta\sin\phi\,\boldsymbol{\theta} + \cos\phi\,\boldsymbol{\phi} \\ \boldsymbol{z} &= \cos\theta\,\boldsymbol{r} - \sin\theta\,\boldsymbol{\theta} \end{aligned}\right\} \tag{6}$$

다음 절에서 θ와 ϕ에 대한 구형 좌표계 단위 벡터의 도함수를 아래처럼 자체 단위 벡터로 적는 것이 유용하다는 것을 알게 될 것이다.

$$
\left.\begin{aligned}
\frac{\partial \boldsymbol{r}}{\partial \theta} &= \boldsymbol{\theta} & \frac{\partial \boldsymbol{r}}{\partial \phi} &= \sin\theta\, \boldsymbol{\phi} \\
\frac{\partial \boldsymbol{\theta}}{\partial \theta} &= -\boldsymbol{r} & \frac{\partial \boldsymbol{\theta}}{\partial \phi} &= \cos\theta\, \boldsymbol{\phi} \\
\frac{\partial \boldsymbol{\phi}}{\partial \theta} &= 0 & \frac{\partial \boldsymbol{\phi}}{\partial \phi} &= -\sin\theta \boldsymbol{r} - \cos\theta\, \boldsymbol{\theta}
\end{aligned}\right\} \tag{7}
$$

이런 관계식들은 식 (5)를 미분하고((x, y, z)가 상수라는 것을 기억하라) 그 결과를 식 (6)에 대입하여 유도한 것이다. 또한 기울기와 라플라시안 연산자를 구형 좌표계로 표시하는 것도 도움이 된다.

$$
\nabla = \boldsymbol{r}\frac{\partial}{\partial r} + \boldsymbol{\theta}\frac{1}{r}\frac{\partial}{\partial \theta} + \boldsymbol{\phi}\frac{1}{r\sin\theta}\frac{\partial}{\partial \phi} \tag{8}
$$

또는

$$
\nabla^2 = \frac{1}{r^2}\frac{\partial}{\partial r}\left(r^2\frac{\partial}{\partial r}\right) + \frac{1}{r^2\sin\theta}\frac{\partial}{\partial \theta}\left(\sin\theta\frac{\partial}{\partial \theta}\right) + \frac{1}{r^2\sin^2\theta}\frac{\partial^2}{\partial \phi^2} \tag{9}
$$

이 식들이 복잡해 보이긴 하지만 수소 원자와 같은 천연적인 구형계의 슈뢰딩거 방정식을 푸는데 있어 대단히 편리하다.

6.1절에서 다룬 무한 상자 퍼텐셜과 유사한 “무한 구형 퍼텐셜”을 상상할 수 있다. 이 경우 중심 퍼텐셜을 생각해야 하는데 이에 대해서는 7장에서 다룬다.

6.3 각운동량 연산자

각운동량이라는 개념은 수소 원자의 슈뢰딩거 방정식을 분석하는데 있어 가장 중요하다. 고전 역학에서 입자의 각운동량은 벡터 $\boldsymbol{L} = \boldsymbol{r} \times \boldsymbol{p}$로 주어진다. 여기서 $\boldsymbol{r}$과 $\boldsymbol{p}$는 각각 입자의 위치와 선운동량 벡터이고 $\times$는 벡터 외적을 의미한다. 이 절의 목적은 각운동량의 성분 및 각운동량의 크기의 제곱에 대한 양자역학적 연산자의 일반적인 형태를 찾아내는데 있다. 연산자들을 유도하기 위해 륭 P. T. Leung [3]의 책에 나온 방법을 따랐다.

4장에서 선운동량의 연산자가

$$p_{\text{op}} = -\iota\hbar\nabla \tag{1}$$

로 주어진다는 것을 배웠다. 여기서 ∇는 기울기 연산자이다. $\boldsymbol{L}$에 대한 양자역학적 연산자는 따라서

$$L_{\text{op}} = r_{\text{op}} \times p_{\text{op}} = -ih\,(r \times \nabla) \tag{2}$$

로 정의할 수 있다.

연산자라는 사실을 강조하기 위해 잠시 4장에서 나온 "op" 기호를 다시 사용하였다.

직각 좌표계에서 $\boldsymbol{L}_{\text{op}}$는

$$L_{\text{op}} = r \times p_{\text{op}} = (x\boldsymbol{x} + y\boldsymbol{y} + z\boldsymbol{z}) \times (-\iota\hbar)\left(\boldsymbol{x}\frac{\partial}{\partial x} + \boldsymbol{y}\frac{\partial}{\partial y} + \boldsymbol{z}\frac{\partial}{\partial z}\right)$$

$$= -\iota\hbar\left[x\boldsymbol{z}\frac{\partial}{\partial y} - x\boldsymbol{y}\frac{\partial}{\partial z} - y\boldsymbol{z}\frac{\partial}{\partial x} + y\boldsymbol{x}\frac{\partial}{\partial z} + z\boldsymbol{y}\frac{\partial}{\partial x} - z\boldsymbol{x}\frac{\partial}{\partial y}\right]$$

$$= -\iota\hbar\left[\boldsymbol{x}\left(y\frac{\partial}{\partial z} - z\frac{\partial}{\partial y}\right) + \boldsymbol{y}\left(z\frac{\partial}{\partial x} - x\frac{\partial}{\partial z}\right) + \boldsymbol{z}\left(x\frac{\partial}{\partial y} - y\frac{\partial}{\partial x}\right)\right]$$

가 된다. 여기서 다시 $(\boldsymbol{x}, \boldsymbol{y}, \boldsymbol{z})$는 직각 좌표계의 단위 벡터를 나타낸다. 따라서 $\boldsymbol{L}$의 성분에 대한 연산자는

$$L_x = -\iota\hbar\left(y\frac{\partial}{\partial z} - z\frac{\partial}{\partial y}\right) \tag{3}$$

$$L_y = -\iota\hbar\left(z\frac{\partial}{\partial x} - x\frac{\partial}{\partial z}\right) \tag{4}$$

와

$$L_z = -\iota\hbar\left(x\frac{\partial}{\partial y} - y\frac{\partial}{\partial x}\right) \tag{5}$$

로 적을 수 있다.

각운동량 연산자와 여러 좌표들의 관계에 주목하라. L_x에는 "x"가 없다. 같은 이유로 L_y에는 "y"가, L_z에는 "z"가 나타나지 않는다. 실제로 좌표의 "순환 치환 cyclic permutation"이라 부르는 조작을 통해 L_y와 L_z를 L_x로부터 유도할 수 있다. 즉 L_x에서 "y"가 나오는 모든 곳을 "z"로 치환하고 같은 식으로 "z"를 모두 "x"로 치환하면 L_y가 된다($x \to y \to z \to x \to$ 의 순서로 바꾼다고 생각하면 된다). L_x와 L_z 역시 같은 방식으로 L_y로부터 유도할 수 있으며, L_y와 L_x는 L_z로부터 유도할 수 있다.

예제 6.2

$[L_x, L_y]\psi = (i\hbar L_z)\psi$인 것을 증명하라.

각운동량 연산자는 각각

$$L_x = -\iota\hbar\left(y\frac{\partial}{\partial z} - z\frac{\partial}{\partial y}\right) \quad L_y = -\iota\hbar\left(z\frac{\partial}{\partial x} - x\frac{\partial}{\partial z}\right)$$

와

$$L_z = -\iota\hbar\left(x\frac{\partial}{\partial y} - y\frac{\partial}{\partial x}\right)$$

이다.

$[L_x, L_y]$를 허깨비 파동함수 ψ에 적용하면

$$[L_x, L_y]\psi = (L_xL_y - L_yL_x)\psi$$

$$= -\hbar^2\left\{\left(y\frac{\partial}{\partial z} - z\frac{\partial}{\partial y}\right)\left(z\frac{\partial\psi}{\partial x} - x\frac{\partial\psi}{\partial z}\right) - \left(z\frac{\partial}{\partial x} - x\frac{\partial}{\partial z}\right)\left(y\frac{\partial\psi}{\partial z} - z\frac{\partial\psi}{\partial y}\right)\right\}$$

를 얻는다.

편의상 도함수를 밑첨자로 표기하자. 예를 들어 $\psi_{xy} = \dfrac{\partial^2\psi}{\partial x \partial y}$. 교환자를 전개하면

$$[L_x, L_y]\psi = -\hbar^2\{(y\psi_x + yz\psi_{zx} - xy\psi_{zz} - z^2\psi_{yx} + xz\psi_{yz}) - (zy\psi_{xz} - z^2\psi_{xy} - xy\psi_{zz} + x\psi_y + xz\psi_{zy})\}$$

로 주어진다.

도함수는 미분 순서에 무관하다는 것을 상기하면, 즉 $\psi_{xy} = \psi_{yx}$, 많은 항들이 상쇄된다. 남은 항들을 정리하면

$$[L_x, L_y]\psi = -\hbar^2(y\psi_x - x\psi_y) = -\hbar^2\left(y\frac{\partial}{\partial x} - x\frac{\partial}{\partial y}\right)\psi$$

$$= -\hbar^2\left(\frac{L_z}{\iota\hbar}\right)\psi = (\iota\hbar L_z)\psi$$

가 된다.

문제 6-10은 이 예제를 더 확장시켜 $[L_y, L_z]\psi = (i\hbar L_x)\psi$와 $[L_z, L_x]\psi = (i\hbar L_y)\psi$가 성립한다는 것을 보이도록 한 문제이다. 이 결과는 물리적으로 $\boldsymbol{L}$의 성분들에 대한 고유값을 동시에 측정할 수 없다는 것을 의미한다. 각 성분들은 불확정성 관계식에 의해 서로 연결되어 있다.

우리의 궁극적인 목적은 쿨롱 (수소) 퍼텐셜에 $\boldsymbol{L}_{\text{op}}$를 적용하는 것이기 때문에 실제로는 각운동량 연산자를 구형 좌표계로 표시하는 것이 편리하다. 기울기 연산자를 구형 좌표계로 표시하면 앞 절의 식 (8)로부터 $\boldsymbol{L}_{\text{op}}$가

$$\boldsymbol{L}_{\text{op}} = -\iota\hbar(\boldsymbol{r} \times \nabla) = -\iota\hbar\left\{r\boldsymbol{r} \times \left(\boldsymbol{r}\frac{\partial}{\partial r} + \boldsymbol{\theta}\frac{1}{r}\frac{\partial}{\partial\theta} + \boldsymbol{\phi}\frac{1}{r\sin\theta}\frac{\partial}{\partial\phi}\right)\right\}$$

$$= -\iota\hbar\left\{\boldsymbol{\phi}\frac{\partial}{\partial\theta} - \boldsymbol{\theta}\frac{1}{\sin\theta}\frac{\partial}{\partial\phi}\right\} \tag{6}$$

로 주어지며, 여기서 항등식 $\boldsymbol{r}\times\boldsymbol{r} = 0$, $\boldsymbol{r}\times\boldsymbol{\theta} = \boldsymbol{\phi}$, $\boldsymbol{r}\times\boldsymbol{\phi} = -\boldsymbol{\theta}$를 사용했다.

물리적으로 중요한 양은 $\boldsymbol{L}$의 크기의 제곱이다. 이 양을 계산하기 위한 연산자를 보통 L_{op}^2 또는 간단히 L^2으로 적으며, 이 연산자는 L_{op}를 자신에 적용하여 얻을 수 있다. 벡터 곱하기인 벡터 내적을 사용하면

$$\boldsymbol{L}_{\text{op}} \cdot \boldsymbol{L}_{\text{op}} = \left[-\iota\hbar\left\{\boldsymbol{\phi}\frac{\partial}{\partial\theta} - \boldsymbol{\theta}\frac{1}{\sin\theta}\frac{\partial}{\partial\phi}\right\}\right] \cdot \left[-\iota\hbar\left\{\boldsymbol{\phi}\frac{\partial}{\partial\theta} - \boldsymbol{\theta}\frac{1}{\sin\theta}\frac{\partial}{\partial\phi}\right\}\right] \tag{7}$$

를 얻게 된다.

이 식을 전개할 때 내적과 도함수의 순서가 틀리지 않도록 조심해야 한다. 왼편으로부터 오른편으로 전개하면

$$\begin{aligned} L_{\text{op}}^2 = -\hbar^2\Bigg[&\left(\boldsymbol{\phi}\frac{\partial}{\partial\theta}\right)\cdot\left(\boldsymbol{\phi}\frac{\partial}{\partial\theta}\right) - \left(\boldsymbol{\phi}\frac{\partial}{\partial\theta}\right)\cdot\left(\boldsymbol{\theta}\frac{1}{\sin\theta}\frac{\partial}{\partial\phi}\right) \\ &-\left(\boldsymbol{\theta}\frac{1}{\sin\theta}\frac{\partial}{\partial\phi}\right)\cdot\left(\boldsymbol{\phi}\frac{\partial}{\partial\theta}\right) + \left(\boldsymbol{\theta}\frac{1}{\sin\theta}\frac{\partial}{\partial\phi}\right)\cdot\left(\boldsymbol{\theta}\frac{1}{\sin\theta}\frac{\partial}{\partial\phi}\right)\Bigg] \end{aligned} \tag{8}$$

가 된다.

이 식에 있는 4개의 항을 계산할 때 우선 단위 벡터가 포함된 편미분부터 해야 한다. 그러고 나서 내적을 계산해야 한다. 3번 째 항은 다음과 같이 계산한다.

$$\begin{aligned} \left(\boldsymbol{\theta}\frac{1}{\sin\theta}\frac{\partial}{\partial\phi}\right)\cdot\left(\boldsymbol{\phi}\frac{\partial}{\partial\theta}\right) &= \boldsymbol{\theta}\frac{1}{\sin\theta}\cdot\left\{\frac{\partial\boldsymbol{\phi}}{\partial\phi}\frac{\partial}{\partial\theta} + \boldsymbol{\phi}\frac{\partial^2}{\partial\phi\partial\theta}\right\} = \frac{1}{\sin\theta}\boldsymbol{\theta}\cdot\left(\frac{\partial\boldsymbol{\phi}}{\partial\phi}\frac{\partial}{\partial\theta}\right) \\ &= \frac{1}{\sin\theta}\boldsymbol{\theta}\cdot(-\sin\theta\boldsymbol{r} - \cos\theta\,\boldsymbol{\theta})\frac{\partial}{\partial\theta} = -\cot\theta\frac{\partial}{\partial\theta} \end{aligned} \tag{9}$$

$\boldsymbol{\theta} \cdot \boldsymbol{\phi} = 0$이기 때문에 식 (9)의 첫 줄에서 중괄호 { } 안의 두 번째 항은 0이 된다. 두 번째 줄에서는 $\partial\boldsymbol{\phi}/\partial\phi$를 단순화시키기 위해 앞 절의 식 (7)을 사용했고 $\cos\theta/\sin\theta = \cot\theta$로 적었다. 식 (8)의 다른 3개의 항들도 비슷한 방식으로 간단하게 적을 수 있다. 그러면

$$L_{\text{op}}^2 = -\hbar^2\left[\frac{\partial^2}{\partial\theta^2} + \cot\theta\frac{\partial}{\partial\theta} + \frac{1}{\sin^2\theta}\frac{\partial^2}{\partial\phi^2}\right] \tag{10}$$

이 되고 처음 두 항을 결합하면 좀 더 간단한 형태로 표시할 수 있다.

$$L_{\text{op}}^2 = -\hbar^2\left[\frac{1}{\sin\theta}\frac{\partial}{\partial\theta}\left(\sin\theta\frac{\partial}{\partial\theta}\right) + \frac{1}{\sin^2\theta}\frac{\partial^2}{\partial\phi^2}\right] \tag{11}$$

이것이 바로 원하던 구형 좌표계로 표시한 각운동량의 크기의 제곱에 대한 연산자가 된다. 이제 식 (11)을 구형 좌표계에서의 라플라시안 연산자에 대한 방정식인 앞 절의 식 (9)와 비교해 보자. 인자 $-\hbar^2/r^2$만 제외하면 각운동량 부분이 동일하다. 따라서 라플라시안을 다음과 같이 L_{op}^2 으로 표시할 수 있다.

$$\nabla^2 = \frac{1}{r^2}\frac{\partial}{\partial r}\left(r^2\frac{\partial}{\partial r}\right) - \frac{L_{\text{op}}^2}{\hbar^2 r^2} \tag{12}$$

그러면 해밀토니안 연산자 $H = -(\hbar^2/2m)\nabla^2 + V(r,\theta,\phi)$는 구형 좌표계로

$$\mathrm{H} = -\frac{\hbar^2}{2mr^2}\frac{\partial}{\partial r}\left(r^2\frac{\partial}{\partial r}\right) + \frac{L_{\text{op}}^2}{2mr^2} + V(r,\theta,\phi) \tag{13}$$

처럼 적을 수 있다. 여기서 $V(r,\theta,\phi)$는 퍼텐셜 함수이다.

다음 절에서 유용하게 쓰일 또 다른 식은 각운동량의 z 성분의 연산자 $(L_z)_{\text{op}}$이다. 원하는 방향의 벡터 성분은 항상 그 방향의 단위 벡터와 원래 벡터를 내적하여 얻을 수 있다. 이 절의 식 (6)과 앞 절의 식 (6)으로부터

$$(L_z)_{\text{op}} = \mathbf{z}\cdot\boldsymbol{L}_{\text{op}} = (\cos\theta\,\boldsymbol{r} - \sin\theta\,\boldsymbol{\theta})\cdot\left\{-\iota\hbar\left(\boldsymbol{\phi}\frac{\partial}{\partial\theta} - \boldsymbol{\theta}\frac{1}{\sin\theta}\frac{\partial}{\partial\phi}\right)\right\}$$

또는

$$\begin{aligned}(L_z)_{\text{op}} = -\iota\hbar\Big\{&(\cos\theta\,\boldsymbol{r})\cdot\left(\boldsymbol{\phi}\frac{\partial}{\partial\theta}\right) - (\cos\theta\,\boldsymbol{r})\cdot\left(\boldsymbol{\theta}\frac{1}{\sin\theta}\frac{\partial}{\partial\phi}\right)\\ &-(\sin\theta\,\boldsymbol{\theta})\cdot\left(\boldsymbol{\phi}\frac{\partial}{\partial\theta}\right) + (\sin\theta\,\boldsymbol{\theta})\cdot\left(\boldsymbol{\theta}\frac{1}{\sin\theta}\frac{\partial}{\partial\phi}\right)\Big\}\end{aligned}$$

를 얻게 된다.

어떤 좌표계를 사용하든지 수직한 단위 벡터 사이의 내적은 0이 되기 때문에 이 식에서 처음 3개의 항은 0이 된다. 마지막 항에서 남는 것은

$$(L_z)_{\text{op}} = -\iota\hbar\frac{\partial}{\partial\phi} \tag{14}$$

이다.

이 결과 또한 구형 좌표계의 단위 벡터들을 직각좌표계의 단위 벡터들로 표시한 관계식(앞 절의 식 5)을 식 (6)에 대입하고 z와 내적하여 유도할 수 있다.

각운동량이 왜 중요한지 강조할 필요가 있다. 예제 6.2에서 L_x, L_y, L_z가 교환법칙을 따르지 않으며 서로 불확정성 관계식으로 연결되어 있는다는 결론을 얻었다. 즉 $\boldsymbol{L}$의 어느 한 성분을 측정하면 다른 성분의 불확정성에 영향을 미친다. 예를 들어 L_y를 측정하면 계가 L_y의 고유상태에 머물게 되고 동시에 L_x와 L_z의 고유상태에는 있을 수 없게 된다. 그러나 문제 6-18과 8장에서 θ와 ϕ가 분리된 파동함수에 대해 $\left[L^2_{\mathrm{op}},(L_x)_{\mathrm{op}}\right]\psi=\left[L^2_{\mathrm{op}},(L_y)_{\mathrm{op}}\right]\psi=\left[L^2_{\mathrm{op}},(L_z)_{\mathrm{op}}\right]\psi=0$임을 알게 될 것이다. 이것은 L^2과 $\boldsymbol{L}$ 성분의 고유값을 동시에 구할 수 있음을 의미한다. 그 결과 L^2과 $\boldsymbol{L}$의 한 성분의 고유값을 동시에 구할 수 있지만, 측정이 끝나면 다른 두 성분에 대한 지식이 복구 불가능하게 사라지게 된다. 편의상 L_z성분을 측정했다고 하자. L^2과 L_z의 고유함수는 6.5절에서 구할 구면조화함수 spherical harmonics 이다. 더 나아가 6.4절에서는 퍼텐셜이 r만의 함수인 경우 파동함수가 $\psi(r,\theta,\phi)=R(r)g(\theta,\phi)$로 분리되고 $\left[H,L^2_{\mathrm{op}}\right]\psi=0$(문제 6-19)이라는 것을 보일 것이다. 이것은 에너지와 L^2이 동시에 측정 가능한 고유값을 가진다는 것을 의미한다. 수소 원자의 쿨롱 퍼텐셜은 이 기준을 만족한다. 이 경우 결과적으로 3개의 양자수가 나오는 것을 예상할 수 있다. 하나는 에너지, 다른 하나는 L^2, 마지막 하나는 $\boldsymbol{L}$의 한 성분, 보통 L_z에 대한 것이다. 6.5절에서는 L^2과 L_z의 풀이를 구한다.

마지막으로 5장에서 소개한 조화진동자의 올림 연산자와 내림 연산자와 유사한 각운동량에 대한 올림 연산자와 내림 연산자를 정의할 수 있다는 것을 언급하고자 한다(문제 6-8을 보라). 이 연산자들은 쿨롱 퍼텐셜에 대한 풀이를 구하는데 큰 기여를 하지 않기 때문에 여기서는 다루지 않는다. 이 연산자들에 대해 더 알기 원한다면 8장을 보라.

6.4 구형 좌표계에서의 변수분리법: 중심 퍼텐셜

이 절에서는 중심 퍼텐셜, 즉 $V(r)$ 형태의 퍼텐셜에 대한 구형 좌표계로 적은 슈뢰딩거 방정식에 변수분리법을 적용한다. 이 장을 시작하면서 강조했듯이 두 입자 사이의 거리에만 관계되고 방향과는 무관한 퍼텐셜들이 존재한다. 구형 좌표계는 이런 종류의 퍼텐셜을 조사하는데 안성맞춤인 좌표계이다. 통상적인 $x-y-z$의 직각 좌표계에서는 $r = \sqrt{x^2+y^2+z^2}$ 의 함수를 변수분리하기가 쉽지 않기 때문에 이 퍼텐셜에는 적합하지 않다. 이 절에서 찾아낼 결과들은 모든 중심 퍼텐셜에 적용되는 매우 일반적인 성질로 $V(r)$이 r의 함수 형태와는 무관하다는 점을 강조할 필요가 있다. 그리고 이 결과를 쿨롱 퍼텐셜에 적용할 것이다. 수소 원자가 실은 서로의 질량 중심 주위로 "궤도운동"하고 있는 양성자와 전자의 두 입자로 구성된 계라는 사실을 어떻게 슈뢰딩거 방정식에 적용하는지 궁금할 것이다. 당분간 수소 원자를 한 개 입자의 문제로 단순화 시킬 수 있다는 것을 언급하는 것으로 만족하라. 이 절에서는 이것이 지름/각변수의 분리에 전혀 영향을 주지 않는다는 것이 중요하다. 두 입자로 구성된 계에 대한 것은 7.4절에서 다룬다.

구형 좌표계에서의 ∇^2의 표현식을 사용하면 중심 퍼텐셜 $V(r)$ 안에서 움직이는 질량 μ인 입자에 대한 슈뢰딩거 방정식은

$$-\frac{\hbar^2}{2\mu}\left\{\frac{1}{r^2}\frac{\partial}{\partial r}\left(r^2\frac{\partial}{\partial r}\right)+\frac{1}{r^2\sin\theta}\frac{\partial}{\partial\theta}\left(\sin\theta\frac{\partial}{\partial\theta}\right)+\frac{1}{r^2\sin^2\theta}\left(\frac{\partial^2}{\partial\phi^2}\right)\right\}\psi(r,\theta,\phi)$$

$$+\ V(r)\psi(r,\theta,\phi) = E\psi(r,\theta,\phi) \tag{1}$$

가 된다.

이 곳과 7장에서는 질량을 적는데 μ를 사용하는데 이유는 곧 이어 기호 m을 자기양자수 magnetic quantum number 로 알려진 양을 나타내는데 사용하려 하기 때문이다. 이제 $\psi(r,\theta,\phi)$를 "지름" 파동함수 $R(r)$과 "각" 파동함수 $Y(\theta,\phi)$의 곱

$$\psi(r,\theta,\phi) = R(r)\,Y(\theta,\phi) \tag{2}$$

로 표시할 수 있다고 가정하고 지름 항과 각 항으로 변수분리를 해 보자.

6.1절에서처럼 대문자는 소문자로 표시한 변수들의 함수이다. 편의상 이런 함수들을 변수를 적지 않고 간단히 R과 Y로 적는다. 식 (2)를 식 (1)에 대입하면

$$-\frac{\hbar^2}{2\mu}\left\{\frac{Y}{r^2}\frac{\partial}{\partial r}\left(r^2\frac{\partial R}{\partial r}\right)+\frac{R}{r^2}\left[\frac{1}{\sin\theta}\frac{\partial}{\partial\theta}\left(\sin\theta\frac{\partial Y}{\partial\theta}\right)+\frac{1}{\sin^2\theta}\left(\frac{\partial^2 Y}{\partial\phi^2}\right)\right]\right\}$$

$$+\ V(r)(RY) = E(RY) \tag{3}$$

를 얻을 수 있다.

양변에 r^2/RY를 곱하여 식을 다시 정리하면

$$-\frac{\hbar^2}{2\mu}\left\{\frac{1}{R}\frac{\partial}{\partial r}\left(r^2\frac{\partial R}{\partial r}\right)\right\} + [V(r) - E]r^2$$
$$= \frac{\hbar^2}{2\mu}\left[\frac{1}{Y\sin\theta}\frac{\partial}{\partial\theta}\left(\sin\theta\frac{\partial Y}{\partial\theta}\right) + \frac{1}{Y\sin^2\theta}\left(\frac{\partial^2 Y}{\partial\phi^2}\right)\right] \tag{4}$$

으로 주어진다.

식 (4)는 원하는 변수분리가 이루어진 것을 보여준다. 왼편은 r만의 함수[말하자면 $f(r)$]이고, 반면 오른편은 θ와 ϕ만의 함수[말하자면 $g(\theta,\phi)$]이다. 등식은 두 변이 어떤 상수와 같을 때 성립한다.

$$f(r) = g(\theta, \phi) = \text{상수} \tag{5}$$

식 (4)는 또한 앞 절에서 유도한 전체 각운동량의 제곱 연산자로 표현할 수 있다.

$$-\frac{\hbar^2}{2\mu}\left\{\frac{1}{R}\frac{\partial}{\partial r}\left(r^2\frac{\partial R}{\partial r}\right)\right\} + [V(r) - E]r^2 = -\frac{1}{2\mu Y}[L_{\text{op}}^2 Y] = \text{상수} \tag{6}$$

식 (6)은 모든 중심 퍼텐셜이 만족하는 일반식이다.

여기서 최종 풀이의 규격화에 대해 언급할 필요가 있다. 규격화란 ψ의 제곱을 전자가 있을 수 있는 모든 공간에 대해 적분한 값이 1이 되어야 한다는 것을 의미한다. 식으로는

$$\int_0^{2\pi}\int_0^{\pi}\int_0^{\infty}\psi^2(r,\theta,\phi)\,r^2\sin\theta\,dr\,d\theta\,d\phi = 1$$

$$\Rightarrow \left\{\int_0^{\infty}R^2(r)\,r^2dr\right\}\left\{\int_0^{2\pi}\int_0^{\pi}Y^2(\theta,\phi)\sin\theta\,d\theta\,d\phi\right\} = 1$$

로 표시할 수 있다.

R과 Y가 독립적으로 규격화되어 있다면, ψ 역시 규격화되어 있다. 곱 형태의 파동함수에서는 각 함수를 분리해서 규격화하는 것이 보통이다. 앞으로 배우겠지만 Y 역시 θ와 ϕ의 함수로 분리된다. 따라서 ψ는 3개의 규격화된 개별 함수들의 곱으로 주어진다.

이제 중심 퍼텐셜의 각방정식인 식 (4)[또는 (6)]의 오른편 풀이로 돌아가자.

6.5 각파동함수와 구면조화함수

식 (4)의 오른편이 상수인 함수 $Y(\theta,\phi)$를 구해보자. 이 상수를 μ나 $\hbar$가 들어있지 않은 상수로 정의하는 것이 편리하다. 이 목적을 위해 식 (5)의 오른편에 나타날 상수를

$$\text{상수} = -\frac{\alpha\hbar^2}{2\mu} \tag{1}$$

으로 정의하면, 직각좌표계는

$$-\left[\frac{1}{\sin\theta}\frac{\partial}{\partial\theta}\left(\sin\theta\frac{\partial Y}{\partial\theta}\right) + \frac{1}{\sin^2\theta}\left(\frac{\partial^2 Y}{\partial\phi^2}\right)\right] = \alpha Y \tag{2}$$

로 적을 수 있다. 여기서 α는 상수이다.

또 다른 변수분리를 적용하면 이 식을 간단하게 할 수 있다. $Y(\theta,\phi)$를 θ의 함수와 ϕ의 함수의 곱으로 표시할 수 있다고 가정하자.

$$Y(\theta,\phi) = \Theta(\theta)\,\Phi(\phi) \tag{3}$$

이 가정에 의하면 식 (2)는

$$-\frac{\Phi}{\sin\theta}\frac{d}{d\theta}\left(\sin\theta\frac{d\Theta}{d\theta}\right) - \frac{\Theta}{\sin^2\theta}\left(\frac{d^2\Phi}{d\phi^2}\right) = \alpha\Theta\Phi \tag{4}$$

가 된다. 여기서 편미분이 한 변수의 함수에 대한 상미분으로 바뀌었다. $\sin^2\theta/\Theta\Phi$를 양변에 곱하여 정리하면

$$-\frac{\sin\theta}{\Theta}\frac{d}{d\theta}\left(\sin\theta\frac{d\Theta}{d\theta}\right) - \alpha\sin^2\theta = \frac{1}{\Phi}\frac{d^2\Phi}{d\phi^2} \tag{5}$$

으로 주어진다.

또 한 번의 변수분리가 끝났다. 각방정식이 θ와 ϕ의 함수로 분리되었고 각 함수들은 상수여야 한다.

6.5.1 Φ 방정식의 풀이

식 (5)의 양변의 값이 될 상수를 $-m^2$으로 정의하자. m를 자기 양자수라고 부르며, 이유는 나중에 분명하게 밝혀진다.

이 정의를 사용하면

$$\frac{d^2\Phi}{d\phi^2} = -m^2\Phi \tag{1}$$

을 얻게 되고 적절한 경계조건을 사용하면 m 값을 구할 수 있다. 이 미분방정식은 3.2절에 나온 무한 퍼텐셜 우물의 미분방정식과 동일하다. 따라서 풀이는

$$\Phi(\phi) = Ae^{\iota m\phi} + Be^{-\iota m\phi} \tag{2}$$

가 된다. Φ가 규격화되려면

$$\int_0^{2\pi}\Phi^*\Phi\, d\phi = 1$$

을 만족해야 한다.

적분을 하면 A, B, m이 만족해야 할 관계식을 얻는다.

$$2\pi(A^*A + B^*B) - \frac{A^*B}{2\iota m}(e^{-4\iota m\pi} - 1) + \frac{AB^*}{2\iota m}(e^{4\iota m\pi} - 1) = 1 \tag{3}$$

이제 $\Phi(\phi)$는 ϕ가 **순환좌표** cyclic coordinate 이므로 매우 중요한 추가적인 조건을 만족해야 한다. 즉 ϕ가 2π 라디안의 정수배(양, 음, 또는 0) 만큼 변화하면 공간에서 처음 방향과 동일한 방향을 가리킨다. 수학적으로 표현하면

$$\Phi(\phi) = \Phi(\phi + 2\pi)$$

또는

$$\Phi(\phi) = Ae^{\iota m\phi} + Be^{-\iota m\phi} = Ae^{\iota m(\phi + 2\pi)} + Be^{-\iota m(\phi + 2\pi)} \tag{4}$$

가 된다.

이런 제약조건을

$$Ae^{\iota m\phi} + Be^{-\iota m\phi} = Ae^{\iota m\phi}(e^{2\pi\iota m}) + Be^{-\iota m\phi}(e^{-2\pi\iota m}) \tag{5}$$

으로 적을 수도 있다.

식 (5)는 $e^{\pm 2\pi im} = 1$일 때만 성립한다. 즉

$$\cos(2\pi m) \pm \iota\sin(2\pi m) = 1$$

이 되고 이것은

$$m = 0, \pm 1, \pm 2, \pm 3, \ldots \tag{6}$$

일 때만 성립한다.

경계조건을 부여함으로써 분리된 변수의 양자화 조건이 나온다는 사실을 다시 한 번 확인할 수 있다. 이 조건을 식 (3)에 다시 대입하면

$$2\pi(A^*A + B^*B) = 1 \tag{7}$$

을 얻는다.

Φ가 규격화되어야 한다는 것과 ϕ가 순환좌표라는 사실을 고려하면 얻은 식 (7)을 만족하는 한 A와 B를 임의로 선택할 수 있다. 전통적으로 $B = 0$로 잡는데, 그러면

$$A = 1/\sqrt{2\pi} \tag{8}$$

가 되고, 따라서

$$\Phi(\phi) = \frac{1}{\sqrt{2\pi}} e^{\iota m\phi}, \ m = 0, \pm 1, \pm 2, \pm 3, \ldots \tag{9}$$

으로 적을 수 있다.

이 선택을 다른 식으로 해석할 수 있다. m은 양의 정수나 음의 정수 모두 가능하기 때문에 식 (2)에서 A 항 또는 B 항 중 한 항은 무의미해져 없앨 수 있다. 그리고 B 항을 버리기로 하였다. $|\Phi|^2$은 ϕ와 무관하다는 것에 주목하라. 이 성질은 7장에서 수소 원자의 확률 밀도의 그림을 그리거나 해석할 때 유용하게 쓰인다.

m이 정수여야 한다는 조건은 어떤 물리적인 양이 양자화되어 있음을 내포하고 있다. 어떤 양을 말할까? 이 점을 밝히기 위해 각운동량의 z 성분 연산자, 식 (6.3.14)를 생각해 보자.

$$L_z = -\iota\hbar\frac{\partial}{\partial\phi}$$

L_z를 $\Phi(\phi)$에 적용하면

$$L_z\Phi(\phi) = -\iota\hbar\frac{\partial}{\partial\phi}(Ae^{\iota m\phi}) = -\iota^2 m\hbar(Ae^{\iota m\phi}) = (m\hbar)\Phi(\phi) \tag{10}$$

와 같은 고유값 방정식을 얻게 된다. *이 결과는 중심 퍼텐셜 안에서 움직이는 입자의 경우 각운동량의 z 성분이 $\hbar$의 정수배로 양자화되어 있다는 것을 가리킨다.* 쿨롱 퍼텐셜의 경우 이 각운동량은 계의 질량 중심 주위로 "궤도운동" 하는 양성자/전자계의 각운동량이 된다.

식 (6.3.3.)-(6.3.5)의 형태에서 $\boldsymbol{L}$의 x 또는 y 또는 z 성분이 다른 성분들에 비해 "특별나지" 않다는 것을 알 수 있어야 한다. 따라서 식 (6.3.14) 다음에서 설명했던 것처럼 $\boldsymbol{L}$의 z 성분 뿐만 아니라 다른 *모든* 성분들도 이런 식으로 양자화되어 있다. 식 (10)의 형태가 간편한 이유는 구형 좌표계에서 ϕ를 정의한 방식과 관련이 있다. (오해의 소지가 있지만) 양자화가 되어 있는 방향을 통상 z 성분으로 잡는다. 최종적으로는 실험에서 정한 방향을 따라 $\boldsymbol{L}$을 양자화시킨다. 8장을 보라. 또한 식 (10)은 *기댓값*이 아닌 *고유값*에 관한 식임을 명시하라. 계는 여러 각운동량 상태의 중첩 상태에 있을 수 있다.

예제 6.3

식 (9)는 분명 이 딸림절의 첫 번째 식 (1)을 만족한다. 그러나 $m=0$이면 규격화 조건, 식 (3)은 무한대를 포함하게 된다. 이런 형태의 규격화를 포함하지 않으면서 식 (9)가 $m=0$에도 유효하다는 것을 보여라.

$m=0$일 때 식 (1)은

$$\frac{d^2\Phi}{d\phi^2}=0$$

이 된다. 이 식의 풀이는 $\Phi=A\phi+B$이다. 규격화를 하면

$$\int_0^{2\pi}\Phi^2 d\phi=1 \quad\Rightarrow\quad \frac{(2\pi)^3}{3}A^2+(2\pi)^2AB+(2\pi)B^2=1$$

이 된다. 이제 ϕ의 주기적 성질 $\Phi(\phi)=\Phi(\phi+2\pi)$를 이용하면

$$A(\phi+2\pi)+B=A\phi+B$$

가 된다.

이 식은 $A=0$일 때만 성립한다. 그러므로 규격화 조건은 $B=1/\sqrt{2\pi}$가 되어, $m=0$일 때의 식 (9)와 동일한 Φ의 풀이를 가지게 된다. 이 예제를 확대하면 $m\to 0$일 때 식 (3)이 발산하지 않는다는 것을 보일 수 있다.

6.5.2 Θ 방정식의 풀이

앞 딸림절에서 유도한 Φ에 대한 결과를 식 (6.5.5)와 결합하면

$$-\frac{\sin\theta}{\Theta}\frac{d}{d\theta}\left(\sin\theta\frac{d\Theta}{d\theta}\right)-\alpha\sin^2\theta=-m^2 \tag{1}$$

이 된다.

m이 질량이 아니라 자기 양자수라는 것에 주의하라. 양변에 $-\Theta/\sin^2\theta$를 곱하면 식이 보다 깔끔해진다.

$$\frac{1}{\sin\theta}\frac{d}{d\theta}\left(\sin\theta\frac{d\Theta}{d\theta}\right)+\left(\alpha-\frac{m^2}{\sin^2\theta}\right)\Theta=0 \tag{2}$$

이 미분방정식에 들어있는 $\sin\theta$와 $\sin^2\theta$는 방정식의 풀이가 θ의 사인 및 코사인의 다항식으로 표시될 가능성이 크다는 것을 암시한다. 삼각함수의 무한 급수를 다루는 수학은 어렵기 때문에 이 미분방정식을 선형 방정식으로 바꾸는 독립 변수를 도입하는 것이 편리하다. 새 변수를

$$\chi=\cos\theta \tag{3}$$

로 정의하자. 이 정의로부터

$$d\chi=-\sin\theta\, d\theta=-\sqrt{1-\chi^2}\,d\theta$$

또는

$$\frac{d}{d\theta}=-\sqrt{1-\chi^2}\frac{d}{d\chi} \tag{4}$$

를 얻는다.

식 (3)과 (4)를 식 (2)에 대입하면

$$\frac{d}{d\chi}\left[(1-\chi^2)\frac{d\Theta}{d\chi}\right]+\left[\alpha-\frac{m^2}{(1-\chi^2)}\right]\Theta=0 \tag{5}$$

이 되며 이제 Θ는 χ의 함수이다.

Θ를 χ의 무한 급수로 표시할 때가 되었다. 그러나 이런 시도는 문제를 발생시킨다. 회귀 관계식이 두 개 이상의 계수를 포함하고 있어 이 급수에 조화진동자의 풀이에 적용했던 방법을 적용할 수 없기 때문이다. 그러나 식 (5)를 다루기가 조금 쉬운 회귀 관계식을 만드는 급수 풀이로 변환할 수 있다. $\Theta(\chi)$를 아래와 같이 또 다른 함수 $G(\chi)$로 정의해 보자.

$$\Theta(\chi)=(1-\chi^2)^{|m|/2}G(\chi) \tag{6}$$

이 정의를 가지고[4] 식 (5)를 G에 대한 미분방정식으로 변환해 보자.

$$(1-\chi^2)\frac{d^2G}{d\chi^2}-2\chi(|m|+1)\frac{dG}{d\chi}+[\alpha-|m|(|m|+1)]G(\chi)=0 \tag{7}$$

이제 아래 형태의 급수 풀이를 시도하자.

$$G(\chi)=\sum_{n=0}^{\infty}a_n\chi^n \tag{8}$$

이 시행 풀이를 식 (7)에 대입하면

$$\sum_{n=0}^{\infty}n(n-1)a_n\chi^{n-2}+\sum_{n=0}^{\infty}[\beta-2(|m|+1)n-n(n-1)]a_n\chi^n=0 \tag{9}$$

을 얻고 여기서

$$\beta=[\alpha-|m|(|m|+1)] \tag{10}$$

이다.

식 (9)의 첫 번째 항은 $n=0$와 $n=1$일 때 사라진다. 그러면

$$\sum_{n=0}^{\infty}n(n-1)a_n\chi^{n-2}=\sum_{n=2}^{\infty}n(n-1)a_n\chi^{n-2}=\sum_{j=0}^{\infty}(j+1)(j+2)a_{j+2}\chi^j$$

가 되고 여기서 $j=n-2$이다. j는 허깨비 지수이므로 조화진동자의 경우에 했던 것처럼 이 지수를 n이라 적어도 무방하다. 그 결과 식 (9)는 아래 형태와 같이 된다.

$$\sum_{n=0}^{\infty}\{[\beta-2(|m|+1)n-n(n-1)]a_n+(n+1)(n+2)a_{n+2}\}\chi^n=0 \tag{11}$$

$\chi(=\cos\theta)$는 일반적으로 0이 아니므로, 회귀 관계식은

$$a_{n+2}=-\frac{[\beta-2(|m|+1)n-n(n-1)]}{(n+1)(n+2)}a_n \tag{12}$$

이 될 수밖에 없다. 또는 β를 치환하면

$$a_{n+2} = \frac{[(n+|m|)(n+|m|+1)-\alpha]}{(n+1)(n+2)} a_n \tag{13}$$

을 얻는다.

다시 짝 급수와 홀 급수에 해당하는 두 개의 상수 a_0와 a_1을 가진 회귀 관계식을 얻게 되었다.

이제 식 (6)으로 돌아가 보자. χ가 $\chi = \cos\theta$로 정의되었고 $0 \leq \theta \leq \pi$이기 때문에 $-1 \leq x \leq 1$이다. 즉 χ 자체는 절대 발산할 수 없다. 따라서 $(1-\chi^2)$ 역시 발산하지 않는다. $G(\chi)$의 수렴성은 어떤가? 이에 대해 엄밀하게 조사하지는 않지만, 특정한 χ 값에 대해 $G(\chi)$가 발산하지 않는다는 것을 보이고자 한다.

첫째로, n이 클 때, 회귀 관계식은

$$a_{n+2} \sim a_n \tag{14}$$

이 된다. 즉 짝 급수 또는 홀 급수 모두 n이 클 때 계수들의 부호와 크기가 동일하다. 따라서 n이 클 때 χ^n이 급격히 감소하므로 $G(\chi)$가 수렴하는 것처럼 보인다. 그러나 $\chi = \pm 1\,(\theta = 0$ 또는 $\pi)$일 때 문제가 발생한다. 이 경우 $G(\chi)$ 급수의 고차항들이

$$\pm \text{상수}(\ldots + 1 + 1 + 1 + 1 \ldots)$$

처럼 되어 분명 발산하기 때문이다. [엄밀히 말해 $\chi = \pm 1$이면 $\Theta(\chi) \to (0)(\infty)$가 되어 값을 결정할 수 없다. 그러나 $\chi = \pm 1$일 때 $G(\chi)$가 발산하는 것을 보일 수 있다. 문제 6-15를 보라.] 이런 파국을 막기 위해 $G(\chi)$에 대한 풀이를 어떤 n의 최대값에서 끝내야 한다. 즉

$$a_n = 0, \quad n > n_{\max} \tag{15}$$

가 만족되어야 한다.

회귀 관계식이 하나 건너 뛴 계수들을 포함하고 있기 때문에 a_0 또는 a_1 둘 중의 하나를 0이라고 가정하여 짝 급수 또는 홀 급수 어느 하나를 사라지게 해야 한다.

식 (15)를 만족하려면 회귀 관계식에서

$$\alpha = [(n_{\max} + |m|)(n_{\max} + |m| + 1)] \tag{16}$$

이 되어야 한다.

$n_{\max}$가 0과 같거나 0보다 큰 정수라는 것을 제외하고 이 값을 어떻게 선택할 지는 아직 정해지지 않았다. $G(\chi)$의 급수가 유한한 개수(아주 큰 수일지라도)의 항들을 가지고 있는 한 절대 발산하지 않는다. $|m| = 0, 1, 2, \ldots$이므로 $(n_{\max} + |m|) = 0, 1, 2, \ldots$이 된다. $l = (n_{\max} + |m|)$이라고 정의하면

$$\alpha = \ell(\ell + 1), \quad \ell = 0, 1, 2, \ldots \tag{17}$$

로 적을 수 있다.

l을 **궤도 각운동량 양자수** orbital angular momentum quantum number 라고 부른다. 이것의 물리적 중요성을 이해하기 위해 식 (6.4.6)을 다시 들여다보자.

$$-\frac{1}{2\mu Y}[L^2_{\text{op}} Y] = \text{상수} \tag{6.4.6}$$

식 (6.5.1)의 상수의 정의로부터 이 식을 다음 형태로 적을 수 있다.

$$L^2_{op} Y(\theta, \phi) = \hbar^2 \alpha Y(\theta, \phi) = [\hbar^2 \ell(\ell + 1)] Y(\theta, \phi) \tag{18}$$

다시 한 번 고유값 방정식을 얻게 되었다. 이 결과는 계의 각운동량(쿨롱 퍼텐셜의 경우 본질적으로 전자의 궤도 각운동량을 의미)의 크기의 제곱이 $\hbar^2$의 단위로 양자화되어 있다고 해석할 수 있다. 즉

$$L = \sqrt{\ell(\ell + 1)}\hbar, \quad \ell = 0, 1, 2, 3, \ldots \tag{19}$$

가 된다.

이 결과를 앞서 얻은 결론 $L_z = m\hbar$와 결합할 수 있다. $L_z \le |L|$이 분명하기 때문에 l이 결정되면 가능한 m 값은 $m \le \sqrt{l(l+1)}$ 으로 제약을 받게 된다. m과 l이 정수여야 하기 때문에 이는 $|m| \le l$을 의미한다. 따라서

$$L_z = m\hbar, \quad (|m| \le \ell) \tag{20}$$

을 만족해야 한다.

여기서 얻을 수 있는 물리적인 결론의 핵심은 L과 L_z의 길이가 모두 식 (19)와 (20)에 따라 양자화되어 있다는 것이다.

한 가지 예로써 $l=2$인 경우를 생각해 보자. 즉 $L=\sqrt{6}\,\hbar$이고 $L_z=m\hbar$에서 $-2\leq m\leq 2$가 된다. $\boldsymbol{L}$의 z 성분이 $m\hbar$로 양자화되어 있다고 가정한 경우 $\boldsymbol{L}$ 벡터는 중심축이 모두 z축인 5개의 원뿔면 가운데 하나에 놓여 있어야 한다. 그리고 각 원뿔에 대해 L_z의 값은 $-2\hbar$에서 $+2\hbar$까지로 양자화되어 있다. 이 상황이 그림 6.5와 6.6에 그려져 있다.

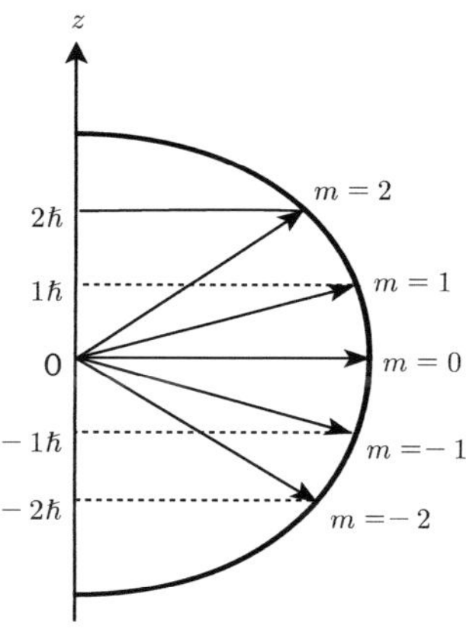

그림 6.5 $l=2, |\boldsymbol{L}|=\sqrt{6}\,\hbar$인 경우 가능한 $\boldsymbol{L}$의 방향

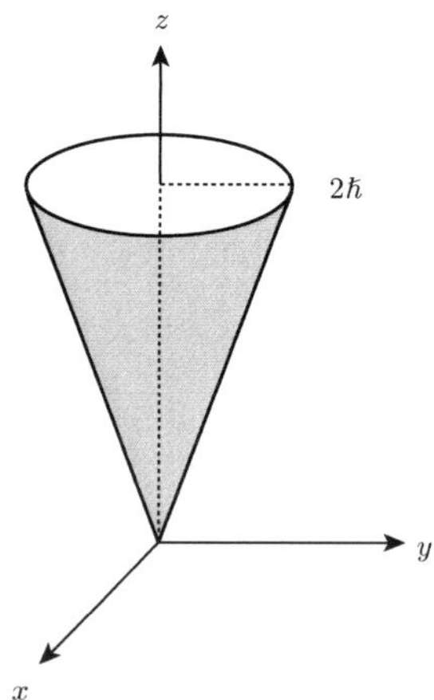

그림 6.6 $\ell=2$, $m=2$인 경우 L은 원뿔면 위의 어느 곳에라도 위치할 수 있다.

각운동량 성분의 양자화는 고전 물리학에서는 찾아 볼 수 없는 또 다른 순수 양자역학적 현상이다. 이 현상의 실험적 증명은 슈뢰딩거의 파동방정식에 대한 강력한 증거가 된다. 역설적으로 슈테른 Stern 과 게를라흐 Gerlach 가 이를 실험적으로 증명한 때는 슈뢰딩거 방정식이 아직 등장하기 전이었다. (이 장의 진행을 방해하지 않기 위해 이 중요한 실험에 대한 소개와 해석은 8장에서 다룬다.) 슈테른-게를라흐 실험의 역사에 관한 뛰어난 소개 기사는 Physics Today 2003; 56(2):53-59에 실린 프라이드리히 B. Freidrich 와 허슈바흐 D. Hershbach 가 쓴 "슈테른과 게를라흐: 어떻게 질 나쁜 담배가 원자물리학의 방향을 바꾸는데 도움을 주었는가 Stern and Gerlach: How bad cigar helped reorient atomic physics"이다.

6.5.3 구면조화함수

$G(\chi)$의 정확한 풀이는 무엇인가? 급수 풀이는

$$\Theta_{\ell,m}(\theta) = (1-\chi^2)^{|m|/2}G(\chi) = (\sin\theta)^{|m|}G(\cos\theta) \qquad (6.5.2.6)$$

가 되고

$$G(\cos\theta) = \sum_{n=0}^{\ell-|m|} a_n(\cos\theta)^n \qquad (6.5.2.8)$$

이다. 여기서 계수 a_n은 회귀 관계식(식 6.5.2.13)을 만족한다. 이제 $\Theta(\theta)$의 풀이는 특별한 (L, L_z) 상태를 표시하는 두 지수 l과 m을 포함하고 있다. 식 (6.5.2.8)에서 $G(\chi)$의 합의 지수가 가질 수 있는 상한값은 $n_{\max} = l-|m|$으로 적을 수 있다.

최종적으로 확률을 계산하기 원한다는 사실로 볼 때 주어진 (l,m)에 대해 $\Theta_{l,m}(\theta)$가 규격화되도록 a_0 혹은 a_1을 선택하는 것이 도움이 된다. 즉

$$\int_0^\pi |\Theta_{\ell,m}(\theta)|^2 \sin\theta\, d\theta = 1$$

규격화를 하는 세부적인 내용은 조금 복잡하다(폴링과 윌슨 책의 부록 VI를 보라). 유도는 생략하고 결과만 소개한다.

$$\Theta_{\ell,m}(\theta) = \sqrt{\frac{2\ell+1}{2}\frac{(\ell-m)!}{(\ell+m)!}}P_{\ell,m}(\cos\theta) \qquad (|m| \le \ell) \tag{1}$$

$P_{l,m}(\cos\theta)$는 **딸림 르장드르 함수** associated Legendre function 라고 부르는 함수이며 다음과 같이 일반 변수 x의 함수로 주어진다.

$$P_{\ell,m}(x) = \frac{1}{2^\ell \ell!}(1-x^2)^{m/2}\frac{d^{\ell+m}}{dx^{\ell+m}}(x^2-1)^\ell \tag{2}$$

우리의 경우 $x=\cos\theta$이다. 식 (1)과 (2)는 m이 양의 정수, 음의 정수, 0일 때 모두 성립한다. 이 함수의 성질에 대한 자세한 내용은 웨버와 아프켄 책의 11장에 나와 있다.

계산하는데 있어 위에 적힌 딸림 르장드르 함수의 형태는 $(x^2-1)^l$을 $(l+m)$번 미분해야 하기 때문에 불편하다. 보다 실용적인 형태는 $\Theta(\theta)$를 $\cos\theta$나 $\sin\theta$의 무한 급수로 직접 표시하는 것이다. 이항전개 binomial expansin 방법을 이용하면 이런 형태를 얻을 수 있다. 자세한 내용이 부록 A2에 나와 있다. 결과를 적으면

$$\Theta_{\ell,m}(\theta) = \frac{1}{2^\ell \ell!}\sqrt{\frac{2\ell+1}{2}(\ell+m)!(\ell-m)!}(\sin^m\theta)\sum_{k=0}^{\left[\frac{\ell-m}{2}\right]}\left[(-1)^k\binom{\ell}{k}\binom{2\ell-2k}{\ell+m}\left(\cos^{\ell-m-2k}\theta\right)\right] \tag{3}$$

가 된다.

수소 원자 파동함수의 그림을 이해하는데 도움이 될 $\Theta(\theta)$의 몇 가지 특성에 대해 언급한다. 식 (3)을 보고 식에 나타난 합이 $\cos\theta$의 다항식이라는 사실을 알아야 한다. 이때 최고 차수($k=0$일 때)는 항상 $l-m$이고 최저 차수는 $l-m$이 짝수이냐 홀수이냐에 따라 달라진다. 계수의 값을 무시하면

$$\ell-m\text{이 짝수} \Rightarrow \Theta_{\ell,m}(\theta) \sim \sin^m\theta[\cos^{\ell-m}\theta + \cos^{\ell-m-2}\theta + \ldots + \tag{4a}$$

$$\ell-m\text{이 홀수} \Rightarrow \Theta_{\ell,m}(\theta) \sim \sin^m\theta[\cos^{\ell-m}\theta + \cos^{\ell-m-2}\theta + \ldots + \text{co} \tag{4b}$$

처럼 된다.

우선 이 식에 나오는 $\sin^m\theta$의 인자를 생각해 보자. $m \neq 0$이라면 이 항은 $\theta = 0$ 축을 따라 $\Theta_{l,m}(\theta) = 0$이 되게 한다. 즉 z축 상에 마디 node가 존재한다. 반대로 $m = 0$이면 z축 상에는 마디 node가 절대 존재할 수 없다.

이제 식 (4a)와 (4b)에 있는 대괄호 [ ]를 생각해 보자. 각각의 경우 $\cos\theta$의 다항식은 $(l-m)$개의 0을 가지고 있다. 즉 $(l-m)$개의 마디 node가 존재한다. $(l-m)$이 짝수인 경우 $\Theta_{l,m}(\theta)$는 $\theta = \pi/2$에 대해 0이 되지 않는다. 그러나 $(l-m)$이 홀수인 경우 $\theta - \pi/2$축을 따라 마디 node가 존재한다. 이 결과를 다음과 같이 요약할 수 있다.

(i) z축을 따라 마디 node가 존재한다면, $m \neq 0$이고 마디 node의 전체 수는 z축 상의 한 개 마디 node를 포함해 $(l-m+1)$이 된다. z축 상에 마디 node가 없다면, $m = 0$이어야 하고 마디 node의 전체 수는 $(l-m)$ 또는 간단히 l이 된다.

(ii) $\theta = \pi/2$축, 즉 $-z$축을 따라 마디 node가 존재한다면, $(l-m)$이 홀수여야 한다. 그렇지 않다면, $(l-m)$이 짝수여야 한다. 이 규칙은 규칙 (i)과는 독립적이므로 규칙의 수가 추가되었다.

마지막으로 중심 퍼텐셜의 슈뢰딩거 방정식의 각부분에 대한 완전한 풀이, $Y_{l,m}(\theta,\phi) = \Theta_{l,m}(\theta)\Phi_m(\phi)$는 식 (6.5.1.9)와 (3)의 곱으로 주어진다. 전통적으로 곱하기 인자 $(-1)^m$을 함수의 정의에 포함시킨다. 즉 $Y_{l,m}(\theta,\phi) = (-1)^m\Theta_{\ell,m}(\theta)\Phi_m(\phi)$. 콘돈-쇼틀리 위상 Condon-Shortley phase 라고 부르는 이 인자는 m의 음의 값에 대해 구면조화함수를 정의하기 위해 붙인다(웨버와 아프켄 책의 11장을 보라). 따라서

$$Y_{\ell,m}(\theta,\phi) = \frac{(-1)^m}{2^\ell \ell!}\left\{\sqrt{\frac{2\ell+1}{4\pi}(\ell+m)!(\ell-m)!}\left(\sin^m\theta\right)\sum_{k=0}^{\left[\frac{\ell-m}{2}\right]}\left[(-1)^k\binom{\ell}{k}\binom{2\ell-2k}{\ell+m}\left(\cos^{\ell-m-2k}\theta\right)\right]\right\}e^{\iota m\phi} \tag{5}$$

를 얻는다.

이 함수를 **구면조화함수** spherical harmonics 라고 부른다. Θ와 Φ가 서로 독립적으로 규격화되어 있으므로 $Y_{l,m}$ 역시 규격화되어 있다. $l = 3$까지의 구면조화함수들이 표 6.1에 나와 있다.

▌표 6.1 구면조화함수

$Y_{0,0}(\theta,\phi) = \dfrac{1}{\sqrt{4\pi}}$	$Y_{1,0}(\theta,\phi) = \sqrt{\dfrac{3}{4\pi}}\cos\theta$
$Y_{1,\pm1}(\theta,\phi) = \mp\sqrt{\dfrac{3}{8\pi}}\sin\theta\, e^{\pm\iota\phi}$	$Y_{2,0}(\theta,\phi) = \sqrt{\dfrac{5}{4\pi}}\left(\dfrac{3}{2}\cos^2\theta - \dfrac{1}{2}\right)$
$Y_{2,\pm1}(\theta,\phi) = \mp\sqrt{\dfrac{15}{8\pi}}\sin\theta\cos\theta\, e^{\pm\iota\phi}$	$Y_{2,\pm2}(\theta,\phi) = \sqrt{\dfrac{15}{32\pi}}\sin^2\theta\, e^{\pm2\iota\phi}$
$Y_{3,0}(\theta,\phi) = \sqrt{\dfrac{7}{16\pi}}(5\cos^3\theta - 3\cos\theta)$	$Y_{3,\pm1}(\theta,\phi) = \mp\sqrt{\dfrac{21}{64\pi}}\sin\theta \times (5\cos^2\theta - 1)\, e^{\pm\iota\phi}$
$Y_{3,\pm2}(\theta,\phi) = \sqrt{\dfrac{105}{32\pi}}\sin^2\theta\cos\theta\, e^{\pm2\iota\phi}$	$Y_{3,\pm3}(\theta,\phi) = \mp\sqrt{\dfrac{35}{64\pi}}\sin^3\theta\, e^{\pm3\iota\phi}$

예제 6.4

$(l,m)=(3,0)$에 대해 식 (5)가 표 6.1에 주어진 $Y_{3,0}$이 된다는 것을 보여라.

$(l,m)=(3,0)$이면 합의 윗쪽 지수는 1이 된다. 따라서

$$Y_{3,0} = \frac{1}{8}\sqrt{\frac{7}{4\pi}}\sum_{k=0}^{1}\left[(-1)^k\binom{3}{k}\binom{6-2k}{3}\right]\left(\cos^{3-2k}\theta\right)$$

$$= \frac{1}{8}\sqrt{\frac{7}{4\pi}}\left[\binom{3}{0}\binom{6}{3}\cos^3\theta - \binom{3}{1}\binom{4}{3}\cos\theta\right]$$

가 된다.

$$\binom{a}{b} = \frac{a!}{b!\,(a-b)!}$$

을 기억한다면, 다음 식을 얻게 된다.

$$Y_{3,0} = \frac{1}{8}\sqrt{\frac{7}{4\pi}}(20\cos^3\theta - 12\cos\theta)$$

괄호 안에서 인자 4를 뽑아내어 바깥쪽 값에 곱하면

$$Y_{3,0} = \sqrt{\frac{7}{16\pi}}(5\cos^3\theta \ - 3\cos\theta)$$

가 되어 표 6.1의 함수와 일치한다.

그림 6.7은 여러 (l,m)값에 대한 $|Y_{l,m}|^2$의 가상 3차원 그림을 보여주고 있다. 이 그림을 세심하게 살펴보라. θ는 수직 상방의 z축(북극)으로부터 측정한 것임을 기억하라. $|Y_{l,m}|^2$은 ϕ와 무관하기 때문에 z축에 대해 회전 대칭성을 가진다.

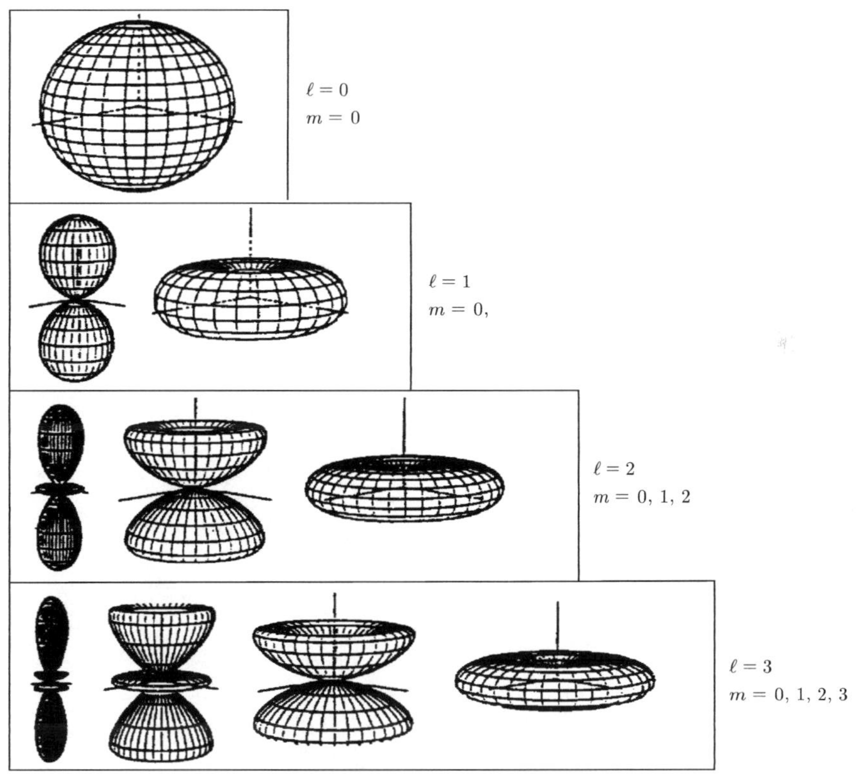

▌그림 6.7 $l=3$까지의 구면조화함수의 제곱의 절대값에 대한 극 도표. 브랜트 Siegmund Brandt 와 다멘 Hans Dieter Dahmen 이 지은 The Picture book of Quantum Mechanics, John Wiley & Sons, Inc., New York, 1985 의 허락을 얻어 게재함.

7장에서는 이 함수가 위치 (r, θ, ϕ)에 놓인 무한히 작은 부피 요소 dV에서 수소 원자의 전자를 발견할 확률 분포를 나타낸다는 것을 배우게 된다.

$$P(r, \theta, \phi)\, dV = \psi^* \psi\, dV = |R(r)|^2 |Y_{\ell, m}(\theta, \phi)|^2 r^2 \sin\theta\, dr\, d\theta\, d\phi \tag{6}$$

그림 6.7에 나온 그래프의 형태는 아직 쿨롱 퍼텐셜에 대한 지름 함수의 풀이를 구하지 못했기 때문에 전자의 확률 분포를 전부 알려주지 않는다. 그러나 확률 분포가 구형 대칭성을 가지지 않았다는 것은 분명하다. (l, m) 상태에 따라 공간의 특정 지역에서 전자를 발견할 확률이 다른 지역에 비해 높다는 것을 알 수 있다. 근본적으로 분자의 결합 방향을 결정하는 것은 $|Y|^2$ 함수의 모양이다.

마지막으로 식 (5)을 보고 금방 알 수는 없지만 $Y_{l,-m} = (-1)^m Y^*_{l,m}$ 임을 보일 수 있다. 부록 A3에 이 증명이 나와 있다.

요 약 06

이 장에서 소개한 핵심 개념들은 직각 좌표계와 구형 좌표계에서의 변수분리법, 에너지 겹침, 각운동량 연산자, 중심 퍼텐셜에 대한 슈뢰딩거 방정식의 각부분 풀이인 구면조화함수이다. 이 장에서 소개된 일부 특수 함수에 대한 정의와 표기법이 교재마다 다를 수 있다는 것을 알아야 한다. 여기서 사용한 띨림 르장드르 함수와 구면조화함수의 정의는 웨버와 아프켄 책의 것과 동일하다.

변수분리법은 상미분방정식과 편미분방정식을 푸는데 사용하는 표준적인 방법으로 미분방정식 교재에 대부분 소개되어 있다. 1차원 이상에서의 슈뢰딩거 방정식의 풀이는 각 차원에 대응되는 양자수로 규정지을 수 있다. 경계조건에 따라 양자수가 다르지만 에너지는 동일할 수 있는데, 이런 현상을 *겹침*이라고 부른다.

차원 (a,b,c)를 가진 무한 퍼텐셜 상자에 갇힌 질량 m인 입자가 가질 수 있는 에너지는 양자수 (n_x,n_y,n_z)의 함수로 다음과 같이 주어진다.

$$E = \frac{h^2}{8m}\left(\frac{n_x^2}{a^2} + \frac{n_y^2}{b^2} + \frac{n_z^2}{c^2}\right),\quad (n_x,\, n_y,\, n_z) = 1, 2, 3, \dots$$

에너지가 E보다 작은 개별 에너지 상태의 수는

$$N(E) = \frac{8^{3/2}\pi}{6}\frac{V m^{3/2}}{h^3}E^{3/2}$$

이고 $V = abc$는 상자의 부피이다.

각운동량은 양자역학의 중심이 되는 매우 중요한 개념이다. 특히 다중 물체계를 다룰 때는 $\boldsymbol{L}$이 가진 벡터적 성질이 대단히 중요하다. 각운동량의 x, y, z 성분에 대한 연산자는 직각 좌표계와 구형 좌표계로 다음과 같이 주어진다.

$$L_x = -\iota\hbar\left(y\frac{\partial}{\partial z} - z\frac{\partial}{\partial y}\right) \equiv -\iota\hbar\left(-\sin\phi\frac{\partial}{\partial\theta} - \cot\theta\cos\phi\frac{\partial}{\partial\phi}\right)$$

$$L_y = -\iota\hbar\left(z\frac{\partial}{\partial x} - x\frac{\partial}{\partial z}\right) \equiv -\iota\hbar\left(\cos\phi\frac{\partial}{\partial\theta} - \cot\theta\sin\phi\frac{\partial}{\partial\phi}\right)$$

와

$$L_z = -\iota\hbar\left(x\frac{\partial}{\partial y} - y\frac{\partial}{\partial x}\right) \equiv -\iota\hbar\frac{\partial}{\partial\phi}$$

(6.3절과 문제 6-7을 보라.)

전체 각운동량의 제곱의 크기에 대한 연산자는

$$L^2 = -\hbar^2\left[\frac{1}{\sin\theta}\frac{\partial}{\partial\theta}\left(\sin\theta\frac{\partial}{\partial\theta}\right) + \frac{1}{\sin^2\theta}\frac{\partial^2}{\partial\phi^2}\right]$$

이다.

이 결과를 이용하면 질량 μ인 계의 해밀토니안 (에너지) 연산자를 구형 좌표계로

$$H = -\frac{\hbar^2}{2\mu r^2}\frac{\partial}{\partial r}\left(r^2\frac{\partial}{\partial r}\right) + \frac{L_{op}^2}{2\mu r^2} + V(r, \theta, \phi)$$

로 적을 수 있다.

중심 퍼텐셜 $V(r)$ 안에서 움직이는 질량 μ인 입자에 대한 슈뢰딩거 방정식을 구형 좌표계로 적으면 다음과 같이 된다.

$$\frac{\hbar^2}{2\mu}\left\{\frac{1}{r^2}\frac{\partial}{\partial r}\left(r^2\frac{\partial}{\partial r}\right) + \frac{1}{r^2\sin\theta}\frac{\partial}{\partial\theta}\left(\sin\theta\frac{\partial}{\partial\theta}\right) + \frac{1}{r^2\sin^2\theta}\left(\frac{\partial^2}{\partial\phi^2}\right)\right\}\psi(r, \theta, \phi)$$

$$+ V(r)\psi(r, \theta, \phi) = E\psi(r, \theta, \phi)$$

이 방정식은 지름 부분 $R(r)$과 각 부분 $Y(\theta,\phi)$로 변수분리된다. 즉

$$\psi(r, \theta, \phi) = R(r)\,Y(\theta, \phi)$$

각 파동함수 $Y(\theta,\phi)$는

$$Y_{\ell,m}(\theta, \phi)$$

$$= \frac{(-1)^m}{2^\ell \ell!}\left\{\sqrt{\frac{2\ell+1}{4\pi}(\ell+m)!(\ell-m)!}(\sin^m\theta)\sum_{k=0}^{\left[\frac{\ell-m}{2}\right]}\left[(-1)^k\binom{\ell}{k}\binom{2\ell-2k}{\ell+m}(\cos^{\ell-m-2k}\theta)\right]\right\}e^{\iota m\phi}$$

로 주어진다.

$Y_{l,m}$을 구면조화함수라고 부른다. 여기서 l은 궤도 각운동량 양자수이고, m은 자기 양자수이다. 이 두 정수는 계의 전체 각운동량과 (관습적으로) 각운동량의 z 성분을 아래와 같이 양자화하는 상수이다.

$$L = \sqrt{\ell(\ell + 1)}\hbar \quad (\ell = 0, 1, 2, \dots)$$

와

$$L_z = m\hbar \quad (|m| \leq \ell)$$

문 제 06

6-1(E) 차원이 $(1.0, 1.5, 1.9)$ Å인 무한 퍼텐셜 상자 안에서 움직이는 전자를 생각해 보자. $(n_x, n_y, n_z) = 1$에서 3까지 모든 가능한 에너지 준위(단위 eV)에 대한 표를 만들어라.

6-2(E) 부피가 $1\ \text{cm}^3$인 상자 안에 갇힌 전자를 생각해 보자. 에너지 $E < 10$ eV인 전자가 가질 수 있는 양자 상태의 수는 얼마인가? 10 eV와 10.01 eV 사이에는 얼마나 많은 양자 상태가 존재할까?

6-3(E) 다음 중 어느 3차원 퍼텐셜의 슈뢰딩거 방정식이 변수분리될 수 있을까?

(a) $V(x, y, z) = x^2y + \sin(z)$

(b) $V(x, y, z) = x^2 + y + \tan^{-1}(\sqrt{z})$

(c) $V(x, y, z) = e^x y^{7/2} z^2$

(d) $V(x, y, z) = y\sin(x) + z\cos(y) + y\tan(z)$

(e) $V(x, y, z) = y^{-4} + \sin^{-1}(e^{\sqrt{x}}) + \tan(z)$

(f) $V(x, y, z) = e^{xy\sqrt{z}}$

(g) $V(x, y, z) = e^{x+y-\sqrt{z}}$

6-4(E) 플랑크는 흑체 이론을 유도할 때 흑체 공동 안에 있는 광자의 파장이 연속이라고 가정했다. 이 사실은 공동의 크기가 유한하기 때문에 나타나는 파장의 불연속성과 모순되는 것이었다. 플랑크는 부피가 V인 공동 안에 있는 진동수 ν와 $\nu + d\nu$ 사이에 있는 광자 상태의 수가

$$N(\nu)\,d\nu = \frac{8\pi V}{c^3}\nu^2\,d\nu$$

가 된다고 주장했다. 이 식을 파장의 함수로 바꿔라. 이제 작은 부피, 예를 들어 1 mm^3를 생각해 보자. 대표적인 가시광선 영역인 $\lambda = 5000$ Å과 $\lambda = 5001$ Å 사이에 들어있는 광자 상태의 수는 얼마인가? 이 결과가 진동수/파장이 연속적으로 변화한다는 플랑크의 주장을 정당화시켜 줄 수 있을까?

6-5(I) 구형 좌표계 단위벡터의 도함수에 관한 식 (6.2.7)을 증명하라.

6-6(I) 식 (6.3.9)에서 보여준 방법을 사용해 식 (6.3.8)에 있는 다른 3개의 항을 구하라. 그리고 L_{op}^2에 관한 식 (6.3.10)과 (6.3.11)을 증명하라.

6-7(I) 6.3절에서 $(L_z)_{op}$의 표현식을 유도하는데 사용한 방법을 따라 각운동량의 x와 y성분이 구형 좌표계에서

$$L_x \equiv -\iota\hbar\left(-\sin\phi\frac{\partial}{\partial\theta} - \cot\theta\cos\phi\frac{\partial}{\partial\phi}\right)$$

과

$$L_y \equiv -\iota\hbar\left(\cos\phi\frac{\partial}{\partial\theta} - \cot\theta\,\sin\phi\frac{\partial}{\partial\phi}\right)$$

로 주어진다는 것을 보여라.

6-8(E) 8장에서는 *각운동량의 올림 및 내림 연산자* $L_\pm = L_x \pm i\,L_y$가 소개된다. 문제 6-7의 결과를 사용하여 구형 좌표계에서 이 연산자들이

$$L_\pm \equiv \hbar e^{\pm\iota\phi}\left\{ \pm\frac{\partial}{\partial\theta} + \iota\cot\theta\frac{\partial}{\partial\phi}\right\}$$

로 표시된다는 것을 보여라.

6-9(A) 6.2절과 6.3절의 절차를 따라 L_{op}^2에 대한 표현식을 (a) 직각 좌표계와 (b) 구형 좌표계에 대해 유도하라.

6-10(I) 예제 6.2에서 $[L_x, L_y]=(i\hbar)L_z$라는 것을 보였다. 같은 식으로

$$[L_y, L_z] \equiv (i\hbar)L_x$$

와

$$[L_z, L_x] \equiv (i\hbar)L_y$$

가 되는 것을 증명하라.

6-11(I) $[L_x, p_x]=0$, $[L_x, p_y]=(i\hbar)p_z$와 $[L_x, p_z]=-(i\hbar)p_y$인 것을 증명하라. 또한 좌표를 순차적으로 바꾸면 항등식 $[L_y, p_x]=-(i\hbar)p_z$, $[L_y, p_y]=0$, $[L_y, p_z]=(i\hbar)p_x$, $[L_z, p_x]=(i\hbar)p_y$, $[L_z, p_y]=-(i\hbar)p_x$와 $[L_z, p_z]=0$가 된다는 것을 증명하라.

6-12(I) $[L_x, x]=0$, $[L_x, y]=(i\hbar)z$와 $[L_x, z]=-(i\hbar)y$인 것을 증명하라. 또한 좌표를 순차적으로 바꾸면 항등식 $[L_y, x]=-(i\hbar)z$, $[L_y, y]=0$, $[L_y, z]=(i\hbar)x$, $[L_z, x]=(i\hbar)y$, $[L_z, y]=-(i\hbar)x$와 $[L_z, z]=0$가 된다는 것을 증명하라.

6-13(E) 식 (6.4.6)이 식 (6.4.4)와 6.3절에서 논의한 내용으로부터 나온다는 것을 보여라.

6-14(E) $m \to 0$일 때 식 (6.5.1.3)이 발산하지 않는다는 것을 증명하라.

6-15(I) 6.5.2절에서 함수 $\Theta(\chi)=(1-\chi^2)^{|m|/2}G(\chi)$가 $\chi\to\pm1$일 때 값이 결정되지 않는다는(부정 indeterminate) 것을 언급했다. 로피털 L'Hôpital 정리를 사용해 이것을 증명하라. 그리고 $\Theta(\chi)$의 다른 인수분해 형태 $\Theta(\chi)=(1-\chi^2)^{-|m|/2}U(\chi)$를 생각해 보자. $U(\chi)$의 급수 풀이의 고차 항들이 $G(\chi)$들의 고차 항들과 동일한 식으로 행동하고, 따라서 $U(\chi)$도 $\chi\to\pm1$일 때 발산한다는 것을 보여라. 미분방정식의 풀이에 대한 유일 정리 uniqueness theorem 에 의하면 식 6.5.2절에서 $G(\chi)$를 마감한 방식에 대해 어떤 결론을 내릴 수 있을까?

6-16(E) 식 (6.5.3.4a)와 (6.5.3.4b)에 주어진 $\Theta_{l,m}(\theta)$의 표현식을 증명하라.

6-17(I) 식 (6.5.3.5)를 직접 사용해 표 6.1에 주어진 $Y_{3,1}$의 표현이 옳다는 것을 증명하라.

6-18(I) 구형 좌표계를 사용해 ψ가 $\psi=\Theta(\theta)\Phi(\phi)$의 형태를 가질 때, 즉 ψ가 θ와 ϕ의 함수로 변수분리될 때 $[L^2,L_z]\psi=0$이 되는 것을 증명하라. 수학적인 능력을 가지고 있다면 또한 $[L^2,L_x]\psi=0$과 $[L^2,L_y]\psi=0$인 것도 증명해 보라. 그러나 증명이 쉽지 않다는 것을 말해 둔다. 더 쉬운 방법이 8.1절에 소개되어 있다.

6-19(I) 퍼텐셜 함수가 지름좌표 r만의 함수[즉 $V=V(r)$]이고 파동함수가 $\psi(r,\theta,\phi)=R(r)g(\theta,\phi)$로 변수분리된다면, $[H,L^2]\psi=0$가 된다는 것을 보여라.

6-20(I) 1차원 이상의 차원에서 "불확정성 묶음 uncertainty packet" $\Delta r\Delta p$는 $\Delta r\Delta p=\sqrt{(\langle r^2\rangle-\langle \boldsymbol{r}\rangle^2)(\langle p^2\rangle-\langle \boldsymbol{p}\rangle^2)}$을 계산하여 알 수 있다. 여기서 벡터 기댓값의 제곱은 $\langle \boldsymbol{r}\rangle^2=\langle \boldsymbol{r}\rangle\cdot\langle \boldsymbol{r}\rangle$처럼 내적으로 주어진다. 3차원에서는 불확정성 원리가 $\Delta r\Delta p\geq(\sqrt{3}/2)\hbar$ ([5]를 보라)가 된다는 것을

보일 수 있다. 3차원일 때 대칭적인 중심 퍼텐셜에 대해 $\psi(r,\theta,\phi) = R(r)Y_{l,m}(\theta,\phi)$로 잡을 수 있다. 여기서 $Y_{l,m}$은 6.5.3절에서 배운 구면 조화함수이다. 이 경우 항상 $\langle \boldsymbol{r} \rangle = 0$가 되는 것을 증명하라. [힌트: $Y_{l,m}$가 복소 함수라는 것에 주목하라. 구형 좌표계를 사용하라. 식 (6.2.5)의 구형 좌표계를 사용하면 $\boldsymbol{r} = r\boldsymbol{r}$로 적을 수 있으며 $\boldsymbol{r}$은 지름 단위벡터이다.] 모든 시간이 관계된 파동함수에 대해 $\langle \boldsymbol{p} \rangle = 0$ (4.2절)이므로 이런 파동함수에 대한 불확정성 묶음은 간단히 $\Delta r \Delta p = \sqrt{\langle r^2 \rangle \langle p^2 \rangle}$가 된다.

6-21(I) 정상적인 벡터 해석에서 한 벡터를 자기 자신과 벡터 외적하면 항상 0이 된다. 즉 $\boldsymbol{A} \times \boldsymbol{A} = 0$이다. 그러나 벡터가 연산자일 때는 사정이 달라진다. 구형 좌표계를 사용해 각운동량 연산자는 $\boldsymbol{L} \times \boldsymbol{L} = (i\hbar)\boldsymbol{L}$이 된다는 것을 보여라.

07 장 중심 퍼텐셜

7.1 소개

앞 장에서 중심 퍼텐셜 $V(r)$ 안에서 움직이는 질량 μ인 입자의 슈뢰딩거 방정식

$$-\frac{\hbar^2}{2\mu}\left\{\frac{1}{r^2}\frac{\partial}{\partial r}\left(r^2\frac{\partial}{\partial r}\right)+\frac{1}{r^2\sin\theta}\frac{\partial}{\partial\theta}\left(\sin\theta\frac{\partial}{\partial\theta}\right)+\frac{1}{r^2\sin^2\theta}\left(\frac{\partial^2}{\partial\phi^2}\right)\right\}\psi(r,\theta,\phi)$$
$$+V(r)\psi(r,\theta,\phi)=E\psi(r,\theta,\phi) \tag{6.4.1}$$

의 풀이 ψ가 구형 좌표계 (r,θ,ϕ)에서 지름 부분과 각 부분으로 $\psi(r,\theta,\phi) = R(r)Y(\theta,\phi)$처럼 변수분리된다는 것을 알았다. 계의 각운동량 제곱의 연산자 L_{op}^2 [식 (6.3.11)]으로는 이 변수분리가

$$-\frac{\hbar^2}{2\mu}\left\{\frac{1}{R}\frac{\partial}{\partial r}\left(r^2\frac{\partial R}{\partial r}\right)\right\}+[V(r)-E]r^2=-\frac{1}{2\mu Y}(L_{\text{op}}^2Y) \tag{6.4.6}$$

의 형태를 가진다.

각 함수 $Y(\theta,\phi)$의 풀이인 구면조화함수 $Y_{l,m}(\theta,\phi)$를 6.5절에서 구했고

$$Y_{\ell,m}(\theta,\phi)$$
$$=\frac{(-1)^m}{2^\ell\ell!}\left\{\sqrt{\frac{2\ell+1}{4\pi}(\ell+m)!(\ell-m)!}(\sin^m\theta)\sum_{k=0}^{\left[\frac{\ell-m}{2}\right]}\left[(-1)^k\binom{\ell}{k}\binom{2\ell-2k}{\ell+m}\right](\cos^{\ell-m-2k}\theta)\right\}e^{im\phi} \tag{6.5.3.5}$$

로 주어진다. 여기서 l과 m은 각각 궤도 각운동량 및 자기 양자수로 $l = 0, 1, 2, \ldots$와 $|m| \leq l$인 관계를 가진다.

식 (6.5.2.18)에 $L_{\rm op}^2$ 의 고유값이 주어져 있다.

$$\mathbf{L}_{\rm op}^2 Y_{\ell,m}(\theta,\phi) = [\hbar^2 \ell(\ell+1)] Y_{\ell,m}(\theta,\phi) \tag{6.5.2.18}$$

중심 퍼텐셜에 대한 식 (6.4.6)의 지름 부분의 풀이를 구하기 위해 (6.5.2.18)의 결과를 식의 오른편에 대입하여 식을 l의 함수로 표시하는 것이 편리하다.

$$-\frac{\hbar^2}{2\mu}\left\{\frac{1}{R}\frac{\partial}{\partial r}\left(r^2\frac{\partial R}{\partial r}\right)\right\} + [V(r) - E]r^2 = -\frac{1}{2\mu Y}[\hbar^2 \ell(\ell+1)]Y$$

그런 뒤 Y 함수를 소거하고 식을 다시 정리하면

$$-\frac{\hbar^2}{2\mu}\left\{\frac{1}{R}\frac{\partial}{\partial r}\left(r^2\frac{\partial R}{\partial r}\right) - \ell(\ell+1)\right\} + V(r)r^2 = Er^2 \tag{1}$$

의 형태를 얻는다.

이 식은 *지름방정식* radial equation 으로 알려져 있다. 자기 양자수 m은 각운동량 l에 대한 구면조화함수 $Y_{l,m}(\theta,\phi)$ 안에 "숨어있다". 주어진 퍼텐셜 $V(r)$에 대해 $R(r)$을 풀면, 여러 다른 조합의 양자수 l과 m에 대한 모든 풀이를 얻을 수 있게 된다.

지름방정식의 형태가 두 가지가 있는 것을 보게 된다. 첫 번째 형태는 도함수를 아래와 같이 좀 더 간편하게 표시할 수 있기 때문에

$$\frac{1}{R}\frac{\partial}{\partial r}\left(r^2\frac{\partial R}{\partial r}\right) = \frac{r}{R}\frac{\partial^2}{\partial r^2}(rR) \tag{2}$$

식 (1)이

$$-\frac{\hbar^2}{2\mu}\left\{\frac{r}{R}\frac{\partial^2}{\partial r^2}(rR) - \ell(\ell+1)\right\} + V(r)r^2 = Er^2 \tag{3}$$

의 형태를 가진다.

다른 형태는 보조 함수

$$U(r) = r\,R(r) \tag{4}$$

을 사용하여 식을 적기 때문에

$$\frac{d^2U}{dr^2} + \frac{2\mu}{\hbar^2}\left\{E - V(r) - \frac{\ell(\ell+1)\hbar^2}{2\mu r^2}\right\}U(r) = 0 \tag{5}$$

처럼 된다.

식 (1), (3) 또는 (5)의 풀이에서 에너지 준위를 나타내는 양자수 n이 나오길 예상하면, 전체 파동함수 ψ는

$$\psi_{n\ell m}(r, \theta, \phi) = R_n(r)Y_{\ell,m}(\theta, \phi) = \frac{U_n(r)}{r}Y_{\ell,m}(\theta, \phi) \tag{6}$$

의 형태를 가지게 된다.

이 장의 목적은 지름방정식의 여러 형태에 대한 풀이를 구하는 것이다. 이제 두 가지 비교적 단순한 경우로 특히 $l = 0$인 경우의 무한 구형 퍼텐셜 우물과 유한 구형 퍼텐셜 우물에 대한 풀이를 구하는 것으로 시작하려 한다(7.2절과 7.3절). 이 우물들은 6장에서 다룬 3차원 사각 상자의 구형 대칭성을 가진 유사물이라고 볼 수 있다. 여기서 다룰 풀이는 핵물리학과 관련이 크다. 원자핵은 수십 MeV 정도의 깊이와 10^{-14} m 정도의 반지름을 가진 구형 퍼텐셜 우물로 가정할 수 있다. 7.4절과 7.5절에서는 수소의 쿨롱 퍼텐셜에 대한 풀이를 구하고 그 성질을 자세히 살펴본다. 이 풀이가 양자역학의 발전에 미친 중요성은 아무리 강조해도 지나치지 않는다. 이 풀이는 정말로 양자역학이 지닌 가장 빛나는 보석 가운데 하나이다. 보어의 수소 스펙트럼에 관한 해석은 양자역학의 시작을 알렸다. 슈뢰딩거는 양자역학에 대한 그의 역사적인 논문에서 쿨롱 퍼텐셜에 대한 파동방정식의 풀이를 구했다[1]. 쿨롱 퍼텐셜은 슈뢰딩거 방정식의 정확한 풀이를 해석학적으로 구할 수 있는 유일한 실제적인 원자 퍼텐셜이고, 이 퍼텐셜에 대한 풀이는 보다 더 복잡한 원자계와 분자계의 물리학을 이해하는 기반을 제공했다. 슈뢰딩거 방정식의 풀이는 확률적인 해석을 제공하므로 풀이로부터 예측할 수 있는 수소의 성질은 보어 모형의 예측과는 매우 다르다. 그러나 보어와 슈뢰딩거의 해석은 적어도 한 가지 점에서 일치한다. 스펙트럼 분석을 통해 알게 된 전자/양성자계가 가질 수 있는 에너지 준위가 그것이다.

7.2 무한 구형 우물

무한 구형 우물은 6.1절에서 다룬 3차원의 퍼텐셜 상자와 유사하다. 입자(질량 μ)가 반지름이 a인 공간의 구형 지역 안에 아래처럼 정의된 투과할 수 없는 퍼텐셜 장벽에 의해 갇혀 있다.

$$V(r) = \begin{cases} \infty \ (r \geq a) \\ 0 \quad (r < a) \end{cases} \tag{1}$$

이 퍼텐셜이 그림 7.1에 그려져 있다.

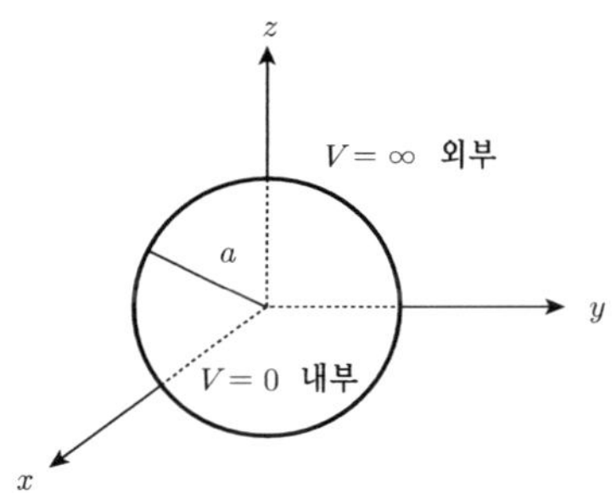

그림 7.1 무한 구형 우물

가장 간단한 경우는 입자의 각운동량이 0인 $l = 0$일 때이다. ($l \neq 0$인 지름방정식을 풀려면 구면 베셀 함수 spherical Bessel function 및 구면 노이만 함수 spherical Neumann function 을 알아야 하며 이 함수들은 이 책의 범위를 넘는 내용이다.)

이 경우 지름방정식의 (5)번 형태를 사용하는 것이 가장 다루기 쉽다. U에 밑첨자 0을 붙여 이 풀이가 $l = 0$일 때만 성립하는 것임을 기억하게 한다. 우물 안에서는

$$\frac{d^2U_0}{dr^2} + k^2U_0 = 0 \tag{2}$$

이 되고 여기서

$$k^2 = \frac{2\mu E}{\hbar^2} \tag{3}$$

이다.

식 (1)과 (2)는 1차원 무한 퍼텐셜 우물을 기술할 때 사용한 식과 동일하다. 이것이 (5)번 형태의 지름방정식을 사용한 이유이다. 따라서 풀이를 곧바로

$$U_0(r) = A\sin(kr) + B\cos(kr) \tag{4}$$

로 적을 수 있다.

여기에 어떤 경계조건을 적용해야 할까? 지름 방정식의 풀이가 U로 직접 주어지지 않고, $R = U/r$로 주어진다는 것을 명심하는 것이 중요하다. $r \to 0$일 때 발산하는 것을 막기 위해 $U(r=0) = 0$이 되어야 하고, 따라서 식 (4)에서 $B = 0$가 된다. 또한 장벽을 투과할 수 없기 때문에 $U(r=a) = 0$ 또는 $ka = n\pi$가 되어야 한다. 그러므로

$$E_n(\ell = 0) = \frac{n^2\pi^2\hbar^2}{2\mu a^2} \tag{5}$$

을 얻게 된다. (여기서 $r=0$에서 $U(r)$이 0이 되어야 한다는 주장은 너무 단순하지만, 우리 목적을 위해서는 적절하다고 볼 수 있다. 보다 자세한 내용은 샹카르 Shankar 의 책을 참고하라[2].) 무한 구형 우물 안에 갇힌 $l=0$인 입자의 에너지 준위는 폭이 구형 우물의 반지름과 같은 1차원 무한 사각 우물의 에너지 준위와 동일하다. 이 경우의 파동함수는

$$\psi_{n00}(r, \theta, \phi) = R_n(r)Y_{0,0}(\theta, \phi) = \frac{A}{\sqrt{4\pi}\,r}\sin\left(\frac{n\pi r}{a}\right)$$

가 된다. 규격화 조건은

$$\frac{A^2}{4\pi}\int_0^a\int_0^\pi\int_0^{2\pi}\left[\frac{1}{r^2}\sin^2\left(\frac{n\pi r}{a}\right)\right]r^2\sin\theta\, d\phi\, d\theta\, dr = 1$$

이 되어 적분을 하면 $A = \sqrt{2/a}$를 얻는다. 따라서 파동함수가

$$\psi_{n00} = \frac{1}{\sqrt{2\pi a}\,r}\sin\left(\frac{n\pi r}{a}\right) \tag{6}$$

이 된다.

이런 퍼텐셜 안에 있는 입자에 대해 r의 기댓값은 다음과 같이 주어진다.

$$\langle r \rangle = \frac{1}{2\pi a}\left\{\int_0^a r\sin^2(n\pi r/a)\,dr\right\}\left\{\int_0^\pi \sin\theta\,d\theta\right\}\left\{\int_0^{2\pi} d\phi\right\} = \frac{2}{a}\int_0^a r\sin^2(n\pi r/a)\,dr$$

$$= \frac{2}{a}\left[\frac{r^2}{4} - \frac{r\sin(n\pi r/a)}{4(n\pi/a)} - \frac{\cos(n\pi r/a)}{8(n\pi/a)^2}\right]_0^a = \frac{a}{2} \tag{7}$$

$\langle r \rangle$은 n과 무관하다. 입자의 에너지가 증가하면 확률 분포가 바뀌지만, 평균 위치는 달라지지 않는다. $l \neq 0$이면 $\langle r \rangle$이 n과 l 모두의 함수가 된다.

7.3 유한 구형 우물

3장에서 다룬 1차원의 유한 퍼텐셜 우물과 유사한 구형 퍼텐셜 우물은 다음과 같이 정의한다.

$$V(r) = \begin{cases} V_o & (r \geq a) \\ 0 & (r < a) \end{cases} \tag{1}$$

이런 퍼텐셜은 3장에서 다룬 알파 붕괴 문제와 유사하게 원자핵 안에 갇힌 입자를 기술하는데 사용할 수 있다. 이 퍼텐셜에 대한 지름방정식의 구속 상태 $(E < V_0)$ 풀이를 구해 보자. 이 퍼텐셜의 에너지 준위는 3.3-3.5절에서 공부한 1차원 유한 우물의 에너지 준위와 매우 유사한 성질을 가진다.

또 한 번 $l = 0$인 경우를 생각해 보자. 우물 내부($r < a$)에서 지름방정식은 무한 구형 우물의 것인 앞 절의 식 (2)와 동일하다. $U(r=0) = 0$라는 경계조건을 적용하면 풀이가

$$R_0^{\text{내부}}(r) = \frac{A\sin(k_1 r)}{r}, \quad k_1^2 = 2\mu E/\hbar^2 (r < a) \tag{2}$$

가 된다. 여기서 μ는 다시 퍼텐셜 안에 갇힌 입자의 질량이다. 우물 외부($r \geq a$)에서 지름방정식은

$$\frac{d^2U_0^{\text{외부}}(r)}{dr^2} = k_2^2 U_0^{\text{외부}}(r) \tag{3}$$

이 되고 여기서

$$k_2^2 = \frac{2m}{\hbar^2}(V_o - E) \tag{4}$$

이다. 이 식의 풀이의 일반적인 형태는

$$U_0^{외부}(r) = Ce^{k_2 r} + De^{-k_2 r}$$

이 된다. 즉

$$R_0^{외부}(r) = \frac{Ce^{k_2 r}}{r} + \frac{De^{-k_2 r}}{r} \tag{5}$$

$r \to \infty$ 일 때 $U(r) \to 0$ 이라는 조건을 적용하면 $C = 0$가 되어 풀이가 간단해진다.

$$R_0^{외부}(r) = \frac{De^{-k_2 r}}{r} \tag{6}$$

$r = a$에서 R과 dR/dr이 연속이 되어야 한다는 조건을 적용하면 두 개의 식

$$A\sin(k_1 a) = De^{-k_2 a} \tag{7}$$

와

$$A[ak_1\cos(k_1 a) - \sin(k_1 a)] = -De^{-k_2 a}[ak_2 + 1] \tag{8}$$

을 얻게 된다.

식 (8)을 식 (7)로 나눠 A와 D를 소거하면 에너지 고유값에 대한 초월 방정식 transcendental equation 을 얻게 된다.

$$\xi\cot\xi = -\eta \tag{9}$$

여기서

$$\xi = k_1 a \tag{10}$$

와

$$\eta = k_2 a \tag{11}$$

로 정의하였다.

k_1과 k_2의 정의로부터 구형 퍼텐셜에 대한 세기 매개변수를 3장의 1차원 유한 퍼텐셜의 경우와 매우 유사하게 정의할 수 있다.

$$\xi^2 + \eta^2 = a^2(k_1^2 + k_2^2) = \frac{2\mu V_o a^2}{\hbar^2} = \textbf{상수} = R^2 \tag{12}$$

식 (12)는 (ξ,η) 평면에서 반지름 R인 원의 식 $\xi^2+\eta^2=R^2$이다. 이것이 세기 매개변수를 R^2으로 정한 이유이다. 가능한 구속상태 에너지는 식 (9)와 (12)를 동시에 만족하는 ξ와 η의 값을 구하면 알 수 있다. 즉 (ξ,η) 평면에서 이 두 방정식의 교점을 구하면 된다. k_1과 k_2의 정의로부터 ξ와 η는 모두 양수여야 하고, 따라서 1사분면에서의 값만 구하면 된다.

이 상황이 그림 7.2에 그려져 있다.

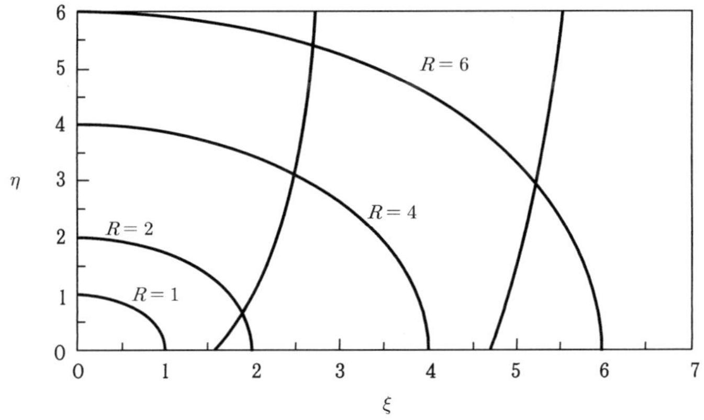

▮ 그림 7.2 유한 구형 우물의 에너지 고유값에 대한 풀이를 보여준다.

원호와 같은 곡선은 식 (12)에서 $R=1,2,4,6$의 값에 해당하는 다른 깊이를 가진 우물에 대한 곡선들이다. 원호와 거의 수직한 코탄젠트 곡선($\eta=-\xi\cot\xi$)과의 교점은 양자화된 에너지 준위에 대응된다. $R=1$인 우물은 구속상태를 가지지 않는 반면, 다른 우물들은 구속상태를 가진다. 코탄젠트 함수는 $(2n-1)\pi/2$, $n=1,2,3,\ldots$에서 0이 되기 때문에 구형 우물이 n개의 구속상태를 가지려면 $R>(2n-1)\pi/2$가 되거나, 또는

$$V_o a^2 \geq \frac{(2n-1)^2 h^2}{32\mu} \quad (\ell = 0) \tag{13}$$

을 만족해야 한다.

이 예제를 1차원 유한 퍼텐셜 우물과 비교하면 흥미롭다. 이 예제의 경우 짝 풀이와 홀 풀이가 존재하지 않는다. 1차원의 경우 짝 풀이와 홀 풀이가 존재하는 이유는 1차원 우물의 양쪽 벽($x = \pm L$)에서 경계조건을 적용했기 때문이다. 반면 r은 $r < 0$이 될 수 없다. 1차원 우물은 아무리 우물의 깊이가 얕더라도 적어도 한 개의 구속상태를 항상 가지는 반면, 구형 우물은 그렇지 않다.

예제 7.1

깊이 50 MeV, 반지름 10^{-14} m인 구형 우물 안에 갇힌 알파 입자는 얼마나 많은 에너지 상태를 가질 수 있을까? $l = 0$으로 가정하라.

식 (13)로부터

$$(2n-1)^2 < \frac{32\mu a^2 V_o}{h^2}$$

적절한 수치를 대입하면

$$(2n-1)^2 < \frac{32(6.646\times10^{-27}\text{kg})(10^{-14}\text{m})^2(8.010\times10^{-12}\text{J})}{(6.626\times10^{-34}\ \text{J}\cdot\text{sec})^2}$$

또는

$$(2n-1)^2 < 388$$

이 된다.

이 식으로부터 $n < 10.4$를 얻는다. 즉 알파 입자는 $l = 0$일 때 단지 10개의 구속상태만을 가질 수 있다.

이 계의 구속상태의 가장 낮은 에너지를 다음과 같이 구할 수 있다. 식 (12)로부터

$$\xi^2 + \eta^2 = \frac{2\mu a^2 V_o}{\hbar^2} = 956.6$$

이 되고, 이 결과를 사용해 식 (9)에서 η를 소거하면 ξ의 제약조건을 얻을 수 있다.

$$\xi \cot \xi + \sqrt{956.6 - \xi^2} = 0$$

이 식의 근의 최저값은 $\xi = 3.04305$이고, 식 (10)과 식 (2)의 k_1의 정의를 사용하면

$$E = \frac{\xi^2 \hbar^2}{2\mu a^2} = 0.48 \text{ MeV}$$

를 얻을 수 있다.

7.4 쿨롱 퍼텐셜

이 장의 소개 부분에서 강조했던 것처럼 수소가 가진 퍼텐셜 또는 쿨롱 퍼텐셜은 슈뢰딩거 방정식의 정확한 풀이를 구할 수 있다는 점에서 아마도 가장 중요한 퍼텐셜이라 할 수 있다. 수소 원자의 모형은 거리 r 떨어진 전하량 $-e$인 단일 전자와 전하량 $+e$인 단일 양성자로 구성되어 있다. 전자기학 이론을 통해 수소 원자의 퍼텐셜 에너지가

$$V(r) = -\frac{e^2}{4\pi\epsilon_o r} \tag{1}$$

로 주어지는 것을 알고 있다.

6.4절에서 지적했던 것처럼 이 퍼텐셜의 중요성은 수학적으로 엄밀한 풀이가 주어진다는 것이다. 1장에서 보어 원자를 분석할 때 양성자의 위치가 고정되어 있다고 가정했다. 이유는 양성자의 질량이 "궤도운동"하는 전자의 질량에 비해 매우 무겁기 때문이다. 물론 이것은 사실이 아니며, 두 물체계 two-body system 를 분석하는데 일반적으로 적용되는 원칙에 위배된다. 따라서 이 절에서는 모든 두 물체계에 대한 슈뢰딩거 방정식이 계의 질량 중심(center of mass; CM)의 운동을 기술하는 부분과 계의 "내부" 에너지 준위를 기술하는 부분의 두 부분으로 분리될 수 있다는 것을 증명하려고 한다. 두 번째 부분은 두 물체계를 한 물체 문제 one-body problem 로 단순화할 수 있게 해 준다. 그리고 이 방법은 *모든* 두 물체 중심 퍼텐셜 문제에 적용할 수 있다. 따라서 이것이 이 장의 나머지 부분의 주요 관심사가 된다.

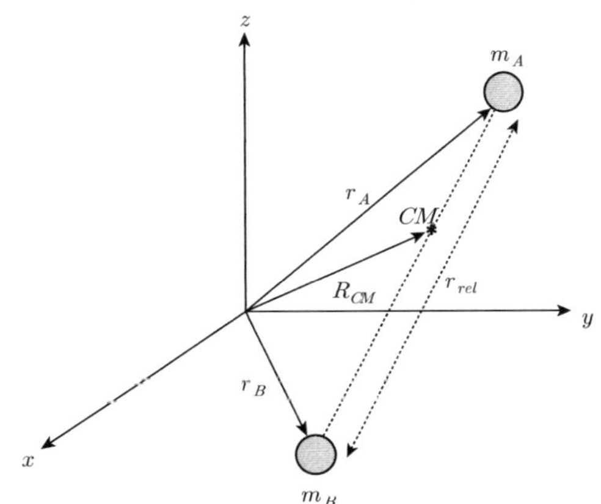

▌그림 7.3 두 입자계를 한 입자계로 변환하는 방법

질량 m_A와 m_B인 두 입자가 그려져 있는 그림 7.3을 보라. [여기서 기호 m은 질량을 의미한다. 앞서 소개한 자기 양자수 기호와 혼동하지 말아야 한다. 두 물체계의 환산 질량, 아래에 나온 식 (4)를 표시하는데는 기호 μ를 사용한다.] 그림에 표시한 좌표의 원점에 대해 두 입자는 $\boldsymbol{r}_A$와 $\boldsymbol{r}_B$에 위치한다. $\boldsymbol{R}_{CM}$은 이런 두 물체계의 질량 중심의 위치이고, 두 입자를 잇는 직선 위에 위치한다. 고전역학에서 $\boldsymbol{R}_{CM}$은 다음처럼 정의한다.

$$\boldsymbol{R}_{CM} = \frac{m_A \boldsymbol{r}_A + m_B \boldsymbol{r}_B}{m_A + m_B} \tag{2}$$

또 입자의 질량의 합과 계의 **환산 질량**을

$$M = m_A + m_B \tag{3}$$

와

$$\mu = \frac{m_A m_B}{m_A + m_B} \tag{4}$$

처럼 기호로 표시하면 도움이 된다는 것을 뒤에서 보일 것이다.

여기서 가장 중요한 개념은 두 입자의 **상대좌표** relative coordinate 로서

$$\boldsymbol{r}_{rel} = \boldsymbol{r}_A - \boldsymbol{r}_B \tag{5}$$

로 정의한다.

m_B에서 m_A로 향하는 벡터를 가정하면, 두 입자 사이의 거리가 벡터 $\boldsymbol{r}_A - \boldsymbol{r}_B$의 크기, 간단히 r_{rel}로 주어진다는 것을 이해해야 한다. 이 계의 퍼텐셜 에너지가 두 입자 사이의 거리만의 함수라면, 퍼텐셜 에너지를 $V(r_{rel})$로 적을 수 있다.

이제 이 계의 슈뢰딩거 방정식은

$$-\frac{\hbar^2}{2m_A}\nabla_A^2\psi(\boldsymbol{r}_A, \boldsymbol{r}_B) - \frac{\hbar^2}{2m_B}\nabla_B^2\psi(\boldsymbol{r}_A, \boldsymbol{r}_B) + V(r_{rel})\psi(\boldsymbol{r}_A, \boldsymbol{r}_B) = E\psi(\boldsymbol{r}_A, \boldsymbol{r}_B) \tag{6}$$

이 된다.

윗 식에서 ∇_A^2는 입자 A의 좌표에 대한 미분이라는 것을 기억하라. 동일하게 ∇_B^2는 입자 B의 좌표에 대한 미분이다. $\psi(\boldsymbol{r}_A, \boldsymbol{r}_B)$는 입자 A가 위치 $\boldsymbol{r}_A$에 있는 작은 부피 요소에 있을 확률과 입자 B가 위치 $\boldsymbol{r}_B$에 작은 부피 요소에 있을 확률을 주는 "연계 확률 joint probability" 파동함수이다.

6장에서 변수분리법을 사용해 성공한 것을 본떠서 $\psi(\boldsymbol{r}_A, \boldsymbol{r}_B) = \psi_A(\boldsymbol{r}_A)\psi_B(\boldsymbol{r}_B)$로 변수분리하려는 유혹을 느낄 수 있다. 그러나 퍼텐셜 에너지가 $V(r_{rel}) = V(|\boldsymbol{r}_A - \boldsymbol{r}_B|)$로 "$A$"와 "$B$"의 좌표로 분리되지 않기 때문에 곧바로 이것이 틀렸다는 것을 깨달을 수 있다. r_{rel}의 도함수에 관한 것이라면 분리될지 모른다는 희망이 조금은 있다. 더욱이 두 입자가 있기 때문에 $r_{rel} = \boldsymbol{r}_A - \boldsymbol{r}_B$은 이들의 *상대적인* 위치에 관한 정보만을 제공한다. 원점에 대한 이들의 *절대* 위치를 알고 싶다면, 한 가지 정보가 더 필요해 진다. 이 두 번째 좌표가 바로 식 (2)에 정의한 $\boldsymbol{R}_{CM}$이다. 중요한 점은 식 (6)을 $(\boldsymbol{r}_A, \boldsymbol{r}_B)$ 좌표로부터 $(r_{rel}, \boldsymbol{R}_{CM})$ 좌표로 변환할 수 있다는 것이다. 이렇게 함으로써 자연스럽게 슈뢰딩거 방정식을 $\boldsymbol{r}_{rel}$와 $\boldsymbol{R}_{CM}$의 방정식으로 분리할 수 있다.

식 (6)의 라플라시안 연산자도 새 좌표로 변환할 필요가 있다. ∇_A^2의 x 성분을 변환시켜보자. ∇_A^2의 다른 성분과 ∇_B^2에 대해서도 같은 방법을 적용할 수 있다.

다중변수 미적분에서 이런 종류의 변환은 다음과 같이 하면 된다.

$$\frac{\partial}{\partial x_A} = \left(\frac{\partial x_{CM}}{\partial x_A}\right)\frac{\partial}{\partial x_{CM}} + \left(\frac{\partial x_{rel}}{\partial x_A}\right)\frac{\partial}{\partial x_{rel}} = \left(\frac{m_A}{M}\right)\frac{\partial}{\partial x_{CM}} + \frac{\partial}{\partial x_{rel}} \tag{7}$$

$\partial/\partial x_B$ 역시 같은 식으로 하면 되지만, 식 (5)의 오른편에 있는 두 번째 항의 부호가 변화하므로

$$\frac{\partial}{\partial x_B} \equiv \left(\frac{m_B}{M}\right)\frac{\partial}{\partial x_{CM}} - \frac{\partial}{\partial x_{rel}} \tag{8}$$

가 된다.

이것을 (y, z) 성분으로 확장하여 2차 도함수를 구하면 ∇_B를 또 한 번 적용하므로 식 (8)의 음의 부호가 사라져

$$\nabla_A^2 \equiv \left(\frac{m_A}{M}\right)\nabla_{CM}^2 + \nabla_{rel}^2 \tag{9}$$

와

$$\nabla_B^2 \equiv \left(\frac{m_B}{M}\right)\nabla_{CM}^2 + \nabla_{rel}^2 \tag{10}$$

를 얻게 된다.

이제 $\psi(\boldsymbol{r}_A, \boldsymbol{r}_B) \equiv \psi_{CM}(\boldsymbol{R}_{CM})\psi_{rel}(\boldsymbol{r}_{rel})$으로 변수분리된다고 가정하고 식 (9)와 (10)을 식 (6)에 대입해 보자. CM 좌표에 대한 도함수가 상대좌표에 영향을 미치지 않는다는 것과 그 역도 성립한다는 것을 기억한다면

$$\begin{aligned} &-\frac{\hbar^2 m_A}{2M^2}\psi_{rel}\nabla_{CM}^2\psi_{CM} - \frac{\hbar^2 m_B}{2M^2}\psi_{rel}\nabla_{CM}^2\psi_{CM} \\ &-\frac{\hbar^2}{2m_A}\psi_{CM}\nabla_{rel}^2\psi_{rel} - \frac{\hbar^2}{2m_B}\psi_{CM}\nabla_{rel}^2\psi_{rel} + V(r_{rel})\psi_{CM}\psi_{rel} = E\,\psi_{CM} \end{aligned} \tag{11}$$

를 얻는다.

식 (11)을 $\psi_{CM}\psi_{rel}$로 나누면 식이

$$\left[-\frac{\hbar^2}{2M}\frac{1}{\psi_{CM}}\nabla_{CM}^2\psi_{CM}\right] + \left[-\frac{\hbar^2}{2\mu}\frac{1}{\psi_{rel}}\nabla_{rel}^2\psi_{rel} + V(r_{rel})\right] = E \tag{12}$$

가 된다.

식 (12)에서 첫 번째 대괄호 안에 있는 항은 CM 좌표만의 함수인 반면, 두 번째 대괄호 안의 항은 상대좌표만의 함수이다. 즉 방정식이 변수분리되어 있다. 환산 질량은 식 (12)의 상대좌표 부분에만 나타난다는 것에 주목하라. $E = E_{CM} + E_{rel}$로 적으면 두 개의 독립적인 방정식을 얻게 된다.

$$-\frac{\hbar^2}{2M}\nabla^2_{CM}\psi_{CM} = E_{CM}\psi_{CM} \tag{13}$$

과

$$-\frac{\hbar^2}{2\mu}\nabla^2_{rel}\psi_{rel} + V(r_{rel})\psi_{rel} = E_{rel}\psi_{rel} \tag{14}$$

식 (13)과 (14)를 자세히 살펴보라. 식 (13)은 "자유" 입자의 슈뢰딩거 방정식이다. 즉 $V = 0$일 때의 슈뢰딩거 방정식이다. 이 방정식은 두 입자계의 CM의 "운동"을 기술하며, CM의 운동에너지가 연속적으로 변할 수 있다는 것을 말해준다. 실제로 그림 7.3의 좌표계의 원점을 CM에 놓으면 유도 결과로 식 (14)만이 남게 된다.

식 (14)는 단일 입자의 슈뢰딩거 방정식 형태를 가지지만, 입자의 질량이 두 입자계의 환산 질량을 가진다. CM 좌표와 상대좌표로 분리함으로써 두 입자계를 단일 입자계로 단순화시켰다.

이 방법은 중심 퍼텐셜의 영향을 받는 모든 두 입자계에 적용할 수 있다는 큰 장점을 가지고 있다. 이 방법을 사용하여 다시 슈뢰딩거 방정식을 얻을 수 있기 때문에, 6장에 소개한 각/지름 방향의 변수 분리 및 이를 통해 얻은 모든 결과식 – 특히 7.1절에 주어진 지름 방정식의 여러 형태 – 이 정당성을 얻게 된다. 식에서 단일 입자의 질량을 식 (4)의 환산 질량으로만 바꿔주면 두 입자계의 방정식이 된다. 실제로 식 (14)는 밑첨자 rel을 빼고 사용한다.

8.4절에서는 다입자계에서의 변수분리 문제를 다루며, 특히 구별 가능한 입자와 구별 불가능한 입자의 역할에 관해 관심을 가진다. 여기서는 우리가 할 일은 전자/양성자 계인 수소의 지름 방정식을 푸는 것이다. 이 계의 환산 질량은

$$\mu = \frac{m_e m_p}{m_e + m_p} = \frac{m_e}{1 + m_e/m_p} \tag{15}$$

이며, 전자 질량보다 약간 작은 값이다. 이 때문에 이 값을 *환산 전자질량* reduced electron mass 이라고도 부르고 μ_e로 표기한다. 이 두 입자계를 단순화하는 방법이 가진 능력을 보여주는 한 예로서 양성자를 양의 전자, 즉 양전자 positron로 대치한 수소 원자를 가정해 보자. 이런 원소를 "포지트로니움 positronium"이라고 부른다. 아래에서 수소에 대해 유도할 지름 파동함수 및 에너지와 동일한 파동함수와 에너지가 포지트로니움에도 적용되며, 포지트로니움의 경우 단지 적절한 환산 질량, 즉 $m_e/2$로 교체해 주면 된다. 사실상 여러 문제를 한 번에 푼 셈이다.

여기서 사용할 지름 방정식의 형태는 7.1절의 식 (5)와 같다.

$$-\frac{\hbar^2}{2\mu_e}\left\{\frac{d^2}{dr^2}-\frac{\ell(\ell+1)}{r^2}\right\}U(r)+V(r)U(r)=EU(r) \tag{16}$$

이 절의 식 (1)에 주어진 쿨롱 퍼텐셜이란 특수한 경우에 대해 풀이를 구해보자.

$$\left\{-\frac{\hbar^2}{2\mu_e}\frac{d^2}{dr^2}+\frac{\hbar^2\ell(\ell+1)}{2\mu_e r^2}-\frac{e^2}{4\pi\epsilon_o r}\right\}U(r)=EU(r) \tag{17}$$

식 (17)에 나오는 여러 물리상수들 때문에 계산이 지저분해질 수 있다. 5장에서 길이와 에너지의 차원을 가진 문제를 다룰 때 물리상수들을 조합하여 슈뢰딩거 방정식을 차원이 없는 형태로 바꾸면 풀이가 단순해진다는 것을 알았다. 이 경우에 이미 이런 상수들의 조합을 알고 있다. 1장에 나온 수소의 보어 반지름과 리드베리 에너지(식 1.3.7과 1.3.15)가 바로 그것이다. 그리고 정상적인 전자 질량 대신 전자의 환산 질량을 사용하면 된다. 보어 반지름과 리드베리 에너지를 각각 a_0와 E_r로 표기하면 차원이 없는 좌표 ρ와 ϵ을 아래처럼 정의할 수 있다.

$$r=\left(\frac{4\pi\epsilon_o\hbar^2}{\mu_e e^2}\right)\rho=a_o\rho \tag{18}$$

와

$$E=\left(\frac{\mu_e e^4}{32\pi^2\epsilon_o^2\hbar^2}\right)\epsilon=E_r\epsilon \tag{19}$$

이런 차원이 없는 좌표를 환산 변수 reduced variable 라고도 부른다. 그리고 E_r 은 바닥상태의 에너지를 표기하는 기호로 사용된다. 이런 정의를 사용하면

$$\frac{d}{dr} = \frac{1}{a_o}\frac{d}{d\rho} \quad \text{and} \quad \frac{d^2}{dr^2} = \frac{1}{a_o^2}\frac{d^2}{d\rho^2} \tag{20}$$

을 얻는다.

식 (17)에서 r과 E를 ρ와 ϵ의 함수로 바꾸면 물리상수가 나타나지 않는 식으로 변환할 수 있다.

$$-\frac{d^2U}{d\rho^2} + \frac{\ell(\ell+1)}{\rho^2}U - \frac{2}{\rho}U = \epsilon U \tag{21}$$

이 식은 상수가 아닌 계수를 가진 2차 선형 미분방정식이다. 분명 U에 대한 급수 풀이를 찾아야 한다. 그러나 조화진동자의 경우처럼 U의 점근 풀이를 구함으로써 최종 풀이를 단순화할 수 있다. 이제 두 가지 경우를 생각해 보자: $\rho \to \infty$ 일 때와 $\rho \to 0$일 때의 $U(\rho)$. 이 두 극단적인 경우를 분리해서 살펴보자.

$\rho \to 0$일 경우

$\rho \to 0$일 때 식 (21)의 두 번째 항은 인자 ρ^{-2} 때문에 가장 중요해진다. 따라서

$$\frac{d^2U}{d\rho^2} \sim \frac{\ell(\ell+1)}{\rho^2}U \qquad (\rho \to 0) \tag{22}$$

이제 $\rho \to 0$이면 파동함수가 유한하기 위해 $U \to 0$이 되어야 한다. 그러므로 $U(\rho) = A\rho^k$처럼 멱함수 형태를 예상할 수 있다. 이것은

$$k(k-1)A\rho^{k-2} = \ell(\ell+1)A\rho^{k-2}$$

또는 $k(k-1) = l(l+1)$, 즉 $k = -l$ 또는 $l+1$을 요구한다. l은 양의 정수 또는 0이므로 풀이 $k = -l$은 k가 음수라는 것을 의미한다. 그런데 k가 음수이면 U가 원점에서 발산하여 파동함수를 규격화할 수 없기 때문에 물리적으로 허용이 되지 않는다. 결과적으로

$$U(\rho) \propto \rho^{\ell+1}, \qquad (\rho \to 0) \tag{23}$$

이 될 수 밖에 없다. [부가 설명: $\rho \to 0$일 때 $U(\rho)$의 행동은 이보다 미묘하다. 규격화가 되어야 하는 함수는 $R = U/r$이다. 즉 $\int R^2 r^2 dr = \int U^2 dr$. 함수가 특정한 위치에서 무한대의 값을 갖더라도 이 점을 포함하는 구간에서 적분값이 유한할 수 있다. 예를 들어 $U(\rho) = 1/(\rho - a)$, $a > 0$이 그런 함수이다. 그러나 ρ^{-l}과 같은 ρ의 단순한 역 멱함수는 이와 다르기 때문에 제외해야 한다. 더 자세히 알려면 [2]를 보라. 더 나아가 식 (21)에서 ρ^{-2}항이 사라지고 $d^2U/d\rho^2 \sim -(2/\rho)U$가 남기 때문에 $l = 0$일 때 앞서의 주장이 틀리게 된다. 이 경우 $U(\rho) = A\rho^k$ 형태의 풀이를 찾을 수 없다. 이 유도를 적용할 수 있는 것은 식 (22)와 (23) 사이에 있는 식 안에 나오는 ρ 인자가 모두 동일한 멱수로 증가하기 (따라서 상쇄되기) 때문이다. 그러나 $l = 0$이면, $U \sim \sum \rho^n$ 형태의 급수 풀이를 사용할 수 있다. 이 결과는 식 (26)과 (31)의 일반 급수 풀이와 겹칠 수 있는 급수 풀이이며 따라서 이 경우 다른 유도 과정이 필요하지 않다.]

$\rho \to \infty$ 일 경우

이 경우 식 (21)의 두 번째 항과 세 번째 항이 사라져 식이

$$\frac{d^2U}{d\rho^2} \sim \epsilon U \quad (\rho \to \infty) \tag{24}$$

이 된다.

이런 단순한 미분방정식에는 두 가지 풀이가 가능하다: $U(\rho) \propto e^{\pm\sqrt{-\epsilon}\rho}$. 구속 상태 에너지, $\epsilon < 0$를 구하고 싶기 때문에, $\sqrt{-\epsilon}$은 양의 실수가 된다. 지수 안의 부호가 양인 풀이는 $\rho \to \infty$일 때 U가 발산하므로 풀이가 될 수 없다. 따라서

$$U(\rho) \propto e^{-\sqrt{-\epsilon}\rho} \quad (\rho \to \infty) \tag{25}$$

만 취한다.

일반적인 경우

식 (23)과 (25)를 결합하면 일반적으로

$$U(\rho) = F(\rho)\rho^{\ell+1}e^{-\sqrt{-\epsilon}\rho} \tag{26}$$

을 얻을 수 있다. 여기서 $F(\rho)$는 ρ의 다항식이다.

식 (26)을 식 (21)에 대입하면 $F(\rho)$에 관한 미분방정식이 나온다.

$$\frac{d^2F}{d\rho^2} + \left\{\frac{2D}{\rho} + 2\gamma\right\}\frac{dF}{d\rho} + \left\{\frac{2\gamma D}{\rho} + \frac{2}{\rho}\right\}F(\rho) = 0 \tag{27}$$

여기서 γ와 D는 각각

$$\gamma = -\sqrt{-\epsilon} \tag{28}$$

과

$$D = \ell + 1 \tag{29}$$

로 정의한다.

식 (27)에 ρ를 곱하면

$$\rho\frac{d^2F}{d\rho^2} + 2(D + \gamma\rho)\frac{dF}{d\rho} + 2(\gamma D + 1)F = 0 \tag{30}$$

으로 바뀐다.

이제 아래 형태의 $F(\rho)$의 급수 풀이를 가정해 보자.

$$F(\rho) = \sum_{k=0}^{\infty} b_k\rho^k \tag{31}$$

이 시행 급수를 식 (30)에 대입하고 조작을 거쳐 동일한 멱수를 가진 ρ의 모든 항을 모으면

$$\begin{aligned}&[2Db_1 + 2b_0(\gamma D + 1)]\\&+ \sum_{k=1}^{\infty}[b_{k+1}(k+1)(k+2D) + 2b_k(\gamma k + \gamma D + 1)]\rho^k = 0\end{aligned} \tag{32}$$

처럼 된다.

ρ는 일반적으로 0이 되지 않기 때문에 대괄호 [ ] 안의 양이 0이 되어야 한다. 즉

$$b_1 = -\frac{(\gamma D + 1)}{D} b_0 \tag{33}$$

와

$$b_{k+1} = -\frac{2[\gamma(k + \ell + 1) + 1]}{(k + 1)[k + 2(\ell + 1)]} b_k \tag{34}$$

가 되어야 한다.

식 (34)를 적는데 있어 D를 소거하기 위해 식 (29)를 사용했다. 식 (33)은 $k = 0$ 일 경우의 식 (34)와 같다. 식 (34)는 구하고자 했던 회귀 관계식이다.

항상 그래왔듯이 핵심되는 질문은 “이 급수가 모든 ρ 값에서 수렴하는가?”이다. k가 매우 클 때 식 (34)의 행동을 살펴봄으로써 이 질문에 답할 수 있다.

$$b_{k+1} \approx -\left(\frac{2\gamma}{k}\right) b_k \tag{35}$$

$F(\rho)$의 급수에서 두 연속항의 비는

$$\left[\frac{(n+1)\text{항}}{(n)\text{항}}\right]_{\text{급수 풀이}} = \frac{b_{k+1}}{b_k}\rho \sim -\left(\frac{2\gamma}{k}\right)\rho \tag{36}$$

처럼 행동한다.

이제 식 (5.3.16)으로부터 전개 지수 n이 매우 클 때 일반 지수급수 $\exp(\eta\rho^p)$의 연속항 사이의 비는

$$\left[\frac{(n+1)\text{항}}{(n)\text{항}}\right]_{\text{지수함수}} \sim \frac{\eta\rho^p}{n} \tag{37}$$

가 된다.

식 (36)과 (37)을 비교하면 $p = 1$과 $\eta = -2\gamma$를 얻게 된다. 이것은

$$F(\rho) \sim e^{-2\gamma\rho} \tag{38}$$

로 점근한다는 것을 의미한다.

$\gamma = -\sqrt{-\epsilon}$ 이므로 $\gamma < 0$ 이어야 한다. 이것은 $F(\rho)$가 발산한다는 것을 의미한다. 그러나 지름 방정식의 풀이 $U(\rho)$는 $F(\rho)$와 두 개의 다른 함수(식 26)의 곱으로 주어지므로 $U(\rho)$가 수렴할지 발산할지 아직 알 수 없다. 3개의 항 모두의 점근 행동을 살펴보면

$$U(\rho) = F(\rho)\rho^{\ell+1}e^{-\sqrt{-\epsilon}\rho} \sim e^{-2\gamma\rho}\rho^{\ell+1}e^{\gamma\rho} \sim e^{-\gamma\rho}\rho^{\ell+1} \sim \rho^{\ell+1}e^{+\sqrt{-\epsilon}\rho}$$

임을 알 수 있고, 이 함수는 분명히 발산한다. 이런 파국을 막는 유일한 방법은 $F(\rho)$의 급수가 어떤 유한한 n에서 끝나는 것이다. 어떤 극한값 N보다 큰 특정 k 값에서 $b_k = 0$라고 가정하면 회귀 관계식에 의해

$$\gamma N + \gamma(\ell + 1) + 1 = 0$$

또는

$$\gamma(N + \ell + 1) = -1 \tag{39}$$

을 만족해야 한다. $l = 0, 1, 2, \ldots$ 이므로 $(N + l + 1) = 1, 2, 3, \ldots$ 이 된다.

$$n = N + \ell + 1 \tag{40}$$

로 정의하면 유한 급수가 될 조건은 γ가

$$\gamma = -\sqrt{-\epsilon} = -\frac{1}{n}$$

또는

$$\epsilon = -\frac{1}{n^2} \tag{41}$$

을 만족하길 요구한다.

N이 취할 수 있는 최소값이 0이므로

$$(\ell + 1) \leq n, \qquad (n \geq 1) \tag{42}$$

라고 적을 수 있다.

식 (19)의 ϵ의 정의를 사용하면 에너지 E는

$$E_n = E_r\epsilon = -\frac{E_r}{n^2} = -\frac{\mu_e e^4}{32\pi^2\epsilon_o^2\hbar^2 n^2} \quad (n \geq 1) \tag{43}$$

이 된다.

식 (43)은 슈뢰딩거 방정식을 통해 구한 수소 원자의 구속상태 에너지를 알려준다. 이 에너지는 전자의 환산 질량을 사용했을 때의 보어 모형의 예측 결과와 동일하다.

수소 원자 파동함수의 지름 부분 풀이는 이제

$$\begin{aligned} R_{n\ell}(r) &= \frac{1}{r}U(r) = \frac{1}{r}F(\rho)\rho^{\ell+1}e^{-\sqrt{-\epsilon}\rho} \\ &= \frac{1}{r}F(r/a_o)(r/a_o)^{\ell+1}\exp(-r/na_o) \\ &= \frac{1}{r}(r/a_o)^{\ell+1}\exp(-r/na_o)\sum_{k=0}^{n-\ell-1} b_k(r/a_o)^k \end{aligned} \tag{44}$$

로 표현할 수 있다.

이 식에는 한 개의 임의 상수 b_0가 존재한다. 아래처럼 주어진 (n, l)에 대해 R_{nl}이 규격화되도록 이 상수를 선택하면

$$\int_0^\infty R_{n\ell}^2(r)r^2dr = 1$$

로부터 아래 식을 얻게 된다.

$$R_{n\ell}(r) = A_{n\ell}e^{-r/na_o}(2r/na_o)^\ell L_{n-\ell-1}^{2\ell+1}(2r/na_o) \tag{45}$$

여기서 A_{nl}은

$$A_{n\ell} = \sqrt{\frac{4(n-\ell-1)!}{a_o^3n^4(n+\ell)!}} \tag{46}$$

으로 주어지고, $L_{n-l-1}^{2l+1}(x)$는 아래처럼 주어지는 x에 대한 **딸림 라게르 다항식** associated Laguerre polynomial 이다.

$$L_{n-\ell-1}^{2\ell+1}(x)=\sum_{k=0}^{n-\ell-1}(-1)^k\begin{pmatrix} n+\ell \\ n-\ell-1-k\end{pmatrix}\frac{x^k}{k!}$$

$$=\sum_{k=0}^{n-\ell-1}\frac{(-1)^k(n+\ell)!}{(n-\ell-1-k)!\,(2\ell+1+k)!\,k!}x^k \tag{47}$$

이 경우 $x=(2r/na_0)$이다. 라게르 다항식의 정의가 교재마다 다르다는 것을 경고해 둔다. 여기서 인용한 정의는 웨버와 아프켄 책(13.2절)과 폴링과 윌슨 책에 사용된 정의와 같다. 처음 몇 개의 지름 파동함수가 표 7.1에 나와 있다. 표를 보면 지름 좌표 r은 항상 수소꼴 원자에 대한 천연 길이 단위인 보어 반지름으로 나눈 것으로 표시된다.

지금까지 배운 것을 요약하면 수소의 파동함수를 기술하기 위해서는 3개의 양자수 (n,l,m)이 필요하다. 양자수 n (주양자수 principal quantum number)은 계의 에너지 준위를 나타낸다. 주어진 에너지 준위는 n에 의해 결정되고, 전체 궤도 각운동량은 6장에서 유도한 것처럼 $L=\sqrt{l(l+1)}\hbar,\ 0\le l\le(n-1)$로 주어진다. 또 주어진 l에 대해 $-l\le m\le l$을 만족하는 $(2l+1)$개의 m으로 정의되는 L_z 상태가 존재한다. 주어진 에너지 준위 n에 속한 딸림 상태의 전체 수를 구하려면 모든 가능한 l에 대해 $(2l+1)$ 값의 합을 구해야 한다.

▮ 표 7.1 수소의 지름 파동함수 $R_{nl}(r)$

$R_{10}(r)=\frac{2}{a_o^{3/2}}e^{-r/a_o}$	$R_{20}(r)=\frac{1}{(2a_o)^{3/2}}(2-r/a_o)e^{-r/2a_o}$
$R_{21}(r)=\frac{1}{\sqrt{3}(2a_o)^{3/2}}(r/a_o)e^{-r/2a_o}$	$R_{30}(r)=\frac{2}{(3a_o)^{3/2}}\left[1-\frac{2r}{3a_o}+\frac{2r^2}{27a_o^2}\right]e^{-r/3a_o}$
$R_{31}(r)=\frac{4\sqrt{2}}{9(3a_o)^{3/2}}(r/a_o)\left[1-\frac{r}{6a_o}\right]e^{-r/3a_o}$	$R_{32}(r)=\frac{2\sqrt{2}}{27\sqrt{5}(3a_o)^{3/2}}(r/a_o)^2e^{-r/3a_o}$

$$\text{에너지 준위 } E_n \text{의 겹침} = \sum_{\ell=0}^{n-1}(2\ell + 1) = 2\sum_{\ell=0}^{n-1}\ell + \sum_{\ell=0}^{n-1}(1)$$
$$= (n)(n-1) + n = n^2 \quad (48)$$

전자 스핀(8장)까지 고려하면 겹침은 $2n^2$이 된다.

예제 7.2

아래에 주어진 식 (30)

$$\rho\frac{d^2F}{d\rho^2} + 2(D + \gamma\rho)\frac{dF}{d\rho} + 2(\gamma D + 1)F = 0$$

의 풀이를 아래와 같은 급수 형태

$$F(\rho) = \sum_{k=0}^{\infty} b_k\rho^k$$

로 적을 때 아래와 같은 ρ의 다른 형태의 급수가 가능할 수 있다는 사실을 무시했다.

$$F(\rho) = \sum_{k=0}^{\infty} b_k\rho^{k+c}$$

이 새로운 급수 형태를 가지고 식 (30)의 풀이를 다시 구해보라.

새로운 F의 형태를 미분방정식에 대입하면

$$\sum_{k=0}(k + c)(k + c - 1 + 2D)b_k\rho^{k+c-1} + 2\sum_{k=0}[\gamma(k + c + D) + 1]b_k\rho^{k+c} = 0$$

이 된다.

첫 번째 항을 전개하면

$$c(c - 1 + 2D)b_0\rho^{c-1} + \sum_{k=1}(k + c)(k + c - 1 + 2D)b_k\rho^{k+c-1}$$
$$+ 2\sum_{k=0}[\gamma(k + c + D) + 1]b_k\rho^{k+c} = 0$$

을 얻게 된다.

첫 번째 합에서 평상시처럼 새로운 지수 $j=k-1$을 정의하자. 그러면

$$c(c-1+2D)b_0\rho^{c-1}+\sum_{j=0}(j+c+1)(j+c+2D)b_{j+1}\rho^{j+c}$$
$$+2\sum_{k=0}[\gamma(k+c+D)+1]b_k\rho^{k+c}=0$$

이 된다.

이제 두 번째 합을 아래와 같이 결합할 수 있다.

$$(c-1+2D)b_0\rho^{c-1}+\sum_{k=0}\{(k+c+1)(k+c+2D)b_{k+1}$$
$$+2[\gamma(k+c+D)+1]b_k\}\rho^{k+c}=0$$

$D=l+1$을 사용하면 지수가 만족해야 할 조건은

$$c(c+2\ell+1)b_0=0$$

이 되고 회귀 관계식은

$$b_{k+1}=-\frac{2[\gamma(k+c+\ell+1)+1]}{(k+c+1)(k+c+2\ell+2)}b_k$$

이 된다.

이 식은 $c=0$일 때의 식 (34)와 같다는 것에 주목하라. $b_0\neq 0$(그렇지 않으면 풀이가 0이 된다)이라 가정하면 회귀 관계식으로부터 $c=0$ 또는 $c=-(2l+1)$을 얻게 된다. $c=0$는 이미 유도한 "표준" 풀이이다. $c=-(2l+1)$라 잡았을 때 어떤 결과를 얻게 되는지 알아보자.

이 경우 회귀 관계식이

$$b_{k+1}=-\frac{2[\gamma(k-\ell)+1]}{(k-2\ell)(k+1)}b_k$$

가 된다.

이 회귀 관계식은 $c=0$일 때와 동일한 점근 형태 $b_{k+1}\sim-(2\gamma/k)b_k$를 가지기는 하지만 심각한 문제를 안고 있다. 즉 인자 $k\sim 2l$이 분모에 나타난다. 따라서 $k=2l$이 되면 $b_{k+1}=\infty$가 되어 급수를 규격화할 수 없다. 결과적으로 $c\neq 0$은 물리적이 아니기 때문에 버릴 수 밖에 없다.

7.5 수소 원자의 확률 분포

표 6.1과 7.1에서 본 것처럼 수소 원자의 완전한 파동함수 $\psi_{nlm}(r,\theta,\phi)$ $= R_{nl}(r)\,Y_{lm}(\theta,\phi)$는 매우 복잡하다. 표 7.2에 처음 몇 개의 파동함수가 기록되어 있다. 이 표에서 일부 구면조화함수가 음이라는 사실을 무시했다(표 6.1).

폴링과 윌슨의 책 V장에 보다 완벽한 파동함수의 표가 주어져 있다. 이 결과를 확장하면 보다 일반적인 단일 전자 수소꼴 원자에도 적용할 수 있다. 다시 말해 전하가 $+Ze$인 원자핵 주위로 궤도운동하는 전자의 경우 a_0가 보일 때마다 a_0/Z로 바꿔주면 된다.

부피 요소 $dV = r^2\sin\theta\, dr d\theta d\phi$에서 전자를 발견할 확률은

$$(dV \text{ 안에 전자가 있을) 확률} = \psi^*\psi\, dV = \psi^*\psi\, r^2 \sin\theta\, dr\, d\theta\, d\phi \tag{1}$$

로 주어진다.

여기서 중요한 물리 개념은 **확률 밀도**이다. 말 그대로 주어진 위치에서 전자를 발견할 단위 부피당 확률을 의미한다. 확률 밀도를 표기하는데 기호 P를 사용한다.

$$P = \frac{dV\text{에서 전자를 발견할 확률}}{dV} = \psi^*\psi \tag{2}$$

표 7.2 수소 원자의 파동함수 $\psi_{nlm}(r,\theta,\phi)$

$\psi_{100} = \dfrac{1}{\sqrt{\pi}\,a_o^{3/2}} e^{-r/a_o}$	$\psi_{200} = \dfrac{1}{4\sqrt{2\pi}\,a_o^{3/2}}(2 - r/a_o)e^{-r/2a_o}$
$\psi_{210} = \dfrac{1}{4\sqrt{2\pi}\,a_o^{3/2}}(r/a_o)e^{-r/2a_o}\cos\theta$	$\psi_{21\pm1} = \dfrac{1}{8\sqrt{\pi}\,a_o^{3/2}}(r/a_o)e^{-r/2a_o}\sin\theta\, e^{\pm i\phi}$
$\psi_{300} = \dfrac{1}{81\sqrt{3\pi}\,a_o^{3/2}}\left[27 - 18\dfrac{r}{a_o} + 2\dfrac{r^2}{a_o^2}\right]e^{-r/3a_o}$	$\psi_{310} = \dfrac{\sqrt{2}}{81\sqrt{\pi}\,a_o^{3/2}}(r/a_o)(6 - r/a_o)e^{-r/3a_o}\cos\theta$
$\psi_{31\pm1} = \dfrac{1}{81\sqrt{\pi}\,a_o^{3/2}}(r/a_o)(6 - r/a_o)e^{-r/3a_o}\sin\theta\, e^{\pm i\phi}$	
$\psi_{320} = \dfrac{1}{81\sqrt{6\pi}\,a_o^{3/2}}(r/a_o)^2 e^{-r/3a_o}(3\cos^2\theta - 1)$	
$\psi_{32\pm1} = \dfrac{1}{81\sqrt{\pi}\,a_o^{3/2}}(r/a_o)^2 e^{-r/3a_o}\sin\theta\cos\theta\, e^{\pm i\phi}$	$\psi_{322} = \dfrac{1}{162\sqrt{\pi}\,a_o^{3/2}}(r/a_o)^2 e^{-r/3a_o}\sin^2\theta\, e^{\pm 2i\phi}$

3차원의 확률 밀도 분포를 눈으로 볼 수 있게 하려면 상상력이 필요하다. (1,0,0) 상태와 (2,0,0) 상태를 가지고 어떻게 확률 밀도를 시각화하는지 알아보자.

7.5.1 수소의 (1,0,0) 상태

수소의 (1,0,0) 상태, 즉 바닥상태의 파동함수는 아래처럼 주어진다.

$$\psi_{100} = \frac{1}{\sqrt{\pi}\, a_o^{3/2}} e^{-r/a_o} \tag{1}$$

이 상태의 확률 밀도는

$$P_{100} = \psi_{100}^{*}\psi_{100} = \frac{1}{\pi a_o^3} e^{-2r/a_o} \tag{2}$$

로 주어진다.

P_{100}가 θ와 무관하다는 것에 주목하라. 즉 바닥상태 전자 구름은 원자핵에 대해 구형 대칭성을 가진다. 전자가 최고 *확률 밀도*를 가지는 위치는 원자핵이 있는 곳이다. 그러나 *가장 잦은 반지름* most probable radius 은 아래 설명을 통해 알 수 있듯이 $r=0$가 아니다. 원자핵 주위를 둘러싸고 있는 두께 Δr의 여러 동심 구면 껍질을 상상해 보자. 각 껍질의 부피는 $4\pi r^2 \Delta r$이 된다. 따라서 전자를 반지름 r인 구면껍질에서 발견할 확률은

$$P(\text{반지름 } r \text{ 인 껍질 안에 있는 전자}) = P_{100} \times (\text{껍질의 부피})$$

$$= \frac{4}{a_o^3}\left(r^2 e^{-2r/a_o}\right)\Delta r \tag{3}$$

로 주어진다.

전자를 발견할 확률이 가장 높은 구면껍질은 무엇일까? r에 대해 P의 최대값을 구하면 가장 잦은 반지름 r_{mp}를 구할 수 있다.

$$\left(\frac{dP}{dr}\right)_{r=r_{mp}} = 0$$

따라서

$$\frac{d}{dr}(r^2 e^{-2r/a_o}) = 2re^{-2r/a_o} - (2/a_o)r^2 e^{-2r/a_o} = 0$$

인자 $\left[re^{-2r/a_0}\right]$를 소거하면

$$(r_{mp})_{100} = a_o$$

을 얻는다.

수소가 바닥상태에 있을 때 전자의 가장 잦은 반지름은 정확히 보어 반지름이 된다! 가장 잦은 반지름 a_0는 확률 밀도가 최대인 위치($r=0$)와는 다르다. 이유는 확률 밀도가 높은 $r=0$ 근처보다 확률 밀도가 낮은 $r=a_0$ 근처에 더 많은 "점"들이 존재하기 때문이다. 이 결과를 보고 (보어 모형에서처럼) $(r_{mp})_{nlm} = n^2 a_0$일 것이라고 짐작할 수 있겠지만 다음 딸림절에서 알 수 있듯이 이것은 사실이 아니다.

식 (3)에 의하면 바닥상태의 전자를 반지름 r에서 발견할 확률은 $r^2 e^{-2r/a_0}$에 비례한다. 이 함수의 그래프가 그림 7.4에 나와 있으며, 이 함수를 지름 확률분포 함수라고 부른다. [함수의 정확한 표현은 $P(r) = 4\pi r^2 R_{nl}^2(r)$이다. 그래프에서 x축의 눈금을 보어 반지름으로 표시했다. $P(r)$의 단위는 m^{-1}이다.]

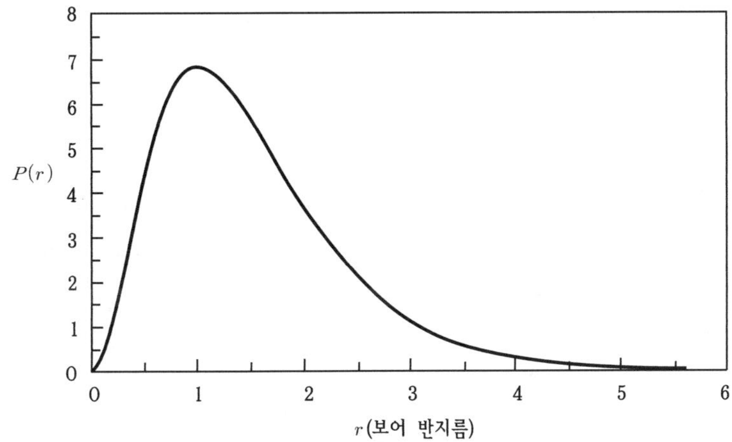

그림 7.4 수소가 바닥상태에 있을 때의 지름 확률분포 함수

예제 7.3

그림 7.4의 지수함수 꼬리는 전자의 r의 평균 위치(기댓값)가 a_0보다 크다는 것을 가리킨다. 수소가 (1,0,0) 상태에 있을 때 전자가 양성자로부터 떨어진 거리 r의 평균 위치를 구하라.

4장에서 공부한 개념을 사용하면 이 값은

$$\langle r_{100}\rangle = \langle \psi_{100}^*|r|\psi_{100}\rangle = \int_0^\infty\int_0^\pi\int_0^{2\pi} \psi_{100}^* r \psi_{100}^* r^2 \sin\theta\, dr\, d\theta\, d\phi$$

으로 주어진다.

$$= \frac{1}{\pi a_o^3}\left(\int_0^\infty r^3 e^{-2r/a_o} dr\right)\left(\int_0^\pi \sin\theta\, d\theta\right)\left(\int_0^{2\pi} d\phi\right)$$

$$= \frac{1}{\pi a_o^3}\left(\frac{3a_o^4}{8}\right)(2)(2\pi) = 3a_o/2$$

이 결과는 많은 바닥상태의 수소 원자들이 가진 전자의 지름 위치를 측정할 때 평균값이 $1.5a_0$가 된다는 것으로 해석할 수 있다. 이 결과가 예제 4.2의 결과와 일치한다는 것을 보일 수 있어야 한다.

예제 7.4

수소가 (1,0,0) 상태에 있을 때 전자가 양성자로부터 거리 r 이내에서 발견될 확률은 얼마인가?

전자를 부피 dV 안에서 발견할 확률은 항상 $\psi^*\psi dV$로 주어진다. 이 질문에 답하기 위해 반지름 r인 구까지 앞서의 확률을 적분할 필요가 있다. 즉 $r=0$에서 r까지 모든 θ와 ϕ 값에 대해 적분해야 한다.

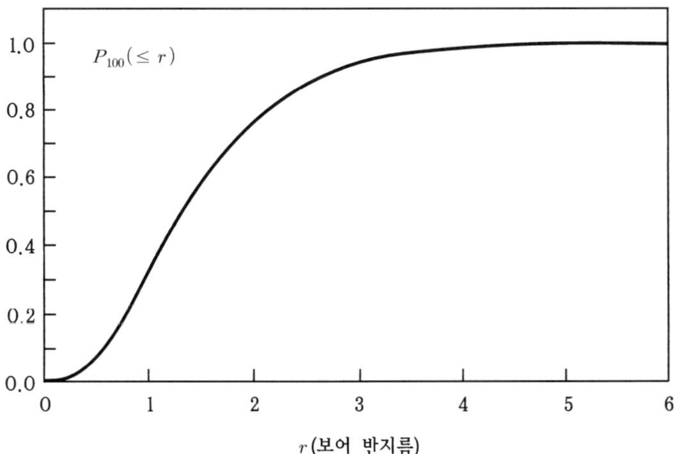

▮ 그림 7.5 수소의 (1,0,0) 상태에 대한 누적 확률밀도

$$P_{100}(\leq r) = \int_0^r \int_0^\pi \int_0^{2\pi} \psi_{100}^* \psi_{100}^* r^2 \sin\theta \, dr \, d\theta \, d\phi = \frac{4}{a_o^3}\left(\int_0^r r^2 e^{-2r/a_o} dr\right)$$

$$= 1 - e^{-2r/a_o}[2(r/a_o)^2 + 2(r/a_o) + 1]$$

이 결과로부터 전자가 양성자로부터 보어 반지름(즉 $r = a_0$) 이내에 있을 확률이 0.323, 보어 반지름의 두 배 이내에 있을 확률은 0.762임을 알 수 있다. 전자가 보어 반지름의 10배 이상인 곳에 있을 확률은 대략 0.003에 지나지 않는다. $r \to \infty$가 될 때 $P(\leq r) \to 1$이 된다. (1,0,0) 상태에 있는 수소의 전자가 주어진 반지름의 구 안에 존재할 확률이 그림 7.5에 나와 있다.

7.5.2 수소의 (2,0,0) 및 다른 상태

두 번째 예로써 수소의 (2,0,0) 상태 또는 "제1 들뜬 상태"에 대해 생각해 보자.

$$\psi_{200} = \frac{1}{\sqrt{32\pi}\, a_o^{3/2}}(2 - r/a_o)e^{-r/2a_o} \tag{1}$$

이 상태에서 가장 잦은 반지름이 $4a_0$가 될 것이라는 앞서의 짐작이 옳은지 시험해 보자. 이것을 확인하기 위해

$$\frac{d}{dr}[r^2(2 - r/a_o)^2 e^{-r/a_o}] = 0 \tag{2}$$

을 만족하는 r 값을 구해보자.

도함수를 계산하고 공통 인자 $\exp(-r/a_0)$와 $(2-r/a_0)$를 소거하면 (r/a_0)에 관한 2차 방정식이 남는다.

$$(r/a_o)^2 - 6(r/a_o) + 4 = 0$$

그리고 이 식은 두 개의 실수 풀이를 가진다.

$$(r_{mp})_{200} = 0.764\,a_o \text{ 또는 } 5.236\,a_o \tag{3}$$

이중 어느 것도 앞서의 짐작과 일치하지 않는다. 풀이를 다시 식에 대입하면 이 중 두 번째 풀이가 $(rR_{200})^2$의 최대값을 주는 것을 보일 수 있다. 그림 7.6에 보인 것처럼 (2,0,0) 상태에 대한 지름 확률분포는 0.76 보어 반지름에서 최대가 되는 안쪽 구형 껍질과 5.236 보어 반지름에서 이보다 더 큰 확률밀도를 가진 바깥쪽 구형 껍질로 구성되어 있다. 일반적으로 $l = n-1$일 때만 에너지 준위 n에 대한 가장 잦은 반지름이 $n^2 a_0$이 된다(부록 A.4를 보라).

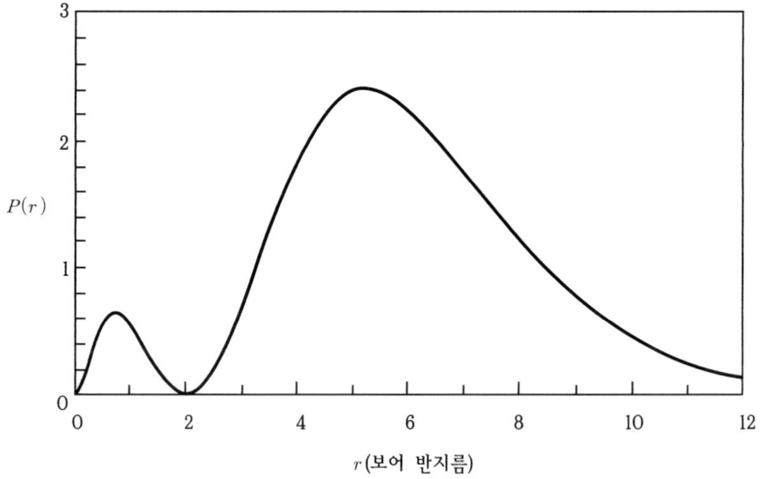

▌**그림 7.6** 수소의 (2,0,0) 상태에 대한 지름 확률분포

수소의 다른 상태들

그림 7.7(a)와 7.7(b)는 여러 (n, l) 상태에 대한 지름 확률분포를 보여준다(m 값은 분포에 영향을 미치지 않는다). 주어진 (n, l)에 대해 $P(r)$ 값이 0이 되는(마디), 즉 전자를 발견할 가능성이 전혀 없는 여러 지름 값들이 존재함을 알 수 있다. 일반적으로 이런 마디의 수는 $n-l-1$로 주어진다. 이 증명이 부록 A.4에 나와 있다. 또한 식 (7.3.44)를 살펴보면 $l \neq 0$일 때 항상 $R_{nl}(0)=0$인 것을 알 수 있다. 유사하게 $l=0$이면 항상 $R_{nl}(0) \neq 0$이다.

그림 7.7을 주의 깊게 살펴보면 주어진 n 값에 대해 $l=n-1$일 때 전자가 평균적으로 원자핵에 더 가까이 위치하는 것처럼 보인다. 문제 7-18에서 알게 되겠지만 실제로 이것은 사실이다. 태양 주위를 공전하는 행성의 고전적인 예를 가지고 이 사실을 설명할 수 있다. 두 행성의 궤도가 동일한 전체 에너지를 갖는다면 이들의 타원 궤도의 장축이 같아야 한다. 그러나 정확한 궤도 모양은 행성의 궤도

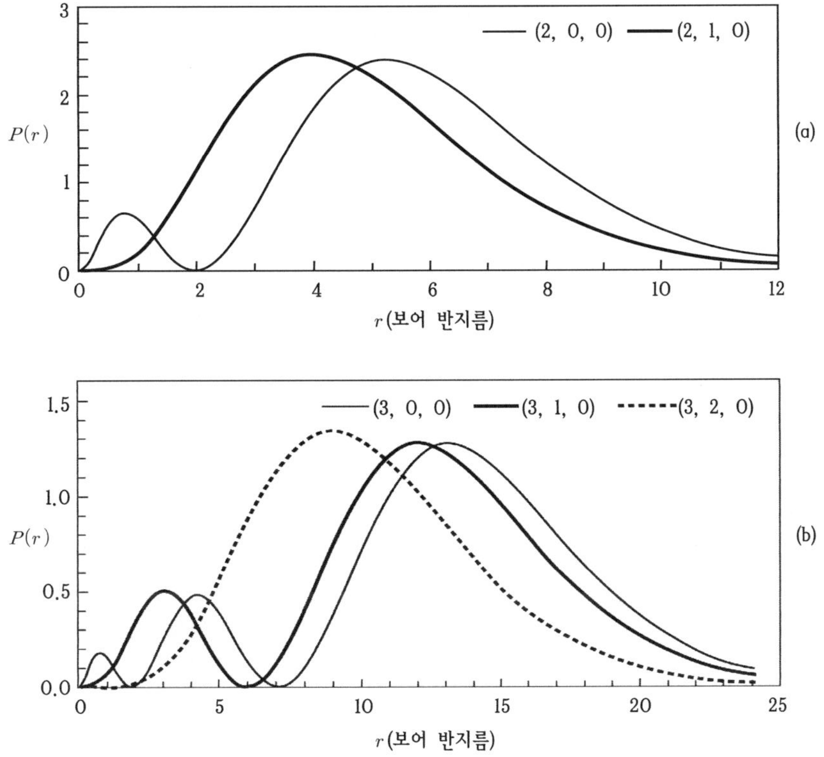

그림 7.7 (a) $n=2$와 (b) $n=3$일 때의 수소의 지름 확률분포

각운동량에 의존한다. 각운동량이 *작을수록* 이심율 eccentricity 이 *증가하므로* 궤도가 길게 옆으로 늘어난 모양을 가진다. 이유는 각운동량 $\boldsymbol{L}=\boldsymbol{r}\times\boldsymbol{p}$ 안의 $\boldsymbol{r}$과 $\boldsymbol{p}$가 궤도의 대부분에서 거의 평행하기 때문이다. 이 행성의 태양으로부터의 평균 거리 $\langle r_{행성}\rangle$이 동일한 에너지를 가진 이심율이 작은 궤도에서보다 이심율이 큰 궤도에서 더 커진다. 이것은 행성이 더 오랜 시간을 태양으로부터 멀리 떨어져 느린 속도로 움직이기 때문이다. 반대로 $\langle r_{행성}\rangle$이 작으면 $\boldsymbol{L}$이 증가하므로 그림 7.7.에서 보는 것과 같이 주어진 n 값(고정된 전체 에너지)에 대해 l이 가장 클 때 $\langle r\rangle$이 최소가 되는 결과가 생긴다. 문제 7-19에서 이 내용을 더 다루게 된다. 그러나 이런 비교를 너무 심각하게 받아들일 필요는 없다. 왜냐하면 3차원 전자 확률분포(그림 7.10)가 고전적인 행성 궤도와는 전혀 달라 보이기 때문이다.

그러나 지름 확률분포만으로 전부를 알 수는 없다. ψ_{nlm}은 또한 (구면조화함수를 통해) 각 의존도를 가지기 때문에, 전자구름은 일반적으로 원자핵에 대한 구형 대칭성을 갖고 있지 않다. $\psi_{nlm}(r,\theta,\phi)$를 그래프로 표시하려는 시도는 항상 3차원 공간의 각 점에서의 진폭과 관련된 함수를 2차원 표면에 나타내야 하는 어려움에 부딪친다. 한 가지 방법은 원자핵을 포함하도록 자른 면 위에 $|\psi|^2$의 값을 가짜 3차원적으로 그리는 것이다. 관습적으로 $\phi=0$인 면, 즉 xz 평면을 자르는 면으로 잡는다. (실제로 $|\psi|$는 z축에 대해 회전 대칭성을 가지므로 면의 선택은 아무 관계가 없다. 그러나 $\phi=0$로 잡는 것이 계산하기에 가장 편리하다.) 이런 그림이 그림 7.8에 주어져 있다. 완전한 3차원 확률분포에 대한 감을 잡기 위해 이 그림을 z축 주위로 회전하는 것을 상상할 필요가 있다. 이 그림은 작은 진폭을 더 잘 보여주기 위해 물리적으로 의미가 큰 $|\psi|^2$ 대신 $|\psi|$를 보여주고 있다. 평면 축의 크기를 보어 반지름으로 표시했다. 이 그림들의 xz 평면의 크기가 다른 것에 주의하라. 그림을 그릴 때 편의상 $|\psi|$의 최대값이 1이 되도록 수직축의 크기를 잡았다. 이 그림에서 중요한 것은 곡선의 모양이다.

그림에서 여러 특징들을 볼 수 있다. 그림 7.8(a), $(n,l,m)=(1,0,0)$의 단일 봉우리는 수소 바닥상태가 가진 순수 지름 방향의 지수함수적 특성을 나타낸다. z축으로 회전했을 때 $|\psi|$는 구형 대칭성을 가지며 원점에서 최대값을 가진다. 유사하게 $(n,l,m)=(2,0,0)$ 상태 역시 중앙에 봉우리를 가지며 구형 대칭성을 가지고 있다. 그러나 지름 마디($\psi=0$가 되는 반지름)가 $r=2a_0$에 위치하며(표 7.2를 보라), 두 번째 최대값은 $r=4a_0$에 위치한다. 다음으로 $(n,l,m)=(2,1,1)$을 보면 지름

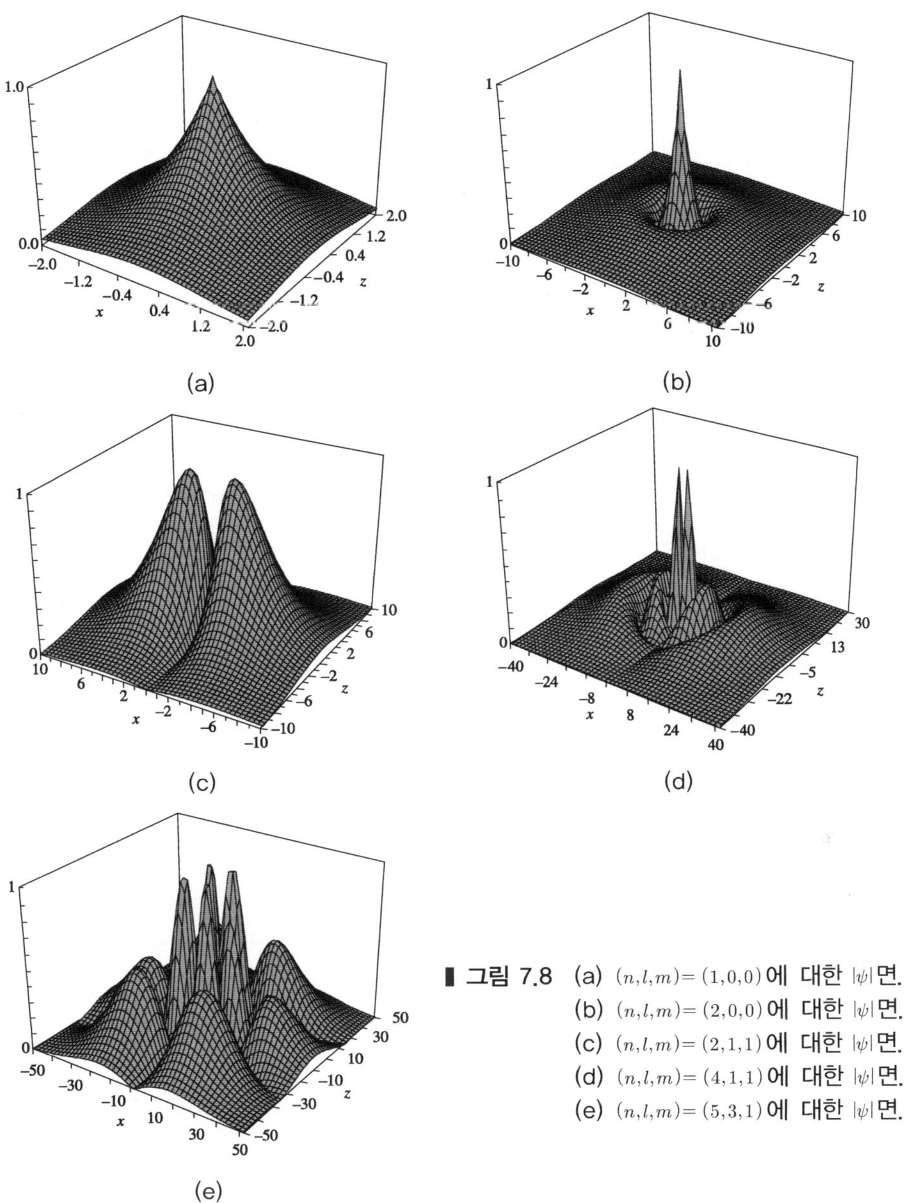

■ 그림 7.8 (a) $(n,l,m)=(1,0,0)$에 대한 $|\psi|$면.
(b) $(n,l,m)=(2,0,0)$에 대한 $|\psi|$면.
(c) $(n,l,m)=(2,1,1)$에 대한 $|\psi|$면.
(d) $(n,l,m)=(4,1,1)$에 대한 $|\psi|$면.
(e) $(n,l,m)=(5,3,1)$에 대한 $|\psi|$면.

마디가 존재하지 않지만, 각 마디가 $\theta=0$에 존재한다(θ는 z축으로부터의 각도임을 기억하라). $(n,l,m)=(4,1,1)$과 $(5,3,1)$의 경우 지름과 각 마디 모두 존재하며, 모두 중앙에 지름 마디를 가진다. 즉 $r=0$에서 $\psi=0$이다.

지름 확률분포 $P(r)$을 다룰 때 했던 것과 유사한 논리를 따르면 지름 파동함수 $R_{nl}(r)$에 두 가지 경우가 있다는 것을 보일 수 있다. $l=0$일 경우 중앙에 지름 마디가 존재하지 않으며 모두 $(n-1)$개의 지름 마디가 존재한다. 반면 $l \neq 0$일 경우 중앙에 지름 마디가 존재하며 지름 마디의 전체 수(중앙에 있는 것은 포함하지만 $r=\infty$는 포함하지 않는다)는 $(n-l)$개가 된다.

그림 7.8과 같은 그림이 주어져 있다고 하고 6.5.3절에서 배운 딸림 르장드르 함수 $\Theta_{l,m}(\theta)$의 해석법을 그림과 결합하면 그림과 관련된 (n,l,m)을 찾아내는 규칙들을 알 수 있다. 그림 7.9의 순서도 flowchart 에 이 규칙들이 요약되어 있다. 일부 경우 $|\psi|$ 그림만으로 (n,l,m)을 정확히 찾아낼 수 있다. 이런 경우의 예로 $(n,l,m)=(2,0,0)$를 생각해 보자. 이 경우 1개의 (중앙에 있지 않은) 지름 마디가 존재하고, 각 마디는 존재하지 않는다. 중앙 지름 마디가 없다는 것은 $l=0$, 따라서 $m=0$라는 것을 의미한다. 1개의 지름 마디가 존재한다는 것으로부터 $n=2$임을 유추할 수 있다. 대조적으로 $(n,l,m)=(5,3,1)$은 $|\psi|(x,y,z)$만으로는 (n,l,m)을 정확히 찾아낼 수 없는 경우이다. 이 경우 2개의 지름 마디(중앙에 있는 것 포함)와 z축을 포함한 3개의 각 마디를 가진다. 중앙 지름 마디가 존재한다는 것은

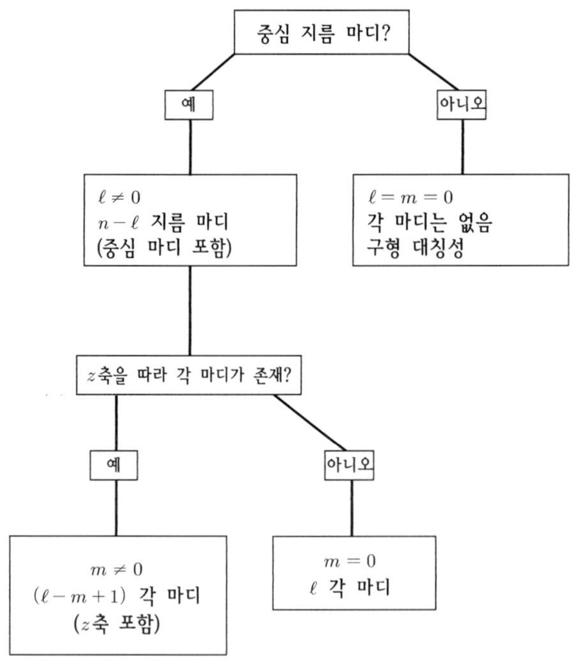

그림 7.9 $|\psi|(x,y)$ 그림의 분석을 위한 순서도

$l \neq 0$이고 $n-l=2$임을 가리킨다. z축이 각 마디라는 것은 $m \neq 0$이고 $l-m=2$임을 가리킨다. 이 이상 (n,l,m)이 만족해야 할 조건을 찾아낼 수 없다. 그러나 경험상 파동함수가 지름 방향으로 $r < 2n^2a_0$에 주로 국한되어 있기 때문에 그림에서 눈금 크기를 잘 살펴보면 양자수를 결정하는데 도움이 된다.

이런 그림을 z축 주위로 회전하여 얻은 원자 궤도함수 atomic orbital 의 모양은 원자가 분자를 형성하기 위해 결합하는 방향을 결정한다. 이 책의 범위를 넘어서는 내용인 결합가에 대해 양자역학의 파동 이론이 보여준 성공적인 예측은 낡은 고전적인 이론에 대한 커다란 승리를 의미한다.

그림 7.10은 수소의 $n=5$까지의 모든 상태를 명암 grayscale 으로 나타낸 것이다. 이 그림은 그림 7.8을 위에서 본 것처럼 보인다. x축 오른쪽이 양의 방향이고, z축 양의 방향은 윗 방향이다. 즉 $\phi=0$ 평면을 보고 있다. 각 그림의 전체 폭은 표시한 주양자수에 따라 다르며, $n=1,2,3,4,5$에 대해 폭이 각각 4, 20, 40, 80, 100 보어 반지름이 된다. m이 음수인 상태는 표시되어 있지 않다. m이 홀수일 때 m을 음수로 바꾸면 딸림 르장드르 다항식 $\Theta_{l,m}(\theta)$의 값이 음이 된다. 따라서 $|\psi|$의 그림에 전혀 영향을 미치지 않다. (m을 음수로 바꾸면 파동함수 Φ가 복소공액 함수가 된다. 이 역시 $|\psi|$의 그림에 전혀 영향을 주지 않다.) 그림 7.9에 주어진 지름 마디와 각 마디 조건이 각 경우에 만족된다는 것을 스스로 확인하라. 또한 구면 조화함수가 확률분포에 미치는 영향을 알아보기 위해 이 그림을 그림 6.7과 비교해 볼 필요가 있다.

화이트 H. E. White 는 그의 고전이 된 논문[3]에서 xz 평면 수소꼴 확률분포에 대한 여러 정교한 모형들을 어떻게 만드는지 기술하였다. 이 모형들을 계산하여 사진을 찍으면 그림 7.10에 있는 것과 유사한 그림들을 얻을 수 있다. 그의 논문은 읽을 만한 가치를 가지고 있다.

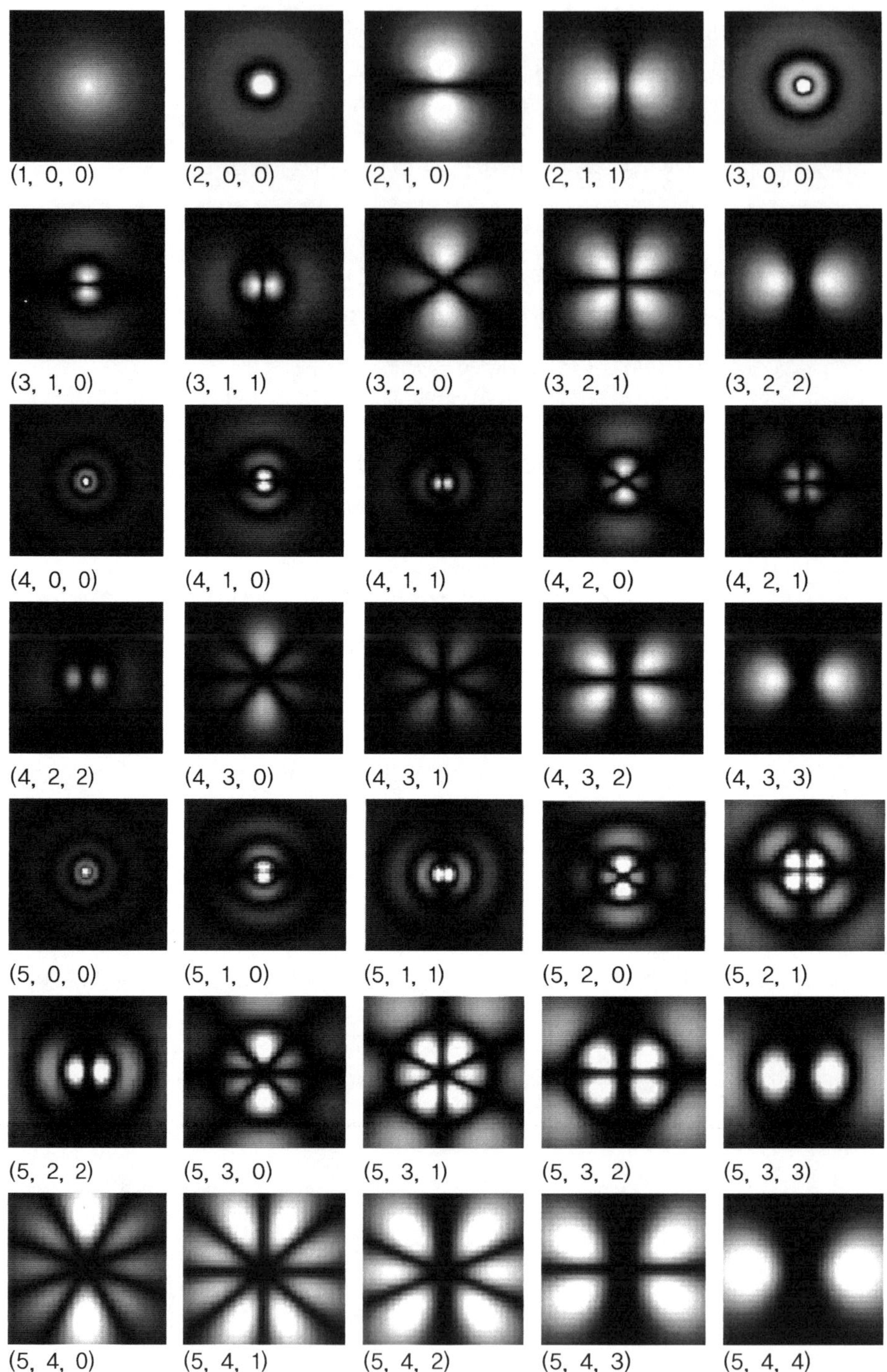

그림 7.10 (a) 수소의 $n=4$ 상태에 대한 $|\psi|(x,y)$의 명암 표현.
(b) 수소의 $n=5$ 상태에 대한 $|\psi|(x,y)$의 명암 표현.

7.6 유효 퍼텐셜

이 절에서는 중요한 정성적인 특성을 알려줄 수 있는 쿨롱 퍼텐셜을 다루는 또 다른 방법에 대해 간략히 설명하고자 한다. 이 방법은 지름 방정식을 *유효 퍼텐셜* effective potential 형태라고 알려진 것에 대입하는 것이다.

쿨롱 퍼텐셜에 대한 차원이 없는 지름 방정식, 식 (7.4.21)을 생각해 보자.

$$-\frac{d^2U}{d\rho^2} + \frac{\ell(\ell+1)}{\rho^2}U - \frac{2}{\rho}U = \epsilon U \tag{7.4.21}$$

유효 퍼텐셜을

$$V_{eff} = -\frac{2}{\rho} + \frac{\ell(\ell+1)}{\rho^2} \tag{1}$$

으로 정의하면, 지름 방정식의 형태가

$$-\frac{d^2U}{d\rho^2} + V_{eff}U = \epsilon U \tag{2}$$

이 된다. 이 형태는 정상적인 1차원 슈뢰딩거 방정식과 정확히 같다.

그림 7.11은 $l=0,1,2,3$에 대한 V_{eff} 대 ρ의 그래프이다. $l=0$인 그래프와 $l\neq 0$인 그래프 사이의 정성적 차이가 매우 크다. $l\neq 0$인 경우 식 (1)의 두 항이 결합하여 $\rho\to 0$일 때 무한히 단단한 벽을 가진 퍼텐셜 우물을 형성한다. 이 때문에 $l\neq 0$일 때는 모든 그래프에서 중앙 지름 마디($R=0$)가 나타난다.

유효 퍼텐셜 안에 들어있는 $l(l+1)/\rho^2$항은 "원심력" 항으로 알려져 있으며, 전자를 원자핵으로부터 멀어지게 하는 구실을 한다. 이런 밀어내는 힘은 l이 증가할수록 커진다. 각 곡선은 $\rho=l(l+1)$에서 최소값 $V_{eff}=-1/[l(l+1)]$의 값을 가진다. 따라서 l이 증가할수록 전자가 원자핵으로부터 더 멀리 떨어져 있다는 것을 알 수 있다. 이것은 앞 절에 알게 된 $l=n-1$일 때 가장 잦은 반지름이 n^2a_0가 된다는 사실과 일치한다. 모든 곡선은 $\rho\to\infty$로 갈 때 아래로부터 $V_{eff}=0$에 접근한다. 이들 곡선이 서로 합쳐지는 것을 통해 $n\to\infty$로 갈 때 보어의 에너지 준위가 서로 가까워지는 이유를 이해할 수 있다.

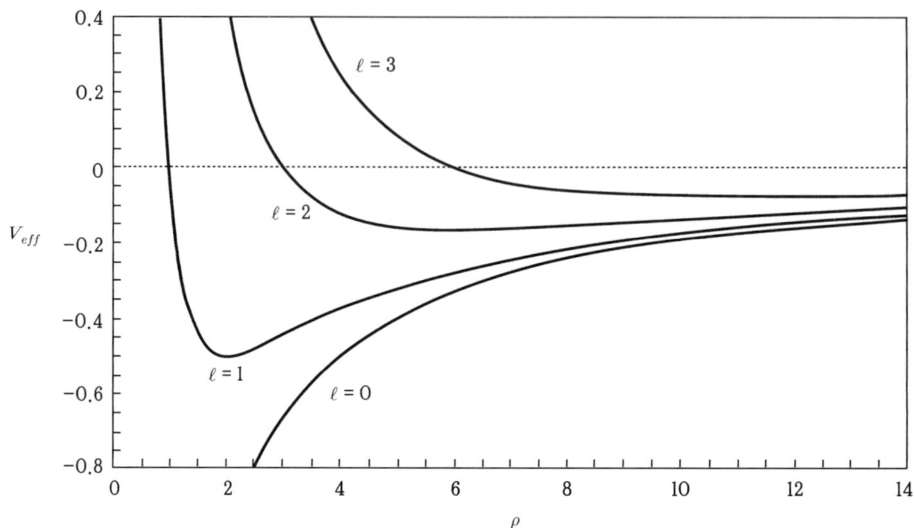

그림 7.11 쿨롱 퍼텐셜에 대한 유효 퍼텐셜 곡선

7.7 철학적인 언급

수소에 대한 슈뢰딩거 방정식을 푸는 과정에서 방정식의 풀이가 가진 놀랄만한 우아함과 아름다움을 깨닫게 되었다. 순수 수학적 관점에서 두 입자계의 슈뢰딩거 방정식을 질량 중심 좌표와 상대좌표의 두 딸림 방정식으로 분리할 수 있다는 것은 행운이다. 그리고 상대좌표 방정식은 다시 3개의 독립적인 1차원 방정식으로 분리가 된다. 이들 방정식의 풀이는 여러 경계조건을 만족해야 하며, 이로 인해 특정한 정수값을 가진 양자수의 도입을 필요로 한다. 순수 지름 쿨롱 퍼텐셜은 지름 방정식에만 영향을 미치며 에너지 준위의 양자화를 가져온다. L과 L_z의 양자화는 모든 중심 퍼텐셜이 가진 특성으로 퍼텐셜의 형태와는 무관하다.

이 풀이에서 사라진 것은 보어 궤도라는 직관적으로 매력있는 개념이다. 태양 주위를 도는 행성궤도와 같은 원자핵 주위를 도는 전자 궤도 대신 이제 원자의 모습이 원자핵 주위를 감싸고 있는 다양한 모양을 가진 확률 밀도의 구름으로 바뀌었다. 이 구름은 여기 저기에 봉우리를 가지고 있다.

마지막으로 스펙트럼의 증거를 제외하고 이런 확률분포 구름 모습의 원자상이 옳다는 것을 어떻게 알 수 있을까? 확률 "궤도함수"에 대한 직접적인 증거를 전자

운동량 분광학 electron momentum spectroscopy 이란 기술을 통해 얻을 수 있다. 이 기술을 사용하면 원자 뿐만 아니라 분자와 고체의 전자 궤도함수의 분포를 측정할 수 있다. [보스 M. Vos 와 맥카시 I. McCarthy 가 발표한 "Measuring orbitals and bonding in atoms, molecules and solids," *American Journal of Physics* 1997; 65:544를 보라.] 이 기술을 수소 원자에 적용했을 때 측정된 궤도함수가 슈뢰딩거 방정식의 풀이로부터 유도한 궤도함수와 매우 잘 일치하였다 [로만 B. Lohmann 과 와인골트 E. Weingold 가 발표한 "Direct Measurement of the Electron Momentum Probability Distribution in Atomic Hydrogen," *Physics Letters* 1981;86A:139]. 양자역학의 의미와 해석에 관한 논쟁은 원자와 관련된 측정가능한 물리량에 대해 정확하고 증명가능하며 올바른 예측을 하는데 성공하기 전부터 수그러들기 시작했다.

요 약 07

중심 퍼텐셜 $V(r)$ 안에서 움직이는 질량 μ인 계의 지름 방정식은 아래와 같은 등가 방정식을 만족한다.

$$-\frac{\hbar^2}{2\mu}\left\{\frac{1}{R}\frac{\partial}{\partial r}\left(r^2\frac{\partial R}{\partial r}\right) - \ell(\ell+1)\right\} + V(r)r^2 = Er^2$$

$$-\frac{\hbar^2}{2\mu}\left\{\frac{r}{R}\frac{\partial^2}{\partial r^2}(rR) - \ell(\ell+1)\right\} + V(r)r^2 = Er^2,$$

과

$$\frac{d^2U}{dr^2} + \frac{2\mu}{\hbar^2}\left\{E - V(r) - \frac{\ell(\ell+1)\hbar^2}{2\mu r^2}\right\}U(r) = 0$$

여기서 $U(r) = rR(r)$이다. 전체 파동함수 ψ는 다음 형태를 가진다.

$$\psi_{n\ell m}(r,\theta,\phi) = R_{n\ell}(r)Y_{\ell,m}(\theta,\phi) = \frac{U_{n\ell}(r)}{r}Y_{\ell,m}(\theta,\phi)$$

무한 구형 우물에 갇힌 질량 μ인 각운동량이 $0(l=0)$인 입자의 에너지 준위는 폭이 L인 무한 사각 우물의 에너지 준위와 유사하다. 단지 L을 구형 우물의 반지름 a로 바꾸면 된다. 즉

$$E(\ell = 0) = \frac{n^2\pi^2\hbar^2}{2\mu a^2}$$

유한한 깊이 V_0와 반지름 a를 가진 구형 퍼텐셜 안에서 움직이는 $l=0$의 질량 μ인 입자가 n개의 구속상태를 가질 조건은

$$V_o a^2 \geq \frac{(2n-1)^2 h^2}{32\mu} \quad (\ell = 0)$$

으로 주어진다.

쿨롱 퍼텐셜

$$V(r) = -\frac{e^2}{4\pi\epsilon_o r}$$

에 대한 슈뢰딩거 방정식의 풀이는 원자 구조를 이해하는 초석을 제공한다. 이 퍼텐셜에 대한 슈뢰딩거 방정식의 지름 부분의 풀이는

$$R_{n\ell}(r) = A_{n\ell}e^{-r/na_o}(2r/na_o)^{\ell}L_{n-\ell-1}^{2\ell+1}(2r/na_o)$$

이고, 여기서 a_0는 보어 반지름, A_n은 규격화 상수로

$$A_{n\ell} = \sqrt{\frac{4(n-\ell-1)!}{a_o^3 n^4 (n+\ell)!}}$$

로 주어진다. 또 L_{n-l-1}^{2l+1}은 딸림 라게르 다항식으로 변수 x에 대해

$$L_{n-\ell-1}^{2\ell+1}(x) = \sum_{k=0}^{n-\ell-1}(-1)^k\binom{n+\ell}{n-\ell-1-k}\frac{x^k}{k!} = \sum_{k=0}^{n-\ell-1}\frac{(-1)^k(n+\ell)!}{(n-\ell-1-k)!\,(2\ell+1+k)!\,k!}x^k$$

로 주어진다.

수소꼴 원자의 경우 $x = 2r/na_0$이다. 수소 원자의 에너지 준위는

$$E_n = -\frac{\mu_e e^4}{32\pi^2\epsilon_0^2\hbar^2 n^2} \quad (n \geq 1)$$

으로 주어지며, 여기서 μ_e는 전자/양성자계의 환산 질량이다. l은 0에서 $(n-1)$까지의 정수값을 가질 수 있다는 것을 기억하라. 에너지 준위 n의 겹침은 n^2이다.

수소 원자에 대해 슈뢰딩거와 보어 모형 모두 동일한 에너지를 예측했지만, 두 모형의 일치는 거기서 끝난다. 슈뢰딩거 모형에서는 전자의 궤도함수 반지름이 *양자화되어 있지 않다*. 대신 전자를 주어진 위치에서 발견할 확률(0도 가능)을 알려준다. 대부분의 상태에서 이 확률은 r과 θ의 함수가 된다. 주양자수 n에 대해 전자를 발견할 확률이 더 큰 지역이 존재한다(그러나 장담할 수는 없다).

문 제 07

7-1(E) $l=0$, $a=10^{-15}$ m인 무한 구형 우물 안에서 움직이는 알파 입자의 경우 $E_\alpha=(51.6\,n^2)$ MeV임을 보여라.

7-2(E) 무한 구형 우물 안에 있는 $l=0$ 상태의 입자에 대해 $\langle r^2 \rangle$의 식을 유도하라.

7-3(I) 유한 구형 우물의 $l=0$ 상태에 대한 파동함수를 규격화하라. 우물 바깥에서 입자를 발견할 확률을 ξ와 η의 함수로 표시하라. 예제 7.1에 나온 값들을 사용해 앞서 구한 확률의 값을 계산하라.

7-4(I) 문제 6-20의 결과를 7.2절에 있는 무한 구형 우물 파동함수($l=0$)에 적용하라. 질량 m인 입자에 대해 $\langle p^2 \rangle = 2m\langle \text{KE} \rangle$를 사용하면 도움이 된다. 여기서 $\langle \text{KE} \rangle$는 운동에너지의 기댓값이다. 이 경우 불확정성 원리가 만족되는가?

7-5(I) 깊이 V_0의 퍼텐셜 우물에 갇힌 에너지 E인 입자는 구속에너지 $E_B=V_0-E$를 가진다고 한다. 이것은 입자를 우물로부터 자유롭게 하기 위해 가해야 할 에너지 양이다. *중양성자* deuteron 는 양성자와 중성자가 핵력에 의해 구속되어 있는 원자핵을 말한다. 중양성자의 퍼텐셜을 반지름 $a=2\times10^{-15}$ m의 유한 구형 우물로 생각할 수 있고, 중양성자가 중성자/양성자 쌍의 환산 질량을 가진 단일 입자처럼 행동한다고 가정하자. 또 중양성자가 $l=0$의 바닥상태에 있다고 가정한다. 실험적으로 중양성자의 구속에너지는 2.23 MeV이다. 이 퍼텐셜 우물의 깊이는 얼마나 될까?

7-6(I) 조화진동자 퍼텐셜의 지름 부분 $V(r) = (k/2)r^2$ $(0 \le r \le \infty)$을 생각해 보자. 5.1절에서처럼 $\alpha, \epsilon, \lambda$를 정의하고 $\rho = \alpha r$이라 하면, $U(r)$의 지름 방정식[식 (7.1.5)]이

$$\frac{d^2U}{d\rho^2} + \left\{\lambda - \rho^2 - \frac{\ell(\ell+1)}{\rho^2}\right\}U = 0$$

이 되는 것을 보여라. 이제 7.4절의 유도과정을 보면 $\rho \to 0$일 때 $1/\rho^2$보다 빠르게 발산하지 않는 모든 중심 퍼텐셜에 대해 $\rho \to 0$일 때 $U(\rho) \sim \rho^{l+1}$이 됨을 분명하다. 조화진동자 퍼텐셜은 이 조건을 만족한다. 더욱이 $\rho \to \infty$일 때 이 미분방정식은 정확히 1차원 조화진동자의 미분방정식(ξ의 자리에 ρ를 대입한 식 5.2.1)과 같은 형태를 가진다. 따라서 $\rho \to \infty$일 때 $U(\rho) \sim e^{-\rho^2/2}$가 되어야 한다. 그리고 7.4절에서처럼 전체 풀이는 $U(\rho) = F(\rho)\rho^{l+1}e^{-\rho^2/2}$의 형태를 가져야 한다는 것을 알 수 있다. $F(\rho)$가

$$\frac{d^2F}{d\rho^2} + 2\left\{\frac{(\ell+1)}{\rho} - \rho\right\}\frac{dF}{d\rho} + \{\lambda - (2\ell+3)\}F = 0$$

을 만족한다는 것을 보여라. 이 결과를 쿠메-라플라스 방정식 Kummer-Laplace equation 이라고 부른다. 이 방정식의 풀이는 보통 초기하학 함수로 표시된다.

7-7(E) 전자가 반지름 10^{-14} m인 유한 구형 우물 안에 갇혀 있다. 이 전자가 $l = 0$ 상태에 있다면, 이 전자를 구속하기 위한 퍼텐셜의 최소 깊이(MeV 단위)는 얼마여야 할까? 이 결과를 문제 4-16의 답과 비교해 보라.

7-8(A) $V(r) = kr$ $(0 \le r \le \infty)$의 형태를 가진 선형 중심 퍼텐셜을 가정하자. $\rho = \alpha r$, $\lambda = \epsilon E$라 정의하고 $\alpha = (km/\hbar^2)^{1/3}$, $\epsilon = (m/k^2\hbar^2)^{1/3}$라 할 때, 차원이 없는 지름 방정식이

$$\frac{d^2U}{d\rho^2} - \frac{\ell(\ell+1)}{\rho^2}U + 2(\lambda - \rho)U = 0$$

이 되는 것을 보여라. (문제 5-9를 보라. m은 자기 양자수가 아니라 질량이다.) 이제 $\rho\to\infty$일 때 U의 점근 형태가 $U(\rho)\sim e^{-\gamma\rho^{3/2}}$이 되는 것을 보여라. 여기서 $\gamma=2\sqrt{2}/3$이다. 문제 7-6의 논리를 따르면 이 퍼텐셜에 대한 일반 풀이로 $U(\rho)=F(\rho)\rho^{l+1}e^{-\gamma\rho^{3/2}}$의 형태를 가정할 수 있다. 이때 $F(\rho)$가

$$\rho\frac{d^2F}{d\rho^2}+2(\ell+1-\sqrt{2}\rho^{3/2})\frac{dF}{d\rho}+[2\lambda\rho-\sqrt{2}(2\ell+5/2)\rho^{1/2}]F=0$$

을 만족해야 한다는 것을 보여라.

7-9(E) 1장에서 단순히 전자 질량을 사용한 것과는 달리 식 (7.4.18)에서는 보어 반지름을 정의할 때 전자/양성자 계의 환산 질량을 사용한다. 양성자와 반양성자 antiproton 가 쿨롱 인력에 의해 서로 주위를 "궤도운동"한다고 생각해 보자. 이 계의 보어 반지름은 얼마나 될까?

7-10(I) 식 (7.4.34)와 (7.4.44)를 직접 사용하여 $R_{31}(r)$이 규격화되도록 전개 계수 b_0의 값을 구하라. 표 7.1를 이용해 계산 결과가 옳다는 것을 확인하라.

7-11(I) (2,1,0) 상태에 있는 수소 원자의 $\langle r\rangle$과 $\langle 1/r\rangle$을 구하라. 이 상태에 있는 전자의 가장 잦은 r 값이 $4a_0$임을 증명하라. 또 전자를 원자핵으로부터 3.9 보어 반지름과 4.1 보어 반지름 떨어진 곳에서 발견할 확률은 얼마일까?

7-12(I) 6장에서 구한 구면조화함수의 표현식을 직접 사용해 표 7.2에 나온 $\psi_{3,1,-1}$의 표현식이 옳다는 것을 증명하라. 문제 7-10에서 구한 결과를 사용하라.

7-13(E) (1,0,0) 상태에 있는 수소 원자에 대해 반지름 r 이내에 전자가 있을 누적 확률이 50%가 넘는 r 값을 구하라.

7-14(E) 수소의 (1,0,0) 상태와 (2,1,0) 상태가 서로 직교한다는 것을 증명하라.

7-15(E) 수소가 (2,0,0) 상태에 있을 때 전자의 가장 잦은 반지름이 $5.236a_0$라는 7.5.2절의 주장을 증명하라.

7-16(I) 문제 6-20의 결과를 수소의 (1,0,0) 상태에 적용하여 이 상태에 대한 $\triangle r \triangle p$를 계산하라. 또한 문제 7-4에 있는 힌트를 보라. 이 결과가 불확정성 원리와 일치하는가?

7-17(I) 그림 7.4, 7.6과 7.7과 같이 모든 (n,l)에 대해 지름 확률분포 함수를 그려주는 컴퓨터 프로그램을 작성하라. 컴퓨터 계산 결과가 이 그림들에 있는 결과와 같다는 것을 보여라.

7-18(A) 파동역학적 계산 결과를 보어 이론의 결과와 비교하려면 모든 수소꼴 상태에 대해 $\langle r \rangle$의 표현식을 구하는 것이 도움이 된다. 식 (7.4.47)에서 정의한 라게르 다항식은 다음 관계식을 따른다.

$$\int_0^\infty e^{-x} x^K L_N^K(x) L_M^K(x)\,dx = \frac{(N+K)!}{N!}\delta_N^M$$

과

$$xL_N^K(x) = (2N+K+1)L_N^K(x) - (N+K)L_{N-1}^K(x) - (N+1)L_{N+1}^K(x)$$

여기서 $M=N$이면 $\delta_N^M=1$ (아니면 0)이다. $\langle r \rangle = (a_0/2)[3n^2 - l(l+1)]$임을 보여라. 또 $\langle 1/r \rangle = 1/(n^2 a_0)$임을 보여라. 힌트: N과 M을 양자수 n

과 m으로 혼동하지 않아야 한다. 여기에 주어진 관계식에 대문자 지수를 사용하는 것이 일반적이다.

7-19(I) 쿨롱 힘과 중력 모두 거리 제곱에 반비례하기 때문에 여러 흥미로운 유사성을 가지고 있다. 뉴턴의 중력 이론에서 태양으로부터 행성까지의 평균 거리는 $\langle r_{행성}\rangle = a(1+e^2/2)$로 주어진다. 여기서 a는 타원궤도의 장축이고 e는 타원궤도의 이심률이다. 또한 중력 퍼텐셜을 $V(r) = -K/r$로 적으면, a와 e는 각각

$$a = -K/2E$$

과

$$e^2 = 1 - \frac{2|E|L^2}{mK^2}$$

로 주어진다. 여기서 m은 행성의 질량, $E(<0)$는 행성의 전체 에너지이고 L은 행성의 궤도 각운동량이다. 쿨롱 퍼텐셜에 대한 K의 식(부호에 주의하라!)과 수소 원자의 여러 상태에 대해 에너지와 각운동량의 식을 양자수 n과 l로 표시하면, $\langle r_{행성}\rangle$이 앞서 문제에서 유도한 전자와 양성자 사이의 평균 거리의 식으로 된다는 것을 보여라.

7-20(E) Z개의 양성자를 가진 원자핵 주위를 도는 전자의 파동함수는 표 7.2에 나온 수소 원자의 파동함수에 $a_0 \to a_0/Z$를 대입하면 얻을 수 있다. 또한 원자핵이 A개의 핵자(양성자와 중성자)로 구성되어 있다면, 반지름은 대략 $r \sim kA^{1/3}$으로 주어진다. 여기서 $k = 1.2 \times 10^{-15}\,\mathrm{m}$이다. (1,0,0) 상태에 있는 전자를 *원자핵 안*에서 발견할 확률이 근사적으로 $P \sim (4A/3)(kZ/a_0)^3$으로 주어진다는 것을 보여라. 수소 원자의 경우 P 값은 얼마인가? 우라늄-238 원자핵 주위를 도는 외로운 전자의 경우 P 값은 얼마인가? 때때로 원자핵은 이런 전자를 "삼키며" 이 과정을 *전자 포획* electron capture 이라고 부른다. 전자는 원자핵 안의 양성자와 결합해 중성자가 되고 이로 인해 주기율표에서 원자의 위치가 한 자리 낮아진다.

7-21(I) 6장에서 구한 각운동량 연산자를 사용해 (2,1,1) 상태의 수소의 경우 $\langle L_x \rangle = 0$임을 증명하라. 문제 6-7의 결과를 참고하라.

7-22(I) 지름 파동함수 $R_{n,l}(r)$의 마디 수에 관해 그림 7.6을 근거로 내린 주장이 옳다는 것을 증명하라.

7-23(I) 이 책에 나온 $|\psi|$ 그림을 해석하는 규칙을 사용하면, $(n,l,m)=(6,2,1)$의 경우 몇 개 또 어느 종류의 마디를 발견하리라 예상할 수 있을까? 당신이 얻은 결론을 아래 그림을 통해 확인하라.

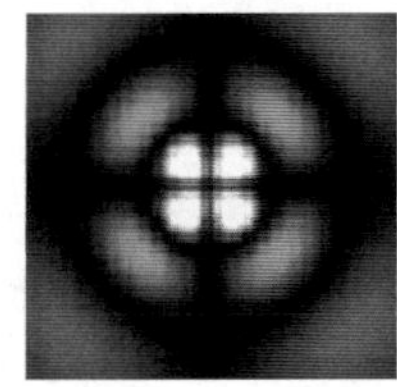

7-24(A) 아래와 같이 정의되는 반지름이 a이고 길이가 L인 무한 원통형 우물에 갇힌 질량 μ인 입자를 생각해 보자.

$$V(\rho,\phi,z) = \begin{cases} 0, & 0 \le \rho \le a,\ 0 \le z \le L,\ 0 \le \phi \le 2\pi \\ \infty, & \rho \ge a,\ z \le 0,\ z \ge L,\ 0 \le \phi \le 2\pi \end{cases}$$

(a) 이 퍼텐셜에 대해 원통형 좌표를 사용하여 슈뢰딩거 방정식을 적어라.

(b) $\psi(\rho,\phi,z) = R(\rho)\Phi(\phi)Z(z)$라 하고 z에 관한 방정식이 1차원 무한 우물의 방정식으로 변수분리된다는 것을 보여라. 즉 분리 상수를 $-k_z^2$이라 하면 z에 관한 방정식은

$$Z = \sqrt{\frac{2}{L}}\sin(k_z z), \quad k_z = n_z\pi/L, n_z = 1, 2, 3, \ldots$$

이 된다.

(c) 남은 식을 다시 변수분리하면 ϕ에 관한 방정식이 수소 원자에서처럼 된다는 것을 보여라. 즉 분리 상수를 $-m^2$이라 하면 ϕ에 관한 방정식은

$$\Phi = \frac{1}{\sqrt{2\pi}} e^{\imath m\phi}, \quad m = 0, \pm 1, \pm 2, \pm 3, \dots$$

이 된다.

(d) (b)와 (c)의 결과를 사용하면 슈뢰딩거 방정식이

$$\rho^2 \frac{d^2R}{d\rho^2} + \rho \frac{dR}{d\rho} + [k^2\rho^2 - m^2]R = 0$$

의 형태를 가진다는 것을 보여라. 여기서

$$k^2 = 2\mu E/\hbar^2 - k_z^2$$

이다.

이 미분방정식은 *베셀 방정식* Bessel's equation 으로 알려져 있다. 이 방정식의 풀이는 대부분의 수리물리학 교재에 실려 있다. 이 방정식의 풀이는 ϕ 부분 분리 상수인 m의 값에 의존하며, 풀이를 변수 $k\rho$와 차수 m의 베셀 함수라고 부르고 보통 $J_m(k\rho)$라고 적는다. 반지름 a인 무한 원통형 우물의 경우 에너지 고유값은 $J_m(ka) = 0$에 의해 결정된다. 차수 m인 베셀 함수는 무한개의 0 값을 가진다. 0 값이 되는 변수를 Q_{pm}이라 표기하고 "차수 m의 0 값 p $(p = 1, 2, 3, \dots)$"라고 읽는다. 그러므로 고유값 조건은 $ka = Q_{pm}$이 된다. $m = 0$인 경우 가장 낮은 0 값은 $Q_{10} = 2.4048\dots$이다. $L = 50$ Å, $a = 10$ Å 인 무한 원통형 우물에 갇힌 전자가 가질 수 있는 가장 낮은 에너지 상태는 무엇일까?

7-26(I) 양자역학의 태동기에 ψ의 확률적 해석을 둘러싸고 많은 논쟁이 있었다. 한 친구가 수소 원자 안의 전자가 사실은 입자가 아니라 공간에 퍼져있는 전하 구름이라고 주장한다고 하자. 또 전하 구름의 밀도가 $\psi^*\psi$에 따라 분포되어 있다고 주장한다. 이 주장이 맞다고 생각하나? 이유를 설명하라.

08 장 각운동량과 다입자계

이 장에서는 각운동량의 고급 속성 및 다입자계 multipaticle system 에 대해 배운다. 이 장을 생략해도 9-11장을 이해하는데 전혀 지장을 주지 않기 때문에 생략이 가능하다. 이 장의 각 절은 다른 절들과 독립적이기 때문에 장의 마지막에 문제가 나와 있는 다른 장들과는 달리 각 절의 마지막에 문제가 수록되어 있다. 또한 이 장에는 요약 부분이 없다.

6.3절에서 각운동량의 올림 및 내림 연산자를 정의할 수 있다는 것을 배웠다. 이 연산자들이 8.1절에서 다룰 주제이다. 8.2절에서는 유명한 슈테른-게를라흐 실험 Stern-Gerlach experiment 을 다룬다. 각운동량의 양자화를 시험하기 위해 고안된 이 실험은 각운동량의 양자화가 존재할 뿐 아니라 추가로 전자가 이전에는 알려져 있지 않던, *스핀 각운동량* spin angular momentum 이라고 부르는 성질을 가지고 있음을 확인시켜 주었다. 8.3절에서는 양자화된 각운동량의 간단한 응용인 이원자 분자의 회전에너지 상태에 대해 살펴본다. 8.4절에서는 7장에서 다룬 질량 중심과 상대좌표의 변수분리와 유사한 슈뢰딩거 방정식의 변수분리에 대해 살펴본다.

8.1 각운동량의 올림 및 내림 연산자

이 절은 6장에서 소개한 각운동량 연산자가 가진 여러 성질들을 요약하는 것으로 시작하는 것이 도움이 된다. 편의상 "op" 표시를 생략한다.

$\boldsymbol{L}$의 (x, y, z) 성분에 대한 연산자는 직각 좌표로 다음과 같이 적을 수 있다.

$$L_x = -i\hbar\left(y\frac{\partial}{\partial z} - z\frac{\partial}{\partial y}\right) \tag{1}$$

$$L_y = -\iota\hbar\left(z\frac{\partial}{\partial x} - x\frac{\partial}{\partial z}\right) \tag{2}$$

와

$$L_z = -\iota\hbar\left(x\frac{\partial}{\partial y} - y\frac{\partial}{\partial x}\right) \tag{3}$$

이 연산자들은 다음과 같은 교환 관계식을 만족한다(문제 6-10).

$$[L_x, L_y] = (\iota\hbar)L_z \tag{4}$$

$$[L_y, L_z] = (\iota\hbar)L_x \tag{5}$$

와

$$[L_z, L_x] = (\iota\hbar)L_y \tag{6}$$

L^2과 L_z 연산자는

$$[L^2, L_z] = 0 \tag{7}$$

을 만족한다(문제 6-18).

또한 L^2과 L_z는 식 6.5.2.18과 6.5.2.20에 의해 다음과 같은 고유값 방정식을 만족한다.

$$L^2 Y_{\ell,m} = \hbar^2 \ell(\ell + 1) Y_{\ell,m} \tag{8}$$

과

$$L_z Y_{\ell,m} = m\hbar Y_{\ell,m} \tag{9}$$

여기서 "m"은 자기 양자수이지 질량이 아니라는 것을 거듭 언급한다(사실 이 절에서 질량은 나타나지 않는다).

새로이 올림 및 내림 연산자를 정의하기 전에 교환자 $[L^2, L_x]$를 살펴보는 것이 도움이 된다. 다시 한 번 연산자들을 적용하는 순서를 직접 볼 수 있도록 연산자들을 허깨비 파동함수에 적용해 보자.

$$[L^2, L_x]\psi = L^2(L_x\psi) - L_x(L^2\psi)$$
$$= (L_x^2 + L_y^2 + L_z^2)(L_x\psi) - L_x(L_x^2 + L_y^2 + L_z^2)\psi$$

$L_x^3\psi$의 항은 서로 상쇄되므로 남게 되는 항들은

$$[L^2, L_x]\psi = (L_y^2 + L_z^2)(L_x\psi) - L_x(L_y^2 + L_z^2)\psi$$
$$= (L_y^2L_x - L_xL_y^2)\psi + (L_z^2L_x - L_xL_z^2)\psi$$
$$= [L_y^2, L_x]\psi + [L_z^2, L_x]\psi \tag{10}$$

이 된다. 여기서 대괄호 [ ]는 교환자를 나타낸다.

식 (4.4.5)의 도움을 받아 식 (10)의 교환자를

$$[L_y^2, L_x] = L_y[L_y, L_x] + [L_y, L_x]L_y \tag{11}$$

와

$$[L_z^2, L_x] = L_z[L_z, L_x] + [L_z, L_x]L_z \tag{12}$$

로 새로 적을 수 있다.

식 (4)-(6)을 식 (11)과 (12)에 대입하면

$$[L_y^2, L_x] = -(\imath\hbar)L_yL_z - (\imath\hbar)L_zL_y \tag{13}$$

와

$$[L_z^2, L_x] = +(\imath\hbar)L_zL_y + (\imath\hbar)L_yL_z \tag{14}$$

를 얻게 된다.

식 (13)과 (14)를 다시 식 (10)에 대입하면

$$[L^2, L_x] = 0 \tag{15}$$

이 된다.

정확히 동일한 과정을 거쳐

$$[L^2, L_y] = 0 \tag{16}$$

임을 보일 수 있다(이 역시 문제 6-18을 보라).

추가적으로 식 (7), (15)와 (16) 모두 각운동량의 제곱 연산자와 전체 벡터 각운동량 연산자가 아래처럼 서로 교환법칙을 따른다는 것을 가리킨다.

$$[L^2, \boldsymbol{L}] = 0 \tag{17}$$

이제 *각운동량 올림 및 내림 연산자*를 소개할 때가 되었다.

$$L_+ = L_x + \iota L_y$$

와

$$L_- = L_x - \iota L_y$$

이 두 식을 간략하게 한 식으로 표시하면

$$L_\pm = L_x \pm \iota L_y \tag{18}$$

가 된다.

이들 연산자들이 무엇을 올리거나 내리는지 알아보기 위해 L_z와 $L_\pm$가 포함된 교환자를 생각해 보자.

$$\begin{aligned}[L_z, L_\pm] &= L_z L_\pm - L_\pm L_z \\ &= L_z(L_x \pm \iota L_y) - (L_x \pm \iota L_y)L_z \\ &= L_z L_x \pm \iota L_z L_y - L_x L_z \mp \iota L_y L_z\end{aligned}$$

이 식에서 첫 번째와 세 번째, 두 번째와 네 번째 항들은 다른 교환자들로 바꿀 수 있다.

$$[L_z, L_\pm] = [L_z, L_x] \pm \iota[L_z, L_y]$$

식 (5)와 (6)에 의해 이것은

$$L_\pm = L_x \pm \iota L_y \tag{19}$$

로 간략하게 된다. 계산과정을 스스로 확인하라. 이제 결과식의 왼편에 있는 교환자를 풀어쓰면

$$L_z L_\pm - L_\pm L_z = \pm\hbar L_\pm$$

또는

$$L_z L_\pm = L_\pm(L_z \pm \hbar) \tag{20}$$

로 주어진다.

식 (20)을 임의의 구면조화함수 $Y_{l,m}$에 적용하면

$$L_z(L_\pm Y_{\ell,m}) = L_\pm\{(L_z \pm \hbar)Y_{\ell,m}\}$$

이 된다.

식 (9)에서 $L_z Y_{l,m} = m\hbar Y_{l,m}$ 이므로

$$L_z(L_\pm Y_{\ell,m}) = \hbar(m \pm 1)(L_\pm Y_{\ell,m}) \tag{21}$$

이 성립한다.

식 (21)을 잘 살펴보라. 이 식이 의미하는 것은 다음과 같다. $L_\pm$ 연산자를 $Y_{l,m}$에 적용하면 새로운 함수 $L_\pm Y_{l,m}$를 얻게 되는데, 이 함수의 각운동량의 z 성분은 $\hbar$의 단위로 $Y_{l,m}$의 각운동량의 z 성분에 비해 정확히 한 단위 커지거나(L_+의 경우) 또는 한 단위 낮아진다(L_-의 경우). *즉 L_+와 L_-를 $Y_{l,m}$에 적용하면 $Y_{l,m}$의 각운동량의 z 성분을 각각 $\hbar$ 만큼 올리거나 내린다.*

$L_{\pm}$ 연산자가 $Y_{l,m}$의 고유값 l에 어떤 영향을 주는지 궁금할 것이다. 이것을 알아보기 위해 우선 L^2과 $L_{\pm}$의 교환자를 계산하는 것이 좋다.

$$\begin{aligned}[L^2, L_{\pm}] &= L^2L_{\pm} - L_{\pm}L^2 \\ &= L^2(L_x \pm \iota L_y) - (L_x \pm \iota L_y)L^2 \\ &= L^2L_x \pm \iota L^2L_y - L_xL^2 \mp \iota L_yL^2 \\ &= [L^2, L_x] \pm \iota[L^2, L_y] = 0\end{aligned} \tag{22}$$

마지막 단계에서 식 (15)와 (16)을 사용했다. 이 결과를 임의의 구면조화함수 $Y_{l,m}$에 적용하면

$$L^2(L_{\pm}Y_{\ell,m}) = L_{\pm}(L^2Y_{\ell,m}) \tag{23}$$

임을 알 수 있다.

그러나 식 (8)로부터 $L^2 Y_{l,m} = \hbar^2 l(l+1) Y_{l,m}$ 임을 안다. 따라서

$$L^2(L_{\pm}Y_{\ell,m}) = \hbar^2\ell(\ell + 1)(L_{\pm}Y_{\ell,m}) \tag{24}$$

이 된다.

식 (24)는 L^2을 $(L_{\pm} Y_{l,m})$에 적용했을 때 결과가 L^2을 $Y_{l,m}$에 적용했을 때처럼 $\hbar^2 l(l+1)$이 된다는 것을 알려준다. 따라서 L_+와 L_-는 $Y_{l,m}$의 고유값 l에 *전혀 영향을 주지 않는다.*

5장에서 조화진동자의 올림 및 내림 연산자가 단순히 한 차수 높거나 낮은 조화진동자의 파동함수를 주지 않는다는 것을 보았다. 같은 상황이 L_+와 L_-에서도 나타난다. 즉 $L_{\pm} Y_{l,m} \neq Y_{l,m\pm 1}$. 일반적으로

$$L_{\pm}Y_{\ell,m} = K^{\pm}_{\ell,m}Y_{\ell,m\pm 1} \tag{25}$$

여기서

$$K^{\pm}_{\ell,m} = \hbar\sqrt{\ell(\ell + 1) - m(m \pm 1)} = \hbar\sqrt{(\ell \mp m)(\ell \pm m + 1)} \tag{26}$$

이다.

이것을 증명하려면 우선 연산자 L_+L_-와 L_-L_+를 생각해 보자. L_+L_-를 자세히 보면

$$
\begin{aligned}
L_+L_- &= (L_x + \iota L_y)(L_x - \iota L_y) = L_x^2 - \iota L_x L_y + \iota L_y L_x + L_y^2 \\
&= L_x^2 + L_y^2 + \iota[L_y, L_x]
\end{aligned}
\tag{27}
$$

가 된다.

문제 6-10으로부터 $[L_y, L_x] = -(i\hbar)L_z$을 얻었다. 따라서

$$L_+L_- = L_x^2 + L_y^2 + \hbar L_z \tag{28}$$

된다.

식의 오른편에 L_z^2이 있다면, $L_x^2 + L_y^2 + L_z^2 = L^2$이라고 쓸 수 있을 것이다. 식의 오른편에 L_z^2을 더했다 다시 빼면 이렇게 적을 수 있다. 즉

$$L_+L_- = L^2 + \hbar L_z - L_z^2 \tag{29}$$

처럼 적을 수 있다.

같은 방법을 사용하면

$$L_-L_+ = L^2 - \hbar L_z - L_z^2 \tag{30}$$

으로 쓸 수 있다는 것을 보일 수 있다.

식 (29)는 L_+L_-를 구면조화함수 $Y_{l,m}$에 적용했을 때의 기댓값을 계산하는데 편리하게 해 준다.

$$\langle Y_{\ell,m}|L_+L_-|Y_{\ell,m}\rangle = \langle Y_{\ell,m}|L^2 + \hbar L_z - L_z^2|Y_{\ell,m}\rangle$$

$L^2 Y_{l,m} = \hbar^2 l(l+1) Y_{l,m}$과 $L_z Y_{l,m} = m\hbar Y_{l,m}$임을 기억한다면

$$
\begin{aligned}
\langle Y_{\ell,m}|L_+L_-|Y_{\ell,m}\rangle &= \hbar^2\{\ell(\ell+1) - m(m-1)\}\langle Y_{\ell,m}|Y_{\ell,m}\rangle \\
&= \hbar^2\{\ell(\ell+1) - m(m-1)\}
\end{aligned}
\tag{31}
$$

이 얻어진다. 유사하게 식 (30)은

$$\begin{aligned}\langle Y_{\ell,m}|L_-L_+|Y_{\ell,m}\rangle &= \hbar^2\{\ell(\ell+1)-m(m+1)\}\langle Y_{\ell,m}|Y_{\ell,m}\rangle \\ &= \hbar^2\{\ell(\ell+1)-m(m+1)\} \end{aligned} \tag{32}$$

이 된다.

이제 L_+^2를 구면조화함수 $Y_{l,m}$에 적용했을 때의 기댓값, 즉 $\langle Y_{l,m}|L_+^2|Y_{l,m}\rangle$을 계산한다고 해 보자. L_+는 $Y_{l,m}$의 m 상태를 $m+1$ 상태로 올려주기 때문에 L_+를 두 번 연속으로 적용하는 이 계산의 결과는 (상수를 무시할 때) $\langle Y_{l,m}|Y_{l,m+2}\rangle$의 형태가 되고, 구면조화함수는 직교하기 때문에 결과는 0이 된다. 그러나 이것은 L_+가 복소 연산자라는 사실을 무시한 것이다. L_+^2은 사실 $L_+^2 = L_+^* L_+$으로 놓아야 한다. 그리고 L_+와 L_-는 서로 복소공액이므로 $L_\pm^* = L_\mp$가 되어(식 18을 보라)

$$\langle Y_{\ell,m}|L_+L_-|Y_{\ell,m}\rangle = \langle Y_{\ell,m}|L^2+\hbar L_z - L_z^2|Y_{\ell,m}\rangle$$

이라고 쓸 수 있다.

즉 $\langle L_+^2\rangle$은 식 (32)와 같아질 것이다. 그러나 이제 L_+와 L_-이 식 (25)를 만족한다고 가정하고 계산을 해 보면

$$\begin{aligned}\langle Y_{\ell,m}|L_-L_+|Y_{\ell,m}\rangle &= K_{\ell,m}^+\langle Y_{\ell,m}|L_-|Y_{\ell,m+1}\rangle \\ &= K_{\ell,m}^+K_{\ell,m+1}^-\langle Y_{\ell,m}|Y_{\ell,m}\rangle = K_{\ell,m}^+K_{\ell,m+1}^- \end{aligned} \tag{33}$$

이 된다.

같은 식으로 $\langle L_-^2\rangle$은 식 (31)과 같아진다.

$$\begin{aligned}\langle Y_{\ell,m}|L_-^2|Y_{\ell,m}\rangle &= \langle Y_{\ell,m}|L_-^*L_-|Y_{\ell,m}\rangle = \langle Y_{\ell,m}|L_+L_-|Y_{\ell,m}\rangle \\ &= K_{\ell,m}^-\langle Y_{\ell,m}|L_+|Y_{\ell,m-1}\rangle \\ &= K_{\ell,m}^-K_{\ell,m-1}^+\langle Y_{\ell,m}|Y_{\ell,m}\rangle = K_{\ell,m}^-K_{\ell,m-1}^+. \end{aligned} \tag{34}$$

그러므로 식 (32)와 (33)은

$$K^{+}_{\ell,m}K^{-}_{\ell,m+1} = \hbar^2\{\ell(\ell+1) - m(m+1)\} \tag{35}$$

이 된다는 것을 말해준다. 반면 식 (31)과 (34)는

$$K^{-}_{\ell,m}K^{+}_{\ell,m-1} = \hbar^2\{\ell(\ell+1) - m(m-1)\} \tag{36}$$

임을 알려준다.

사실 식 (35)와 (36)은 서로 독립적이 아니다. 식 (35)에서 $m = m-1$로 놓으면 식 (36)이 된다. 같은 방식으로 식 (36)에서 $m = m+1$로 놓으면 식 (35)이 된다. 이 결과들을 만족시킬 유일한 방법은 식 (26)에서 주장했던 것처럼

$$K^{\pm}_{\ell,m} = \hbar\sqrt{\ell(\ell+1) - m(m\pm 1)} = \hbar\sqrt{(\ell \mp m)(\ell \pm m + 1)} \tag{37}$$

로 잡는 것이다.

문 제 08-1

8-1(E) 각운동량 올림 및 내림 연산자를 구면조화함수 $Y_{2,1}$에 적용했을 때 식 (8.1.26)과 일치하는 결과가 나온다는 것을 보여라.

8-2(I) 구면조화함수 $Y_{l,m}$에 대해 반드시 $|m| \leq l$을 만족해야 한다. $Y_{l,l}$에 L_+를 적용하거나 $Y_{l,-l}$에 L_-를 적용하면 결과가 0이 되어야 한다.

(a) $Y_{\ell,\ell}(\theta,\phi) = \dfrac{(-1)^\ell}{2^\ell \ell!}\sqrt{\dfrac{(2\ell+1)(2\ell)!}{4\pi}}(\sin^\ell\theta)e^{i\ell\phi}$ 임을 보여라.

(b) $L_+Y_{\ell,\ell}(\theta,\phi) = 0$ 임을 보여라.

(c) 항등식 $Y_{\ell,-m} = (-1)^m(Y^*_{\ell,m})$을 이용하여 $L_-Y_{\ell,-\ell}(\theta,\phi) = 0$ 임을 보여라.

8.2 슈테른 - 게를라흐 실험: 각운동량의 양자화 및 전자 스핀의 증거

6장에 있는 중심 퍼텐셜에 대한 슈뢰딩거 방정식의 각 부분의 풀이는 이 계의 각운동량의 z 성분이 $\hbar$의 크기로 양자화되어 있음을 보여주었다. 그러나 6장과 7장에서 유도한 결과를 보면 계의 각운동량의 z 성분의 양자화가 에너지 고유값에는 영향을 주지 않았다. 에너지의 양자화는 전적으로 지름 방정식에 달려 있다. 이것이 파동역학만이 줄 수 있는 독특한 예측 결과라면, 이것을 실험으로 증명하는 일은 슈뢰딩거 방정식이 맞다는 강력한 증거가 될 것이다. 이 증명이 파동역학이 등장하기도 전인 1921년 **슈테른-게를라흐 실험** Stern-Gerlach experiment 으로 실현되었다[1].

슈테른-게를라흐 실험의 핵심은 원자들이 작은 자석처럼 행동한다는 것이다. 전자는 원자핵 주위를 "궤도운동"하기 때문에 전자는 전류 i를 생성하고 이 전류가 자기장을 만든다(문제 8-5를 보라). 이 전류가 단면적 A 주위로 흐른다면 원자는 크기 $\mu=iA$인 벡터 자기 모멘트를 가진다. $\boldsymbol{\mu}$의 방향은 전자의 각운동량 $\boldsymbol{L}$처럼 오른손 규칙을 따른다. [여기서는 6장과 7장에서처럼 자기쌍극자 모멘트를 표기하는데 μ를 사용한다는 것에 주목하라. 이 절에서는 질량을 표기하는데 기호 "m"을 사용할텐데 자기 양자수와 혼동하지 말아야 한다.] 외부 자기장 $\boldsymbol{B}$ 속에 놓인 자기쌍극자 모멘트는 $\boldsymbol{\tau}=\boldsymbol{\mu}\times\boldsymbol{B}$로 주어지는 토크를 받기 때문에 자기장 $\boldsymbol{B}$ 속에 놓인 원자는 힘을 받게 된다. i를 L의 함수로 표시할 수 있기 때문에 자기력의 크기는 궤도운동하는 전자의 l 상태에 의존하게 된다. 또 힘이 작용하면 가속도가 생긴다. 쉽게 말해 적절한 자기장 $\boldsymbol{B}$ 속에 원자의 흐름(일명 원자빔)을 통과시키면 l 값에 따라 몇 개의 빔으로 갈라진다. 나중에 알게 되겠지만 슈테른-게를라흐가 실제로 이 현상을 관측하였고 이로써 전자와 전자 사이의 상호작용에 대한 새로운 정보를 얻게 되었다.

이 현상의 완전한 파동역학적 해석은 이 책의 범위를 넘는다[2]. 여기서는 슈테른-게를라흐 실험을 기초 수준에서 이해하는데 필요한 준고전적 해석 과정과 어느 정도의 크기를 가진 값들이 실험에 관여하는지를 소개하는데 그친다. (보다 자세한 설명은 프렌치와 테일러 책의 10장에 나와 있다.)

우선 궤도운동을 하는 전자가 만드는 자기쌍극자 모멘트를 구해보자. 보어 모형에서처럼 원자핵 주위를 반지름 r의 원궤도를 따라 속도 v로 원운동하는 전자를 가정하자. 그림 8.1에서처럼 전자가 궤도를 반시계방향으로 회전한다면, (고전적으로) $\boldsymbol{L}$의 방향은 그림에서처럼 수직상방이 된다.

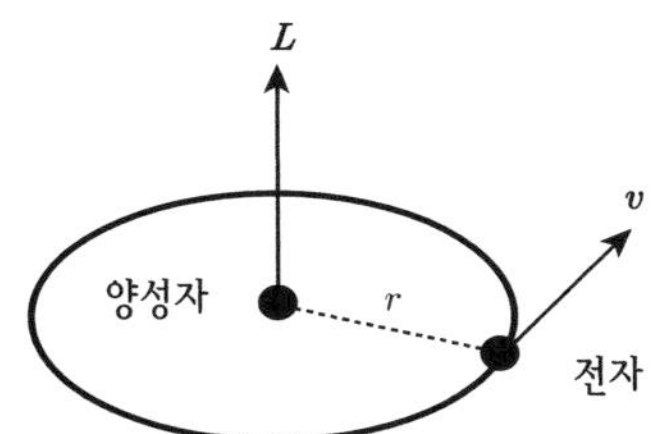

▌그림 8.1 양성자 주위의 궤도를 따라 돌고 있는 전자

전자의 궤도운동은 전류 i를 만든다.

$$i = \frac{\text{전하}}{\text{시간}} = \frac{\text{전하}}{\text{궤도운동주기}} = \frac{e}{(2\pi r/v)} = \frac{ev}{2\pi r} \tag{1}$$

궤도의 면적은 πr^2이다. 따라서 이런 배치가 갖는 자기모멘트는

$$\mu = iA = \left(\frac{ev}{2\pi r}\right)(\pi r^2) = \frac{evr}{2} = \frac{eL}{2m_e} \tag{2}$$

로 주어진다. 여기서 $L = m_e vr$은 고전적인 전자(질량 m_e)의 각운동량이다. 정확히 말해 μ와 L 모두 벡터양이므로

$$\boldsymbol{\mu} = \left(\frac{e}{2m_e}\right)\boldsymbol{L} \tag{3}$$

이라고 적어야 맞다.

L이 사실은 $L = \hbar\sqrt{l(l+1)}$로 양자화되어 있기 때문에 μ의 크기를

$$\mu = \left(\frac{e\hbar}{2m_e}\right)\sqrt{\ell(\ell+1)} \tag{4}$$

라고 적어야 한다.

직관적으로 μ를 막대자석의 세기가 양자화된 것으로 생각할 수 있다. μ의 방향은 관습적으로 자석의 남극에서 북극을 향한다. 식 (4)의 앞에 있는 인자를 **보어 마그네톤** Bohr magneton μ_B라고 부르며, 이것은 원자계의 자기쌍극자 모멘트의 천연 단위 구실을 한다.

$$\mu_B = \left(\frac{e\hbar}{2m_e}\right) = 9.2744 \times 10^{-24}\ \text{Amp} \cdot \text{m}^2 \tag{5}$$

[단위 1 Amp · m^{2}은 1 J/Tesla와 동일하다. 테슬라는 자기장(또는 자속밀도)의 국제단위이다. 즉 1 Tesla=1 N/Amp · m=1 kg/C · sec. 자기장의 역사적 단위는 가우스(Gauss)로 여전히 사용되고 있다. 1 Tesla=10^4 Gauss. 지구 표면에서의 지구 자기장의 크기는 대략 0.5 가우스이다. 좋은 실험용 전자석은 수 테슬라의 자기장을 만들어낸다.]

0이 아닌 자기모멘트를 가진 원자빔이 균일하지 않은 자기장을 통과하게 되면 자기력에 의해 빔이 수개의 빔으로 갈라진다. 각 빔은 (보통 μ_z로 표기하는) μ의 z 성분의 특정 값에 대응된다. 편의상 모든 원자들이 동일한 l 상태에 있다고 가정해 보자. 슈뢰딩거 방정식의 각 부분에 대한 해석이 옳다면, 주어진 l에 대해 $(2l+1)$개의 m 값이 가능하다($-l \leq m \leq +l$임을 기억하라). 따라서 μ_z도 $(2l+1)$개의 값을 가질 수 있다. l의 값이 *무엇이든지* $(2l+1)$은 홀수가 되므로 빔이 자기장을 지날 때 홀수개의 빔으로 갈라질 것을 예상할 수 있다. 이것이 슈테른-게를라흐 실험의 핵심이며 그림 8-2에 그려져 있다. 실험장치의 주요 부분을 보면 질량 m인 원자가 오븐으로부터 속도 v(오븐 온도의 함수)로 입사되어 폭 x인 균일하지 않은 자기장 지역을 통과한다(여기서 x 방향은 오른쪽, z 방향은 위쪽을 향한다). 원자가 공기 분자들과 충돌하는 것을 최소화하기 위해 장치 전체가 진공상자 안에 설치되어 있다.

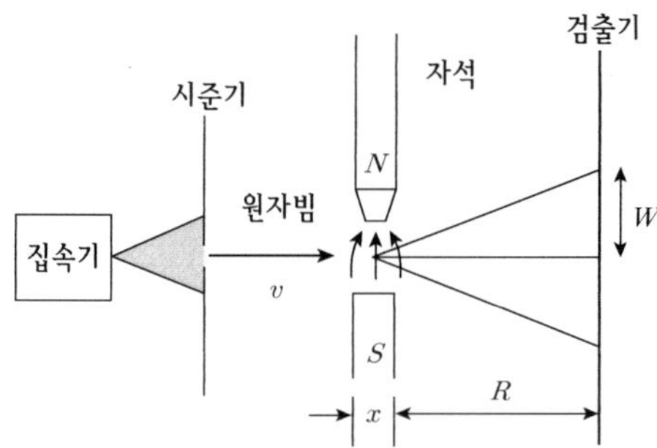

그림 8.2 슈테른-게를라흐 실험의 개요도. 고속으로 움직이는 원자들의 흐름이 불균일한 자기장을 통과한다. 이때 원자빔이 m 값에 따라 여러 빔들로 갈라진다.

μ_z로 표기한 μ의 z 성분을 가진 질량 m인 원자에 대해 수직 변위 W를 계산해 보면

$$W = \frac{x}{mv^2}(R + x/2)\,\mu_z\left(\frac{dB}{dz}\right) \tag{6}$$

가 된다. 여기서 *자기장 기울기*(dB/dz)는 자석의 자극 모양을 적절히 가공하여 조절할 수 있다.

식 (6)에서 예측한 변위는 크지 않지만, 측정이 가능하다. 문제 8-4를 보라. 슈테른과 게를라흐는 은 원자빔을 가지고 이제는 역사가 되어 버린 이 실험을 하여 앞서 설명한 예측과는 달리 원자빔이 *2개*로 갈라지는 것을 발견하였다. 수년 뒤 수소에 대해 동일한 실험 결과가 발견되었다[3]. 이 결과들은 각운동량이 앞서 예측한 것과는 다른 방식으로 양자화되어 있음을 보여주고 있는 것 같았다.

이 실험적 증거를 처음으로 이론적으로 설명해 준 사람이 우렌벡 Uhlenbeck 과 구스미트 Goudsmit 였다[4]. 이들은 궤도 각운동량에 추가해 전자가 고유 스핀 각운동량 intrinsic spin angular momentum $\boldsymbol{S}$를 가지고 있다고 가정하였다. 궤도 각운동량 양자수 l을 본떠 우렌벡과 구스미트는 전자 *스핀 양자수* "s"의 존재를 제안하였고, s의 크기를 1/2($\hbar$ 단위로)로 제한하였다. $\boldsymbol{L}$이 $2l+1$개의 z 성분을 가지는 것처럼 $\boldsymbol{S}$는 $2s+1=2$개의 z 성분만을 가진다. 또 스핀 각운동량의 크기는

$$|\boldsymbol{S}| = \sqrt{s(s+1)}\hbar = \sqrt{3/4}\hbar$$

가 되고 가능한 z 성분은

$$s_z = s\hbar = \pm\hbar/2$$

가 된다.

우렌벡과 구스미트의 제안은 순수 경험적인 것이었지만 잘 들어맞았다. 전자 스핀에 대한 고전적인 비유로 태양 주위를 공전을 하면서 자신의 축 주위로 자전을 하는 행성을 생각해 볼 수 있다. 전자에서 "스핀"은 단지 붙인 이름에 지나지 않는다. 왜냐하면 점입자가 자전운동한다는 것을 상상할 수 없기 때문이다. 중요한 점은 이미 존재하는 양자수 (n, l, m)에 4번째 양자수 $s=\pm 1/2$을 추가한다는 사실이다. 이로써 가능한 전자 상태의 수가 두 배가 된다. $n=3$까지의 가능한 상태들이 표 8.1에 나열되어 있다.

▌표 8.1 전자 상태

n	1	2		3		
ℓ	0	0	1	0	1	2
m	0	0	−1 0 1	0	−1 2 1	−2 −1 0 1 2
s	±1/2	±1/2	±1/2	±1/2	±1/2	±1/2
상태	2	2	6	2	6	10
딸림껍질	$1s$	$2s$	$2p$	$3s$	$3p$	$3d$
껍질	K	L		M		
전체 상태	2	8		18		

슈테른과 게를라흐 실험이 보여준 상황이 이제 분명해졌다. 중성의 은 원자는 47개-홀수 개-의 전자를 가지고 있다. 이 전자들이 스핀 각운동량이 반대인 전자와 가능한 한 최대로 "짝"을 이루고 있고 남은 한 개의 전자가 $l=0$ 상태에 있다고 가정하면, 짝을 이루지 못한 외로운 전자가 $s_z=\pm 1/2$을 갖기 때문에 실험에서 두 개의 원자빔으로 갈라지는 것을 설명할 수 있다. 이 결과를 완전히 이해하고 전자가 가능한 상태들을 어떻게 채우는지 알려면 훈트 규칙 Hund's Rule, 파울리의 배타원리 Pauli Exclusion Principle 와 다전자 원자 파동함수의 대칭성에 대해 알아야 한다. 원자핵의 스핀 효과, 구형이 아닌 원자핵에 의한 비쿨롱 효과 및 상호 전자 차폐에 의해 상황이 더 복잡해진다[5].

나중에 고유 전자 각운동량이 상대론적 효과를 슈뢰딩거 방정식에 도입할 때 생기는 자연적인 결과임을 알게 되었다[6]. 몇몇 원자들에서 0이 아닌 알짜 궤도 각운동량과 스핀 각운동량이 동시에 존재한다. 이 때문에 해당 자기모멘트들이 상호작용하여 에너지 준위를 조금 갈라지게 한다. 두 자기모멘트가 같은 방향을 향할 때 계의 에너지가 약간 높아지고, 반대 방향을 향할 때 에너지가 약간 낮아진다. 스핀-궤도 결합 spin-orbit coupling 또는 L-S 결합이라고 부르는 이 현상으로 인해 전체 벡터 각운동량 $\boldsymbol{J}$를 $\boldsymbol{J}=\boldsymbol{L}+\boldsymbol{S}$로 정의할 필요가 생겼으며, 다전자 원자의 구조와 스펙트럼을 이해하는데 필요한 기초를 제공한다.

자기장이 존재할 때 원자의 스펙트럼 선들이 갈라지는 것을 제만 효과 Zeeman effect 라고 부르며, 전기장에 대한 동일한 효과는 시타르크 효과 Stark effect 라고 부른다. 이런 효과들의 예가 9장에 나와 있다. 예를 들어 스펙트럼 선의 갈라짐에 대한 정량적인 측정을 통해 태양과 다른 별에서의 전자기장의 크기를 구할 수 있다.

문 제 08-2

8-3(E) 외부 자기장 B 안에 있는 자기쌍극자 μ는 $\tau = \mu \times B$의 토크를 받는다고 했다. 이 관계를 이용해 자기장의 단위가 N/Amp · m가 된다는 것을 보여라.

8-4(I) 은-107 원자의 질량은 106.905 질량 단위이다. 슈테른-게를라흐 실험을 할 때 오븐에서 나온 원자의 속도가 1000 m/s이고 이 원자가 폭 1 cm의 균일하지 않은 자기장을 통과하여 검출기에 탐지되기 전 2 m를 이동한다. 편의상 $l = 1$이라 하고 $\mu_z = \mu$라 가정하자. 변위 $W = 0.5$ mm를 얻으려면 자기장 기울기 dB/dz가 얼마여야 하는가? 자석이 수십 테슬라의 자기장을 낼 수 있다면, 이 실험이 가능할까?

8-5(I) 반지름 r의 원형 전류 i는 중심에 크기 $B = (\mu_0 i/2r)$의 자기장을 만든다. 수소 원자에 있는 전자를 생각해 보자. 이 절의 시작 부분의 주장에 따라 전자가 보어 상태 "n"에서 원운동한다면, 이 전자가 양성자의 위치에 만드는 자기장은

$$B = \frac{\mu_o m_e^2 e^7}{256\pi^4 \epsilon_o^3 \hbar^5 n^5}$$

으로 주어진다. $n = 1$일 경우 이 값을 계산하라. 핵물리학에서 *핵 마그네톤* nuclear magneton μ_K는 자기장의 천연 단위를 제공하며 $\mu_K = (e\hbar/2m_p)$로 주어진다. 여기서 m_p는 양성자의 질량이다. 양성자의 자기모멘트는 2.793 μ_K이다. 자기장 B 안에 놓인 자기쌍극자 모멘트 μ는 크기 $V = \mu B$인 퍼텐셜에너지를 얻는다. $n = 1$인 전자가 만드는 자기장 속에서 양성자가 얻게 되는 이 에너지(eV 단위)의 값은 얼마인가? 이 값을 $n = 1$ 상태의 궤도 에너지와 비교하면 어떤 차이가 있는가?

8.3 이원자 분자와 각운동량

각운동량 이론의 중요한 응용 가운데 하나가 마이크로파 분광학과 관련이 깊은 이원자 분자의 회전에너지에 대한 이해이다. 이 절에서는 이원자 분자에 대한 준고전적인 분석을 실시한다.

이원자 분자 모형이 그림 8.3에 나와 있다. 질량이 각각 m_A와 m_B인 두 개의 전기적으로 중성인 원자들(따라서 근사적으로 쿨롱 퍼텐셜을 무시해도 좋다)이 질량중심 주위로 궤도운동하고 있다. 원자 A의 궤도 반지름은 r_A, 원자 B의 궤도 반지름은 r_B이다. 이해를 쉽게 하기 위해 두 원자가 질량이 없고 회전하는 단단한 막대끝에 달려있다고 가정하자. (분자 사이의 전기적인 힘은 흔히 5장에서 살펴 본 조화진동자 퍼텐셜을 따른다고 가정한다. 이 경우 5장에서 배운 일정한 간격의 *진동*에너지 준위를 얻게 된다. 그러나 여기서는 *회전*에너지 준위를 구하고자 한다.)

질량 중심이 고정되어 있으려면

$$m_A r_A = m_B r_B \tag{1}$$

를 만족해야 한다. 이 조건은 아래에서 여러번 사용하게 된다.

분자가 질량 중심 주위로 각속도 ω로 회전한다고 가정하자. 고전적으로 이런 경우의 각운동량은 $L = I\omega$로 주어지며, I는 회전축에 대한 계의 관성 모멘트이다. 원자들이 전기적으로 중성이라면 계가 가진 유일한 에너지는 회전운동에너지 $E = I\omega^2/2$가 된다. $\omega = L/I$로 놓으면

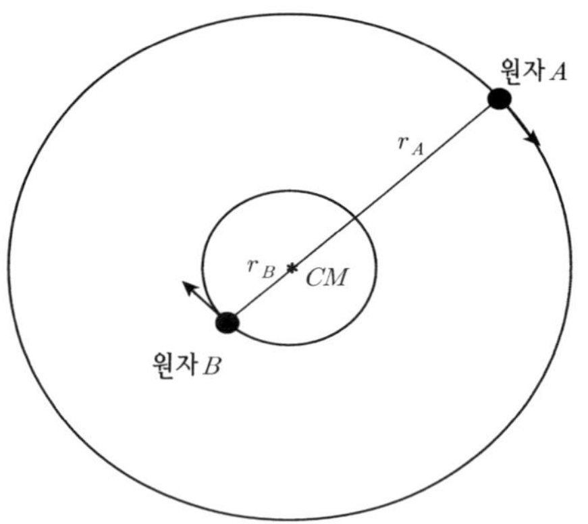

그림 8.3 이원자 분자

$$E = \frac{1}{2}I\omega^2 = \frac{L^2}{2I} = \frac{\hbar^2\ell(\ell+1)}{2I} = \frac{h^2\ell(\ell+1)}{8\pi^2 I} \tag{2}$$

을 얻는다. 여기서 각운동량이 $L = \hbar\sqrt{l(l+1)}$ 로 양자화되어 있다고 가정했다.

이제 이런 계가 $l \rightarrow l-1$로 "회전 전이"를 한다고 생각해 보자. 방출되는 광자의 에너지는

$$\Delta E = E_\ell - E_{\ell-1} = \frac{h^2}{4\pi^2 I}(\ell) \tag{3}$$

이 될 것이다.

간단한 근사를 통해 ΔE의 크기를 짐작할 수 있다. 분자가 두 개의 동일한 질량을 가진 원자로 구성되어 있다고 가정해 보자. 원자의 질량은 m이고 거리 r 떨어져 있다. 그러면 $I = \sum m(r/2)^2 = mr^2/2$이 되어

$$\frac{h^2}{4\pi^2 I} = \frac{h^2}{2\pi^2 mr^2}$$

을 얻게 된다.

구체적인 예로 두 수소 원자($m = 1.67 \times 10^{-27}$ kg)가 거리 $r = 1$ Å 떨어져 있다고 하자. 그러면

$$\frac{h^2}{2\pi^2 mr^2} = 1.33 \times 10^{-21}\,\mathrm{J} = 0.008\,\mathrm{eV}$$

의 값을 얻는다.

좀 더 무거운(또는 더 멀리 떨어져 있는) 두 원자의 경우 더 작은 에너지를 얻게 된다. 회전하는 분자의 *회전*에너지 준위의 에너지 간격이 분자의 *진동*에너지 준위의 간격 또는 원자 자신의 *전자* 에너지 준위의 간격에 비해 훨씬 작다는 것을 알 수 있다. 간격이 훨씬 작다는 것은 방출되는 광자의 진동수가 훨씬 작다는 것, 따라서 파장이 훨씬 길다는 것을 의미한다. 그러므로 분자의 회전 특성을 분석하는 것은 보통 원적외선 far-infrared 또는 마이크로파 분광학과 관련이 깊다.

대부분의 분자들은 다른 질량을 가진 원자들을 포함하고 있다. 이런 경우를 포함하기 위해 식 (2)의 관성 모멘트를 변경해 식을 수정할 수 있다. 그림 8.3에서

$$I = m_A r_A^2 + m_B r_B^2 \tag{4}$$

이 된다.

식 (1)을 사용해 이 식에서 r_A를 소거하면

$$I = m_B^2 r_B^2 \left[\frac{m_A + m_B}{m_A m_B} \right] \tag{5}$$

가 나온다.

분자 분광학자들은 계의 결합 길이 **bond length** $r = r_A + r_B$를 사용하기 좋아한다. $r_B = r - r_A$로 적고 다시 식 (1)을 사용해 r_A를 소거하면

$$r_B = r \left[\frac{m_A}{m_A + m_B} \right] \tag{6}$$

를 얻는다.

식 (6)을 식 (5)에 대입하면 관성 모멘트를 결합 길이로 표시할 수 있다.

$$I = \mu r^2 \tag{7}$$

여기서 μ는 계의 환산 질량으로 7장에서 정의한 것과 동일하다.

$$\mu = \left[\frac{m_A m_B}{m_A + m_B} \right] \tag{8}$$

이런 수정을 거치면 회전에너지 준위가

$$E = \frac{h^2 \ell(\ell + 1)}{8\pi^2 \mu r^2} \tag{9}$$

로 주어진다.

연구에 사용할 때 분광학자들은 주어진 원소(따라서 μ가 알려짐)에 대해 측정한 광자 진동수로부터 결합 길이를 찾아낸다. 관련 정보가 흔히 핸드북에 여러 원소들에 대한 평형 회전상수 equilibrium rotation constant B_e의 값의 표로 나열되어 있다. 평형 회전상수의 정의는

$$B_e = \frac{h}{8\pi^2 \mu r^2} \tag{10}$$

이다.

B_e의 단위는 초의 역수이다. 이 값들은 종종 MHz의 단위로 적혀 있으며, 이런 종류의 분광학이 가진 정확성을 증거하듯 여러 자리의 유효숫자를 가진다. B_e 값과 결합 길이는 많은 참고문헌에서 찾아볼 수 있다. 예를 들면 *CRC Handbook of Chemistry and Physics 86판(2005−2006)* (Boca Raton: TAylor and Francis)에 수십 개의 이원자 분자들에 대한 B_e 값과 결합 길이가 나와 있다(9−82에서 9−85 페이지 까지).

예제 8.1

*CRC Handbook*에 염화수소 HCl의 B_e 값이 3.175827×10^{11} MHz로 주어져 있다. 이 원소가 ${}^1_1\mathrm{H}$와 ${}^{35}_{17}\mathrm{Cl}$로 구성되어 있다고 하면, 이 분자의 결합 길이는 얼마인가?

구성 원자의 질량이 표에 1.0078250과 34.968853 질량 단위로 나와 있다. 이 값을 사용하면 환산 질량이 0.979593 질량 단위 또는 1.626652×10^{-27} kg이 된다. 그러므로 결합 길이는 식 (10)에 의해

$$r = \sqrt{\frac{h}{8\pi^2 \mu B_e}} = \sqrt{\frac{(6.62607 \times 10^{-34}\ \mathrm{J \cdot sec})}{8\pi^2 (1.626652 \times 10^{-27}\mathrm{kg})(3.175827 \times 10^{11}\ \mathrm{Hz})}}$$

$$= 1.275 \times 10^{-10}\mathrm{m} = 1.275\text{Å}$$

이 되고, 이 길이는 분자 크기 정도가 된다.

문 제 08-3

8-6(E) 불화리튬($^7_3\mathrm{Li}\,^{19}_9\mathrm{F}$)은 4.032983×10^{10} MHz의 평형 회전상수를 가진다. 이 원소의 결합 길이는 얼마인가?

8-7(I) *CRC Handbook*에 산화리튬($^7_3\mathrm{Li}\,^{16}_8\mathrm{O}$)의 평형 회전상수와 결합 길이가 각각 3.63597×10^{10} MHz와 1.688 Å으로 나와 있다. 이 값을 따르면 이 원소의 환산 질량은 얼마가 되는가? 결과를 각 구성원자들의 질량, 7.016004와 15.994915 질량 단위로부터 계산한 환산 질량과 비교해 보라.

8.4 동일입자, 구별 불가능성과 파울리의 배타원리

이 절에서는 7장에서 소개한 질량 중심 좌표와 상대좌표로 변수분리하는 방법과 유사한 질문에 대해 생각해 보려 한다. 이 내용은 입자의 본질 및 입자의 파동함수와 깊은 관련을 맺고 있다.

여기서 다룰 주제는 동일한 퍼텐셜 안에서 움직이는 두 개(또는 그 이상의) 입자들로 구성된 계의 슈뢰딩거 방정식의 풀이와 관련이 있다. 헬륨 원자 안의 두 개의 전자가 그 예라 할 수 있다. 논의를 간단히 하기 위해 전자들이 서로 *상호작용하지 않는다*고 가정한다. 즉 전자가 서로 힘을 작용하지 않거나 또는 적어도 전자와 원자핵 사이의 힘과 비교해 전자와 전자 사이의 힘을 무시할 수 있다고 가정한다. 질량이 m_1과 m_2이고 각자 $V_1(\boldsymbol{r}_1)$과 $V_2(\boldsymbol{r}_2)$의 퍼텐셜을 느끼는 두 입자들을 가정하자. 여기서 $\boldsymbol{r}_1$과 $\boldsymbol{r}_2$는 각 입자의 위치이다(그림 7.3을 보라). 이들이 동일한 환경 안에서 움직이고 $\boldsymbol{r}_1 = \boldsymbol{r}_2$일지라도 이들이 느끼는 퍼텐셜은 다를 수 있다. 예를 들어 이들은 다른 전하를 갖고 있을 수 있다. 이 계의 전체 해밀토니안 연산자는 각 입자의 운동에너지와 퍼텐셜에너지의 합으로 주어진다.

$$\mathrm{H} = -\frac{\hbar^2}{2m_1}\nabla_1^2 - \frac{\hbar^2}{2m_2}\nabla_2^2 + V_1(\boldsymbol{r}_1) + V_2(\boldsymbol{r}_2) \tag{1}$$

각 입자의 퍼텐셜에너지를 다른 입자의 위치와 관계된 함수가 아닌, 그 입자의 위치만의 함수로 적을 수 있는 것은 입자들이 서로 상호작용하지 않기 때문이다.

이제 전체 에너지 E인 이 계의 슈뢰딩거 방정식의 풀이 $\Psi(\boldsymbol{r}_1, \boldsymbol{r}_2)$가 존재한다고 가정해 보자.

$$-\frac{\hbar^2}{2m_1}\nabla_1^2\Psi - \frac{\hbar^2}{2m_2}\nabla_2^2\Psi + V_1(\boldsymbol{r}_1)\Psi + V_2(\boldsymbol{r}_2)\Psi = E\Psi \tag{2}$$

입자들이 상호작용을 하지 않는다면, Ψ를 각 입자에 대한 함수의 곱 $\Psi(\boldsymbol{r}_1, \boldsymbol{r}_2) = \psi_A(\boldsymbol{r}_1)\psi_B(\boldsymbol{r}_2)$로 쓸 수 있다는 가정이 합리적인 것처럼 보인다. 이것은 7.4절에서 다룬 질량 중심 좌표와 상대좌표로 변수분리할 수 있는 것과 유사하다. A 상태의 입자 1이 위치 $\boldsymbol{r}_1$에 있는 작은 부피 요소 $d\tau_1$에 있고 B 상태의 입자 2는 위치 $\boldsymbol{r}_2$에 있는 작은 부피 요소 $d\tau_2$에 있을 "연계확률 joint probability"이 Ψ^2으로 주어진다고 Ψ를 해석하면 된다. 밑첨자 A와 B는 두 개의 독립적인 입자가 일반적으로 다른 상태에 있음을 기억나게 하기 위해 사용한다. 이렇게 변수분리된다고 가정하면 슈뢰딩거 방정식이

$$-\frac{\hbar^2}{2m_1}\nabla_1^2\psi_A\psi_B - \frac{\hbar^2}{2m_2}\nabla_2^2\psi_A\psi_B + V_1\psi_A\psi_B + V_2\psi_A\psi_B = E\psi_A\psi_B \tag{3}$$

처럼 된다. 여기서 퍼텐셜의 좌표 의존도를 표시하지 않았다. 이제 라플라시안 연산자 ∇_1^2과 ∇_2^2을 대응되는 한 좌표에만 적용해 보자. 즉 ∇_1^2는 $\boldsymbol{r}_1 = (x_1, y_1, z_1)$에, ∇_2^2는 $\boldsymbol{r}_2 = (x_2, y_2, z_2)$에 적용한다. 이 사실을 기억하면 식 (3)을 아래처럼 두 그룹으로 나눌 수 있다.

$$\left\{-\frac{\hbar^2}{2m_1}\nabla_1^2\psi_A + V_1\psi_A\right\}\psi_B + \left\{-\frac{\hbar^2}{2m_2}\nabla_2^2\psi_B + V_2\psi_B\right\}\psi_A = E\psi_A\psi_B \tag{4}$$

식 (4)의 형태는 전체 에너지 E를 각 입자 상태의 에너지의 합 $E = E_A + E_B$로 표현할 수 있음을 암시한다. 이것을 이용하면 예상한 것처럼 식 (4)를 두 개의 독립적인 식으로 분리할 수 있다.

$$-\frac{\hbar^2}{2m_1}\nabla_1^2\psi_A + V_1\psi_A = E_A\psi_A \tag{5}$$

와

$$-\frac{\hbar^2}{2m_2}\nabla_2^2\psi_B + V_2\psi_B = E_B\psi_B \tag{6}$$

이 과정을 상호작용하지 않는 입자의 수에 관계없이 연장할 수 있다는 것을 깨달아야 한다. 퍼텐셜이 변수분리 가능한 형태를 가지고 있다면, 3차원의 경우 식 (5)와 (6)은 3개의 딸림 방정식으로 분리된다.

이제 중요한 사실을 알게 되었다. 앞서의 주장을 두 개의 *동일입자* identical particles – 아마 원자핵 근처의 두 전자 – 에 적용할 수 있다고 가정해 보자. 지금까지 전자에 번호 1과 2의 "표식을 붙일 수" 있다는 상상이 정당하다고 가정해 왔다. 즉 전자를 *구별할 수 있다*고 상상하였다. 그러나 통계역학의 초기부터 자연이 이런 일을 허용하지 않는다는 것이 알려져 있었다. 즉 동일입자들은 원리상 *구별이 불가능*하다. 서로를 구별할 방법이 존재하지 않는다. (고전역학에서 입자의 확률 분포가 거의 중첩되지 않기 때문에 구별 가능성이라는 개념은 없다. 그러나 원자 수준에서는 확률 분포가 서로 뒤섞이기 때문에 1번 입자는 *여기* 있고 2번 입자는 *저기* 있다라고 말하는 것이 불가능하다.) 구별 불가능성 indistinguishability 은 물리학의 근본적인 사실이고 계산에 반드시 반영되어야 한다.

구별 불가능성 때문에 앞서 가정한 곱 형태의 파동함수

$$\Psi(\boldsymbol{r}_1, \boldsymbol{r}_2) = \psi_A(\boldsymbol{r}_1)\,\psi_B(\boldsymbol{r}_2) \tag{7}$$

에 문제가 생긴다. 다시 말해 Ψ는 구별 불가능성을 만족시키지 *못한다*. 입자들을 "교환"한다면, 즉 r_1을 r_2로, 또 r_2는 r_1으로 바꾸면, 일반적으로 상태 A와 상태 B가 다르기 때문에 Ψ가 달라진다. 구별 불가능성이란 입자의 표지를 서로 바꿨을 때 Ψ가 달라지지 말아야 한다는 것이다. 궁극적으로 측정 가능한 양은 확률이기 때문에 Ψ가

$$\Psi^2(\boldsymbol{r}_1, \boldsymbol{r}_2) = \Psi^2(\boldsymbol{r}_2, \boldsymbol{r}_1) \tag{8}$$

을 만족해야 한다는 것을 의미한다.

상태 및 좌표의 여러 조합을 시도해보면, 단 두 개의 Ψ 형태만이 식 (8)을 만족한다는 것을 금방 알 수 있다.

$$\Psi_{대칭} = C[\psi_A(\boldsymbol{r}_1)\psi_B(\boldsymbol{r}_2) + \psi_A(\boldsymbol{r}_2)\psi_B(\boldsymbol{r}_1)] \tag{9}$$

과

$$\Psi_{반대칭} = C[\psi_A(\boldsymbol{r}_1)\psi_B(\boldsymbol{r}_2) - \psi_A(\boldsymbol{r}_2)\psi_B(\boldsymbol{r}_1)] \tag{10}$$

여기서 C는 규격화 상수이다. 식 (9)는 r_1과 r_2를 서로 교환했을 때 Ψ가 변하지 않기 때문에 식 (9)를 Ψ의 *대칭형* symmetric form 이라고 부른다. 반면 식 (10)은 좌표를 교환했을 때 Ψ가 $-\Psi$가 되기 때문에 *반대칭형* antisymmetric form 이라고 부른다.

이 시점에서 식 (9)와 (10)의 실제 예를 다루는 것이 적절해 보인다. 편의상 1차원의 경우를 생각해 보자. 조화진동자 퍼텐셜 $V = kx^2/2$ 안에서 움직이는 두 개의 동일입자가 있다. 5장에서 소개한 차원이 없는 ξ 좌표를 사용하여 위치를 ξ_1과 ξ_2라고 적는다. 관계된 상태가 조화진동자의 바닥상태와 제1 들뜬 상태라고 하자.

$$\psi_A = e^{-\xi^2/2} \tag{11}$$

과

$$\psi_B = \xi e^{-\xi^2/2} \tag{12}$$

앞으로의 과정에 영향을 주지 않기 때문에 규격화 상수는 무시한다. 그림 8.4와 8.5는 각각 해당 대칭 파동함수와 반대칭 파동함수의 절대값을 보여준다.

$$\begin{aligned}\Psi_{대칭}(\xi_1, \xi_2) &= \psi_A(\xi_1)\psi_B(\xi_2) + \psi_A(\xi_2)\psi_B(\xi_1) \\ &= (\xi_2 + \xi_1)\exp[-(\xi_1^2 + \xi_2^2)]\end{aligned} \tag{13}$$

과

$$\begin{aligned}\Psi_{반대칭}(\xi_1, \xi_2) &= \psi_A(\xi_1)\psi_B(\xi_2) - \psi_A(\xi_2)\psi_B(\xi_1) \\ &= (\xi_2 - \xi_1)\exp[-(\xi_1^2 + \xi_2^2)]\end{aligned} \tag{14}$$

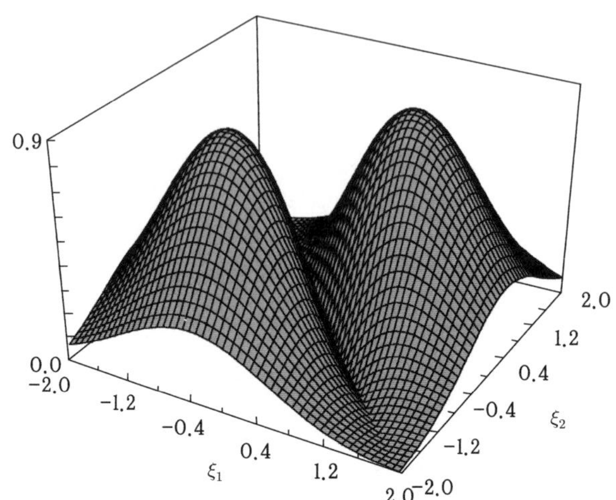

▮ **그림 8.4** $n=0$와 $n=1$인 조화진동자 상태에 대한 2입자 대칭 파동함수의 $|\Psi|$

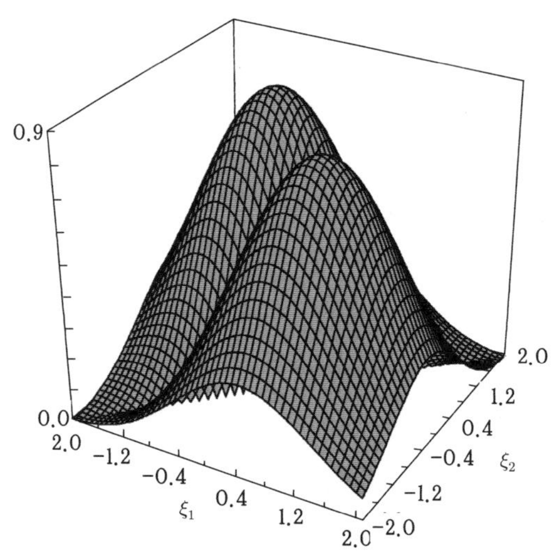

▮ **그림 8.5** $n=0$와 $n=1$인 조화진동자 상태에 대한 2입자 반대칭 파동함수의 $|\Psi|$

그림 8.4를 보면 대칭 파동함수의 경우 연계확률이 큰 곳의 좌표값이 $\xi_1 \sim \xi_2$인 특징을 갖는 것을 분명히 알 수 있다. 정성적으로는 이 사실을 대칭적인 연계 파동함수로 기술되는 입자들은 서로 가까운 위치에서 주로 발견된다고 기술할 수 있다. 반대로 반대칭파동함수인 경우(그림 8.5) $\xi_1 \neq \xi_2$인 곳에서 연계확률이 큰 특징을 갖고 있다. 실제로 $\xi_1 \sim -\xi_2$일 때 연계확률이 최대가 된다. 따라서 이런 입자들은 서로를

피하는 경향이 있다. (식 13과 15의 형태를 통해 이런 결론을 직접 확인할 수도 있다.) 이와 같은 "접근/회피" 행동은 두 입자 연계 파동함수가 갖는 일반적인 성질이다.

이런 행동이 입자와 관련된 상호작용의 결과는 *아니라는* 것을 강조하는 것이 중요하다. 실제로 지금까지 입자들이 상호작용하지 않는다고 가정해 왔다. 이것은 순수하게 입자들을 구별할 수 없다는 것을 Ψ가 따라야 하기 때문에 얻은 결과이다. 이런 엄청난 결론을 이런 직선적인 주장에서 얻을 수 있다는 것이 놀랍다.

주어진 입자의 종류가 대칭 또는 반대칭 파동함수 가운데 어느 것을 따라야 할지 무엇이 결정할까? 이 문제는 앞서 과정으로 해결할 수 없다. 이 질문을 완전히 이해하는 것은 대단히 어렵지만, 요점을 정성적으로 기술할 수는 있다. 8.2절에서 1920년대 실시된 실험을 통해 입자가 현재 *스핀*이라고 부르는 고유 각운동량을 갖고 있다는 것을 어떻게 알게 되었는지 설명하였다. 이런 실험들을 통해 모든 입자들을 두 종류, 스핀이 $\hbar/2$의 홀수배인 입자("스핀-1/2"인 입자)와 스핀이 $\hbar$의 정수배(0을 포함)인 입자("스핀-1"인 입자)로 분류할 수 있다는 것을 알게 되었다. "스핀-1/2"인 입자는 페르미 Enrico Fermi 를 기념해 *페르미온* fermion 이라고 부르고, "스핀-1"인 입자는 인도 물리학자 보즈 Satyendra Bose 를 기념해 *보존* boson 이라고 부른다. [왈리 K. Wali 가 쓴 보즈의 일생과 업적에 관한 흥미로운 전기 기사 "The man behind Bose statistics"가 *Physics Today* 2006; 59(10):46-52에 실려 있다.] 전자, 양성자, 중성자 등이 페르미온에 속하며 반대칭 파동함수로 기술된다. 반면 광자 및 다른 더 많은 이국적인 입자들이 보존에 속하며 대칭 파동함수로 기술된다. 따라서 보존이 특정 상태에 존재하게 되면 같은 상태에 있는 동일입자를 발견할 확률이 증가하게 된다. 페르미온이 특정 상태에 존재하게 되면 같은 상태에 있는 동일입자를 발견할 확률이 감소하게 된다. 전체 원자와 같은 복합 구조는 구성원들의 스핀의 합에 대응되는 대칭성을 가진다. 예를 들어 정상적인 헬륨 ($^4_2\mathrm{He}$)은 짝수의 스핀-1/2인 입자로 구성되어 있기 때문에 보존이다 (전자, 양성자, 중성자 모두 2개 씩). 반면 헬륨-3 ($^3_2\mathrm{He}$)는 페르미온이다(2개의 양성자, 1개의 중성자, 2개의 전자). 대칭인 파동함수를 갖는 보존은 서로 가까이 있는 것을 좋아한다. 이런 예측은 실험적으로 *보즈-아인슈타인 응축* Bose- Einstein condensate (BEC) 으로 알려진 것을 만들면서 증명이 되었다. 액체 상태의 BEC는 1908년 액체 헬륨-4를 거의 절대 0도까지 냉각시킴으로써 처음으로 만들 수 있었다. 이 경우 헬륨은 운동시 저항을 전혀 받지 않는 *초유체* superfluid 처럼 행동한다. 1988년 루비듐 ($^{85}_{37}\mathrm{Rb}$) 원자를 절대 0도보다 2천만분의 1도 높은 온도로 냉각하여 처음으로 기체 상태의 BEC를 얻었다. 이 연구는 콜린스 G. P. Collins 가 쓴 기사 "Gaseous Bose-Einstein condensate finally observed" *Physics Today* 1998; 51(8):9에 실려 있다. 첫 발견이 있기까지 4년간의 기체 상태 BEC에 관한 실험연구가 케털레 W. Ketterle의 "Experimental studies of Bose-Einstein condensation" *Physics Today* 1999; 52(12):30-35에 요약되어 있다. [또 *Physics Today* 1998; 51(10):17-19와 1999; 52(8):9를 보라.] 이 상황에서 모든 원자들은 동일한 (가장 낮은) 양자 상태에 머물게 되어 집단적으로 한 원자처럼 행동한다.

한 가지 중요한 점이 남아 있다. 식 (10)으로부터 반대칭(페르미온)의 경우 두 입자가 동일한 상태($A = B$)에 있게 되면 모든 곳에서 $\Psi = 0$가 되어야 한다는 점을 분명하게 이해해야 한다. 그러나 이 사실은 처음에 입자가 존재하고 있었다고 가정한 것과 모순이 된다. 결과적으로 *같은 원자 안에 있는 어떤 두 전자도 동일한 양자 상태에 있을 수 없다*고 결론을 내릴 수 밖에 없다. 이것을 **파울리 Pauli 의 배타원리 exclusion principle** 라고 한다.

궁극적으로 전자의 상태를 기술하는데는 4개의 양자수가 필요하다: 주양자수 n, 각운동량 양자수 l, 자기 양자수 m과 스핀 양자수 $\pm 1/2$가 그것이다. 스핀 양자수의 관점에서 보면 주양자수 n에 대한 양자상태의 전체 수는 $2n^2$이 된다(식 7.4.48을 보라). $n = 1,2,3,\ldots$에 대해 $2,8,18,\ldots$개의 양자상태가 존재한다. 이 값들은 불활성 기체인 헬륨, 네온, 아르곤 등에 해당하고 이들 기체들은 "닫힌" (완전히 채워진) 전자껍질을 가지고 있다고 말한다. $3,9,19,\ldots$ 개의 전자를 가진 원소들은 따라서 이들의 "마지막" 전자가 $n = 2,3,4,\ldots$ 상태에 있는 유일한 전자가 된다. 이런 원소들이 주기율표의 첫 번째 열에 있는 원소들이다. 예상했듯이 이런 외로운 전자는 쉽게 원자로부터 분리되므로 이들 원소들은 반응성이 특히 크다. 원소들의 화학적 특성을 충분히 다루기 위해서는 에너지 상태가 채워지는 순서를 이해해야 하는데 그러려면 전자 파동함수 사이의 상호작용 뿐만 아니라 상대론적 효과도 고려해야 한다. 파동함수의 대칭/반대칭성 및 배타원리와 같은 중요한 개념이 이런 문제를 다룰 때 관여한다는 것만 이야기하고 이 절을 마친다.

문 제 08-4

8-8(E) 다음 중성원자들이 페르미온인지 보존인지 구분하라:

$^{29}_{14}\mathrm{Si}$, $^{40}_{20}\mathrm{Ca}$, $^{69}_{31}\mathrm{Ga}$, $^{105}_{46}\mathrm{Pd}$, $^{137}_{55}\mathrm{Cs}$, $^{235}_{92}\mathrm{U}$.

8-9(E) 문제 4-16에서 핵물리학이 등장하는 초기에 전기적으로 중성인 입자, 현재는 중성자라고 부르는 입자가 원자핵 안에 있다는 주장이 있었음을 언급했다. 그리고 이 입자가 (자연의 기본 입자가 아닌) 양성자와 전자의 결합으로 구성되어 있다는 주장이 있었다. 이 문제를 해결하기 위해 불확정성 원리를 적용할 가능성이 조사되었다. 이런 주장에 대해 스핀 통계학을 적용해 보자. 질소-14($^{14}_{7}\mathrm{N}$) 원자핵이 있다고 하자. “양성자+전자” 모형이 옳다면, N-14가 스핀-1/2인 계일까 아니면 스핀-1인 계일까? “양성자+중성자” 모형의 경우엔 어떻게 될까? 분광학적 증거는 N-14가 스핀-1인 계임을 가리킨다. 어느 모형이 이 사실을 지지하나?

09 장 근사법

앞서 장들에서 여러 퍼텐셜에 대한 슈뢰딩거 방정식의 풀이를 구했다. 대부분의 경우 풀이를 닫힌 해석학적 형태로 표현할 수 있었다. 그러나 상상할 수 있듯이 슈뢰딩거 방정식의 풀이가 닫힌 형태로 주어지는 퍼텐셜의 수는 대단히 제한되어 있다. 많은 퍼텐셜들 – 놀랄 만큼 단순한 퍼텐셜조차(즉 문제 4-10의 선형 퍼텐셜과 같은) – 닫힌 형태의 해석학적 풀이를 구하는 것이 불가능하다.

슈뢰딩거 방정식의 풀이에 대해 얻은 지금까지의 지식의 틀 안에서 어떻게 이런 퍼텐셜들을 분석할 수 있을까? 이 장의 목적은 이런 경우에 근사적인 풀이를 구하는 분석 방법을 찾아내는 것이다. (수치 방법은 10장에서 다룬다.) 특히 이 장에서는 3가지 방법을 소개한다. 9.1절에서는 에너지 고유값의 근사값을 구하는 방법인 벤첼–크라머스–브릴루앙 Wentzel–Kramers–Brillouin 또는 **WKB 방법**[1]에 대해 살펴본다. 9.2와 9.3절에서는 **건드림 이론** perturbation theory 을 유도한다. 이 방법은 슈뢰딩거 방정식이 정확히 풀리는 퍼텐셜을 변형시킨 퍼텐셜에 대해 근사적인 파동함수와 에너지를 구할 수 있게 해 주는 강력하면서도 매우 일반적인 방법이다. 9.4와 9.5절에서는 바닥상태 파동함수의 형태를 적절히 추정하는데 근거한 **변분법** variational method 을 사용해 어떻게 근사적인 바닥상태 에너지를 얻을 수 있는지 살펴본다. 정확한 풀이를 가진다고 알려진 문제에 이런 방법들을 적용하면 이 방법들이 얼마나 정확한지 감을 잡을 수 있다. 앞서와 같이 *구속상태* 풀이를 구하는데 중점을 둔다.

9.1 WKB 방법

입자의 전체 에너지가 퍼텐셜보다 큰, 즉 $E > V(x)$인 지역에 대해 질량 m인 입자의 드 브로이 파장은

$$\lambda(x) = \frac{h}{\sqrt{2m[E - V(x)]}} \tag{1}$$

로 주어진다. [이 장에서는 질량을 표기하는데 기호 m을 사용한다. 또 때때로 m을 합 지수로도 사용하지만 이것을 질량 또는 자기 양자수와 혼동하지 말아야 한다.] $V(x)$가 일정한 경우 (유한 또는 무한 사각 우물의 내부에서처럼) λ가 일정하다. 이런 상황에서 파동함수는 그림 9.1처럼 진동하는 양끝이 고정된 줄의 정상파 패턴과 수학적으로 동일한 형태를 가진다. 이런 정상파 패턴의 반 파장의 정수배가 고정된 줄의 길이와 같아진다는 것을 기초 역학에서 배웠을 것이다. ψ가 파장 λ로 특징지워진다면, 입자의 에너지 E는 줄의 진동에서처럼 운동의 반환점 사이의 거리가 $\lambda/2$의 정수배가 되는 파동에 의해 결정된다는 것이 WKB 방법의 핵심이다. 이 방법을 근사법이라고 하는 이유는 양자역학적으로 입자가 $E < V(x)$인 곳으로 투과할 수 있다는 사실을 무시했기 때문이다. 실제로 이 방법은 $E > V(x)$인 지역에 비해 파동이 퍼텐셜 장벽을 투과하는 지역이 매우 작다는 것을 가정하고 있다. 따라서 근사적으로 $E = V(x)$ 근처에서 $\psi \to 0$이 된다고 가정한다.

그러나 일반적으로 $V(x)$가 일정하지 않기 때문에 λ는 위치의 함수이다. 결과적으로 $n(\lambda/2)$가 반환점 사이의 거리와 같다고 놓을 수 없다. 그러나 식 (1)을 적분으로 표현할 수 있다. $V(x)$이 거의 일정한 좁은 구간 dx에 들어있는 파장의 수는

$$\frac{dx}{\lambda} = \frac{\sqrt{2m[E - V(x)]}}{h}dx \tag{2}$$

로 주어진다.

반환점 사이의 전체 파장 수는 식 (2)를 주어진 구간에서 적분하면 알 수 있다. 반파장의 정수배가 대략적으로 반환점 사이의 거리와 같다면

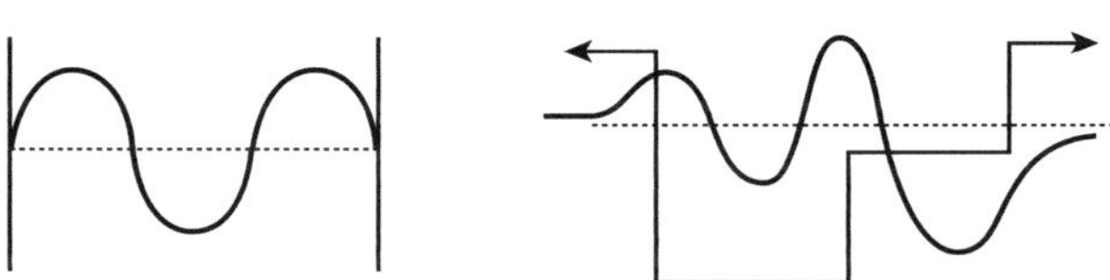

그림 9.1 왼쪽 : $n=3$인 모드로 진동하는 줄
오른쪽 : $n=4$인 양자 파동함수

$$\int \frac{dx}{\lambda} \sim \frac{n}{2} \tag{3}$$

이 되거나, 식 (2)와 (3)을 결합해

$$2\sqrt{2m}\int \sqrt{E - V(x)}dx \sim nh \tag{4}$$

가 된다.

식 (4)를 WKB 근사법이라고 부른다. 보다 복잡한 유도 과정을 거치면(폴링과 윌슨 책의 27b절) 식 (4)의 오른편이 $(n+1/2)h$가 되어, 낮은 n 상태에 대해 더 나은 결과를 주지만, 이런 세부적인 내용은 무시해도 좋다. 이 결과를 가지면 퍼텐셜 함수 $V(x)$의 영향을 받는 질량 m인 입자의 에너지 준위 n에 대응되는 에너지를 추정할 수 있다. 실제로는 적분 구간은 에너지 E가 $V(x)$ 곡선과 만나는 위치에 의해 결정된다. 그리고 결과로 $E(n)$의 식을 얻게 된다.

몇몇 예를 가지고 WKB 방법을 어떻게 사용하는지 보여주기 전에 이 방법이 어떤 조건하에서 유효한지 좀 더 살펴보자. 식 (3)의 정확성은 짧은 거리에서 양자 파장 λ가 얼마나 빨리 변하는지에 달려 있다. 여기서 요구하는 것은 거리 dx에 대한 λ의 변화량 $d\lambda$가 작아야 한다는 것이다.

$$\frac{d\lambda}{dx} \ll 1 \tag{5}$$

실제 값을 계산하기 위해 식 (5)를 에너지 고유값과 퍼텐셜 함수 $V(x)$로 표시하는 것이 도움이 된다. 드 브로이 관계식으로부터 양자역학적 파장은 선운동량의 함수로 $\lambda = h/p$로 주어진다. 고전적으로 선운동량은

$$p(x) = \sqrt{2m[E - V(x)]} \tag{6}$$

로 적을 수 있다.

도함수를 구하면

$$\frac{d\lambda}{dx} = -\frac{h\,dp}{p^2 dx} = \frac{mh}{\{2m[E - V(x)]\}^{3/2}}\left(\frac{dV}{dx}\right)$$

로 주어진다.

즉 식 (5)는

$$\frac{mh}{\{2m[E - V(x)]\}^{3/2}}\left(\frac{dV}{dx}\right) \ll 1 \tag{7}$$

과 동일하다.

$V(x)$가 감소하거나 [또는 증가하거나] 할 때 λ가 증가하기도 [또는 감소하기도] 한다는 것을 사실을 나타내기 위해 때때로 이 식을 퍼텐셜 기울기의 절대값 $|dV/dx|$으로 적기도 한다.

dV/dx가 작다면, 선운동량이 커지게 되어, 식 (7)이 만족된다. "선운동량이 크다"라는 말은 거시적인 것처럼 보인다. 이런 의미에서 식 (7)을 "**고전 근사법** classical approximation"이라고 부른다. 에너지 준위 E가 $V(x)$와 만나는 위치 또는 $E \sim V(x)$인 위치 – 즉 고전적인 반환점 또는 반환점 부근 – 에서는 분명 식 (7)을 만족할 수 없다. 문제에서 이런 지역이 공간의 대부분을 차지하고 있다면, WKB 방법이 정확한 결과를 주리라 기대할 수 없다. 식 (4)와 (7)을 어떻게 사용하는지 보여주는 예제가 아래에 주어져 있다.

예제 9.1

WKB 방법을 사용하여 1차원 선형 퍼텐셜 안에서 움직이는 질량 m인 입자의 에너지 고유값의 근사값을 구하라.

$$V(x) = \begin{cases} \infty, & x \leq 0 \\ \alpha x, & 0 < x < \infty \end{cases}$$

그림 9.2에 있는 일반 에너지 E를 생각해 보자.

에너지 E가 $x = a$에서 $V(x)$와 만난다면, $E = \alpha a$가 된다. 식 (4)로부터

$$2\sqrt{2m}\int_0^a \sqrt{E - \alpha x}\,dx \sim nh$$

를 얻을 수 있다.

이 적분을 계산하면

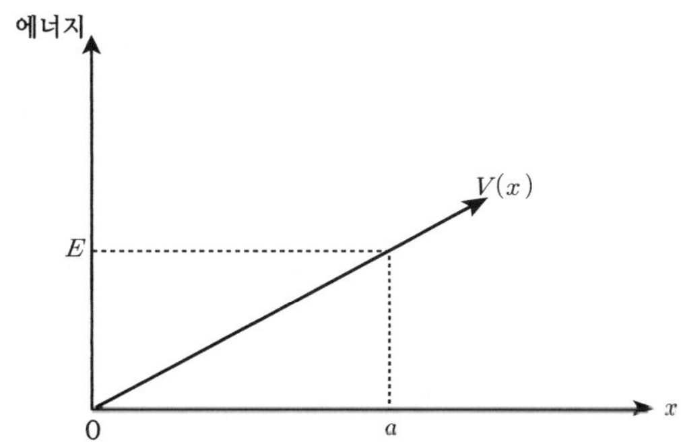

▮ **그림 9.2** 선형 퍼텐셜

$$nh \sim 2\sqrt{2m}\left[-\frac{2}{3\alpha}\sqrt{(E-\alpha x)^3}\right]_0^a \sim -\frac{4\sqrt{2m}}{3\alpha}[(E-\alpha a)^{3/2}-E^{3/2}]$$

이 된다.

$E=\alpha a$를 이용하면

$$E_n \sim \left(\frac{3\alpha h}{4\sqrt{2m}}n\right)^{2/3} \sim \left(\frac{6\pi\alpha\hbar}{4\sqrt{2m}}n\right)^{2/3} \sim 2.811\left(\frac{\alpha\hbar}{\sqrt{2m}}n\right)^{2/3}$$

을 얻는다.

이 결과는 문제 4-10의 결과와 일치한다. $\alpha = 1\,\mathrm{eV/Å}$ 인 전자에 대해 $E_1 \sim 4.39\,\mathrm{eV}$이 된다. 이 문제의 해석학적 풀이는 에어리 함수 Airy function 라고 부르는 무한 다항식과 관련이 있으며, 이 함수의 근이 에너지 고유값을 결정한다. 정확한 바닥상태 에너지는 여기서 유도한 형태와 유사하지만, 수치 인자가 2.811이 아닌 2.338이다. 즉 WKB 방법은 20% 정도 큰 바닥상태 에너지를 준다. 9.4절에서 이 퍼텐셜의 바닥상태 에너지를 추정하는 또 다른 해석학적 방법을 다룰 것이다. 이 문제에 대한 직접적인 슈뢰딩거 방정식의 수치 풀이를 10장에서 자세히 다룰 것이다.

이 문제에 대해 고전 근사법은 얼마만큼 만족할만한 결과를 줄까? 이에 대한 감을 잡기 위해 $x=0$와 일반 에너지 준위 E_n이 퍼텐셜 $V(x)$와 만나는 곳 사이의 중앙에서 식 (7)의 왼편을 계산해 보자. 편의상 앞서의 결과를 $E_n=\beta n^{2/3}$, $\beta=(3\pi\alpha\hbar/2\sqrt{2m})^{2/3}$로 적자. 주어진 에너지 준위 E_n은 퍼텐셜 $V(x)$와 반환점 $x_{turn}=\beta n^{2/3}/\alpha$에서 만난다. $x_{turn}/2$에서 식 (7)의 왼편을 계산하면

$$\frac{mh}{\{2m[E - V(x)]\}^{3/2}}\left(\frac{dV}{dx}\right) = \frac{mh\alpha}{\{2m[E_n - \alpha x_{turn}/2]\}^{3/2}} = \frac{h\alpha}{\sqrt{m}\beta^{3/2}n} = \frac{4\sqrt{2}}{3n}$$

가 된다.

따라서 식 (7)은

$$\frac{4\sqrt{2}}{3} \ll n \quad \Rightarrow \quad n \gg 1.886$$

을 요구한다.

"어떤 n 값이 이것을 만족한다고 할 수 있을까?"라는 질문에 대한 명확한 답은 없다. 답은 "훨씬 크다"라는 것의 정의에 달려 있다. 추가적으로 다른 x 값에서 식 (7)을 계산함으로써 값을 달리 할 수 있다. 그러나 "n이 적어도 이 수보다 작아야 한다"라는 것은 어떤 정의를 사용하더라도 만족스럽지 않다. 바닥상태에 대한 WKB 방법의 오차가 *단지* 20% 정도하는 것은 조금 놀랍다.

예제 9.2

수소 원자를 지름 좌표 r만의 1차원계라고 생각하고 WKB 방법을 사용하여 에너지 준위를 구하라.

쿨롱 퍼텐셜 함수는 그림 9.3에 있는 것과 같다. 여기서 구속상태 에너지 $-E$가 $r=a$에서 쿨롱 퍼텐셜과 만난다고 하자.

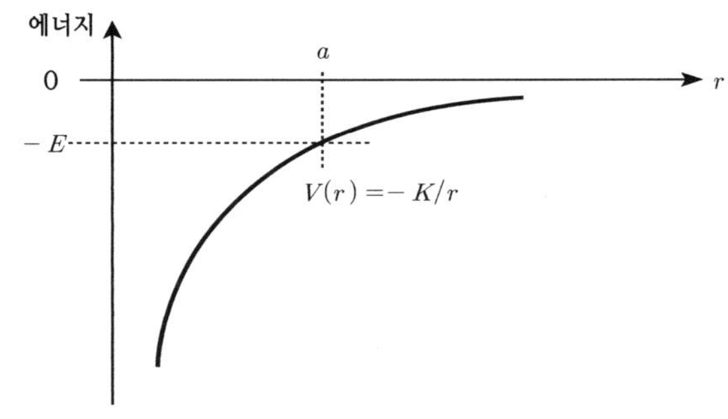

▌그림 9.3 쿨롱 퍼텐셜

이 경우 WKB 방법을 적용하면 식이

$$2\sqrt{2m}\int_0^a \sqrt{E - V(r)}\,dr = 2\sqrt{2m}\int_0^a \sqrt{E + (e^2/4\pi\epsilon_o r)}\,dr \sim nh$$

가 된다.

적분 상한 구간은

$$E = -\frac{e^2}{4\pi\epsilon_o a} \Rightarrow aE = -\frac{e^2}{4\pi\epsilon_o}$$

으로 주어진다.

이 식을 적분 속에 대입하면

$$2\sqrt{2m}\int_0^a \sqrt{E - \frac{aE}{r}}\,dr \sim nh$$

가 된다.

이 적분을 간단히 하기 위해 구속상태만을 찾고 있다는 것을 기억하라. 즉 $E<0$. $E=-|E|$로 적으면,

$$2\sqrt{2m|E|}\int_0^a \sqrt{\frac{a}{r} - 1}\,dr \sim nh$$

를 얻게 된다.

변수를 $r = a\sin^2\beta$로 바꾸면 적분을 쉽게 계산할 수 있고,

$$4a\sqrt{2m|E|}\int_0^{\pi/2} \cos^2\beta\, d\beta \sim nh$$

이때 적분값이 $\pi/4$가 된다. 따라서 에너지 준위는

$$|E| \sim \frac{n^2h^2}{2m\pi^2a^2} \sim \frac{n^2h^2}{2m\pi^2}\frac{16\pi^2\epsilon_o^2E^2}{e^4}$$

또는 양변에서 공통 인자 E를 소거하면

$$|E_n^{\mathrm{WKB}}| \sim \frac{me^4}{8\epsilon_o^2 h^2 n^2}$$

이 된다.

WKB 방법을 사용해 *정확히* 보어와 슈뢰딩거 모형의 결과를 얻을 수 있다는 것이 놀랍다.

9.2 다시 보는 중첩 정리

4장에서 주어진 퍼텐셜 $V(x)$에 대한 슈뢰딩거 방정식의 풀이의 선형 합을 구하여 중첩 상태를 만들 수 있었다. 이 절에서는 이 장의 뒷 부분에 나오는 건드림 이론과 변분법의 핵심이 되는 수학적 기술을 살펴보려 한다.

중첩 정리를 유도하는데 있어 핵심이 되는 요소는 직교 정리였다. 즉 주어진 퍼텐셜에 대한 슈뢰딩거 방정식의 풀이 가족 $\psi_n(x)$는

$$\langle\psi_j|\psi_i\rangle = \delta_i^j \tag{1}$$

의 관계식을 만족한다. 여기서 ψ_i와 ψ_j는 ψ_n 가족에 속하며, $i=j$이면 $\delta_i^j=1$이고 아니면 0이다. (디랙 표기법은 4.2절을, δ_i^j 기호는 4.6절을 보라.) 이 관계식은 나중에 유용하게 쓰인다.

중첩 정리를 유도하려면 정해지지 않은 상태에 있는 계에서 개별 상태 ψ_n이 이 상태에 기여하는 정도가 해당 "전개 계수" a_n에 의해 주어진다는 것을 명심해야 한다. 중첩 정리를 여기서 다시 유도하기 위해 질문을 달리해 보자. $\psi_n(x)$의 구간과 동일한 구간에 있는 $\phi(x)$가 임의의 연속함수라 하자. 이때 $\phi(x)$를 $\psi_n(x)$의 선형 합으로 표시하려면 전개 계수가 어떤 값을 가져야 할까? 즉

$$\phi(x) = \sum_n a_n \psi_n(x)? \tag{2}$$

이 옳은 표현이 되려면 어떤 전개 계수를 가져야 할까?

$\phi(x)$와 $\psi_n(x)$이 모두 알려져 있다면, 이런 질문을 하는 것이 이상할지 모르겠다. 그러나 곧 알게 되겠지만 이 질문은 사실 중요하다.

a_n을 구하려면 $\psi_n(x)$의 직교성을 이용해야 한다. 이렇게 하려면 식 (2)에 $\psi(x)$ 가운데 하나인 $\psi_j(x)$를 곱해야 한다. 그러면

$$\psi_j(x)\phi(x) = \psi_j(x)\sum_n a_n\psi_n(x) = \sum_n a_n\psi_j(x)\psi_n(x) \tag{3}$$

를 얻을 수 있다.

식 (3)의 양변을 [실제로 $\psi(x)$의 전 구간에 대해] 적분하면

$$\langle\psi_j|\phi\rangle = \int\left\{\sum_n a_n\psi_j(x)\psi_n(x)\right\}dx$$

를 얻는다.

a_n은 상수이기 때문에 합 안에서 이들의 위치를 적절히 유지한 채 적분 밖으로 끄집어 낼 수 있다.

$$\langle\psi_j|\phi\rangle = \sum_n a_n\langle\psi_j|\psi_n\rangle$$

식 (1)에 있는 직교 조건을 사용하면 오른편 적분이 δ_i^j로 간단해진다. 따라서

$$\langle\psi_j|\phi\rangle = \sum_n a_n\delta_j^n \tag{4}$$

이 된다.

모든 가능한 n 값에 대해 식 (4)의 합을 구한다. 그러나 $n \neq j$일 때 $\delta_j^n = 0$이므로 $n = j$인 항, 즉 a_j만 살아남는다. 이것이 j번 째 전개계수를 $\phi(x)$와 $\psi_j(x)$로 표시하는 방법이다.

$$a_j = \langle\psi_j|\phi\rangle \tag{5}$$

유도과정에서 가장 중요한 단계는 식 (4) 앞에 있는 식 안의 적분을 간단히 하는

일이었다. $\psi_n(x)$가 직교 정리를 따르지 않는다면 식 (5)가 나올 수 없다. $\phi(x)$는 (일반적으로) 슈뢰딩거 방정식의 풀이일 필요가 없다는 것을 강조한다.

$\phi(x)$에 대한 결과식은 $\psi(x)$의 구간에서만 성립한다. 추가해서 이 구간에서 $\phi(x)$가 규격화되길 원하다면, a_n에 제약조건이 가해진다. 규격화는

$$\langle\phi^*|\phi\rangle = \int\left\{\left(\sum_n a_n^*\psi_n^*(x)\right)\left(\sum_m a_m\psi_m(x)\right)\right\}dx = 1 \tag{6}$$

을 요구한다.

일반성을 유지하기 위해 여기서 두 개의 다른 허깨비 합 지수가 사용되었다는 것에 주목하라. 식 (6)은

$$\sum_n\sum_m a_n^* a_m\langle\psi_n^*|\psi_m\rangle = 1 \tag{7}$$

로도 적을 수 있다.

식 (7)의 적분은 식 (1)에 의해 δ_n^m이 되므로

$$\sum_n\sum_m a_n^* a_m\delta_n^m = 1 \tag{8}$$

이 남는다.

식 (8)의 안쪽 합을 생각해 보자. 특정한 n 값이 주어졌을 때 모든 가능한 m 값에 대해 합을 구한다. 지수 n을 증가시킨 후 또 다시 모든 가능한 m 값에 대해 합을 구한다. 모든 가능한 n 값에 대해 이 과정을 계속한다. 그러나 각 경우 $m=n$이 아니면 $\delta_n^m=0$이다. 따라서 안쪽 합을 한 번 돌리면 $m=n$인 한 항만 0이 아니고 다른 항은 모두 0이 된다. 즉

$$\sum_n\sum_m a_n^* a_m\delta_n^m = \sum_n a_n^* a_n = \sum_n |a_n|^2 = 1 \tag{9}$$

$\phi(x)$가 규격화될 조건은 전개 계수의 절대값의 제곱의 합이 1이라는 것을 의미한다. 역으로 $\phi(x)$를 $\psi(x)$의 전 구간에서 규격화가 되도록 잡았다면, 식 (2)가 $\phi(x)$의 정확한 표현식이라고 가정한 것처럼 식 (5)로부터 a_n을 계산하였을 때 이런 일이 자동으로 일어난다.

예제 9.3

함수 $\phi(x)=x$를 무한 사각 우물 파동함수의 선형 합으로 표시하라.

무한 사각 우물 파동함수는

$$\psi_n(x) = \sqrt{\frac{2}{L}}\sin\left(\frac{n\pi x}{L}\right)$$

이다.

식(5)에 의해 전개 계수는

$$a_n = \langle\psi_n|\phi\rangle = \sqrt{\frac{2}{L}}\int_0^L x\sin\left(\frac{n\pi x}{L}\right)dx$$

처럼 주어진다.

$c=n\pi/L$로 정의하고 적분을 계산하면

$$a_n = \sqrt{\frac{2}{L}}\left[\frac{1}{c^2}\sin(cx) - \frac{x}{c}\cos(cx)\right]_0^L$$

$$= \sqrt{\frac{2}{L}}\left[-\frac{L^2}{n\pi}\cos(n\pi)\right] = (-1)^{n+1}\frac{\sqrt{2}L^{3/2}}{n\pi}$$

이 된다. 여기서 $\cos(n\pi)=(-1)^n$이라는 사실을 이용했다. 전개 계수가 n의 함수라는 것에 주목하라. 이것은 정상적인 일이다. 따라서 $\phi(x)$의 식은

$$\phi(x) = x = \sum_n a_n\psi_n(x) = \frac{2L}{\pi}\sum_n\frac{(-1)^{n+1}}{n}\sin\left(\frac{n\pi x}{L}\right)$$

가 된다.

푸리에 급수 Fourier series 에 익숙한 독자라면 이 예제가 의미하는 것을 이해할 수 있을 것이다. 즉 무한개의 사인 함수를 더하면 어떤 함수라도 만들 수 있다. 계산이 목적이라면 무한개의 항을 더하는 것은 비실용적이다. 그러나 합의 분모에 있는 "n"은 합에 들어있는 n이 매우 큰 항의 기여도가 거의 없다는 것을 보증해 주고 있다. 그림 9.4는 이런 사실을 잘 보여준다. 그림에는 $L=1.0$인 경우의 $\phi(x)$가 그려져 있다. 두 개의 곡선은 각각 $n=5$과 $n=20$까지의 항을 더한 것이다. 두 곡선 모두 $x=1.0$에서 0이 되는데, 여기서 무한 우물 파동함수가 사라지기 때문이다. $x=1.0$까지 직선이 되려면 무한개의 항이 필요하다.

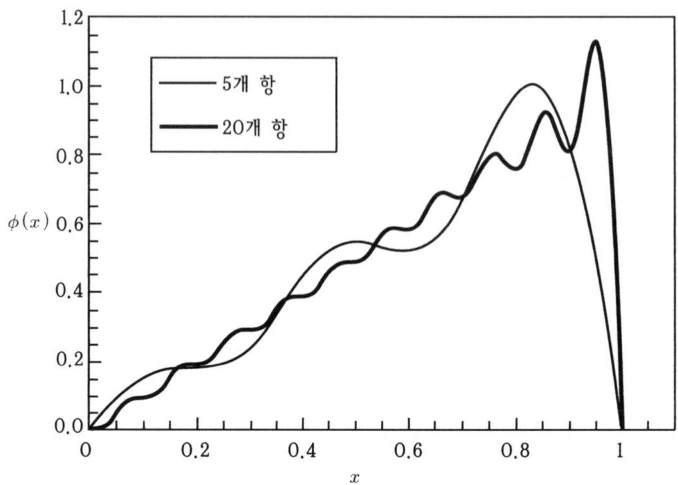

▌그림 9.4 직선을 사각 우물의 파동함수들의 합으로 근사한 것

9.3 건드림 이론

때때로 그 자체로는 문제를 풀 수 없지만, 앞서 다룬 문제와 매우 닮은 문제를 보게 되는 경우가 생긴다. 이 경우 본능적으로 과거 경험에 의해 축적된 지혜를 이런 새로운 문제를 공략하는 방안으로 사용하게 된다. 건드림 이론(또는 섭동이론)은 이런 방안을 체계화한 것이다. 즉 정확히 풀 수 없는 퍼텐셜에 대한 슈뢰딩거 방정식의 근사 풀이를 정확한 풀이가 가능한 유사한 문제의 고유함수와 고유값들로부터 얻는 구체적인 방법을 제시해 준다. 정확히 풀리는 문제를 주어진 문제로 바꾸는데 필요한 "수정"을 "건드림 perturbation"이라고 부른다.

그림 9.5에 한 예가 주어져 있다. 무한 1차원 퍼텐셜 우물의 바닥이 $V(x)=\alpha x$로 기울어져 있다. 이 퍼텐셜의 슈뢰딩거 방정식의 풀이는 닫힌 형태로 주어지지 않는다(문제 5-9를 보라). 그러나 $\alpha=0$이라면 풀이를 이미 알고 있다. 자연이 연속성을 지닌다고 가정하면 α가 작을 때 (예를 들어, αL이 건드림이 없는 우물의 최저 에너지 준위에 비해 작다면) 건드림이 있는 우물의 파동함수와 에너지 준위가 $\alpha=0$의 그것들과 크게 다르지 않을 것이라고 예상해도 무리가 없을 것이다. 건드림 이론의 핵심은 건드림이 있는 문제의 풀이를 근사하기 위해 건드림이 없는 풀이에 어떤 수정 인자를 더해야 할 지를 알아내는 것이다.

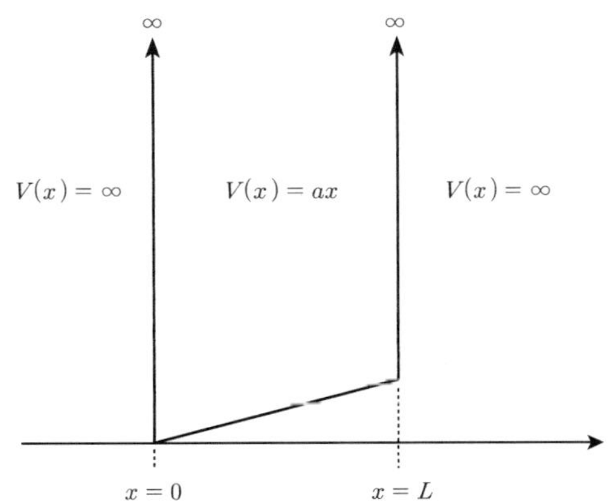

그림 9.5 건드림을 가한 무한 사각 우물

건드림 이론을 유도하는 일은 앞 절에서 다룬 중첩 정리를 응용하는, 다소 긴 유도과정을 필요로 하는 일이다. 건드림 이론의 배경이 되는 물리 개념 – 건드림을 가한 퍼텐셜에 대한 슈뢰딩거 방정식의 풀이를 밀접한 관련이 있는 유사한 "건드림이 없는" 퍼텐셜의 풀이의 합으로 표현할 수 있다 – 은 본능적으로 매력적이지만, 처음 볼 때 매우 수학적이어서 이에 대한 자세한 설명이 필요하다.

앞 절에서와 같이 다음에 나올 가장 중요한 속성은 4장에서 배운 직교 정리이다. 그러나 여기서는 완전한 형태를 사용하려 한다. 즉 동일한 퍼텐셜을 만족하는 두 파동함수 ψ_k와 ψ_n에 대해 에너지와 파동함수는

$$(E_n - E_k)\langle\psi_k^*|\psi_n\rangle = 0$$

을 만족해야 한다.

ψ_k와 ψ_n이 우연히 겹침을 보인다면 $E_n = E_k$가 되고 ψ_k와 ψ_n의 직교성에 대해 결론을 내릴 수 없다. $\langle\psi^*|\psi_n\rangle = 0$이 될 수 있지만, 아닐 수도 있다. 다음으로 두 파동함수가 다른 에너지를 가지는 것이 분명하지 않다면 파동함수가 직교하는지 아닌지 결론을 내릴 수 없다. 그 결과 겹침이 없는 계와 겹침이 있는 계 모두에 대해 성립하는 유도가 필요하다. 그러나 구속상태, 시간과 무관한 문제만으로 이야기를 제한한다.

건드림 이론을 유도하는데 있어 표기법을 단순화하면 편리하다. 주어진 퍼텐셜 $V(\mathbf{r})$에 대해 슈뢰딩거 방정식을 풀어 파동함수 $\psi(\mathbf{r})$과 에너지 E를 구하려고 한다

고 해 보자. ψ와 V에 $\boldsymbol{r}$을 적은 이유는 1차원보다 더 큰 차원을 가진 계를 다루고자 하기 때문이다. 이제 슈뢰딩거 방정식을 평상적인 형태로 적어 보자.

$$H\psi(\boldsymbol{r}) = E\psi(\boldsymbol{r}),\quad H = -\frac{\hbar^2}{2m}\nabla^2 + V(\boldsymbol{r}) \tag{1}$$

여기서 H는 해밀토니안 연산자이다. $V(\boldsymbol{r})$에 대해 슈뢰딩거 방정식의 풀이가 닫힌 형태로 주어지지 않는다고 가정한다. 그리고 슈뢰딩거 방정식이 정확히 풀리는 유사한 퍼텐셜 $V^0(\boldsymbol{r})$이 있다고 가정하자. 이 퍼텐셜에 대한 파동함수와 에너지를 $\psi_n^0(\boldsymbol{r})$과 E_n^0라고 적자. *윗첨자 0은 건드림이 없는 경우임을 의미한다.* 이 경우 슈뢰딩거 방정식을

$$H^0\psi_n^0(\boldsymbol{r}) = E_n^0\psi_n^0(\boldsymbol{r}),\quad H^0 = -\frac{\hbar^2}{2m}\nabla^2 + V^0(\boldsymbol{r}) \tag{2}$$

로 적을 수 있다.

이런 건드림이 없는 상태는 무한개가 존재한다. 이들 중 일부가 겹쳐있든 않든 관계없이 $n = 1,2,3,\ldots$으로 열거할 수 있다. 실제적인 계산을 위해서는 지수 n의 상한값 N을 가정해야 한다. [여기에 예외가 있는데, 이 절의 딸림 절에 있는 식 (15)의 뒤에 나오는 1차 건드림 이론에서 다루게 된다. 그러나 지금은 이에 대해 걱정할 필요가 없다.] 건드림이 가해진 퍼텐셜과 건드림이 없는 퍼텐셜에 대한 경계 조건은 같다고 가정한다.

식 (1)과 (2)를 비교하면 건드림이 가해진 해밀토니안을 건드림이 없는 해밀토니안으로 다음처럼 표시할 수 있다는 것을 알 수 있다.

$$H = H^0 + [V(\boldsymbol{r}) - V^0(\boldsymbol{r})] = H^0 + V'(\boldsymbol{r}) \tag{3}$$

$V'(\boldsymbol{r})$은 건드림이 있는 퍼텐셜과 건드림이 없는 퍼텐셜 사이의 차이(즉 건드림이 있는 퍼텐셜에서 건드림이 없는 퍼텐셜을 뺀 것)로 정의한다. 4.7절의 중첩 정리를 기억한다면 건드림이 있는 퍼텐셜의 풀이를 일반적으로 건드림이 없는 퍼텐셜의 풀이의 선형 합으로 적을 수 있다.

$$\psi(\boldsymbol{r}) = \sum C_m\psi_m^0(\boldsymbol{r}) \tag{4}$$

여기서 C은 차원이 없는 전개 계수이고 합 지수는 $m=1,2,3,\ldots,N$이다.

이제 식 (3)과 (4)를 건드림이 있는 문제의 슈뢰딩거 방정식인 식 (1)에 대입한다. r에 대한 파동함수와 퍼텐셜의 의존도를 표시하지 않기로 하면 식이 아래와 같이 주어진다.

$$(H^0 + V')\sum C_m \psi_m^0 = E\sum C_m \psi_m^0$$

식의 왼편을 전개하면 합 안에다 건드림이 없는 해밀토니안을 적용해 다음 식을 얻을 수 있다.

$$\sum C_m E_m^0 \psi_m^0 \;+\; \sum C_m (V'\psi_m^0) \;=\; E\sum C_m \psi_m^0 \tag{5}$$

여기서 $H^0\psi_m^0 = E_m^0\,\psi_m^0$ 를 이용했다.

이제 식 (5)에 건드림이 없는 파동함수 가운데 하나, 예를 들어 ψ_j^0 (또는 ψ_j^0가 복소함수라면 ψ_j^0의 복소공액)를 곱하고 퍼텐셜의 전 구간에서 적분하면

$$\sum C_m E_m^0 \langle \psi_j^0 | \psi_m^0 \rangle \;+\; \sum C_m \langle \psi_j^0 | V' | \psi_m^0 \rangle \;=\; E\sum C_m \langle \psi_j^0 | \psi_m^0 \rangle$$

또는

$$\sum C_m \{(E_m^0 - E)\langle \psi_j^0 | \psi_m^0 \rangle + \langle \psi_j^0 | V' | \psi_m^0 \rangle\} = 0 \tag{6}$$

을 얻게 된다.

식 (6)을 더 간단하게 하면

$$\sum C_m V_{jm} = 0 \tag{7}$$

이 되고 여기서 행렬 요소 matrix element V_{jm}은

$$V_{jm} = \{(E_m^0 - E)\langle \psi_j^0 | \psi_m^0 \rangle + \langle \psi_j^0 | V' | \psi_m^0 \rangle\} \tag{8}$$

로 정의한다.

식 (4)를 $m=1$부터 N까지 더하면 식 (7)과 (8)을

$$\begin{bmatrix} V_{11} & \cdots & V_{1k} & \cdots & V_{1r} & \cdots & V_{1N} \\ \vdots & \ddots & \vdots & \vdots & \vdots & \vdots & \vdots \\ V_{k1} & \cdots & V_{kk} & \cdots & V_{kr} & \cdots & V_{kN} \\ \vdots & \vdots & \vdots & \ddots & \vdots & \vdots & \vdots \\ V_{r1} & \cdots & V_{rk} & \cdots & V_{rr} & \cdots & V_{rN} \\ \vdots & \vdots & \vdots & \vdots & \vdots & \ddots & \vdots \\ V_{N1} & \cdots & V_{Nk} & \cdots & V_{Nr} & \cdots & V_{NN} \end{bmatrix} \begin{bmatrix} C_1 \\ \vdots \\ C_k \\ \vdots \\ C_r \\ \vdots \\ C_N \end{bmatrix} = 0 \tag{9}$$

으로 적을 수 있다.

식 (9)를 만족하는 유일한 방법은 큰 사각 행렬, 기호로 $[V]$로 표기, 의 행렬식 determinant 이 0이 되는 것이다. 건드림이 있는 퍼텐셜의 에너지 고유값을 구하려면 보통 시행착오를 거쳐 $\det[V]=0$ 이 되는 E를 찾아야 한다. $[V]$가 $N\times N$ 행렬이기 때문에 E에 대한 N 개의 독립적인 풀이가 존재하게 된다(그러나 모두 다른 값일 필요는 없다).

건드림이 있는 에너지를 구했다면 되돌아가 대응되는 전개 계수 C를 구할 수 있다. 각각의 에너지 E에 대응되는 건드림이 있는 파동함수가 존재한다는 것과 각각의 E를 독립적으로 다뤄야 한다는 것을 꼭 기억하라. 이러려면 식 (8)의 도움을 받아 $[V]$의 한 요소, 예를 들어 (r,k)번 째 요소(기억하는 방법은 줄 *r*ow, 열 *k*olumn)를 나눠 식 (9)를 아래처럼 적으면 된다.

$$\begin{bmatrix} V_{11} & \cdots & V_{1k} & \cdots & V_{1r} & \cdots & V_{1N} \\ \vdots & \ddots & \vdots & \vdots & \vdots & \vdots & \vdots \\ V_{k1} & \cdots & V_{kk} & \cdots & V_{kr} & \cdots & V_{kN} \\ \vdots & \vdots & \vdots & \ddots & \vdots & \vdots & \vdots \\ V_{r1} & \cdots & \langle\psi_r^0|V'|\psi_k^0\rangle & \cdots & V_{rr} & \cdots & V_{rN} \\ \vdots & \vdots & \vdots & \vdots & \vdots & \ddots & \vdots \\ V_{N1} & \cdots & V_{Nk} & \cdots & V_{Nr} & \cdots & V_{NN} \end{bmatrix} \begin{bmatrix} C_1 \\ \vdots \\ C_k \\ \vdots \\ C_r \\ \vdots \\ C_N \end{bmatrix}.$$

$$= \begin{bmatrix} 0 \\ \vdots \\ C_k(E - E_k^0)\langle\psi_r^0|\psi_k^0\rangle \\ \vdots \\ 0 \\ \vdots \\ 0 \end{bmatrix} \tag{10}$$

이렇게 적으려면 $(E-E_k^0)\langle\psi_r^0|V'|\psi_k^0\rangle$이 0이 아닌 요소 (r,k)를 선택하는 것이 매우 중요하다. 그렇지 않으면 식 (10)의 큰 행렬이 식 (9)에 있는 행렬과 같아져서 행렬식이 여전히 0이 되기 때문에 더 이상 유도과정을 진행할 수 없다.

이제 식 (10)을 역으로 하면 일반적인 전개 계수 C_i를 구할 수 있다.

$$C_i = C_k\,\{V_{ik}^*(E-E_k^0)\langle\psi_r^0|\psi_k^0\rangle\},\quad (i=1,N) \tag{11}$$

여기서 V_{ik}^*는 V_{ik}의 복소공액이 *아니고,* 식 (10)의 사각 행렬의 역 행렬의 (i,k)번 째 요소이다. 계수 C_k는 건드림이 있는 파동함수가 규격화되어야 한다는 조건을 적용해 구할 수 있다.

$$\langle\psi|\psi\rangle = 1 \;\Rightarrow\; \langle\sum C_n\psi_n^0|\sum C_m\psi_m^0\rangle = 1 \;\Rightarrow\; \sum_n\sum_m C_nC_m\langle\psi_n^0|\psi_m^0\rangle = 1 \tag{12}$$

식 (11)을 대입하면 이 식이

$$C_k^2(E-E_k^0)^2\langle\psi_r^0|\psi_k^0\rangle^2\sum_n\sum_m\{(V_{nk}^*)(V_{mk}^*)\langle\psi_n^0|\psi_m^0\rangle\} = 1$$

또는

$$C_k = \frac{1}{(E-E_k^0)\langle\psi_r^0|\psi_k^0\rangle\sqrt{\sum_n\sum_m\{(V_{nk}^*)(V_{mk}^*)\langle\psi_n^0|\psi_m^0\rangle\}}} \tag{13}$$

이 된다.

식 (13)을 식 (11)과 결합하면 최종적으로

$$C_i = \frac{V_{ik}^*}{\sqrt{\sum_n\sum_m\{(V_{nk}^*)(V_{mk}^*)\langle\psi_n^0|\psi_m^0\rangle\}}} \tag{14}$$

를 얻을 수 있다.

건드림이 없는 파동함수들의 에너지 겹침이 없다면 $\langle \psi_n^0 | \psi_m^0 \rangle = \delta_n^m$ 이 되어, 안쪽 합에서 $m = n$ 인 항만 살아남는다.

$$C_i = \frac{V_{ik}^*}{\sqrt{\sum_n (V_{nk}^*)^2}} \text{ (겹침이 없을 때만)} \tag{15}$$

겹침이 없는 1차 건드림 이론

방금 전에 기술한 유도 과정을 보면 건드림 이론의 수학적 수준이 겁날 정도로 급격히 높아지는 것을 알 수 있다. 그러나 건드림이 없는 상태의 에너지가 겹침이 없을 경우 식이 상당히 단순해지는 것을 알 수 있다.

식 (8)의 행렬 요소를 생각해 보자.

$$V_{jm} = \{(E_m^0 - E)\langle \psi_j^0 | \psi_m^0 \rangle + \langle \psi_j^0 | V' | \psi_m^0 \rangle\} \tag{8}$$

건드림이 없는 상태의 에너지가 겹치지 않는다면 직교 정리로부터 $\langle \psi_j^0 | \psi_m^0 \rangle = \delta_j^m$ 가 되어야 한다. 즉 $m = j$가 아니면 중괄호 { } 안의 첫 번째 항이 0이 된다. 남은 항 $\langle \psi_j^0 | V' | \psi_m^0 \rangle$을 보면 건드림 퍼텐셜 V'이 작을 경우(이 조건은 결과를 봐야 알 수 있다) $j = m$일 때만 *제외하고* $\langle \psi_j^0 | V' | \psi_m^0 \rangle$ 역시 작게 된다. 이 가정을 받아들인다면, 0에서 크게 벗어나는 V의 요소는 아래에 주어진 대각 요소뿐이다.

$$V_{mm} \sim \{(E_m^0 - E) + \langle \psi_m^0 | V' | \psi_m^0 \rangle\} \tag{16}$$

이 경우 V의 행렬식이

$$\det[\mathrm{V}] \sim \prod_m \{(E_m^0 - E) + \langle \psi_m^0 | V' | \psi_m^0 \rangle\} \tag{17}$$

가 된다. 이것은 식 (9)를 만족할 수 있는 유일한 방법이

$$E \sim E_m^0 + \langle \psi_m^0 | V' | \psi_m^0 \rangle, \quad (m = 1, 2, 3, \ldots.) \tag{18}$$

임을 의미한다.

이 결과는 건드림이 없는 계의 모든 상태가 건드림이 있는 상태를 만드는데 기여하며 이 상태의 에너지는 건드림이 없는 상태의 에너지에 건드림 퍼텐셜을 건드림이 없는 상태에 작용하여 얻은 기댓값을 더한 값임을 의미한다. 이 결과는 건드림이 없는 상태의 에너지 겹침이 없을 때에만 적용된다.

이 경우 전개 계수를 구하려면 식 (5)로 되돌아가는 것이 가장 쉬운 방법이다.

$$\sum C_m E_m^0 \psi_m^0 + \sum C_m (V' \psi_m^0) = E \sum C_m \psi_m^0 \tag{5}$$

식 (18)에 주어진 건드림이 있는 에너지마다 대응되는 전개 계수의 집합이 존재한다. 건드림이 없는 상태로부터 유도한 건드림이 있는 상태의 에너지에 대한 전개 계수를 구해보자.

$$E \sim E_n^0 + \langle \psi_n^0 | V' | \psi_n^0 \rangle \tag{19}$$

식 (19)를 식 (5)에 대입하고 합에서 $m = n$인 항들을 빼내자. 식을 정리하면 결과는

$$\begin{aligned} -C_n \psi_n^0 \langle \psi_n^0 | V' | \psi_n^0 \rangle &+ \sum_{m \neq n} C_m \{ E_m^0 - E_n^0 - \langle \psi_n^0 | V' | \psi_n^0 \rangle \} \psi_m^0 \\ &+ \sum_{m \neq n} C_m (V' \psi_m^0) + C_n (V' \psi_n^0) = 0 \end{aligned} \tag{20}$$

이 된다.

이제 식 (20)에 건드림이 없는 파동함수 $\psi_k^0 (k \neq n)$를 곱하여 퍼텐셜의 전 구간에서 적분한 후 직교 정리를 적용하면 결과가

$$C_k \{ E_k^0 - E_n^0 - \langle \psi_n^0 | V' | \psi_n^0 \rangle \} + \sum_{m \neq n} C_m \langle \psi_k^0 | V' | \psi_m^0 \rangle + C_n \langle \psi_k^0 | V' | \psi_n^0 \rangle = 0 \tag{21}$$

이 된다.

식 (21)을 자세히 들여다 보자. V'이 작고 건드림이 없는 파동함수가 서로 직교한다면, 합에 있는 모든 항들 가운데 $m = k$인 것만 제외하고 무시할 수 있다. 즉 식 (21)을 근사적으로

$$C_k \{ E_k^0 - E_n^0 - \langle \psi_n^0 | V' | \psi_n^0 \rangle + \langle \psi_k^0 | V' | \psi_k^0 \rangle \} + C_n \langle \psi_k^0 | V' | \psi_n^0 \rangle \sim 0$$

또는

$$C_k \sim \frac{-C_n\langle\psi_k^0|V'|\psi_n^0\rangle}{\{E_k^0 - E_n^0 - \langle\psi_n^0|V'|\psi_n^0\rangle + \langle\psi_k^0|V'|\psi_k^0\rangle\}} \tag{22}$$

으로 적을 수 있다.

식 (22)에서 $\langle\psi_n^0|V'|\psi_n^0\rangle$과 $\langle\psi_k^0|V'|\psi_k^0\rangle$는 E_k^0와 E_n^0에 비해 작을 가능성이 크다. 또한 아마도 ψ_n^0이 건드림이 없는 에너지 E_n^0으로부터 생긴 건드림이 있는 파동함수에 가장 큰 기여를 할 것으로 예상되기 때문에 $C_n \sim 1$로 놓는 것이 안전하다. 따라서

$$C_k \sim -\frac{\langle\psi_k^0|V'|\psi_n^0\rangle}{(E_k^0 - E_n^0)} \qquad (k \neq n) \tag{23}$$

을 얻게 된다. 이 식을 식 (4)와 결합하면 건드림이 있는 파동함수의 근사식이

$$\psi_n \sim \psi_n^0 - \sum_{k\neq n}\frac{\psi_k^0\langle\psi_k^0|V'|\psi_n^0\rangle}{(E_k^0 - E_n^0)} \tag{24}$$

이 된다.

ψ_n으로 표기하는 것은 이 결과가 건드림이 없는 상태 ψ_n^0에 건드림을 줌으로써 생긴 것임을 기억나게 한다. 원리상 식 (24)의 합은 무한개의 상태를 더한 것이다. 그러나 E_n^0에 가까운 E_k^0 값만이 큰 기여를 하기 때문에 합이 빨리 수렴하리라 기대할 수 있다.

식 (19)와 (24)가 시간과 무관한, 에너지 겹침이 없을 때의 *1차* 건드림 이론이라고 부르는 것의 핵심이다. 에너지 겹침이 없는 계를 다룬다면, 또 V가 건드림이 없는 에너지 E_n^0에 미치는 건드림 $\langle\psi_n^0|V'|\psi_n^0\rangle$이 E_n^0에 비해 작다면, 1차 건드림 이론만으로 충분하다. 그렇지 않을 경우 전체 행렬을 이용하는 방법을 사용해야 한다. 1차 건드림 이론에서 건드림이 있는 에너지 상태를 구할 때 (적어도 이론상으로는) 무한개의 상태를 다루어야 한다. 식 (18)에서 m번 째 에너지 상태에 대한 수정항 안에 m번 째 상태의 고유함수와 고유값이 들어 있기 때문이다. 상태 m에 대한 건드림이 있는 고유함수(식 24)는 원리상 여전히 무한개 상태에 대한 더하기를 요구한다.

예제 9.4

그림 9.5에 나와 있는 건드림이 있는 무한 사각 우물에 대한 에너지 준위와 파동함수의 1차 근사는 무엇인가?

이것은 1차원의 에너지 겹침이 없는 문제이다. 따라서 식 (19)와 (24)를 사용할 수 있다. 건드림이 없는 에너지와 파동함수는 각각

$$E_n^0 = \frac{n^2 h^2}{8mL^2}$$

과

$$\psi_n^0(x) = \sqrt{\frac{2}{L}}\sin\left(\frac{n\pi x}{L}\right)$$

로 주어진다.

건드림 퍼텐셜은 $V' = \alpha x$이다. 먼저 건드림이 있는 에너지 준위를 구하자. 식 (19)로부터

$$\langle\psi_n^0|V'|\psi_n^0\rangle = \frac{2\alpha}{L}\int_0^L x\sin^2\left(\frac{n\pi x}{L}\right)dx$$

를 얻는다.

이 적분은

$$\int_0^L x\sin^2(ax)\,dx = \left[\frac{x^2}{4} - \frac{x\sin(2ax)}{4a} - \frac{\cos(2ax)}{8a^2}\right]_0^L$$

이 되고 $a = (n\pi/L)$이다. 이것을 계산하면

$$\langle\psi_n^0|V'|\psi_n^0\rangle = \frac{2\alpha}{L}\left\{\left[\frac{L^2}{4} - \frac{L\sin(2n\pi)}{4a} - \frac{\cos(2n\pi)}{8a^2}\right] - \left[0 - 0 - \frac{\cos(0)}{8a^2}\right]\right\}$$

$$= \frac{2\alpha}{L}\left\{\left[\frac{L^2}{4} - \frac{1}{8a^2}\right] + \frac{1}{8a^2}\right\} = \frac{\alpha L}{2}$$

을 얻을 수 있다.

따라서 건드림이 있는 1차 근사 에너지 준위는

$$E_n \sim E_n^0 + \alpha L/2$$

이 된다.

각 준위는 우물에 대한 건드림 퍼텐셜의 평균값만큼 위로 이동한다. $\alpha \to 0$일 때 결과가 건드림이 없는 우물의 에너지 준위와 같아지는 것에 주목하라. 이것은 건드림 이론이 맞는지 확인하는 유용한 방법이다.

건드림이 있는 에너지 E_n에 대응되는 건드림이 있는 파동함수를 구하기는 더 어렵다. 식 (24)로부터

$$\langle \psi_k^0 | V' | \psi_n^0 \rangle = \frac{2\alpha}{L} \int_0^L \sin\left(\frac{k\pi x}{L}\right) x \sin\left(\frac{n\pi x}{L}\right) dx$$

를 얻는다.

삼각함수의 항등식

$$\sin(ax)\sin(bx) = (1/2)\{\cos[(a-b)x] - \cos[(a+b)x]\}$$

를 사용하면, 이 적분을 아래와 같이 간단하게 할 수 있다.

$$\langle \psi_k^0 | V' | \psi_n^0 \rangle = \frac{\alpha}{L}\left\{ \int_0^L x \cos\left[\frac{(k-n)\pi x}{L}\right] dx - \int_0^L x \cos\left[\frac{(k+n)\pi x}{L}\right] dx \right\}$$

첫 번째 적분을 $I1$, 두 번째 적분을 $I2$라고 하자. 모두

$$\int x \cos(ax)\, dx = \frac{\cos(ax)}{a^2} + \frac{x \sin(ax)}{a}$$

의 형태를 가진다.

이제 $I1$을 생각해 보자. $m = k - n$이라고 정의하면,

$$I1 = \left[\frac{\cos(m\pi x/L)}{(m\pi/L)^2} + \frac{x \sin(m\pi x/L)}{(m\pi/L)}\right]_0^L$$

을 얻는다.

분명 m은 정수여야 한다. 모든 m에 대해 $\sin(m\pi) = 0$이므로 구간의 양 끝 모두에서 두 번째 항이 0이 된다. 남는 항을 적으면

$$I1 = \frac{L^2}{m^2\pi^2}[\cos(m\pi) - 1]$$

이 된다.

이제 m이 짝수라면 $\cos(m\pi)=1$이 되어 $I1$이 0이 된다. m이 홀수라면 $\cos(m\pi)=-1$이 되어 $I1$이 -2가 된다. 따라서

$$I1 = \begin{cases} 0, & (k-n)\text{짝수} \\ -\dfrac{2L^2}{(k-n)^2\pi^2}, & (k-n)\text{홀수} \end{cases}$$

이 된다.

같은 식으로 계산하면

$$I2 = \begin{cases} 0, & (k+n)\text{짝수} \\ -\dfrac{2L^2}{(k+n)^2\pi^2}, & (k+n)\text{홀수} \end{cases}$$

를 얻는다.

이제 $(k-n)$이 짝수이면 $(k+n)$ 역시 짝수가 된다. 같은 식으로 $(k-n)$이 홀수이면 $(k+n)$ 역시 홀수가 된다. 그러므로

$$\langle\psi_k^0|V'|\psi_n^0\rangle = \frac{\alpha}{L}(I1 + I2) = \frac{2\alpha L}{\pi^2}\left[\frac{1}{(k+n)^2} - \frac{1}{(k-n)^2}\right], \quad (k-n)\text{홀수}$$

를 얻는다.

이 결과는 식 (24)에 있는 건드림이 없는 상태의 합 가운데 홀수의 $(k-n)$를 가진 항만이 기여를 하고 있음을 가리킨다. 앞서 나온 식을 공통 분모로 묶으면

$$\langle\psi_k^0|V'|\psi_n^0\rangle = -\frac{8\alpha L}{\pi^2}\left[\frac{nk}{(k+n)^2(k-n)^2}\right], \quad (k-n)\ \text{홀수}$$

로 주어진다.

식 (24)의 분모에서

$$E_k^0 - E_n^0 = \frac{\pi^2\hbar^2}{2mL^2}(k^2 - n^2)$$

이다. 따라서

$$\psi_n(x) \sim \psi_n^0(x) - \sum_{\substack{k\neq n \\ (k-n)\,\text{odd}}} \frac{\left[\sqrt{\frac{2}{L}}\sin\left(\frac{k\pi x}{L}\right)\right]\left[-\frac{8\alpha L}{\pi^2}\left(\frac{nk}{(k+n)^2(k-n)^2}\right)\right]}{\frac{\pi^2\hbar^2}{2mL^2}(k^2-n^2)}$$

또는 식을 정리하면

$$\psi_n(x) \sim \psi_n^0(x) + \frac{16\sqrt{2}\alpha m L^{5/2}}{\hbar^2\pi^4} \sum_{\substack{k\neq n \\ (k-n)\,\text{odd}}} \frac{nk\sin(k\pi x/L)}{(k^2-n^2)^3}$$

이 된다.

다시 $\alpha \to 0$일 때 건드림이 없는 사각 우물 파동함수를 얻게 된다는 것에 주목하라. $L = 1$ Å, $\alpha = 100$ eV/Å 인 무한 우물 안에 갇혀 있는 $n = 1$인 상태의 전자에 대한 결과가 그림 9.6에 그려져 있다. $k = 25$까지의 항을 사용해 얻은 결과이다. (편의상 $\psi/10^5$을 눈금으로 사용했다.) 어떻게 건드림이 입자를 우물의 왼쪽으로 "밀어내는지" 주목하라. 이런 결과는 3.6절에서 유도한 파동함수를 그리는 규칙과 일치한다.

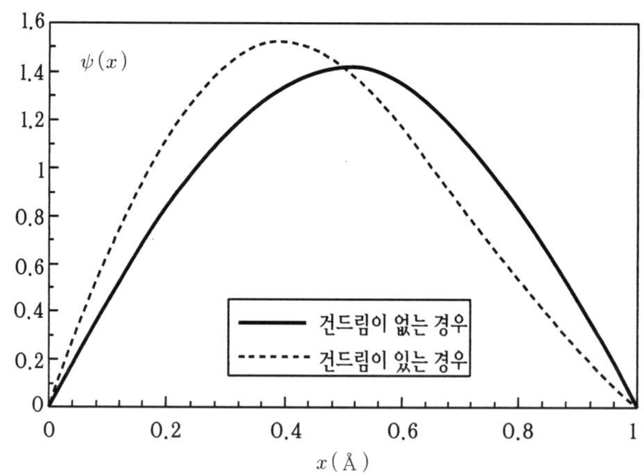

그림 9.6 무한 사각 우물의 $n = 1$인 상태에 건드림을 가한 경우와 건드림이 없는 경우를 비교하였다.

예제 9.5

건드림이 있는 조화진동자 퍼텐셜

$$V(x) = kx^2/2 + \beta x \quad (\beta > 0, \ -\infty \le x \le \infty)$$

안에서 움직이는 질량 m인 입자의 바닥상태 에너지와 파동함수의 1차 근사식을 구하라.

다시 겹침이 없는 문제를 만났다. 건드림 퍼텐셜은 $V'(x) = \beta x$ 이다. 그림 9.7에 그려져 있듯이 건드림이 미치는 효과는 $x < 0$에서 퍼텐셜 우물을 낮추고 $x > 0$에서는 높이는 것이다. 건드림은 우물의 대칭성을 파괴하는 구실을 한다. 그 결과 건드림이 있는 파동함수는 비대칭적이다.

조화진동자의 바닥상태는

$$\psi_0^0(x) = A_0 \exp(-\alpha^2 x^2/2)$$

이고, 여기서

$$A_0 = \sqrt{\alpha}/\pi^{1/4}$$

과

$$\alpha^4 = mk/\hbar^2$$

이다.

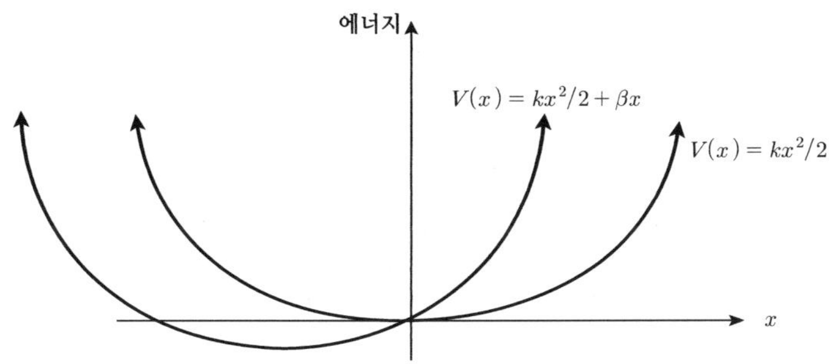

그림 9.7 건드림이 없는 경우와 건드림을 가한 경우의 조화진동자 퍼텐셜

그러면 건드림이 있는 바닥상태 에너지는

$$\langle\psi_0^0|V'|\psi_0^0\rangle = \beta A_0^2\int_{-\infty}^{\infty} x\exp(-\alpha^2x^2)\,dx$$

가 된다.

피적분함수가 반대칭 함수이므로 이 적분은 0이 된다. 1차 근사의 경우 조화 진동자에 건드림으로 주어진 선형 퍼텐셜은 바닥상태의 에너지를 변화시키지 않는다. 모든 홀수 멱수의 건드림이 동일한 결과를 준다는 것이 분명하다. (왜?) 건드림이 있는 바닥상태 파동함수를 구하려면 5장에서 배운 에너지 상태 k의 조화 진동자 파동함수의 일반식을 사용해야 한다.

$$\psi_k^0(x) = A_kH_k(\alpha x)\exp(-\alpha^2x^2/2),\quad k = 0, 1, 2, \ldots$$
$$A_k = \sqrt{\alpha/\sqrt{\pi}\,2^k k!}$$

그러므로

$$\langle\psi_k^0|V'|\psi_0^0\rangle = \beta A_kA_0\int_{-\infty}^{\infty} x\exp(-\alpha^2x^2)H_k(\alpha x)H_0(\alpha x)dx$$

또는 $\xi = \alpha x$라고 정의하면

$$\langle\psi_k^0|V'|\psi_0^0\rangle = \frac{\beta A_kA_0}{\alpha^2}\int_{-\infty}^{\infty} \xi\exp(-\xi^2)H_k(\xi)H_0(\xi)d\xi$$

를 얻는다.

이제 에르미트 다항식의 성질을 이용한다(웨버와 아프켄의 책 13장을 보라).

$$\int_{-\infty}^{\infty} \xi\exp(-\xi^2)H_n(\xi)H_m(\xi)d\xi = \sqrt{\pi}[2^{n-1}n!\,\delta_m^{n-1} + 2^n(n+1)!\,\delta_m^{n+1}] \tag{1}$$

에르미트 다항식의 이런 성질 때문에 건드림이 있는 바닥상태 파동함수는 흥미로운 결과를 보여준다. 식 (24)에서 $n=k,\ m=0$이라 하면

$$\psi_0 \sim \psi_0^0 - \frac{\beta\sqrt{\pi}A_0}{\alpha^2}\sum_{k\neq 0}\frac{A_k\psi_k^0[2^{k-1}k!\,\delta_0^{k-1} + 2^k(k+1)!\,\delta_0^{k+1}]}{(E_k^0 - E_0^0)}$$

을 얻게 된다.

이 식에서 $k=0$을 제외한 모든 k 값에 대해 합을 구한다. 첫 번째 크로네커 델타 δ_0^{k-1}는 $k-1=0$일 때를 제외하고 0이 된다. 즉 $k=1$일 때만 0이 아니다. 두 번째 크로네커 델타는 $k+1=0$, 즉 $k=-1$일 때를 제외하고 0이 된다. 그러나 급수가 $k=1$부터 시작하므로 두 번째 크로네커 델타는 합에 전혀 기여를 하지 못한다. 유일하게 살아남는 항은 $k=1$이므로 식이

$$\psi_0 \sim \psi_0^0 - \frac{\beta\sqrt{\pi}A_0A_1}{\alpha^2}\frac{\psi_1^0}{(E_1^0 - E_0^0)}$$

으로 주어진다.

$A_1, \psi_1^0, E_1^0, E_0^0$의 식을 대입하면

$$\psi_0 \sim A_0 e^{-\alpha^2x^2/2}\left(1 - \frac{\beta}{\hbar\omega}x\right)$$

를 얻게 된다.

β가 0이 되면 원래 건드림이 없는 바닥상태 풀이가 된다. 1차 근사의 경우 건드림은 바닥상태 에너지를 변화시키지 않지만, 파동함수의 대칭성을 깨뜨린다. 건드림이 있는 바닥상태 파동함수와 건드림이 없는 바닥상태 파동함수가 그림 9.8에 그려져 있다. 1차 건드림 이론을 통해 $x=0$에서 건드림이 있는 파동함수와 건드림이 없는 파동함수가 동일한 값을 가진다는 것을 알 수 있다.

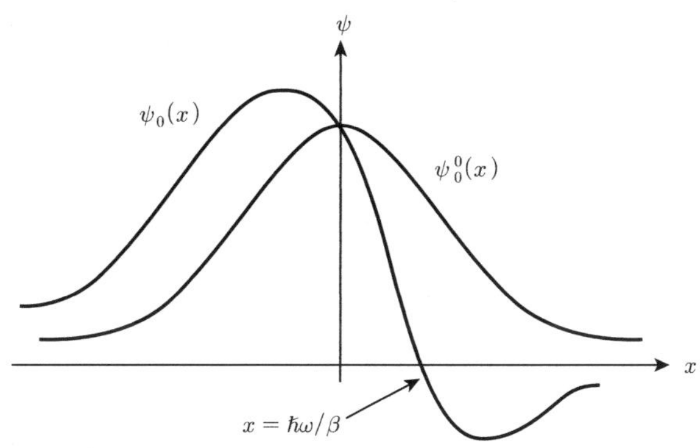

그림 9.8 건드림이 없을 경우와 건드림을 가한 경우의 바닥상태 조화진동자 파동함수

이 예제의 결과를 자세히 들여다보면 혼란스런 성질을 보게 된다. 즉 건드림이 있는 파동함수는 두 개의 극값을 가진다. 바닥상태가 어떻게 이럴 수 있을까? 이 질문은 건드림 이론을 사용하는 사람들에게 좋은 교훈을 제공한다.

이 예제를 정확히 푸는게 가능하기 때문에 건드림 이론이 가지고 있는 한계를 이해할 수 있다. 우선 약간의 조작을 하면 건드림이 있는 퍼텐셜을

$$V(x) = \left(\sqrt{\frac{k}{2}}x + \frac{\beta}{\sqrt{2k}}\right)^2 - \frac{\beta^2}{2k}$$

으로 쓸 수 있다.

새로운 좌표를 $\xi = \gamma(AX + B)$로 정의하자.

여기서 $\gamma^4 = 2m/\hbar^2 A^2$, $A = \sqrt{k/2}$, $B = \beta/\sqrt{2k}$이다. 이 퍼텐셜에 대한 슈뢰딩거 방정식을 다음 형태로 적을 수 있다.

$$\frac{d^2\psi}{d\xi^2} + (\lambda - \xi^2)\psi = 0$$

여기서 $\lambda = \gamma^2(E + \beta^2/2k)$이다. 이 식은 건드림이 없는 조화진동자의 슈뢰딩거 방정식, 식 (5.3.20)과 동일하다. 따라서 $\lambda = 1$일 때 아래에 주어진 바닥상태 에너지를 가진다($n = 0$일 때의 식 (5.3.20)을 보라).

$$E_{\text{바닥}}^{\text{exact}} = \frac{\hbar\omega}{2} - \frac{\beta^2}{2k}$$

여기서 앞서와 같이 $\omega = \sqrt{k/m}$이다. 1차 건드림 이론의 결론과 달리 정확한 바닥상태 에너지는 건드림이 없는 바닥상태 에너지보다 작다. 그리고 정확한 바닥상태 파동함수는

$$\psi_{\text{바닥}}^{\text{exact}} \sim e^{-\xi^2/2} \sim e^{-[\gamma(Ax+B)^2]}$$
$$\sim \left[e^{-\alpha^2x^2/2}\right]\left[e^{-(\beta/\hbar\omega)x}\right]\left[e^{-\beta^2/2\hbar\omega k}\right]$$

처럼 행동한다. 여기서 α는 5장에서 정의한 것과 같다. 바닥상태에 대해 예상했던 것처럼 이 풀이의 마디는 $x = 0$와 $x = \infty$ 이외에서는 존재하지 않는다. 오른편에 있는 첫 번째 인자는 정상적인 조화진동자 바닥상태이며, 반면 세 번째 인자는 상수이다. 오른편에 있는 중간 인자는 새로운 x 함수의 항이다. $\beta \to 0$이 되면 풀이가 건드림이 없을 때의 파동함수가 된다. 이 새로운 항이 가진 흥미로운 점은 이 항을 x의 1차 식으로 전개했을 때

$$e^{-(\beta/\hbar\omega)x} \approx 1 - \frac{\beta}{\hbar\omega}x + \ldots$$

이 되어 1차 건드림 이론에서 얻은 결과와 동일해진다는 것이다! 따라서 1차 건드림 이론으로 얻은 결과는 지수함수의 첫 번째 항만을 나타낸다. $x>0$일 때 정확한 풀이는 비대칭적이므로 단지 한 개의 극값만을 가진다.

이제 이 예제의 요점이 분명해졌다. 건드림 이론은 진짜 풀이의 *근사값*만을 알려주기 때문에 결과를 해석하는데 있어 주의를 해야 한다.

예제 9.6

수소 원자들이 세기가 λ V/m인 z 방향의 균일한 외부 전기장 속에 놓여 있다. 이 전기장이 전자 에너지 준위에 가하는 건드림의 크기를 구하라.

외부 전기장이 원자의 에너지 준위에 미치는 영향은 독일의 물리학자 시타르크 Johannes Stark (1874-1957) 를 기념하여 *시타르크 효과* Stark effect 라고 부른다. 시타르크는 이 발견으로 1919년 노벨 물리학상은 수상하였다. 이 예제를 풀기 위해서는 에너지 겹침이 있는 건드림 이론을 사용해야 한다. 이 전기장에 대응되는 전기 퍼텐셜은 $V=-\lambda z=-\lambda r\cos\theta$이다 [전기장 $\boldsymbol{E}=-\nabla V$임을 기억하라]. 이 경우 전하 q는 건드림 퍼텐셜에너지 $V'=qE$를 가지므로, 전하 $-e$를 가진 전자의 경우

$$V' = (-e)(-\lambda r\cos\theta) = +e\lambda r\cos\theta$$

가 된다.

식 (9.3.9)에 있는 행렬의 계산이 쉽도록 상태의 수를 수소 에너지 준위의 처음 두 준위만을 고려한다. 즉 주양자수 $n=1$과 $n=2$만을 고려한다. 행렬 요소 (9.3.8)을 적기 위해 1에서 5까지의 숫자를 사용하여 이들 상태를 표기한다. 즉 상태 (1,2,3,4,5)는 각각 수소 상태 $(n,l,m)=(1,0,0),(2,0,0),(2,1,0),(2,1,1),(2,1,-1)$을 의미한다. 또 여기서는 전개 계수가 아닌 건드림이 있는 에너지의 계산에만 관심을 가진다. 표 7.2에 관계된 건드림이 없는 파동함수들이 주어져 있다. 이 함수 가운데 일부는 복소수 함수이므로 행렬 요소를 계산하는데 있어 ψ_j^0의 복소 공액을 사용해야 한다는 것을 기억해야 한다.

지루하지만 끈기를 가지고 계산을 해 보면(스스로 해 보라) 식 (9.3.9)의 행렬 요소의 대부분이 0이 된다는 것을 알 수 있다. 최종적으로 행렬이 아래와 같이 주어진다.

$$\begin{bmatrix} (E_1 - E) & 0 & 256\lambda a_o e/243\sqrt{2} & 0 & 0 \\ 0 & (E_1/4 - E) & 3\lambda a_o e & 0 & 0 \\ 256\lambda a_o e/243\sqrt{2} & 3\lambda a_o e & (E_1/4 - E) & 0 & 0 \\ 0 & 0 & 0 & (E_1/4 - E) & 0 \\ 0 & 0 & 0 & 0 & (E_1/4 - E) \end{bmatrix}$$

여기서 a_0는 보어 반지름, E_1은 수소 원자의 바닥상태 에너지이다. 이 행렬의 행렬식을 구해보면

$$B^2(AB^2 - AD^2 - C^2B) = 0$$

을 얻는다. 여기서 $A = E_1 - E$, $B = E_1/4 - E$, $C = 256\lambda a_0 e/243\sqrt{2}$, $D = 3\lambda a_0 e$이다. 이 값들을 대입하여 식을 적으면

$$(E_1/4 - E)^2\{E^3 - (3E_1/2)E^2 + (9E_1^2/16 - D^2 - C^2)E + (E_1 D^2 + E_1 C^2/4 - E_1^3/16)\} = 0$$

이 된다.

행렬식의 앞에 있는 인자 $(E_1/4 - E)^2$로부터 $E = E_1/4$의 이중근이 존재하는 것을 알 수 있다. 이것은 이 수준의 근사에서 4개의 $n=2$ 상태 가운데 2개 상태가 건드림이 없는 에너지를 유지한다는 것을 의미한다. 중괄호 { } 속에 있는 E의 3차 방정식을 풀면 다른 3개의 에너지들을 얻을 수 있다. 근의 해석적인 표현이 복잡하기 때문에 수치 해석을 통해 근을 구하는 것으로 만족하자.

3차 방정식의 근을 구하려면 이 방정식을 차원이 없는 형태로 표시하는 것이 도움이 된다. 그러려면 전기장 세기 λ를 예제에 주어진 천연 전기장 세기의 곱(말하자면 λ^*)으로 표시하면 된다. 이를 위해 보어 반지름 떨어진 거리에 있는 양성자의 전기장 세기

$$\lambda = \lambda^*\left(\frac{e}{4\pi\epsilon_o a_o^2}\right)$$

를 천연 전기장 세기의 단위로 사용한다.

그러면

$$\lambda e a_o = \lambda^*\left(\frac{e^2}{4\pi\epsilon_o a_o}\right) = \lambda^*\left(\frac{e^2}{4\pi\epsilon_o}\right)\left(\frac{\pi m_e e^2}{\epsilon_o h^2}\right) = -2\lambda^* E_1$$

이 된다.

이 결과로부터

$$C = -\gamma E_1, \qquad \gamma = \lambda^*(256/243\sqrt{2})$$

와

$$D = -\delta E_1, \qquad \delta = 6\lambda^*$$

로 놓을 수 있다.

이들을 사용하면 E의 3차 방정식은

$$(E/E_1)^3 - (3/2)(E/E_1)^2 + (9/16 - \delta^2 - \gamma^2)(E/E_1) + (\delta^2 + \gamma^2/4 - 1/16) = 0$$

이 된다.

a_0에서의 양성자의 전기장 세기는 대략 5×10^{11} N/C으로 펄스 레이저가 잠깐 동안 낼 수 있는 정도의 크기를 가진다.

한 가지 예로 $\lambda^* = 0.01$로 잡으면 E/E_1의 3개의 근이 $\sim 0.1899, 0.3099, 1.0002$가 된다. 처음 2개의 근은 비대칭적인 건드림이 있는 수소의 $n = 2$ 상태(건드림이 없을 경우 $(E/E_1) = 0.25$의 값을 갖는다)를 나타낸다. 마지막 근은 건드림이 매우 조금 가해진 $n = 1$ 상태를 나타낸다. 이 예제는 원래의 에너지 겹침이 *부분적으로 제거되는* 상황을 보여준다. 즉 에너지가 $E_1/4$인 두 개의 에너지 겹침 상태가 아직 남아 있다.

여기서 한 가지 경고를 해두는 것이 좋겠다. λ^*를 너무 크게 잡으면(예를 들어 $\lambda^* = 0.25$), E/E_1의 근 중 하나가 음수가 되는 것을 발견하게 될 것이다. 이것은 구속이 되어 있지 않은 상태가 생긴다는 것을 의미한다. (모든 수소의 상태는 $E_n < 0$임을 상기하라.) 이 경우 $n = 2$인 상태가 느끼는 건드림 퍼텐셜의 크기가 대략 $-2\lambda^* E_1$이 되어 원래 에너지 $E_1/4$보다 커지기 때문에 이런 일이 생긴다. 여기서 사용한 근사법은 이런 상황을 다루기에 적합하지 않다. 보다 많은 수의 건드림이 없는 상태들의 기여도를 고려하여야 한다. 건드림 이론은 건드림이 미치는 효과가 건드림이 없는 계의 원래 조건에 비해 작을 때에만 사용할 수 있다.

9.4 변분법

변분법 variational method 은 바닥상태 파동함수의 형태를 합리적으로 추측할 수 있는 퍼텐셜에 대해 바닥상태 에너지를 추정하는데 사용하는 기술이다. 유일한 필요조건은 문제의 경계조건을 만족하는 규격화된 시행 파동함수 trial wavefuntion 를 예상하는 것이다. 이 파동함수는 슈뢰딩거 방정식을 만족하지 않아도 된다. 우선 어떻게 바닥상태 에너지의 추정값을 얻을 수 있는지를 보이고, 그러고 나서 시행 파동함수를 찾는 방법을 설명한다.

$\phi(x)$를 바닥상태의 시행 파동함수라고 가정하면, 바닥상태 에너지 E의 예측값은

$$E = \langle \phi^* | H | \phi \rangle \tag{1}$$

로 주어진다. 여기서 H는 해밀토니안 연산자로 1차원의 경우만 고려한다면

$$H = -\frac{\hbar^2}{2m}\frac{d^2}{dx^2} + V(x) \tag{2}$$

로 적을 수 있다.

이제 주어진 퍼텐셜에 대한 슈뢰딩거 방정식이 원리상 정확한 풀이 가족 $\psi_n(x)$를 가진다고 하자. $\psi_n(x)$는 에너지 E_n을 가진다. $\psi_n(x)$를 알고 있다면, 9.2절의 중첩 정리를 사용하여 $\phi(x)$를 $\psi_n(x)$의 선형 합으로 전개할 수 있다.

$$\phi(x) = \sum_n a_n \psi_n(x) \tag{3}$$

여기서

$$a_j = \langle \psi_j | \phi \rangle \tag{4}$$

이다.

그런데 실제로는 $\psi_n(x)$를 모른다. $\psi_n(x)$를 알고 있다면 당연히 근사 풀이를 구할 필요가 없다! 지금 중요한 점은 $\psi_n(x)$를 알고 있을 경우 원리상 식 (3)을 구체적으로 전개할 수 있다는 사실이다.

$\phi(x)$가 타당한 시행 파동함수라면, 두 가지 물리적 기준을 만족해야 한다: (i) $\phi(x)$가 문제의 경계조건을 만족해야 한다. (ii) $\phi(x)$가 규격화되어야 한다. 조금 뒤에서 설명하겠지만 실제로 $\phi(x)$를 잘 선택하면 기준 (i)을 만족하게 할 수 있다. 기준 (ii)는 이미 9.2절에서 설명하였고

$$\sum |a_n|^2 = 1 \tag{5}$$

의 제약조건을 만족하면 $\phi(x)$가 규격화된다. 이 결과가 다음에 나올 유도과정에서 중심적인 역할을 하게 되지만, 실제적으로 a_n을 구체적으로 구할 필요가 없음을 알게 될 것이다.

식 (3)을 식 (1)에 대입하면

$$\begin{aligned}\langle \phi^* | H | \phi \rangle &= \int \left(\sum_n a_n^* \psi_n^* \right) H \left(\sum_m a_m \psi_m \right) dx \\ &= \sum_n \sum_m a_n^* a_m \int \psi_n^* (H \psi_m)\, dx = \sum_n \sum_m a_n^* a_m \int \psi_n^* E_m \psi_m\, dx \\ &= \sum_n \sum_m a_n^* a_m E_m \int \psi_n^* \psi_m\, dx \\ &= \sum_n \sum_m a_n^* a_m E_m \delta_n^m \end{aligned} \tag{6}$$

을 얻게 된다.

δ_n^m 때문에 (m에 대한) 내부 합에서 $m = n$인 항만을 제외하고 모두 사라지고

$$E = \sum_n a_n^* a_n E_n = \sum_n |a_n|^2 E_n \tag{7}$$

이 남는다.

식 (7)의 오른편을 보자. 진짜 바닥상태 에너지를 E_0라 하면, 모든 다른 상태들은 $E_n \geq E_0$을 만족해야 하기 때문에

$$\sum_n |a_n|^2 E_n \geq \sum_n |a_n|^2 E_0$$

또는 E_0가 상수이기 때문에

$$\sum_n |a_n|^2 E_n \geq E_0 \sum_n |a_n|^2$$

이 된다.

오른편의 합은 1이므로(식 5)

$$\sum_n |a_n|^2 E_n \geq E_0 \tag{8}$$

이 된다.

식 (7)과 (8)을 비교하여

$$E \geq E_0 \tag{9}$$

인 것을 증명할 수 있다.

여기서 얻은 중요한 결론은 다음과 같다. 만약 $\phi(x)$가 계의 바닥상태에 대한 시행 파동함수라면, 바닥상태 에너지의 상한값은 $\langle \phi^* | H | \phi \rangle$가 된다. 실제 변분법을 사용할 때는 경계조건을 만족하는, 몇 개의 조절변수(들)이 포함된 시행 파동함수를 가지고 시작한다. 그리고 $\langle \phi^* | H | \phi \rangle$가 최소가 되도록 조절변수(들)을 변화시킨다. 다음 절에서는 어떻게 이 방법을 수정하면 E_0에 대한 더 낮은 상한값을 얻을 수 있는지 살펴본다.

어떻게 해야 시행 파동함수을 현명하게 선택할 수 있을까? 구속상태를 만드는 퍼텐셜은 궁극적으로 퍼텐셜 우물의 일종이라 볼 수 있다. 이 경우 $x \to \infty$일 때 $\psi \to 0$임을 알고 있다. 앞서의 경험(유한 사각 우물, 조화진동자, 수소 원자)을 통해 이런 상태들은 흔히 지수함수적으로 감소하는 함수로 표시되는 특징을 가지고 있음을 알고 있다. 퍼텐셜의 구간이 $-\infty \leq x \leq \infty$이면, $\phi(x) = Axe^{-\beta x^2}$ 형태의 함수가 경계조건과 규격화 모두를 만족한다. ϕ가 두 개의 상수 A와 β를 가지고 있음에 주목하라. A는 규격화 상수로 $\int \phi^2(x)dx$를 계산하면 이것은 β의 함수가 된다. 에너지의 예상값 E를 식 (1)과 (2)를 사용해 계산할 때 이 역시 β의 함수가 된다. 이들 결과식들을 β로 미분하여 최저 예상값 E를 얻도록 최소화한다. 따라서 β는 *변분 조절변수* variational parameter 가 된다. [퍼텐셜 구간이 $-\infty \leq x \leq \infty$이라면, 모든 짝수 멱수의 지수함수가 파동함수가 된다. (왜?) 유사하게 퍼텐셜 구간이

$0 \le x \le \infty$ 이라면, $Ae^{-\beta x}$ 또는 $Ae^{-\beta x^3}$와 같은 홀수 멱수의 지수함수를 사용해야 한다. (왜?)] 퍼텐셜이, 예를 들어 $x=0$에서, 무한 벽을 가지고 있다면(그러나 그렇지 않다면 구간이 $0 \le x \le \infty$ 이다), 이런 지수함수는 $x \to \infty$ 일 때는 괜찮지만 $x=0$에서는 경계조건을 만족하지 않기 때문에 사용할 수 없다. 이와 같은 경우 $\phi(x)$를, 말하자면 $\phi(x)= Axe^{-\beta x^2}$ 형태로 수정할 수 있다. 조금 더 새로운 시도를 해 보려면 $\phi(x)= Af(x)e^{-\beta x^2}$ 형태의 함수를 사용해 볼 수도 있다. 여기서 $f(x)$는 더 많은 변분 조절변수를 포함한 함수이다. 이 경우 다중 조절변수 최소화 문제를 만나게 된다. 두 개의 조절변수를 가진 함수로는 $\phi(x)= Ae^{-\beta x^n}$을 사용하면 좋고, 여기서 지수함수 안의 멱수 "n"은 β와 함께 조절변수 구실을 한다. 그러나 이런 종류의 극단적인 조치는 우리가 다루고자 하는 문제의 수준을 넘어서는 것이다.

지금까지 변분법이 바닥상태 에너지의 상한값을 줄 수 있음을 강조했지만 유도 과정에서 $\phi(x)$가 실제로 바닥상태 파동함수와 같아야 한다고 요구하지는 않았다. 사실 바닥상태나 들뜬 상태 할 것 없이 모든 상태는 경계조건과 규격화를 만족해야 한다. 변분 정리는 단지 $\phi(x)$에 대응되는 에너지가 바닥상태 에너지보다 크거나 같다는 것을 알려줄 뿐이다. 예를 들어 다항식 $f(x)$를 가진 $\phi(x)= Af(x)e^{-\beta x^2}$을 선택하면 바닥상태보다는 들뜬 상태를 더 잘 설명할 수 있다. 이 때문에 이 함수로부터 얻은 E의 추정값은 바닥상태 에너지와 크게 달라진다. 단순한 함수를 시행 파동함수로 잡는 것이 요령이다.

예제 9.7

변분법을 사용해 선형 퍼텐셜

$$V(x) = \begin{cases} \infty & (x < 0) \\ \alpha x & (x \ge 0) \end{cases}$$

의 바닥상태의 상한값을 구하라.

이 퍼텐셜에 관해 문제 4-10에서는 불확정성 원리를 사용해, 예제 9.1에서는 WKB 방법을 사용해 풀었다. 이들 근사법의 결과를 변분법의 결과와 비교하면 흥미로울 것이다.

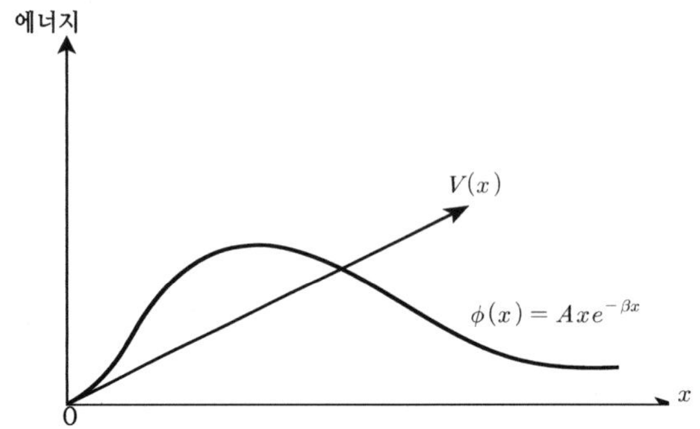

▌그림 9.9 선형 퍼텐셜에 대한 가상의 바닥상태 파동함수

먼저 적절한 시행 파동함수 $\phi(x)$를 잡아야 한다. 3장에서 바닥상태 파동함수가 한 개의 최대값을 가진다는 것을 배웠다. 또한 파동함수가 $x=0$에서 0이 되고, x가 매우 크면 지수함수적으로 감소해야 한다는 것도 알고 있다. 이런 속성을 가진 함수를 그리면 그림 9.9와 같다.

앞서 설명한 것처럼 요구조건들을 만족할 수 있는 단순한 함수는

$$\phi(x) = Axe^{-\beta x}$$

로 A는 규격화 상수이고, β는 변분 조절변수이다. 규격화에 의해

$$A^2 \int_0^\infty x^2 e^{-2\beta x} dx = 1$$

을 만족해야 한다. 즉 $2A^2/(2\beta)^3 = 1$ 또는 $A^2 = 4\beta^3$이다.

$H\phi$를 계산하기 위해 항상 $d^2\phi/dx^2$를 계산하는 것이 필요하다.

$$\frac{d^2\phi}{dx^2} = A(\beta^2 x - 2\beta)e^{-\beta x}$$

따라서

$$H\phi = -\frac{\hbar^2}{2m}\frac{d^2\phi}{dx^2} + V(x)\phi = Ae^{-\beta x}(2\beta\epsilon - \beta^2\epsilon x + \alpha x^2)$$

이 되며, 여기서

$$\epsilon = \hbar^2/2m$$

이다.

이제 해밀토니안의 기댓값은 다음과 같이 주어진다.

$$\langle\phi|H|\phi\rangle = A^2\left\{2\beta\epsilon\int_0^\infty xe^{-2\beta x}dx - \beta^2\epsilon\int_0^\infty x^2e^{-2\beta x}dx + \alpha\int_0^\infty x^3e^{-2\beta x}dx\right\}$$

적분들을 계산하면 각각 $1/(4\beta^2), 1/(4\beta^3), 3/(8\beta^4)$이 되고 A의 식을 대입하면

$$E = \epsilon\beta^2 + (3\alpha/2\beta)$$

를 얻게 된다.

E_0의 상한값을 얻기 위해 β에 대해 E를 최소화해야 한다. $dE/d\beta$를 계산한 후 0으로 놓고, β를 구하면

$$\beta_{\text{min}} = (3\alpha/4\epsilon)^{1/3}$$

으로 주어진다.

이 결과를 E의 식에 대입하면

$$E_{\text{min}} = \epsilon(3\alpha/4\epsilon)^{2/3} + (3\alpha/2)(3\alpha/4\epsilon)^{-1/3} = 2.476\alpha^{2/3}\epsilon^{1/3}$$

을 얻는다.

그러므로 바닥상태 에너지는 $E_0 \leq 2.476\alpha^{2/3}\epsilon^{1/3}$을 만족해야 한다. 이 결과는 불확정성 원리 및 WKB 방법의 결과인 $E_0/(\alpha^{2/3}\epsilon^{1/3}) > 1.191$과 ~ 2.811과 일치한다. 정확한 풀이는 $2.338\alpha^{2/3}\epsilon^{1/3}$이다. 변분법으로 구한 상한값은 정확한 풀이에 비해 단지 6% 크다.

변분법의 위력은 문제에서 주어진 경계조건을 만족하는 한 모든 시행 파동함수들에 적용을 할 수 있다는 것이다. 퍼텐셜에 대한 슈뢰딩거 방정식을 만족할 필요가 없다. 시행 파동함수가 실제 바닥상태 파동함수에 가까울수록 더욱 더 정확한 결과를 얻을 수 있다.

예제 9.8

이 예제는 조금 추상적이다. 이 장의 마지막에 있는 변분법에 관한 문제들을 먼저 풀어본 후 이 예제를 풀어도 좋다. 이 예제에서는 끌어당기는 중심 퍼텐셜(attractive central potential; ACP)

$$V(r) = -K E_1 \left(\frac{a_o}{r}\right)^n \quad (0 \le r \le \infty) \tag{1}$$

안에서 움직이는 질량 m인 입자의 바닥상태 에너지를 구하기 위해 변분법을 구형 좌표계에 적용한다. 여기서 K는 차원이 없는 세기 조절변수이고, a_0는 보어 반지름, E_1은 수소 원자의 바닥상태 에너지의 절대값이다. K와 n 모두 양수라고 가정한다. 구속상태의 경우 $E<0$이다.

시행 파동함수로서 아래와 같은 수소꼴 바닥상태의 함수 형태를 사용한다.

$$\phi(r) = A\exp(-\beta r/2) \qquad (0 \le r \le \infty)$$

여기서 β는 변분 조절변수이다. 이 함수를 규격화하면

$$4\pi A^2 \int_0^\infty r^2 e^{-\beta r} dr = 1$$

이 된다. 여기서 인자 4π는 θ와 ϕ에 대한 적분에서 나온 것이다. 그러면 적분값이 $2/\beta^3$이 되어 시행 파동함수가

$$\phi(r) = \sqrt{\frac{\beta^3}{8\pi}}\exp(-\beta r/2) \qquad (0 \le r \le \infty) \tag{2}$$

로 주어진다.

$n=1$과 $K=2$일 때 수소에 대한 정확한 바닥상태 에너지를 얻기 위해 이러한 특정 시행 파동함수를 사용한다. 또한 이럼으로써 계산 결과를 점검할 수 있다.

퍼텐셜과 시행 파동함수 모두 지름 의존도만 가지고 있기 때문에 해밀토니안 연산자를

$$H = -\frac{\hbar^2}{2m}\nabla^2 + V(r) = -\frac{\hbar^2}{2m}\frac{1}{r^2}\frac{d}{dr}\left(r^2\frac{d}{dr}\right) + V(r) \tag{3}$$

로 표시할 수 있다.

에너지에 대한 기댓값은

$$E = 4\pi \int_0^\infty \phi (H\phi)\, r^2 dr \tag{4}$$

이 되고, 여기서 인자 4π는 구형 좌표($0 \le \theta \le \pi$; $0 \le \phi \le 2\pi$)의 부피 요소에 대한 적분에서 나온 것이다.

시행 파동함수에 라플라시안 연산지를 적용히면

$$\nabla^2 \phi = -\frac{\beta^{5/2}}{2\sqrt{8\pi}} \left(\frac{2}{r} - \frac{\beta}{2} \right) e^{-\beta r/2}$$

이 되므로,

$$E = \frac{\hbar^2 \beta^4}{8m} \int_0^\infty (2r - \beta r^2/2) e^{-\beta r} dr - \frac{K E_1 a_o^n \beta^3}{2} \int_0^\infty r^{2-n} e^{-\beta r} dr$$

을 얻게 된다.

적분을 계산하고 약간의 정리를 거치면

$$E = \frac{\hbar^2 \beta^2}{8m} - \frac{K E_1 a_o^n \beta^n \Gamma(3-n)}{2}, \quad (n < 3) \tag{5}$$

이 얻어지고, 여기서 $\Gamma(x)$는 감마함수를 나타낸다(부록 C를 보라). E의 식 안에 있는 두 번째 적분의 풀이는 n 값에 대한 제약조건을 주게 된다.

E를 β에 대해 최소화하면

$$\beta = \left\{ \frac{\hbar^2}{2mn K E_1 a_o^n \Gamma(3-n)} \right\}^{\frac{1}{n-2}} \quad (n < 3) \tag{6}$$

을 얻는다.

$n=1, K=2, m=m_e$일 때 윗 식은 $\beta = 2/a_0$가 되고 따라서 식 (2)가 정확히 수소꼴 바닥상태의 파동함수가 된다는 것을 스스로 증명할 수 있어야 한다. 이 결과를 E의 식에 대입하면

$$\frac{E}{(E_1/\mu)} = \frac{1}{4[(K\mu) n \Gamma(3-n)]^{2/(n-2)}} \left\{ 1 - \frac{2}{n} \right\} \tag{7}$$

가 나오며, 여기서 μ는 전자의 질량에 대한 입자의 질량 비, 즉 $\mu = (m/m_e)$이다.

변분법이 E의 최소화에 기초를 두고 있다는 것이 여기서 가장 중요하다. 식 (5)에서 β에 대한 E의 2차 도함수를 계산하면, $n<2$일 때만 최소값이 존재한다는 것을 알 수 있다.

ACP의 바닥상태 에너지는 n과 차원이 없는 조절변수 K와 μ의 곱인 $(K\mu)$에 의존하는 것이 분명하다. 그림 9.10은 다양한 $(K\mu)$ 값을 가진 ACP에 대한 바닥상태 에너지의 상한값을 n의 함수로 그린 것이다. 수직축은 차원이 없는 에너지 $W=E/(E_1/\mu)$를 나타낸다. 이 그림으로부터 여러 결론들을 얻을 수 있다.

(i) $0<n<2$인 경우 음의 에너지를 가진 구속상태가 가능하다.

(ii) 쿨롱 퍼텐셜, $(K,n,\mu)=(2,1,1)$에 대한 식 (7)의 예측은 $W=-1$로 이는 정확한 풀이의 결과와 같다. 시행 파동함수가 슈뢰딩거 방정식의 정확한 풀이와 같기 때문에 이미 예상하고 있던 결과이다.

(iii) 그림 9.10에서 가장 놀랄만한 사실은 $(K\mu)$>0.5인 경우(아래를 보라) ACP의 *구속 정도가 최소인* 바닥상태가 존재한다는 것이다. $(K\mu)$가 커질수록 최대 에너지를 갖는 n 값과 바닥상태의 에너지 모두 감소한다. 즉 바닥상태의 구속 정도가 더 커진다. 흥미롭게도 쿨롱 퍼텐셜의 바닥상태는 가능한 한 구속 정도를 감소시키려 한다. 슈뢰딩거 방정식의 지름 풀이를 수치적으로 구해보면 그림에 나타난 최대값의 존재를 확인할 수 있다(10장). 실제로 식 (7)로부터 상당히 좋은 상한값을 얻을 수 있다. 예를 들어 $(K\mu)=1$인 경우 $n=(0.5, 1.0, 1.5)$에 대해 $-W=(0.435, 0.250, 0.260)$이 나오는데 이는 진짜 풀이인 $-W\sim(0.438, 0.250, 0.292)$와 상당히 유사하다. 변분법 계산 결과는 진짜 에너지에 비해 대략 (0.7, 0, 11) 퍼센트 큰 값이다.

왜 $(K\mu)=0.5$일 때 구속 정도가 최소일까? 이 질문에 답하기 위해 $n\to 2$일 경우 E의 행동에 대해 공부해 보자. 이 경우 $\Gamma(3-n)$의 값이 1에 가까워지고 따라서 식 (7)은

$$\left[\frac{E}{(E_1/\mu)}\right]_{n\to 2} \Rightarrow \frac{1}{4}(2K\mu)^{\infty}(1-2/n) \tag{8}$$

가 된다.

$0<n<2$일 때 두 가지 결과를 얻게 된다. $(K\mu)\le 0.5$이면 $E\to 0$이 되는 반면, $(K\mu)>0.5$이면 $E\to -\infty$가 된다. 이 퍼텐셜에 대한 슈뢰딩거 방정식의 정확한 풀이를 보면 앞서 두 가지 행동을 구분하는 $(K\mu)$의 임계값은 $(K\mu)=1/4$이다.

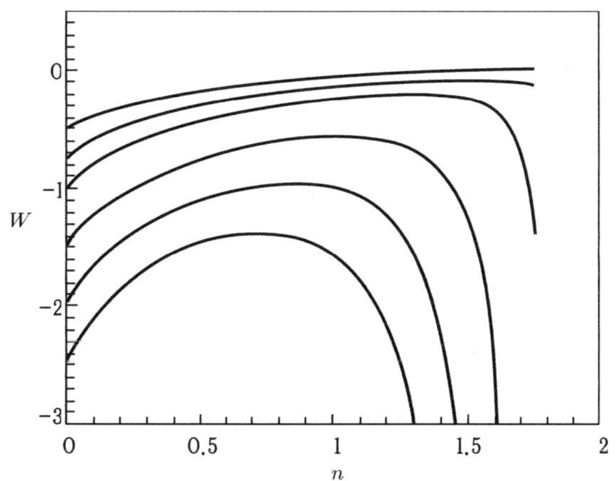

▮ **그림 9.10** 끌어당기는 중심 퍼텐셜에 대한 바닥상태 에너지의 상한값. 위로부터 아래로 $K\mu$=0.5, 0.75, 1, 1.5, 2, 2.5이다.

변분법으로 구한 $(K\mu)$의 임계값이 정확한 풀이의 임계값과 다르다는 것은 그리 놀랍지 않은데, 이유는 변분법에서 사용한 시행 파동함수가 $n=1$일 때를 제외하고는 근사적인 파동함수이기 때문이다.

9.5 개선된 변분법(생략해도 무방)

변분법으로 얻은 E의 상한값이 진짜 바닥상태 에너지 E_0와 얼마나 차이가 나는지 알 수 없다는 점이 변분법의 불만 사항이다. 이 절에서는 E_0의 상한값과 하한값을 알려주는 개선된 변분법에 대해 공부하고자 한다.

다시 $\phi(x)$를 규격화된 시행 파동함수라고 하고, E를 앞서와 같이 정의한다.

$$E = \langle \phi^* | H | \phi \rangle \tag{1}$$

이제 새로운 양 D를 다음처럼 정의하자.

$$D = \int (H\phi)^* (H\phi)\, dx \tag{2}$$

D는 (에너지)^{2}의 단위를 가진다. $\phi(x)$를 문제에 대한 정확한 풀이 $\psi_n(x)$의 함수로 전개하면

$$D = \int\left(H\sum_n a_n\psi_n\right)^*\left(H\sum_m a_m\psi_m\right)dx$$

$$D = \int\left(H\sum_n a_n\psi_n\right)^*\left(H\sum_m a_m\psi_m\right)dx = \sum_n\sum_m\{a_n^* a_m E_n E_m\int\psi_n^*\psi_m dx\}$$

$$= \sum_n\sum_m\{a_n^* a_m E_n E_m \delta_m^n\} = \sum_n a_n^* a_n E_n^2$$

또는

$$D = \sum_n |a_n|^2 E_n^2 \tag{3}$$

으로 적을 수 있다.

이제 아래와 같이 정의되는 양 △를 생각해 보자.

$$\Delta = \sum_n |a_n|^2(E_n - E)^2 \tag{4}$$

여기서 E는 식 (1)에서 정의한 에너지이다. 이 정의에서 제곱항을 전개하면

$$\Delta = \sum_n |a_n|^2(E_n^2 - 2E_n E + E^2)$$

$$= \sum_n |a_n|^2 E_n^2 - 2E\left(\sum_n |a_n|^2 E_n\right) + E^2\sum_n |a_n|^2$$

이 된다.

이 식의 첫 번째 항은 D(식 3)이고, 괄호 안의 항은 E(식 9.4.7), 마지막 항의 합은 1(식 9.4.5)이 된다. 따라서

$$\Delta = D - 2E(E) + E^2 = D - E^2 \tag{5}$$

으로 적을 수 있다.

바닥상태 에너지 E_0는 고차 에너지 준위보다 작아야 한다(또는 최대로 같아야 한다). 즉 $E_0 \le E_n$. 따라서

$$(E_0 - E)^2 \le (E_n - E)^2$$

또는

$$\sum_n |a_n|^2 (E_0 - E)^2 \le \sum_n |a_n|^2 (E_n - E)^2$$

을 만족해야 한다.

마지막 식의 오른편은 바로 Δ가 된다. 왼편에서 $(E_0 - E)^2$은 상수이고 합의 앞쪽으로 끄집어 낼 수 있기 때문에

$$(E_0 - E)^2 \sum_n |a_n|^2 \le \Delta$$

이 된다.

그러나 $|a_n|^2$의 합은 1이다. 따라서

$$\Delta \ge (E_0 - E)^2 \tag{6}$$

또는

$$\sqrt{\Delta} \ge \pm (E_0 - E) \tag{7}$$

가 되어야 한다.

식 (9.4.9)는 $E \ge E_0$ 또는 $(E_0 - E) \le 0$이라는 것을 말해준다. 식 (7)에서 아래쪽 부호의 경우를 생각해 보면

$$\sqrt{\Delta} \ge E - E_0$$

또는

$$E_0 \geq E - \sqrt{\Delta}$$

가 된다.

$\Delta = D - E^2$(식 5)임을 알고 이 결과를 식 (9.4.9)와 결합하면 변분법이 아래와 같이 E_0의 상한값과 하한값을 알려줄 수 있도록 개선된 것을 알 수 있다.

$$E \geq E_0 \geq E - \sqrt{D - E^2} \tag{8}$$

실제 적용에 있어서 먼저 변분 조절변수들을 가진 시행 파동함수를 잡는다. 그리고 나서 $D - E^2$이 최소가 될 때까지 이 조절변수들을 변화시킨다. 시행 파동함수가 진짜 바닥상태 파동함수와 얼마나 잘 일치하느냐에 따라 E_0의 한계값이 진짜 바닥상태 에너지에 가까워진다. 식 (7)의 위쪽 부호를 선택하면 E_0의 상한값이 식 (9.4.9)에서 얻은 결과보다 커져 예측이 안 좋아진다.

예제 9.9

개선된 변분법을 사용하여 예제 9.7을 다시 계산하라.

예제 9.7에서

$$H\phi = -\epsilon\frac{d^2\phi}{dx^2} + V(x)\phi = A\,e^{-\beta x}(2\beta\epsilon - \beta^2\epsilon x + \alpha x^2)$$

을 얻었다. 여기서

$$A^2 = 4\beta^3$$

과

$$E = \epsilon\beta^2 + (3\alpha/2\beta)$$

이다.

식 (2)와 $(H\phi)$의 결과로부터

$$D = \int (H\phi)^*(H\phi)\,dx = 4A^2\beta^2\epsilon^2 \int_0^\infty e^{-2\beta x}dx - 4A^2\beta^3\epsilon^2 \int_0^\infty xe^{-2\beta x}dx$$

$$+ (4A^2\beta\epsilon\alpha + A^2\beta^4\epsilon^2)\int_0^\infty x^2e^{-2\beta x}dx - 2A^2\beta^2\epsilon\alpha \int_0^\infty x^3e^{-2\beta x}dx$$

$$+ A^2\alpha^2 \int_0^\infty x^4 e^{-2\beta x}dx$$

를 얻는다.

이 적분들은 모두 표준적인 것으로 약간의 수학적 조작을 거치면

$$D = 5\beta^4\epsilon^2 + \beta\epsilon\alpha + 3\alpha^2/\beta^2$$

을 얻을 수 있다.

이 결과를 E에 관한 앞서 결과와 결합하면

$$(D - E^2) = 4\beta^4\epsilon^2 - 2\beta\epsilon\alpha + 3\alpha^2/4\beta^2$$

을 얻는다.

$(D-E^2)$을 β에 대해 최소화하면 β^3의 이차 방정식을 얻게 된다.

$$16\epsilon^2(\beta^3)^2 - 2\epsilon\alpha(\beta^3) - (3\alpha^2/2) = 0$$

이 이차 방정식을 풀면

$$\beta^3_{\min} = \frac{3\alpha}{8\epsilon} \text{ 또는 } -\frac{\alpha}{4\epsilon}$$

를 얻는다.

두 번째 근은 β가 허수임을 의미한다. 이것은 허수값의 E라는 물리적이 아닌 결과를 주기 때문에 버린다. 남은 근 $\beta^3_{\min} = 3\alpha/8\epsilon$는 예제 9.7에서 E만 최소화하여 얻은 결과($\beta^3_{\min} = 3\alpha/4\epsilon$)와 다르다는 것에 주목하라. 이 근을 다시 $(D-E^2)$ 식에 대입하면

$$(D - E^2)_{\min} = [4(3/8)^{4/3}](\alpha^{4/3}\epsilon^{2/3})$$

또는

$$\sqrt{(D - E^2)_{\min}} = 1.040(\alpha^{2/3}\epsilon^{1/3})$$

을 얻게 된다.

E만의 식을 보면 이 근은

$$E_{\min} = [5(3/8)^{2/3}](\alpha^{2/3}\epsilon^{1/3}) = 2.600(\alpha^{2/3}\epsilon^{1/3})$$

을 주게 되고, 따라서

$$E - \sqrt{(D - E^2)_{\min}} = 1.560(\alpha^{2/3}\epsilon^{1/3})$$

이 된다.

$E_{\min}$의 결과가 예제 9.7에서 E만을 최소화하여 구한 결과보다 조금 크기 때문에 식 (8) 뒤에 언급한 내용과 일치한다. 두 방법을 사용해 얻은 결과를 결합하면

$$2.476 \geq (E_0/\alpha^{2/3}\epsilon^{1/3}) \geq 1.560$$

을 얻게 되고, 이 극한값 사이에 정확한 값인 2.338이 들어 있다.

이 문제에서 시행 파동함수를 개선한다면 다음 형태를 생각할 수 있다.

$$\psi(x) = Ax\exp(-\beta x^n)$$

여기서 n은 두 번째 변분 조절변수로 변분법 계산을 하는 동안 상수로 잡는다. 그러면 식 (8)을 따라 바닥상태 에너지의 상한값과 하한값을 구할 수 있는 $\beta(n)$의 식을 얻게 된다. 다음에 극한값의 범위가 최소가 되도록 n을 변화시킨다. $n = 1.773$일 때 $2.298 \leq (E_0/\alpha^{2/3}\epsilon^{1/3}) \leq 2.378$이 나오는 것을 보일 수 있다. 이 극한값의 범위는 앞서 구한 범위보다 2% 정도 우수하다.

요 약 09

이 장에서는 주어진 퍼텐셜에 대해 슈뢰딩거 방정식을 정확히 풀 수 없을 경우 근사 에너지와 근사 파동함수를 구하는 3가지 방법에 대해 알아보았다.

WKB 근사법은 퍼텐셜 $V(x)$ 안에서 움직이는 질량 m인 입자의 주양자수 n에 대응되는 에너지 E가

$$2\sqrt{2m}\int\sqrt{E - V(x)}\,dx \sim nh$$

를 만족한다는 것을 말한다.

WKB 근사법은

$$\frac{mh}{\{2m[E - V(x)]\}^{3/2}}\left(\frac{dV}{dx}\right) \ll 1$$

인 곳에서만 성립한다.

건드림 이론은 중첩 정리를 이용해 유도한다. 즉 모든 함수 $\phi(x)$는 주어진 퍼텐셜에 대해 슈뢰딩거 방정식을 만족하는 모든 $\psi_n(x)$의 선형 합으로 표시할 수 있다.

$$\phi(x) = \sum_n a_n\psi_n(x)$$

여기서 전개 계수는 일반적으로

$$a_n = \langle\psi_j(x)|\phi(x)\rangle$$

로 주어진다.

윗첨자 0이 슈뢰딩거 방정식이 정확히 풀리는 퍼텐셜에 대한 에너지와 파동함수를 나타내는 표기 기호라 하면, 건드림 퍼텐셜 V'에 대한 에너지와 파동함수는 행렬식

$$\begin{vmatrix} V_{11} & \cdots & V_{1k} & \cdots & V_{1r} & \cdots & V_{1N} \\ \vdots & \ddots & \vdots & \vdots & \vdots & \vdots & \vdots \\ V_{k1} & \cdots & V_{kk} & \cdots & V_{kr} & \cdots & V_{kN} \\ \vdots & \vdots & \vdots & \ddots & \vdots & \vdots & \vdots \\ V_{r1} & \cdots & V_{rk} & \cdots & V_{rr} & \cdots & V_{rN} \\ \vdots & \vdots & \vdots & \vdots & \vdots & \ddots & \vdots \\ V_{N1} & \cdots & V_{Nk} & \cdots & V_{Nr} & \cdots & V_{NN} \end{vmatrix}$$

을 0으로 만드는 E 값에 의해 주어진다. 여기서 각 행렬 요소는

$$V_{jm} = \{(E_m^0 - E)\langle\psi_j^0|\psi_m^0\rangle + \langle\psi_j^0|V'|\psi_m^0\rangle\}$$

으로 주어진다.

건드림이 있는 퍼텐셜에 대한 풀이를 건드림이 없는 퍼텐셜의 N개 풀이의 선형 합으로 아래와 같이 표시한다고 할 때

$$\psi(\mathbf{r}) = \sum_{m=1}^{N} C_m \psi_m^0(\mathbf{r})$$

전개 계수는 다음과 같이 주어진다.

$$C_i = \frac{V_{ik}^*}{\sqrt{\sum_n \sum_m \{(V_{nk}^*)(V_{mk}^*)\langle\psi_n^0|\psi_m^0\rangle\}}}, \quad (i = 1, N)$$

여기서 V_{ik}^*는 V_{ik}의 복소 공액이 아니라, 아래에 주어진 사각 행렬

$$\begin{bmatrix} V_{11} & \cdots & V_{1k} & \cdots & V_{1r} & \cdots & V_{1N} \\ \vdots & \ddots & \vdots & \vdots & \vdots & \vdots & \vdots \\ V_{k1} & \cdots & V_{kk} & \cdots & V_{kr} & \cdots & V_{kN} \\ \vdots & \vdots & \vdots & \ddots & \vdots & \vdots & \vdots \\ V_{r1} & \cdots & \langle\psi_r^0|V'|\psi_k^0\rangle & \cdots & V_{rr} & \cdots & V_{rN} \\ \vdots & \vdots & \vdots & \vdots & \vdots & \ddots & \vdots \\ V_{N1} & \cdots & V_{Nk} & \cdots & V_{Nr} & \cdots & V_{NN} \end{bmatrix}$$

의 역 행렬의 (i,k)번 째 요소를 의미한다.

건드림 퍼텐셜 V'에 대한 에너지와 파동함수의 1차 관계식은 다루기가 훨씬 수월하며

$$E \sim E_m^0 + \langle \psi_m^0 | V' | \psi_m^0 \rangle$$

과

$$\psi_n \sim \psi_n^0 - \sum_{k \neq n} \frac{\psi_k^o \langle \psi_k^0 | V' | \psi_n^0 \rangle}{(E_k^0 - E_n^0)}$$

으로 주어진다.

변분법은 적절한 시행 바닥상태 파동함수를 가정했을 때 바닥상태 에너지를 추정할 수 있는 강력한 방법이다. 시행 파동함수는 주어진 퍼텐셜에 대한 슈뢰딩거 방정식을 만족할 필요가 없고, 단지 문제의 경계조건만 만족하면 된다. $\phi(x)$가 규격화된 시행 파동함수라 할 때, 바닥상태 에너지 E_0에 관한 변분법의 결과를 가장 단순한 형태로 표시하면

$$E_0 \le \langle \phi^* | H | \phi \rangle$$

가 된다. 여기서 H는 해밀토니안 연산자이다.

문 제 09

9-1(I) $\phi(x) = x^2$을 무한 사각 우물 파동함수들의 합으로 전개하라. $L = 1$로 잡는다. (a) $n = 5$와 (b) $n = 20$까지의 항을 더한 결과를 그래프로 그려라.

9-2(I) $\phi(x) = e^{ax}$를 무한 사각 우물 파동함수들의 합으로 전개하라. $L = 1$, $a = 3$으로 잡는다. (a) $n = 5$와 (b) $n = 20$까지의 항을 더한 결과를 그래프로 그려라.

9-3(I) WKB 방법을 사용하여 퍼텐셜 $V(x) = \alpha|x|$, $(-\infty \le x \le \infty)$ 안에서 움직이는 질량 m인 입자의 에너지 고유값을 구하라.

9-4(I) 예제 9.2에서 WKB 방법을 사용하여 수소 원자의 에너지 준위를 정확히 예측한 것을 보았다. 예제 9.1에서 했던 것처럼 일반 에너지 준위 E_n에 대해 위치 $r_{turn}/2$에서 이 계에 고전적인 근사법을 적용할 수 있는지 조사하라.

9-5(I) WKB 방법을 조화진동자 퍼텐셜 $V(x) = kx^2/2$에 적용하여 $E_n \sim n\hbar\omega$를 얻을 수 있음을 보여라. 일반 에너지 준위 E_n에 대해 위치 $r_{turn}/2$에서 이 계에 고전적인 근사법을 적용할 수 있는지 조사해 보라.

9-6(I) WKB 방법을 사용하여 아래 형태의 퍼텐셜에 대한 에너지 준위를 구하라.

$$V(x) = \begin{cases} \infty & x \le 0 \\ A\sin^2(x/\alpha) & 0 \le (x/\alpha) \le \pi/2 \\ 0 & \text{이외 지역} \end{cases}$$

전자가 이런 퍼텐셜(에너지가 12 eV일 때 $A = 24$ eV이고 $\alpha = 6$ Å)에 갇혀 있다면, 전자는 대략적으로 어떤 양자상태에 있을까?

$$참고 : \int_0^{\pi/4} \sqrt{1 - 2\sin^2 y}\, dy = 0.5991$$

9-7(I) 퍼텐셜

$$V(x) = \begin{cases} \infty & (x < 0) \\ V_0(e^{\alpha x} - 1) & (0 \le x \le \ln 2/\alpha) \\ V_0 & (x > \ln 2/\alpha) \end{cases}$$

에 대해 WKB 적분을 계산하라. $V_0 = 28$ eV일 때 $E = 7$ eV에서 $n = 4$인 에너지 준위가 존재한다면, α 값은 얼마인가?

9-8(A) 다음과 같이 정의되는 퍼텐셜 가족을 생각해 보자.

$$V(x) = \alpha |x|^q, \quad (-\infty \le x \le \infty)\ ;\ q > 0$$

(a) 이 퍼텐셜에 대한 WKB 적분이 다음과 같은 형태가 된다는 것을 보여라.

$$\frac{4\sqrt{2m}}{q\alpha^{1/q}} E^{(q+2)/2q} \int_0^1 y^{1/q-1}\sqrt{1 - y}\, dy \sim nh$$

여기서 $y = (\alpha/E)x^q$이다.

(b) 이런 형태의 적분은 베타 함수 Beta function 과 관련이 있다. 베타 함수는 감마 함수로 다음과 같이 표현할 수 있다.

$$\int_0^1 x^{m-1}(1 - x)^{n-1} dx = \frac{\Gamma(m)\Gamma(n)}{\Gamma(m + n)}$$

감마 함수의 두 가지 성질, $\Gamma(x+1) = x! = x\Gamma(x)$와 $\Gamma(1/2) = \sqrt{\pi}$이 도움이 된다. 그리고 에너지 준위가 대략

$$E_n \sim \left\{ \frac{nh\alpha^{1/q}\Gamma(3/2 + 1/q)}{2\sqrt{2\pi m}\Gamma(1 + 1/q)} \right\}^{2q/(p+2)}$$

로 주어진다는 것을 보여라. $q = 2, \alpha = k/2$인 조화진동자의 경우에 대해 이 결과가 옳은지 확인하라.
이 문제에 대해 더 알고 싶다면 U. P. Sukhatme의 논문 *American Journal of Physics* 1973;41:1015를 보라.

9-9(I) 무한 사각 퍼텐셜 우물에 건드림 퍼텐셜 $V'(x) = \alpha x^2$, $(0 \leq x \geq L)$이 가해진다. 상태 $\psi_n(x)$의 에너지에 대한 1차 근사값을 구하라.

9-10(A) 무한 사각 퍼텐셜 우물에 건드림 퍼텐셜 $V'(x) = -V_0$, $(0 \leq x \leq L/2)$이 가해진다. 아래 그림을 참고하라. 상태 $\psi_n(x)$에 대한 파동함수와 에너지의 1차 근사를 구하라.

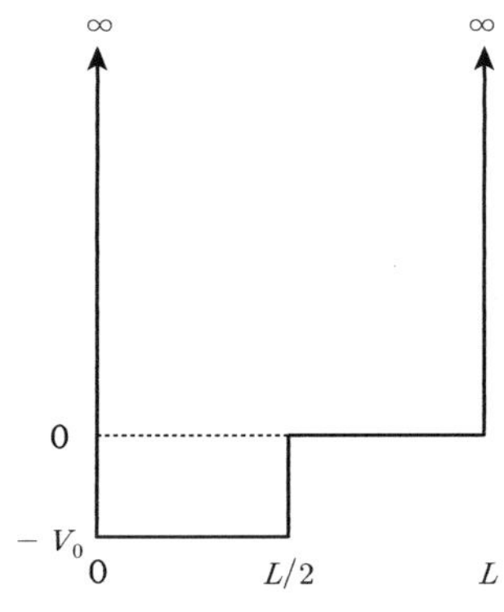

▌그림 P9.10

9-11(A) $l = 0$인 질량 m의 입자가 반지름 a의 무한 구형 우물에 갇혀 있다(7장을 보라). 우물에 건드림 퍼텐셜 $V'(r) = \beta r^2$, $(0 \le r \ge a)$이 가해진다. 상태 n의 에너지와 파동함수에 대한 1차 수정식을 유도하라.

9-12(I) 앞서의 문제에서 $V'(r) = Ar^2 \sin\theta$이라고 하고, 상태 n의 에너지에 대한 1차 수정식을 유도하라.

9-13(A) 조화진동자의 바닥상태($n = 0$)에 건드림 퍼텐셜 $V'(x) = \beta x^4$이 가해진다.

(a) 바닥상태 에너지의 1차 근사값을 구하라.

(b) 건드림이 있는 바닥상태 파동함수의 식을 유도하라. 에르미트 다항식이 항등식

$$\int_{-\infty}^{\infty} \xi^r e^{-\xi^2} H_n(\xi) H_{n+p}(\xi)\, d\xi = \begin{cases} 0, & (p > r) \\ 2^n (n + r)! \sqrt{\pi}, & (p = r) \end{cases}$$

을 만족한다는 것에 주목하라.

힌트: 에르미트 다항식의 반전성을 이용하면 이 항등식으로 다룰 수 없는 적분 속의 일부 항들을 제거할 수 있다. 답을 $H_2(\xi)$와 $H_4(\xi)$의 함수로 남겨 놓아라.

9-14(A) 원자핵의 양성자 안에서 일어나는 어떤 과정 때문에 수소 원자의 전자에 건드림 퍼텐셜 $V'(r) = \lambda r$이 가해진다. 예제 9.6을 모형으로 해서 건드림이 가해진 에너지를 구하기 위한 행렬식을 유도하라. 수소의 $n = 1$과 $n = 2$ 상태의 기여도를 포함하라. 행렬 요소를 계산하는데 있어 구면조화함수의 항등식을 이용하면 도움이 될 것이다.

$$\iint Y_{\ell_1 m_1} Y_{\ell_2 m_2} \sin\theta\, d\theta\, d\phi = \delta_{\ell_1}^{\ell_2} \delta_{m_1}^{m_2}$$

또한 $\langle r \rangle$에 대한 문제 7-18의 결과를 사용하면 도움이 된다.

9-15(I) 바닥상태에 있는 수소 원자에 건드림 퍼텐셜 $V'(r)=\beta r$이 가해진다. 에너지 겹침이 없는 1차 건드림 이론을 사용하여 바닥상태 에너지의 건드림을 구하라. 건드림이 $E_1/10$ (E_1은 통상적인 수소의 바닥상태 에너지)보다 작다는 조건이 필요하다면, β의 최대값은 얼마일까? 결과를 eV와 Å 단위로 표시하라.

9-16(E) 8장에서 원자핵 주위를 각운동량 $\boldsymbol{L}$을 가지고 궤도운동하는 전자는 (벡터) 자기쌍극자 모멘트 $\boldsymbol{\mu}=(e/2m_e)\boldsymbol{L}$을 가진다는 것을 보였다. 자기장 $\boldsymbol{B}$ 안에 놓인 자기쌍극자 모멘트는 $V=-\boldsymbol{\mu}\cdot\boldsymbol{B}$로 주어지는 퍼텐셜에너지를 얻는다. 일반적인 (n,l,m) 상태에 있는 수소 원자에 갑자기 자기장 $\boldsymbol{B}=Bz$가 걸린다고 가정하자. 여기서 z는 직교좌표계에서 z축 방향의 단위벡터를 말한다. 에너지 겹침이 없는 1차 건드림 이론을 사용하여 수소 원자 상태의 에너지가 $\triangle E=-\mu_B mB$ 만큼 달라진다는 것을 보여라. 여기서 μ_B는 보어 마그네톤 $\mu_B=(e\hbar/2m_e)$이다. 이 결과가 정상적인 4중 에너지 겹침을 보이는 $n=2$ 상태에 어떤 영향을 미치는가? 태양 흑점에서의 자기장의 크기는 $B=0.3\,\mathrm{T}$ 정도로 강하다. 건드림이 없는 보어 모형에서 $3\rightarrow 2$ 전이시 보통 6564 Å의 광자가 방출된다. 그럼 태양 흑점 주위에서 관측될 수 있는 이 광자의 파장 변화는 얼마나 될까? 외부 자기장에 의한 원자 에너지 준위의 건드림은 네덜란드 물리학자 제만 Pieter Zeeman 을 기념하여 제만 효과 Zeeman effect 라고 부른다. 제만은 이 발견으로 1902년 노벨 물리학상을 로렌츠 Hendrik Lorentz 와 공동으로 수상하였다. 제만 효과에 대한 보다 자세한 분석은 전자의 궤도 각운동량 및 스핀 각운동량에 대한 고려가 필요하다. 프렌치와 테일러 책의 14장에 자세한 내용이 나와 있다.

9-17(E) 예제 9.6에서 항 $C=256\lambda a_0 e/243\sqrt{2}$가 사실은 건드림이 있는 에너지 준위에 대한 3차 방정식의 풀이에서 매우 사소한 역할만을 담당한다. $C\rightarrow 0$이라고 가정하면, 건드림이 있는 에너지의 풀이가 예제의 표기법으로 $AB^2(B+D)(B-D)=0$가 된다. 그 결과 에너지가 E_1인 건드림이 없는 $n=1$ 준위(A 항), 에너지가 $E_1/4$인 두 개의 건드림이 없는 $n=2$

준위(B^2 항)와 에너지가 $E = E_1/4 \pm 3\lambda a_0 e$인 두 개의 건드림이 있는 $n=2$ 준위($B \pm D$ 항)를 얻게 된다. 장의 세기가 $\lambda^* = 0.01$인 경우 건드림 항 $3\lambda a_0 e$의 값을 파장의 함수로 표시하라. 즉 건드림이 있는 $n=2$ 준위에서 건드림이 없는 $n=1$ 준위로 전자가 전이할 때 방출되는 광자의 파장은 무엇인가? 시타르크 효과 분광학은 보통 전자기파 스펙트럼의 *마이크로파* 영역에서 측정한다.

9-18(A) 1차원 퍼텐셜이 다음과 같이 주어진다.

$$V(x) = \begin{cases} \infty & (x < 0) \\ -A\sqrt{x}e^{-\alpha x^2} & (0 \le x \le \infty) \end{cases}$$

9.4절의 변분법을 사용하여 이 퍼텐셜을 분석하라. 시행 파동함수는 $\phi(x) = Bxe^{-\beta x^2}$을 사용하라. 여기서 B는 규격화 상수이고 β는 변분 조절변수이다. 질량 m인 입자에 대해 계의 에너지를 최소화하는 β 값의 식을 구하라. β에 대한 식을 해석학적으로 풀 수 없을 것이다. $A = 100$ eV·Å$^{-1/2}$, $\alpha = 1.75$ Å^{-2}인 퍼텐셜 안에서 움직이는 전자에 대해 에너지를 최소화하는 β 값을 구하고, 또 이 값을 사용해 바닥상태 에너지의 상한값을 구하라.

9-19(A) 시행 파동함수가 $\phi(x) = Be^{-\beta x^2}(-\infty \le x \le \infty)$인 변분법을 사용하여 퍼텐셜 $V(x) = -Ae^{-\beta x^2}(-\infty \le x \le \infty)$을 분석하라. 여기서 B는 규격화 상수이고 β는 변분 조절변수이다. β에 대한 에너지-최소화 조건을 해석학적으로 풀 수 없다. $A = 10$ eV, $\alpha = 5$ Å^{-2}인 퍼텐셜 안에서 움직이는 전자에 대해 바닥상태 에너지의 상한값은 얼마인가?

9-20(A) 핵력에 관한 이론에서는 때때로 *유가와 퍼텐셜* Yukawa potential 이라고 부르는 쿨롱 퍼텐셜을 수정한 퍼텐셜이 사용된다. 이 퍼텐셜은 아래처럼 주어지는 순수 지름 퍼텐셜이다.

$$V(r) = -\left(\frac{\kappa}{r}\right)e^{-(\alpha/a_0)r}$$

여기서 a_0는 보어 반지름, $\kappa = e^2/4\pi\epsilon_0$(쿨롱 퍼텐셜에 사용하는), $\alpha > 0$ 이다. 이 퍼텐셜 안에서 움직이는 전자에 대해 시행 파동함수 $\phi(r) = Ce^{-(\beta/a_0)r}$인 변분법을 사용하여 분석을 하라. 여기서 C는 규격화 상수이고 β는 변분 조절변수이다. 바닥상태 에너지가

$$E_0 \leq -E_1\left\{\beta^2 - \frac{8\beta^3}{(\alpha + 2\beta)^2}\right\}$$

을 만족한다는 것을 보여라. 여기서 E_1은 수소의 바닥상태 에너지이다. $\alpha = 0$인 경우 유가와 퍼텐셜은 표준적인 수소 원자의 퍼텐셜이 된다. 시행 파동함수가 수소 바닥상태의 파동함수 형태를 가지기 때문에 $\alpha = 0$일 때는 수소 바닥상태의 *정확한* 풀이를 다시 얻어야 한다. 실제로 그렇다는 것을 증명하라. $\alpha = 0.5$인 경우 E_0의 식을 최소화하는 β 값을 구하고, 또 이 경우의 바닥상태 에너지의 상한값을 구하라.

9-21(I) 수소 원자 퍼텐셜의 1차원 비유라 할 수 있는 다음 퍼텐셜을 생각해 보자.

$$V(x) = \begin{cases} -\dfrac{\kappa}{x}, & x \geq 0 \\ \infty, & x \leq 0 \end{cases}$$

이 퍼텐셜 안에서 움직이는 질량 m인 입자에 대해 변분법 분석을 하라. 시행 파동함수는

$$\phi(x) = Cxe^{-\beta x} \quad (x \geq 0); \quad \phi(x) = 0 \text{ (이외 지역)}$$

를 사용하라. 여기서 C는 규격화 상수이고 β는 변분 조절변수이다. 쿨롱 퍼텐셜에서처럼 $\kappa = e^2/4\pi\epsilon_0$라 할 때, (전자의) 바닥상태 에너지를 추정하고 이 값을 보통의 쿨롱 퍼텐셜에 대한 바닥상태 에너지와 비교하라.

9-22(I) 시행 파동함수가 $\phi(x) = A(\lambda^2 - x^2)$, $|x| \le \lambda$ (이외 지역에서는 $\phi = 0$)인 변분법을 사용하여 조화진동자 퍼텐셜 $V(x) = kx^2/2$의 바닥상태 에너지를 추정하라. A는 규격화 상수이고 λ는 변분 조절변수이다. 결과를 진짜 바닥상태 에너지와 비교해 보라.

9-23(A) 다음처럼 정의되는 퍼텐셜 우물을 생각해 보라.

$$V(x) = \begin{cases} \infty & x \le 0 \\ \alpha x^n & 0 \le x \le \infty \end{cases}$$

시행 파동함수 $\phi(x) = Axe^{-\beta x}$인 변분법을 사용하여 $V(x)$에 대한 바닥상태 에너지의 식을 유도하라. 여기서 A는 규격화 상수이고 β는 변분 조절변수이다. 결과를 예제 9.7의 $n=1$인 경우의 값과 비교하라.

9-24(A) 시행 파동함수 $C\exp(-\beta r^2)$인 변분법을 사용하여 수소 원자의 바닥상태 에너지를 추정하라. 이 결과를 진짜 바닥상태 에너지와 비교하라.

9-25(I) 동일한 구간을 가진 두 퍼텐셜 $V_1(x)$와 $V_2(x)$를 생각해 보자. 각 퍼텐셜 안에서 움직이는 질량 m인 입자에 대해 바닥상태 풀이가 각각 (ψ_1, E_1)과 (ψ_2, E_2)로 주어진다. 이제 두 퍼텐셜을 합하여 새로운 퍼텐셜 $V = V_1 + V_2$를 만든다. 시행 파동함수로 $\psi(x) = A\psi_1(x)\psi_2(x)$를 사용한다고 하자. 여기서 A는 규격화 상수이다. 변분 정리를 사용하여 새로운 퍼텐셜에 대한 바닥상태가

$$E \le E_1 + E_2 - \frac{A^2\hbar^2}{m}\int \psi_1\psi_2(\nabla\psi_1\nabla\psi_2)\,dx$$

를 만족한다는 것을 보여라.

(시행 파동함수가 변분 조절변수를 포함하고 있지 않다는 사실이 변분 정리를 사용할 수 없다는 것을 의미하지 않는다. 시행 파동함수를 특히 잘 선택해야 할 의무는 없다.) $V_1 = V_2$라면 $E_1 + E_2$와 비교해 E의 값이 얼

마나 달라질까? E가 $E_1 + E_2$와 비교해 어떨지 E의 일반적인 성질을 알아낼 수 있을까?

9-26(E) 끌어당기는 중심 퍼텐셜(ACP)을 분석하면서 $K = 2$와 $n = 1$이면 예제가 쿨롱 퍼텐셜의 경우와 같아진다는 것을 언급했다. 이 주장이 옳다는 것을 증명하라.

10장 슈뢰딩거 방정식의 수치 해석

지금까지 다룬 모든 슈뢰딩거 방정식의 풀이는 정확한 풀이든, 근사적인 풀이든 해석학적으로 표현할 수 있는 것들이었다. 그러나 많은 경우 퍼텐셜이 특별히 단순하지 않다면 이들 풀이와 관련된 대수는 극단적으로 지루하다. 이런 경험에 근거해 풀이가 알려진 퍼텐셜조차도 이를 조금 변화시키면 풀이를 알 수 없는 문제가 된다는 것과 많은 퍼텐셜에 대해 슈뢰딩거 방정식을 정확히 푼다는 것이 불가능하지는 않지만 힘들다는 것을 어렵지 않게 상상할 수 있다.

그러나 컴퓨터를 사용하면 **수치 적분** numerical integration 을 통해 복잡한 퍼텐셜에 대한 슈뢰딩거 방정식을 풀 수 있다. 이 방법은 대부분의 현대 연구자들이 채택하고 있는 방법이다. 수치 풀이는 사람이 하던 단조롭고 고된 일의 대부분을 컴퓨터가 하게 만들었을 뿐 아니라 한 번 프로그램을 작성해 놓으면 몇 줄의 프로그램만 수정함으로써 다른 퍼텐셜에 대해 쉽게 풀이를 구할 수 있는 추가적인 장점을 가지고 있다. 계의 전체 풀이를 한 표현식으로 알려주는 정확한 해석학적 풀이법과는 반대로 계의 고유상태를 한 번에 하나씩 구할 수 있다는 것이 수치 해석의 단점이다. 그러나 때때로 수치 해석 이외에 다른 선택이 불가능한 경우가 있다.

미분방정식의 수치적 풀이는 지금도 활발히 연구되고 있는 복잡한 수학과 계산학의 한 분야이다. 이 장에서는 1차원 슈뢰딩거 방정식을 수치적으로 푸는 직접적인 방법을 소개한다. 이 장은 개인용 컴퓨터를 사용하며 배우기에 적합하다. 여기서 사용하는 방법은 가장 우아하거나 효율적이지 않지만 이해하기 쉽고 정확한 편이다. 문제를 효율적으로 풀기 위해 물리적 통찰력과 계산 능력을 어떻게 사용해야 할 지 알아보는데 계산의 우아함이 필요한 것은 아니라는 것이 이 장의 요점이다. 우리가 다루었던 다른 많은 경우에서처럼 *구속* 상태의 고유값들을 푸는데 초점을 맞춘다.

10.1 원자단위

자세한 내용을 다루기 전에 몇 가지 중요한 사실을 언급하고 넘어가자. 1차원 슈뢰딩거 방정식은 다음과 같이 적을 수 있다.

$$\frac{d^2\psi}{dx^2} = -\beta[E - V(x)]\psi(x) \tag{1}$$

여기서

$$\beta = 2m/\hbar^2 \tag{2}$$

이다.

전자에 대하여 MKS 단위로 $\beta \sim 1.6 \times 10^{38}$이 된다. 미분방정식의 수치적분은 수천 번 이상의 반복 계산을 할 경우가 많다. 각각의 계산에서 때로는 너무 큰 수가, 또는 너무 작은 수가 나오거나 반올림 오차 등이 발생할 수 있다. 이런 광범위한 수를 다루는 것은 불편할 뿐 아니라 최악의 경우 파국적인 결과를 낳는다. 컴퓨터를 사용해 계산할 때 최대의 정확도를 유지하기 위해서는 모든 계산양의 크기를 1에서 10 사이로 만드는 것이 가장 좋다.

β의 크기를 이 정도로 유지하는데는 두 가지 방법이 있다. (1) 슈뢰딩거 방정식을 차원이 없는 방정식으로 만든 후(앞서의 장에서 종종 이런 일을 했다) 나중에 변환인자를 곱해 결과를 원래 차원으로 회복시킨다. (2) 처음부터 원자 수준에 맞는 단위계를 사용해 방정식을 푼다. 여기서는 관련된 물리학을 알 수 있도록 두 번째 방법을 따른다.

단위계를 설정하는데 있어 길이, 질량, 시간의 3개 기본 물리량의 정의를 따라야 한다. 전자기학과 관련된 문제를 다룬다면 4번 째 기본 물리량인 전하를 목록에 추가해야 한다. (전자의 전하가 보통 사용되는 전하 표준이다.) 모든 다른 물리량들의 단위는 이런 기본 단위로부터 *유도*할 수 있다. 예를 들면 [선운동량]=[질량][길이]/[시간] 또는 [에너지]=[질량][길이]^2/[시간]^{2}가 된다. 여기서 [ ]는 "차원

dimension "을 나타낸다. 앞서의 경험을 통해 원자 수준의 문제들의 경우 보통 옹스트롬(Å) 수준의 길이, eV 수준의 에너지를 다룬다는 것을 알고 있다. 이제 이들 수준에 맞는 길이, 에너지, 질량에 대한 단위를 정의해 보자.

$$[\text{길이}] = 1\ \text{Å} = 1.0000 \times 10^{-10}\ \text{meter} \tag{3}$$

$$[\text{질량}] = 1\ m_e = 9.1094 \times 10^{-31}\ \text{kg} \tag{4}$$

$$[\text{에너지}] = 1\ \text{eV} = 1.6022 \times 10^{-19}\ \text{Joule} \tag{5}$$

이 단위계에서 시간은 유도 물리량이 된다.

$$[\text{시간}] = \sqrt{\frac{[\text{질량}][\text{길이}]^2}{[\text{에너지}]}} = 2.3844 \times 10^{-16}\ \text{s}$$

그리고

$$\hbar = 1.0546 \times 10^{-34}\ \text{Joule} \cdot \text{sec}$$

이다.

식 (2)에서 β의 단위는 이제 $(\text{J} \cdot \text{m}^2)^{-1}$이 된다. 앞서 정의를 사용하면 원자 단위계의 변환인자를 구할 수 있다.

$$1(\text{J} \cdot \text{m}^2)^{-1} = 1.6022 \times 10^{-39}(\text{eV Å}^2)^{-1} \tag{6}$$

전자에 대하여는 다음과 같이 주어진다.

$$\beta_e = 2m_e/\hbar^2 = 1.6831 \times 10^{38}(\text{J} \cdot \text{m}^2)^{-1} = 0.26246(\text{eV Å}^2)^{-1} \tag{7}$$

질량(m)은 전자 질량으로, 길이는 Å으로, 에너지는 eV로 표시하는 것에 동의하면, 슈뢰딩거 방정식을 다음과 같이 적을 수 있다.

$$\frac{d^2\psi}{dx^2} = -0.26246\, m[E - V(x)]\psi(x) \tag{8}$$

이 단위계 역시 다른 단위계와 다르지 않다. 예를 들어 길이의 단위를 보어 반지름으로, 에너지의 단위를 $n=1$ 상태에 있는 수소 원자의 이온화 에너지로 잡을 수도 있다. 핵물리학과 관련된 문제에서는 [길이]$=10^{-15}$ m, [에너지]$=1$ MeV로 잡을 수 있다. 문제에서 다루고자 하는 슈뢰딩거 방정식에 나오는 인자들이 1에서 10 정도가 되도록 단위계를 선택하는 것이 중요하다.

이제 식 (8)을 수치적으로 풀 준비가 끝났다.

10.2 수치적분법

미분방정식을 수치적분하는 모든 방법의 본질은 다음과 같다. 관계된 적분 구간(여기서는 x)을 동일한 간격 Δx 만큼 떨어져 있는 수많은 점들로 나눈다. 주어진 초기점 x_0에서의 관련 변수 $y(x)$[여기서는 $\psi(x)$]의 특정한 값으로부터 시작하여 x를 증가시켜가며 변수 $y(x)$의 도함수에 간격 Δx를 곱한 값을 $y(x)$에 더해주는 일을 반복한다. 앞서 언급했듯이 이 분야에 대한 수많은 서적이 존재한다. 여기서는 이해하기 쉬운 방법을 사용한다. (더 복잡한 방법을 알기 원한다면 웨버와 아프켄의 책 8.7절과 그 책에 소개된 다른 참고문헌들을 공부하라. 또한 프레스의 책 15장도 참고하라.)

이 방법을 사용하려면 3가지 식이 필요하다. 첫 번째 식은 원자 단위계로 적은 슈뢰딩거 방정식이다.

$$\frac{d^2\psi}{dx^2} = 0.26246\, m\,[V(x) - E]\psi(x) \tag{1}$$

두 번째 식은 특정 위치, 예를 들면 x_0에서의 ψ의 2차 도함수의 정의에 관한 식이다.

$$\left(\frac{d^2\psi}{dx^2}\right)_{x_o} = \frac{\left[\left(\frac{d\psi}{dx}\right)_{x_o+\Delta x} - \left(\frac{d\psi}{dx}\right)_{x_o}\right]}{\Delta x}$$

(엄밀하게 말해 2차 도함수는 $\Delta x \to 0$으로 정의되어야 하지만 실제 계산에 있어 Δx는 유한하다.) 이 식을 아래와 같이 정리할 수 있다.

$$\left(\frac{d\psi}{dx}\right)_{x_o+\Delta x} = \left(\frac{d^2\psi}{dx^2}\right)_{x_o}\Delta x + \left(\frac{d\psi}{dx}\right)_{x_o} \tag{2}$$

마지막으로 $\psi(x)$를 테일러 급수 Taylor series 로 전개한 식이 필요하다.

$$\psi(x_o + \Delta x) = \psi(x_o) + \left(\frac{d\psi}{dx}\right)_{x_o}\Delta x + \left(\frac{d^2\psi}{dx^2}\right)_{x_o}\frac{\Delta x^2}{2} + \ldots \tag{3}$$

$\psi(x)$를 수치적으로 적분하는 과정을 다음과 같이 요약할 수 있다.

(i) $V(x)$, 간격 Δx, 초기 위치 x_0와 x_0에서의 ψ 및 $(d\psi/dx)$의 값을 정한다.

(ii) 에너지 고유값 E에 대한 시행값 trial guess 을 예상한다.

(iii) $(d^2\psi/dx^2)_{x_0}$를 계산하기 위해 식 (1)을 사용해 새로운 적분 "주기"를 시작한다.

(iv) x_0에서의 ψ 및 $(d\psi/dx)$의 값과 단계 (iii)의 결과를 가지고 식 (3)을 사용해 $\psi(x_0 + \Delta x)$를 계산한다.

(v) x_0에서의 $(d\psi/dx)$의 값과 단계 (iii)의 결과를 가지고 식 (2)를 사용해 $(d\psi/dx)_{x_0+\Delta x}$를 계산한다.

(vi) 다시 단계 (ii)로 돌아가 $(x_0 + \Delta x)$에서의 ψ의 2차 도함수를 계산하는 새로운 주기를 시작한다. 단계 (iv)를 마치면 $(x_0 + 2\Delta x)$에서의 ψ 값을, 단계 (v)를 거치면 $(d\psi/dx)_{x_0+2\Delta x}$를 얻게 된다. 이런 과정을 x가 적분 구간의 최대값에 도달할 때까지 반복한다. 그러고 나서 ψ를 그리거나 프린트한다. 에너지 고유값의 시행값이 올바르다면 $x \to \infty$ 일 때 $\psi \to 0$인 결과가 나와야 한다. 그렇지 않다면 단계 (ii)부터 다시 시작해야 한다. 정확한 해석학적 풀이를 가진 문제를 수치적으로 분석할 때 E 값에 정확한 고유값을 대입한다고 하더라도 $x \to \infty$ 일 때 풀이가 *절대로* $\psi \to 0$가 될 수 없다는 것을 기억하는 것이 중요하다. 모든 컴퓨터는 유한한 수치적 정확도를 가지기 때문이다. 즉 작은 반올림 오차가 누적되는 것을 피할 수 없기 때문에 반복해 ψ를 계산하면 결국 $\pm\infty$로 발산하게 된다. 예제를 통해 알게 되겠지만 실제적인 문제는 ψ를 $+\infty$나 $-\infty$로 발산하게 하는 E 값들 사이에 있는 E를 예상하는데 있다. 이해할 수 있다시피 이 방법은 때때로 "쏘기 shooting" 근사법으로도

알려져 있다. (여러 E 값을 마구잡이로 슈뢰딩거 방정식에 대입하여 우연히 올바른 고유값을 발견하기를 기대한다는 의미에서 붙여진 이름이다.)

이 과정들을 적용하는데는 엑셀과 같은 스프레드시트 spreadsheet 프로그램이 이상적이다. 스프레드시트에서 연속하고 있는 줄 row 들에는 x의 연속 값들이 적혀 있는 반면, 열 columnr 에는 V, ψ 및 ψ의 도함수 값이 적혀 있다. 스프레드시트를 사용할 때의 장점은 계산이 진행되면서 $\psi(x)$를 그릴 수 있어 E의 예상값을 바꾸었을 때 어떤 변화가 생기는지 금방 알 수 있다.

아직 계산상의 의문이 몇 가지 남아 있다. ψ 및 $(d\psi/dx)$의 초기값은 어디로부터 오는 것일까? 적절한 간격의 크기는 무엇인가? 언제까지 계산을 지속해야 할까? 이런 질문에 대한 답은 부분적으로 계산하는 사람의 판단에 달려있다. 예를 들어 $V(x)$가 $x=0$에 무한한 벽을 가지고 있다면 즉각적으로 거기서 $\psi=0$여야 한다는 것을 알고 있다. $V(x)$가 $x=0$에 대해 대칭이라면 짝 반전성을 가진 풀이를 찾아야 하고 따라서 $\psi(0)\neq 0$, $(d\psi/dx)_0=0$이 되어야 한다. 대칭 퍼텐셜에 대해 $(d\psi/dx)_{x_0}<0$인 홀 반전성을 가진 풀이를 이미 얻었다면, 다음으로 높은 에너지를 가진 홀 반전성 풀이는 $(d\psi/dx)_{x_0}>0$을 만족해야 한다. 대칭성을 가지지 않은 퍼텐셜의 경우 $|\psi|^2$만이 물리적 의미를 가지기 때문에 $(d\psi/dx)_{x_0}$의 부호는 아무런 중요성을 가지지 않는다. 간단한 계산을 통해 Δx의 크기를 정할 수 있다. 예를 들어 퍼텐셜 우물 형태의 문제를 다룬다고 하면, E가 퍼텐셜 우물 벽의 어디와 만나는지 쉽게 예측할 수 있고, 이 범위를 예를 들어 1000과 같은 큰 수로 나눈 값을 간격으로 잡으면 된다. x가 충분히 클 때 ψ가 "합당하게" 0으로 접근하는지 알아보기 위해 반환점으로부터 적분 구간의 3배 또는 4배의 거리까지 계산을 하면 된다. 그러나 어떤 컴퓨터도 무한 자리수까지 정확히 계산을 할 수 없기 때문에 정확한 에너지 고유값을 사용한다 하더라도 수치해석으로 구한 풀이는 절대로 $x\to\infty$일 때 $\psi\to 0$가 되지는 않는다는 사실을 기억하라. 수치 풀이는 궁극적으로 언제나 발산한다. 에너지 고유값의 정확성을 믿지 못하겠다면 Δx를 절반으로 줄여 계산을 다시 해 보라. 결과가 앞서와 동일하거나 비슷하다면, Δx를 충분히 작게 잡은 것이다. 정확성을 높이기 원한다면 일반적으로 Δx를 줄이면 된다. 그러나 이 방법은 반올림 오차를 증가시키고 계산시간을 늘리기 때문에 실용적이지 않다.

한 가지 물리적 문제가 남아 있다. ψ의 규격화를 어떻게 할 것인가? 앞서 방법에서는 이것이 요구되지 않았다. 규격화를 빠뜨린 것은 오히려 초기 조건을 잡는데 융통성을 주는 장점을 가진다. $x=0$에 무한한 벽이 있는 퍼텐셜 우물을 생각해 보자. $x=0$에서 $\psi=0, (d\psi/dx)=0.01$이라 가정하고, 예를 들어 고유값 E_1을 찾을 때까지 여러 E 값을 대입해 실험을 해 보자. 그러고 나서 $(d\psi/dx)=0.05$로 잡아도 여전히 고유값 E_1을 구할 수 있다. 실제로 $(d\psi/dx)_{x_0}$ 값을 무엇으로 잡느냐는 단지 $\psi(x)$의 진폭에만 영향을 주지 모양과는 무관하고, 에너지 고유값 역시 바뀌지 않는다(문제 10-8). 결과적으로 계산에서 파동함수를 구한 후 나중에 이래와 같이 정의한 C를 곱해 규격화를 만족시킬 수 있다.

$$C\sum_{x_j}|\psi(x_j)|^2\Delta x = 1$$

그러나 실제적으로 파동함수의 규격화는 그리 중요하지 않다. 에너지 고유값은 물리적으로 측정가능한 물리량이므로 중요하다.

예제 10.1

앞서 설명한 수치적분을 사용해 다음과 같은 선형 퍼텐셜 안에서 움직이는 전자의 처음 두 개의 에너지 고유값을 구하라.

$$V(x)=\begin{cases}\infty & x\le 0\\ \alpha x & x>0\end{cases}$$

여기서 $\alpha=1\text{eV}/\text{Å}$이다.

문제 4-10에서는 불확정성 원리를 사용해, 예제 9.1에서는 WKB 방법을 사용해, 예제 9.7과 9.9에서는 변분법을 사용해 이 문제를 다루었다. 이 퍼텐셜에서 양자수 n에 대한 에너지 고유값이 $E_n=\eta_n\alpha^{2/3}\epsilon^{1/3}$의 형태를 가진다는 것을 배웠다. 여기서 η_n은 차원이 없는 계수이고, $\epsilon=\hbar^2/2m$이다. 표 10.1에 여러 방법을 사용해 얻은 η_1의 값이 나와 있다. 정확한 값은 아브라모비츠 Abramowitz와 스테건 Stegun 의 책에 나와 있는 값을 인용했다[1]. 무한 사각 우물이나 조화진동자와 같이 정확한 결과를 알고 있는 경우와는 반대로 왜 이런 예제를 풀어야 하는지 의아해할 지 모르겠다. 이유는 표 10.1에 있는 것처럼 바닥상태 에너지의 대략적인 값만을 알고 있을 경우 이 값을 E의 초기값을 예상하는 길잡이로 사용할 수 밖에 없다.

▌표 10.1 선형 퍼텐셜의 바닥상태 계수

방법	η_1
불확정성 원리	>1.191
WKB 근사법	2.811
변분법	<2.476
개선된 변분법	1.560~2.476
정확한 값	2.338107

실제로 대부분의 경우 이런 식으로 계산을 하게 된다. 종종 에너지에 대한 초기 예상값을 짐작할 수 없을 정도로 불운한 경우도 생긴다.

이 예제의 경우 $\alpha^{2/3}\epsilon^{1/3}$ 값은

$$\alpha^{2/3}\epsilon^{1/3} = (1\,\text{eV/Å})^{2/3}\left(\frac{\hbar^2}{2m_e}\right)^{1/3} = (1.6022 \times 10^{-9}\text{J/m})^{2/3}\left[\frac{(1.0546 \times 10^{-34}\,\text{J}\cdot\text{sec})^2}{2\,(9.1094 \times 10^{-31}\text{kg})}\right]^{1/3}$$

$$= 2.5024 \times 10^{-19}\text{J} = 1.5619\,\text{eV}$$

즉 $E_n/\eta_n = 1.5619\,\text{eV}$가 된다.

$V(0)=\infty$이므로 $\psi(0)=0$임을 알 수 있다. 3.6절에서 이야기한 것처럼 바닥상태와 제1 들뜬 상태의 파동함수는 각각 한 개와 두 개의 극대값을 가져야 하며, $x\to\infty$일 때 0에 점근적으로 접근해야 한다. 이런 파동함수의 형태가 그림 10.1에 그려져 있다.

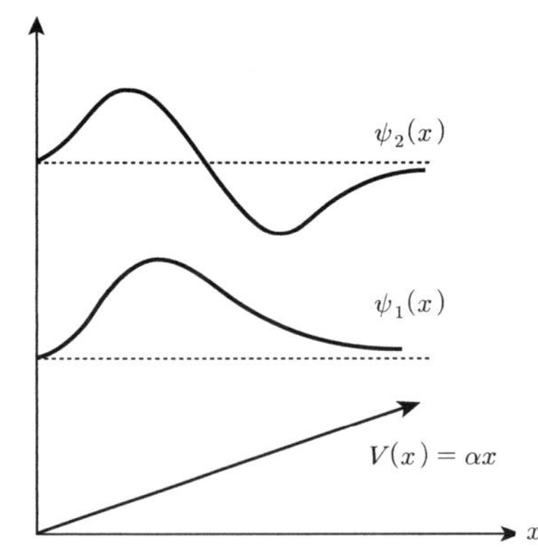

▌**그림 10.1** 선형 퍼텐셜에 대한 가능한 파동함수

표 10.1에 주어진 값들로부터 바닥상태의 경우 $\eta \sim 1.8$, 즉 $E \sim (1.8) \times (1.5619\ \mathrm{eV}) \sim 2.8\ \mathrm{eV}$가 된다. 이 값을 반올림한 3 eV를 E에 대한 최초의 시행값으로 잡는 것이 합리적이다. 이 예상 에너지 준위는 $x=0\ \text{Å}$과 $x=3\ \text{Å}$에서 퍼텐셜과 만난다. ψ에 관한 대부분의 계산이 이 구간에서 이루어지게 된다.

이 구간을 1000개의 간격으로 나누고자 하면, $\Delta x = 0.003\ \text{Å}$이 된다. $x=0$에 무한 벽이 있는 것과 모순이 되지 않도록 여기서 $\psi=0$로 놓는다. $(d\psi/dx)_{x_0}$의 값은 임의로 삼을 수 있다. 여기서는 0.1로 놓는다.

그림 10.2는 이 문제를 적분하도록 작성한 마이크로소프트 엑셀 스프레드시트의 처음 몇 줄을 화면 캡처한 것이다. E(3 eV)와 Δx(0.003 Å)이 각각 G1과 G2 칸에 정의되어 있다. A에서 E 열까지는 각각 x, $V(x), \psi(x), d\psi/dx, d^2\psi/dx^2$의 값을 나타낸다. $x=0$에서의 x, $V(x), \psi(x), d\psi/dx$ 값은 수동으로 입력하였다(줄 4). x와 $V(x)$이 다음 값들은 해당 열의 수식에 근거해 얻는다. 반면 ψ와 ψ의 도함수 값들은 앞서 설명한 수치적분 식에 따라 계산한다. 예를 들어 $x=0$에서의 $(d^2\psi/dx^2)$(칸 E4)는 0.26246(칸 B4 − E) 곱하기 칸 C4로 정의된다. 이 수식을 복사해 E 열의 다음 줄들에 붙이면 엑셀이 자동적으로 $V(x)$와 $\psi(x)$를 업데이트하여 계산한다. 같은 식으로 $x=0.003\ \text{Å}$에서의 $(d\psi/dx)$(칸 D5)는 칸 E4 곱하기 Δx한 값을 칸 D4에 더한 것으로 정의한다. 또 칸 C5의 $x=0.003\ \text{Å}$에서의 ψ 값은 칸 C4 + (칸 D4)Δx + 0.5(칸 E4)(Δx^2)으로 정의한다. 이 역시 같은 열에 복사해 붙이는 작업을 거친다.

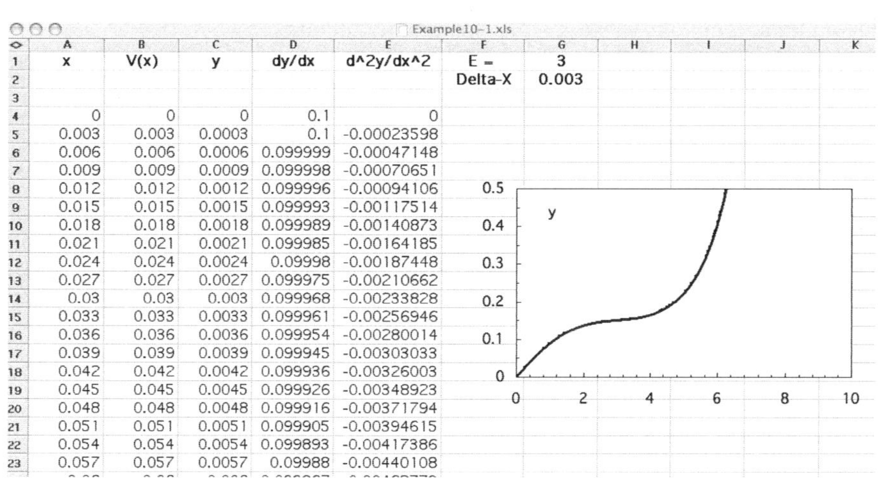

	A	B	C	D	E	F	G
1	x	V(x)	y	dy/dx	d^2y/dx^2	E =	3
2						Delta-X	0.003
3							
4	0	0	0	0.1	0		
5	0.003	0.003	0.0003	0.1	-0.00023598		
6	0.006	0.006	0.0006	0.099999	-0.00047148		
7	0.009	0.009	0.0009	0.099998	-0.00070651		
8	0.012	0.012	0.0012	0.099996	-0.00094106		
9	0.015	0.015	0.0015	0.099993	-0.00117514		
10	0.018	0.018	0.0018	0.099989	-0.00140873		
11	0.021	0.021	0.0021	0.099985	-0.00164185		
12	0.024	0.024	0.0024	0.09998	-0.00187448		
13	0.027	0.027	0.0027	0.099975	-0.00210662		
14	0.03	0.03	0.003	0.099968	-0.00233828		
15	0.033	0.033	0.0033	0.099961	-0.00256946		
16	0.036	0.036	0.0036	0.099954	-0.00280014		
17	0.039	0.039	0.0039	0.099945	-0.00303033		
18	0.042	0.042	0.0042	0.099936	-0.00326003		
19	0.045	0.045	0.0045	0.099926	-0.00348923		
20	0.048	0.048	0.0048	0.099916	-0.00371794		
21	0.051	0.051	0.0051	0.099905	-0.00394615		
22	0.054	0.054	0.0054	0.099893	-0.00417386		
23	0.057	0.057	0.0057	0.09988	-0.00440108		

그림 10.2 선형 퍼텐셜 $V(x) = \alpha x\,(\alpha = 1\ \mathrm{eV}/\text{Å})$에 대한 $E = 3$ eV일 때 계산한 파동함수. 파동함수가 발산하는 것은 이 에너지가 고유값이 될 수 없다는 것을 가리킨다.

다음으로 처음 3 주기 동안 계산할 수들은 소수점 이하 4자리까지 자세히 구한다. (사용하는 컴퓨터가 이 보다 많은 유효숫자를 사용해야 한다.) 그림 10.2를 참고하면서 계산기를 사용해 같은 계산을 해 보라. 편의상 프라임 부호(')는 도함수를 의미하고 밑첨자는 x 값을 나타낸다. 예를 들어 $\psi''_{0.003}$은 $x=0.003$ Å 에서의 $(d^2\psi/dx^2)$ 값을 나타낸다.

첫 주기를 시작해 보자. 단계 (i)과 (ii)에 대한 값은 이미 설명했다. 단계 (iii)에서 $m=1$ 인 전자의 경우 $\psi_{0.000}=0$이므로 식 (1)은

$$\psi''_{0.000} = 0.26246\,[V(x) - E]\psi_{0.000} = 0$$

이 된다. 이 결과가 칸 E4에 있다. 단계 (iv)에서 $x=0.003$ Å 에서의 ψ 값을 계산하기 위해 식 (3)을 사용한다.

$$\begin{aligned}\psi_{0.003} &= \psi_{0.000} + \psi'_{0.000}\Delta x + \psi''_{0.000}(\Delta x^2/2)\\ &= 0 + (0.1)(0.003) + (0)(0.003)^2/2 = 3.0000 \times 10^{-4}\end{aligned}$$

이 값이 칸 C5에 주어져 있다. 단계 (v)에서 $x=0.003$ Å 에서의 $d\psi/dx$ 값이 주어지며

$$\begin{aligned}\psi'_{0.003} &= \psi''_{0.000}\Delta x + \psi'_{0.000}\\ &= 0(0.003) + 0.1 = 0.1000\end{aligned}$$

이 값이 그림 10.2의 칸 D5에 적혀 있다. 단계 (vi)는 과정을 다시 단계 (ii)로 보내 두 번째 주기가 시작되게 된다.

이제 두 번째 주기가 단계 (ii)부터 시작된다. 식 (1)로부터

$$\begin{aligned}\psi''_{0.003} &= 0.26246[V(0.003) - E]\psi_{0.003}\\ &= 0.26246[0.003 - 3](3 \times 10^{-4}) = -2.3598 \times 10^{-4}\end{aligned}$$

을 얻는다.

이 결과가 칸 E5에 있다. 결과가 주기 1의 단계 (iv)에서 계산한 $\psi_{0.003}$에 의존한다는 것에 주목하라. 이 주기의 단계 (iv)까지 거치면

$$\begin{aligned}\psi_{0.006} &= \psi_{0.003} + \psi'_{0.003}\Delta x + \psi''_{0.003}(\Delta x^2/2)\\ &= (3 \times 10^{-4}) + (0.1)(0.003) + (-2.3598 \times 10^{-4})(0.003)^2/2\\ &= 6.0000 \times 10^{-4}\end{aligned}$$

을 얻는다. 이때 소수점 이하 4자리의 정확도까지는 (Δx^2) 항의 기여도가 없다. 이 결과가 칸 C6에 있다. 단계 (v)에서

$$\psi'_{0.006} = \psi''_{0.003}\Delta x + \psi'_{0.003}$$
$$= (-2.3598 \times 10^{-4})(0.003) + 0.1 = 9.9999 \times 10^{-2}$$

이 되고 칸 D6에 이 값이 있다. 이로서 주기 2가 끝난다. $d\psi/dx$가 주기 1에서의 값보다 약간 줄어든 것에 주목하라.

주기 3도 같은 식으로 진행된다. 단계 (iii)에서 칸 E6의 값이

$$\psi''_{0.006} = 0.26246[V(0.006) - E]\psi_{0.006}$$
$$= 0.26246[0.006 - 3](6 \times 10^{-4}) = -4.7148 \times 10^{-4}$$

으로 주어진다.

단계 (iv)에서 $x = 0.009$ Å 으로 증가하고 칸 C7의 값은

$$\psi_{0.009} = \psi_{0.006} + \psi'_{0.006}\Delta x + \psi''_{0.006}(\Delta x^2/2)$$
$$= (6 \times 10^{-4}) + (9.9999 \times 10^{-2})(0.003) + (-4.7148 \times 10^{-4})(0.003)^2/2$$
$$= 8.9999 \times 10^{-4}$$

이 된다. 이 주기의 단계 (v)를 통해 칸 D7이 나온다.

$$\psi'_{0.009} = \psi''_{0.006}\Delta x + \psi'_{0.006}$$
$$= (-4.7148 \times 10^{-4})(0.003) + 9.9999 \times 10^{-2} = 9.9998 \times 10^{-2}$$

다시 $d\psi/dx$가 앞서보다 약간 줄어든다. 이 상태에서 4번 째 주기의 단계 (iii)으로 돌아간다. 그러면 $\psi''_{0.009} = -7.0651 \times 10^{-4}$(칸 E7)을 얻을 수 있고 이런 과정을 계속한다.

그림 10.2의 그래프는 $E = 3$ eV에 대해 계산한 ψ가 $x \sim 6$ Å에서 강하게 발산하기 시작하는 것을 보여준다. E의 시행값을 약간 크게 잡으면(말하자면 3.1 eV) 좀 더 큰 x 값에서 발산이 나타난다. $E = 3.6$과 3.7 eV 사이에서 발산이 양에서 음으로 되는 것을 확인하라. 에너지 범위를 좀 더 좁혀 나가면 발산의 변화가 3.6510과 3.6511 eV 사이에서 일어나는 것을 알 수 있다. 이는 $\eta_1 \sim 3.6510/1.5619 = 2.3375$에 해당하며 정확한 값인 2.3381과 비교해 대략 0.24% 작은 값이다. E의 매우 작은 변화에 대해 풀이가 민감한 것이 놀랍다. 그림 10.3은 $E = 3.6510$ eV일 때의 수치 풀이를 보여준다. 다른 $(d\psi/dx)$의 초기값을 사용해 실험해 보라. 에너지 고유값이 현저하게 변화할까?

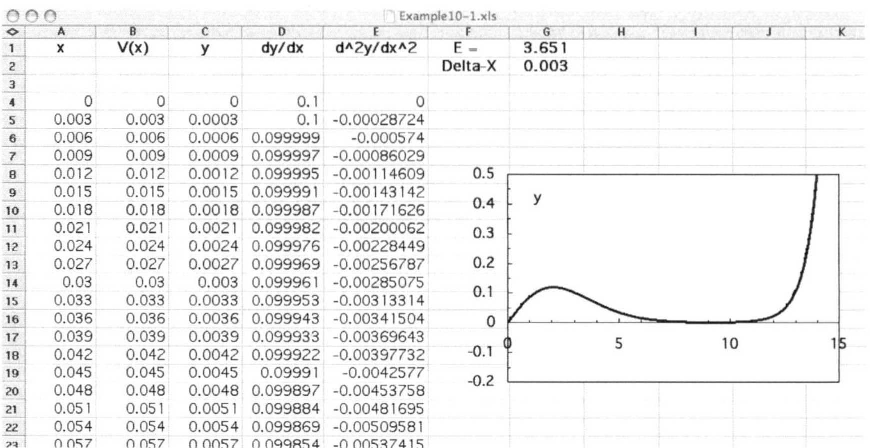

Example10-1.xls

	A	B	C	D	E	F	G
1	x	V(x)	y	dy/dx	d^2y/dx^2	E =	3.651
2						Delta-X	0.003
3							
4	0	0	0	0.1	0		
5	0.003	0.003	0.0003	0.1	-0.00028724		
6	0.006	0.006	0.0006	0.099999	-0.000574		
7	0.009	0.009	0.0009	0.099997	-0.00086029		
8	0.012	0.012	0.0012	0.099995	-0.00114609		
9	0.015	0.015	0.0015	0.099991	-0.00143142		
10	0.018	0.018	0.0018	0.099987	-0.00171626		
11	0.021	0.021	0.0021	0.099982	-0.00200062		
12	0.024	0.024	0.0024	0.099976	-0.00228449		
13	0.027	0.027	0.0027	0.099969	-0.00256787		
14	0.03	0.03	0.003	0.099961	-0.00285075		
15	0.033	0.033	0.0033	0.099953	-0.00313314		
16	0.036	0.036	0.0036	0.099943	-0.00341504		
17	0.039	0.039	0.0039	0.099933	-0.00369643		
18	0.042	0.042	0.0042	0.099922	-0.00397732		
19	0.045	0.045	0.0045	0.09991	-0.0042577		
20	0.048	0.048	0.0048	0.099897	-0.00453758		
21	0.051	0.051	0.0051	0.099884	-0.00481695		
22	0.054	0.054	0.0054	0.099869	-0.00509581		
23	0.057	0.057	0.0057	0.099854	-0.00537415		

▌그림 10.3　E=3.651 eV일 때의 예제 10.1의 결과

E_2의 경우 양에서 음으로 발산이 변하는 것이 6.3841과 6.3842 eV 사이에서 일어난다. 이것은 $\eta_2 \sim 4.0874$에 해당한다. 이 값은 정확한 값 4.087949와 비교해 대략 0.01% 작다. 그림 10.4에 E=6.38416 eV일 때의 ψ가 그려져 있다. ψ가 $n=2$인 파동함수의 특징인 두 개의 극대를 가지고 있음에 주목하라. 파동함수는 처음에 양의 값을 가진 최대를 지난 후 0을 통과해 최소가 되었다가 다시 x축에 접근한다.

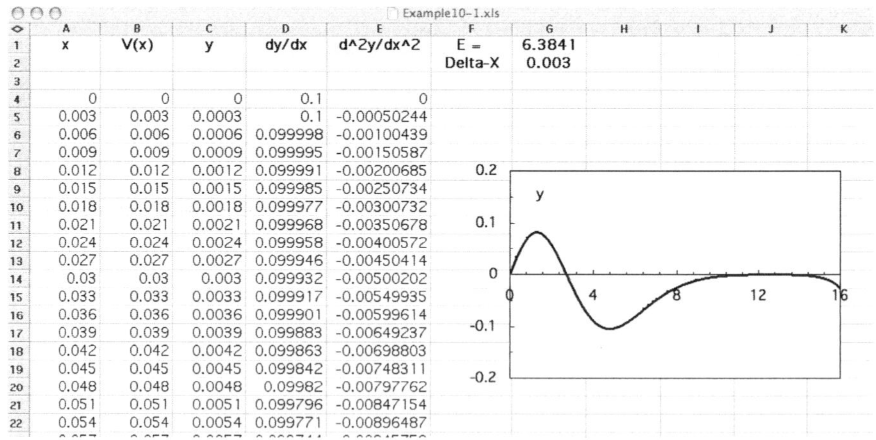

Example10-1.xls

	A	B	C	D	E	F	G
1	x	V(x)	y	dy/dx	d^2y/dx^2	E =	6.3841
2						Delta-X	0.003
3							
4	0	0	0	0.1	0		
5	0.003	0.003	0.0003	0.1	-0.00050244		
6	0.006	0.006	0.0006	0.099998	-0.00100439		
7	0.009	0.009	0.0009	0.099995	-0.00150587		
8	0.012	0.012	0.0012	0.099991	-0.00200685		
9	0.015	0.015	0.0015	0.099985	-0.00250734		
10	0.018	0.018	0.0018	0.099977	-0.00300732		
11	0.021	0.021	0.0021	0.099968	-0.00350678		
12	0.024	0.024	0.0024	0.099958	-0.00400572		
13	0.027	0.027	0.0027	0.099946	-0.00450414		
14	0.03	0.03	0.003	0.099932	-0.00500202		
15	0.033	0.033	0.0033	0.099917	-0.00549935		
16	0.036	0.036	0.0036	0.099901	-0.00599614		
17	0.039	0.039	0.0039	0.099883	-0.00649237		
18	0.042	0.042	0.0042	0.099863	-0.00698803		
19	0.045	0.045	0.0045	0.099842	-0.00748311		
20	0.048	0.048	0.0048	0.09982	-0.00797762		
21	0.051	0.051	0.0051	0.099796	-0.00847154		
22	0.054	0.054	0.0054	0.099771	-0.00896487		

▌그림 10.4　E=6.3841 eV일 때의 예제 10.1의 결과

예제 10.2

페스클-텔러 Pöschl-Teller 퍼텐셜은 다음 형태를 가진다.

$$V(x) = -\frac{\hbar^2 \alpha^2 \lambda(\lambda - 1)}{2m \cosh^2(\alpha x)} \qquad (-\infty \leq x \leq \infty)$$

여기서 α와 λ는 매개변수이고 모두 양이라고 가정한다. α의 자원은 (길이)$^{-1}$인 반면 λ는 차원이 없는 양이다. $\cosh(\alpha x)$는 αx의 쌍곡 코사인 함수를 의미한다. 이 함수가 익숙하지 않다면 다음 정의를 기억하라.

$$\cosh(\xi) = \frac{1}{2}(e^{\xi} + e^{-\xi})$$

$\alpha = 0.3\ \text{Å}^{-1}$, $\lambda = 5$일 때 이 퍼텐셜 안에서 움직이는 전자의 처음 두 구속 상태의 에너지를 구하라. 놀랍게도 이 퍼텐셜의 슈뢰딩거 방정식을 해석학적으로 풀 수 있다. 구속 상태의 에너지는 다음과 같이 주어진다[2].

$$E = -\frac{\hbar^2\alpha^2}{2m}(\lambda - 1 - n)^2 \qquad (n \leq \lambda - 1;\ n = 0, 1, 2, \ldots)$$

이 예제는 좌표 x의 적분 구간이 음과 양 모두에 걸쳐 있다는 점에서 예제 10.1과 다르다. 퍼텐셜을 원자단위계로 바꾼 뒤 퍼텐셜을 그리는 것으로 시작하는 것이 좋다. 10.1절에서 이야기한 것처럼 전자 질량 단위로 질량이 m인 입자에 대해 $(2m/\hbar^2) = 0.26246\,m\,(\text{eV Å}^2)^{-1}$이다. α를 Å^{-1} 단위로 표시하면

$$V(x) = -\frac{\alpha^2 \lambda(\lambda - 1)}{(0.26246m)\cosh^2(\alpha x)} \qquad (\text{eV})$$

를 얻게 된다.

그림 10.5에 이 함수($m = 1$, $\alpha = 0.3\ \text{Å}^{-1}$, $\lambda = 5$)가 그려져 있다. 이 퍼텐셜은 $x = 0$에 대해 대칭이다(여기서 $V = -\hbar^2\alpha^2\lambda(\lambda - 1)/2m = -6.858\,\text{eV}$). 그리고 cosh 함수의 성질에 의해 $x \sim \pm\infty$일 때 아래로부터 0에 접근한다. 곧바로 모든 구속 상태는 $-6.858 \leq E \leq 0$ eV를 만족해야 한다고 결론지을 수 있다. 이 그림은 또한 $x = \pm 10$ Å 부근에서 $V(x)$가 0에 매우 가까워지는 것(대략 -0.07 eV)을 보여준다. 이런 극한값들을 수치적분의 적분 구간으로 잡는다. x가 매우 클 때를 제외하면 이 퍼텐셜은 5장의 조화진동자의 퍼텐셜을 떠올리게 한다. 바닥상태의 파동함수는 $x = 0$에서 단 하나의 최대를 가져야 한다.

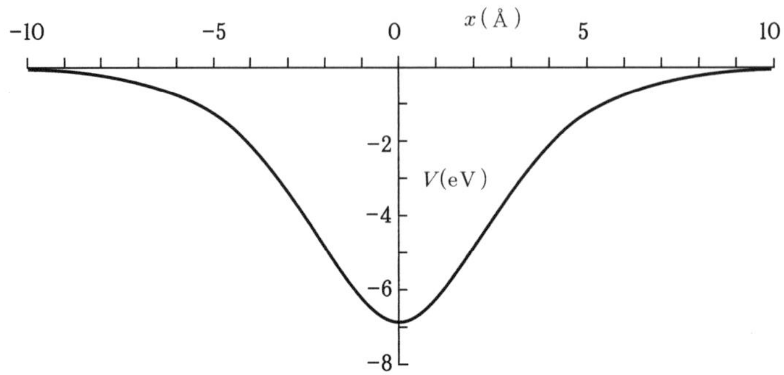

그림 10.5 $\alpha = 0.3$ Å^{-1}, $\lambda = 5$일 때의 페스클-텔러 퍼텐셜

$V(x)$의 정의를 바꾸고 x의 초기값을 -10 으로 잡으면 예제 10.1에서 선 보인 스프레드시트 방법을 이 예제에서도 사용할 수 있다. 바닥상태를 결정하기 위해 $E = -6.85$ eV로부터 증가시켜가며 발산의 부호가 변화하는 E의 범위를 구하는 것이 가장 쉬운 방법이다. 첫 번째 이런 변화가 $E \sim -5.4$ eV 부근에서 일어나는 것을 알 수 있다. 범위를 좁혀가면 $E \sim -5.48655$ eV를 얻을 수 있고 이 값은 정확한 풀이의 예측과 정확히 일치한다. 그림 10.6은 $x = -10$ Å 에서 $\psi = 0.01$과 $d\psi/dx = 0.001$로 잡고 $\Delta x = 0.002$로 놓았을 때 계산을 통해 얻은 바닥상태 파동함수를 보여준다. 예상한대로 ψ는 $x = 0$에 대해 대칭이며 또 $x = 0$에서 한 개의 최대가 나타난다.

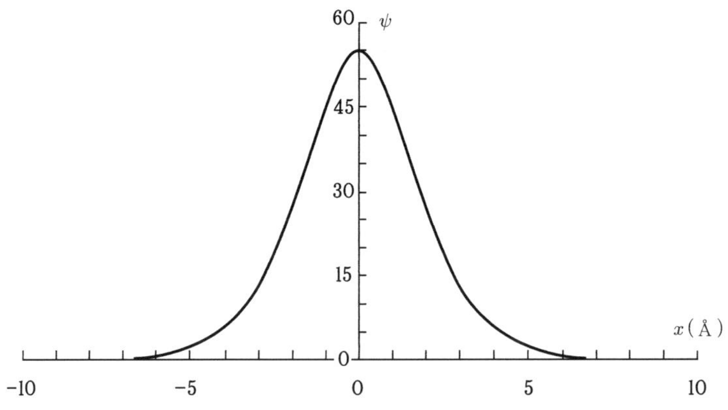

그림 10.6 그림 10.5의 퍼텐셜에 대해 계산으로 구한 바닥상태 파동함수. $E \sim -5.48655$ eV

더 높은 에너지 고유값을 구하면 $E=-3.1$ eV에서 발산의 변화가 나타난다. 더 자세히 조사하면 $E=-3.0862$ eV를 얻을 수 있는데 이 값은 역시 정확한 풀이의 결과와 일치한다. 그림 10.7에 이 에너지에서의 파동함수가 그려져 있다. 이 에너지가 제1 들뜬 상태($n=1$)에 해당한다는 것을 두 개의 극값이 존재하는 것으로부터 알 수 있다. 대칭 퍼텐셜의 성질을 따라 $\psi(0)=0$인 것에 주목하라.

이 퍼텐셜에 대한 제2 들뜬 상태 에너지는 $E=-1.373$ eV에 있다는 것이 확인되었다.

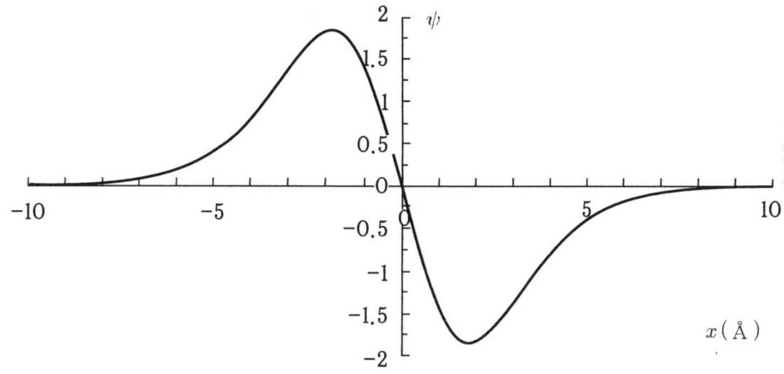

그림 10.7 $E=-3.0862$ eV일 때 그림 10.5의 퍼텐셜에 대해 계산으로 구한 제1 들뜬상태의 파동함수. 그림 10.6의 수직축 눈금 크기와 이 그림의 눈금 크기가 다른 것에 주의하라.

수치적분 프로그램은 다양한 문제를 조사하는데 필요한 강력하고 융통성이 큰 수단을 제공한다. 여기에서 설명한 방법은 일반적인 중심 퍼텐셜의 지름 방정식 (7.1.1)에도 적용할 수 있다. 이 방정식이 한 개의 좌표만을 가지기 때문이다(문제 10-4를 보라).

마지막으로 한 가지 주의를 주려고 한다. 이 장을 소개하면서 언급했듯이 미분 방정식의 수치 풀이는 활발히 연구 중인 고도로 전문화된 수학과 계산학 연구 분야이다. 이 방법의 속도, 정확성, 안정성은 프로그램을 어떻게 꾸미는가, 프로그램을 돌리는 컴퓨터의 특성이 무엇인가에 따라 달라진다. 여기서 개발한 방법은 상황과 관계된 물리학을 명확히 드러내기 위해 의도적으로 매우 직선적인 방법을 채택했다. 그러나 훨씬 더 정교한 여러 방법들이 존재한다. (수치 계산에 대한 가장 좋은 참고문헌은 프레스 W. H. Press 등이 지은 *Numerical Recipes in C++: The Art of Scientific Computing*, New York: Cambridge University Press, 1992이다.)

문 제 10

주의 : 수치 적분의 결과는 프로그램/스프레드시트와 컴퓨터의 운영체계 operating system에 따라 조금 달라질 수 있다. 당신의 결과가 부록 B에 실린 결과와 다르다고 해서 놀랄 필요는 없다. 이 장의 모든 문제는 중간 정도의 난이도를 가졌다고 생각하면 된다.

10-1 1차원 슈뢰딩거 방정식을 수치 적분할 프로그램 또는 스프레드시트를 작성하라. 이 프로그램을 사용해 예제 10-1에서 다룬 선형 퍼텐셜에 대해 같은 결과가 나오는지 확인하라. 이 퍼텐셜의 $n=3$ 상태의 전자의 에너지는 얼마인가?

10-2 퍼텐셜이

$$V(x) = \begin{cases} \infty, & x \le 0 \\ \alpha x^3 & x > 0 \end{cases}$$

으로 주어진다. 여기서 $\alpha = 5\,\text{eV}/\text{Å}^3$이다. 이 퍼텐셜 안에서 움직이는 전자의 바닥상태와 제1 들뜬 상태의 에너지를 구하라.

10-3 다음과 같이 정의되는 퍼텐셜을 생각하라.

$$V(x) = \begin{cases} \infty, & x \le 0 \\ -Axe^{-\alpha x^2} & x > 0 \end{cases}$$

(a) 퍼텐셜이 최소가 되는 위치 x_0가 $x_0 = \sqrt{1/2\alpha}$ 인 것을 (해석학적으로) 보여라. 또 $V(x_0) = -Ax_0/\sqrt{e}$ 인 것을 보여라.

(b) $x_0 = 1\,\text{Å}$ 이고 $V(x_0) = -10\,\text{eV}$인 이 형태의 퍼텐셜 안에서 움직이는 전자를 생각하라. 이 전자의 바닥상태 에너지를 구하라.

10-4 원자단위계로 중심 퍼텐셜의 지름 방정식을

$$\frac{d^2R}{dr^2} = \ell(\ell + 1)\frac{R}{r^2} - \frac{2dR}{r\,dr} - \beta[E - V(r)]R$$

로 적을 수 있다. 여기서 $\beta = (0.26246)m$이다.

(a) 주어진 l 값에 대해 수치적으로 지름 방정식을 적분하는 프로그램 또는 스프레드시트를 작성하라.

(b) 원자단위계에서 수소 원자의 퍼텐셜 함수가 $V(r) = -14.3993/r$로 주어짐을 보여라.

(c) 몇몇 $l = 0$과 1인 수소 원자 상태에 대해 작성한 프로그램이 맞는지 시험하라. 표 7.1에 주어진 지름 파동함수의 형태를 초기값을 예상하는 길잡이로 사용하라.

(d) $V(r) = \alpha r^2$으로 주어진 퍼텐셜을 생각하라. 여기서 $\alpha = 5\,\text{eV}/\text{Å}^2$이다. 프로그램을 사용해 이 퍼텐셜 안에서 움직이는 전자의 두 개의 가장 낮은 에너지 준위를 $l = 0$과 1인 상태에 대해 각각 구하라. 힌트: $l = 0$과 1에 대해 각각 $R(0) = 1$과 $R(0) = 0$으로 잡아라.

(e) 이 퍼텐셜은 5장에서 다룬 1차원 조화진동자를 구형 좌표로 바꾼 것이다. 지름 방정식을 해석학적으로 풀 수 있으며, 에너지 고유값이

$$E = \hbar\sqrt{\frac{2\alpha}{m}}(2n + \ell + 3/2), \quad n = 0, 1, 2, \ldots$$

로 주어진다. 이 정확한 에너지 값들을 계산으로 구한 에너지 값들과 비교하라.

10-5 문제 10-4에서 작성한 프로그램을 예제 9.8에서 다룬 $l = 0$의 일반적인 끌어당기는 중심 퍼텐셜에 적용하라. 이 프로그램을 수소 원자의 $(K, m, n) = (2, 1, 1)$인 상태에 적용하여 프로그램이 제대로 돌아간다는 것을 확인하라. 예제 9.8에서 구한 $n = 0.5, 1.0, 1.5$이고 $(K\mu) = 1$일 때의 정확한 값들이 옳다는 것을 증명하라. $K = 2$일 때 바닥상태 에너지가 최소가 되는 n 값은 무엇인가?

10-6 문제 9-18에서 퍼텐셜

$$V(x) = \begin{cases} \infty & (x < 0) \\ -A\sqrt{x}e^{-\alpha x^2} & (0 \le x \le \infty) \end{cases}$$

의 특성을 변분법을 사용하여 조사하였다. 특히 $A = 100\,\text{eV}\,\text{Å}^{-1/2}$과 $\alpha = 1.75\,\text{Å}^{-2}$인 경우에 대하여 자세히 알아보았다. 이 퍼텐셜에 대해 수치적으로 풀이를 구하라. 변분법으로 구한 바닥상태 풀이와 수치적분으로 구한 결과를 비교하라.

10-7 3.3절에서 다룬 유한 사각 우물에 대한 슈뢰딩거 방정식을 수치적분하는 프로그램을 작성하라. 이 프로그램에서 파동함수를 $|x| = 2L$까지 구할 수 있을까? 수치적으로 구한 에너지 값들이 예제 3.2의 결과와 얼마나 잘 일치하는가?

10-8 10.2절에서 $(d\psi/dx)_{x_0}$의 입력 값이 ψ의 진폭에만 영향을 미치지, ψ의 모양이나 에너지 고유값에는 영향을 주지 않는다고 했다. 이것을 증명하라. 힌트: $(d\psi/dx)_{x_0}$의 추측 값을 예를 들면 $k(d\psi/dx)_{x_0}$와 같이 다른 값으로 바꿔라. 여기서 k는 순수한 상수이다.

10-9 문제 10-4의 프로그램을 사용하여 선형 지름 퍼텐셜 $V(r) = kr$에 대해 조사하라. $k = 1\,\text{eV}/\text{Å}$로 놓는다. $l = 0$일 때 가장 낮은 3개의 에너지 준위를 구하여 예제 10-1의 결과와 비교하라. 제한적이긴 하지만 이 퍼텐셜에 대한 해석학적 풀이를 알려면 문제 7-8을 보라.

10-10 문제 10-4의 프로그램을 사용하여 지수함수적인 지름 퍼텐셜 $V(r) = Ae^{kr}$에 대해 조사하라. $A = 5\,\text{eV}$, $k = 0.2\,\text{Å}^{-1}$로 놓는다. $l = 0$과 1일 때의 가장 낮은 3개의 에너지 준위는 무엇인가?

10-11 문제 10-4의 프로그램을 사용하여 우드-색슨 Wood-Saxon 퍼텐셜

$$V(r) = -\frac{A}{1 + e^{(r-b)/d}}$$

에 대한 $l = 0$과 1일 때의 가장 낮은 3개의 에너지 준위를 구하라. $A = 100\,\text{eV}$, $b = 2\,\text{Å}$, $d = 0.03\,\text{Å}$으로 잡는다.

10-12 문제 7-24에서 원통형 퍼텐셜 우물 안에 갇힌 질량 μ인 입자의 경우를 다루었다. 이제 좀 더 일반적인 퍼텐셜 함수 $V(\rho)$에 대해 생각해 보자. 이 퍼텐셜은 문제에서처럼 $z \le 0$과 $z \ge L$일 때 $V = \infty$이다. 이 경우에 지름 함수 $R(\rho)$의 슈뢰딩거 방정식이 다음 형태(원자단위계)를 가지는 것을 보여라.

$$\frac{d^2R}{d\rho^2} = -\frac{1}{\rho}\frac{dR}{d\rho} - \left\{-0.26246\mu[E - V(\rho)] - \frac{n_z^2\pi^2}{L^2} - \frac{m^2}{\rho^2}\right\}R \quad (0 \le z \le L)$$

여기서 n_z와 m은 문제 7-24에서 사용한 양자수와 동일한 양자수이다. 만약 $V(\rho) = 0$라면 이것은 단순히 방정식의 차수 구실을 하는 "m"의 베셀 방정식이 된다. 임의의 $V(\rho)$에 대한 이 방정식을 수치 적분하도록 프로그램 또는 스프레드시트를 작성하라. 문제 7-24의 높이 50 Å, 지름 10 Å인 무한 원통형 퍼텐셜 안에 갇힌 전자에 대해 프로그램을 사용하여 풀어 결과를 확인하라. 프로그램을 사용하여 $n_z = 1$일 때 $m = 0$, 1, 2에 해당하는 가장 낮은 3개의 에너지 상태의 에너지 고유값을 eV 단위로 구하라. 프로그램으로 얻은 결과가 문제 7-24의 해석학적 풀이로부터 얻은 결과와 비교해 어떤가? 힌트: 부록 B에 주어진 결과는 $\Delta\rho = 0.002$, $(dR/d\rho)_{0.002} = 0.1$로 잡고 (발산하는 것을 막기 위해) $\rho = 0.002$로부터 수치 적분하여 얻은 것이다. 베셀 함수는 $m = 0$일 때 $R(0) = 1$이고 $m \ge 1$일 때 $R(0) = 0$이다. $m = 0$, 1, 2일 때 베셀 함수의 가장 낮은 3개의 0 값은 각각 (2.4048, 5.5201, 8.6537), (3.8317, 7.0156, 10.1735), 그리고 (5.1356, 8.4172, 11.6198)이다. 우물의 경계에서의 경계조건을 적용하려면 $R(10\,\text{Å}) = 0$이 되는 에너지만을 구하면 된다. 프로그램이 이런 ρ의 경계를 넘어갈 수 있지만 이것은 중요하지 않다. (왜?)

10-13 앞 문제에서 작성한 프로그램을 사용하여 $V(\rho) = A\rho^2\ (0 \le \rho \le \infty)$로 정의되는 (원통형) 퍼텐셜에 갇힌 전자에 대한 $m = 0,\ 1,\ 2$일 때의 에너지 고유값들을 eV 단위로 구하라. 이 퍼텐셜은 $z \le 0$과 $z \ge L$일 때 $V = \infty$이다. $A = 0.5\,\text{eV}/\text{Å}^2$, $L = 50\,\text{Å}$, $n_z = 0$로 잡는다. 부록 B에 주어진 결과는 $\Delta\rho = 0.002, (dR/d\rho)_{0.002} = 1.0$로 잡고 (발산하는 것을 막기 위해) $\rho = 0.002$로부터 수치 적분하여 얻은 것이다. $V(\rho) \ne 0$이므로 이 문제의 풀이는 베셀 함수가 *아니다*.

10-14 *레나드-존스 6-12 퍼텐셜* Lennard-Jones 6-12 potential 은 분자간 힘을 연구하는데 사용되는 반경험적인 퍼텐셜이다. 이 퍼텐셜은 아래와 같은 형태를 가지며

$$V(x) = A\left[\left(\frac{\alpha}{x}\right)^{12} - 2\left(\frac{\alpha}{x}\right)^{6}\right] \qquad (0 \le x \le \infty)$$

$x \le 0$일 때 $V(x) = \infty$이다. $A = 100\,\text{eV}$과 $\alpha = 2\,\text{Å}$ 일 때 이 퍼텐셜을 그려라. 이 퍼텐셜(앞서의 A와 α 값을 가짐) 안에서 움직이는 전자에 대해 구속 상태의 수는 몇 개이며 이들의 에너지는 얼마인가?

11장 시간이 관계된 양자역학: 전이율과 확률

이 책에서 가장 강조하는 것이 시간과 무관한 슈뢰딩거 방정식의 풀이이지만, 시간이 관계된 문제를 이해하는 것 역시 중요하다는 것을 2장에서 언급했다. 시간이 관계된 현상은 정상 상태 사이의 상호작용에 의해 생기며, 실험적으로 확인할 수 있는 양자계의 특성이다. 이 장의 목적은 독자들에게 시간이 관계된 양자이론의 몇몇 결과들을 맛보게 하기 위함이다. 구체적으로는 3가지 매우 실용적이며, 관련이 있는 주제들에 대해 살펴보려고 한다: (i) 계가 두 개의 주어진 양자상태 사이에서 얼마나 자주 전이를 일으키는지, (ii) 원리적으로 전이가 가능한지 아닌지를 판단할 수 있는 구속조건이 존재하는지, (iii) 계가 현재 상태 m에 있다가 (알파 붕괴와 같은) 갑작스런 변화를 할 때, 상태 n으로 전이될 확률이 얼마인지. 이런 문제들을 예측하는 수학식을 유도하기 위해서는 시간이 관계된 슈뢰딩거 방정식의 풀이 및 복사 이론 radiation theory 에 대한 지식을 가지고 있어야 한다. 이 장에서는 몇몇 유용한 결과들의 소개와 이들을 간단한 예제에 적용하는 것으로 만족하려고 한다. 더 자세히 알고자 하는 독자들에게는 폴링 Pauling 과 윌슨 Wilson 이 지은 책의 40절과 프렌치 French 와 테일러 Taylor 가 지은 책의 8장 및 14장을 읽기 권한다.

전이 현상을 다루는데 있어 결과가 통계적인 의미만을 가진다는 것을 명심하는 것이 중요하다. "원소 Z가 상태 m에 있다가 상태 n으로 전이하는 수가 매초 1000이다"라는 말의 실제적인 의미는 수많은 개수의 원소 Z가 모두 초기에 상태 m에 있다가 이 가운데 *평균적으로* 1000개가 1초 뒤에 상태 n에 있게 된다는 것을 뜻한다. 1초 뒤 어떤 실험에서는 1027개, 다른 실험에서는 945개가 상태 n에 있을 수 있지만, 수없이 많은 실험을 했을 때 평균적으로 1000개가 상태 n으로 전이된다는 말이다. 양자역학은 어떤 질문에 대해서는 정확한 답을 주기도 하지만, 대부분의 질문에 대해서는 확률만을 알려준다.

11.1 전이 진동수

수많은 동일계 identical systems (예를 들면 무한 퍼텐셜 우물 안에 있는 전자들)가 주어져 있고, 초기에는 모두 동일한 양자상태 m에 있었다고 가정하자. 얼마나 많은 계가 1초가 흐른 뒤, 평균적으로, 더 낮은 에너지를 가진 상태 n으로 자발적으로 (예를 들면 광자의 방출과 함께) “붕괴” decay 또는 “전이” transition 하겠는가? **아인슈타인의 자발방출 계수** Einstein coefficient of spontaneous emission 라고 부르는 이 물리량은 기호로 A_{mn}으로 표기하며 대략 다음과 같이 주어진다.

$$A_{mn} = \frac{16\pi^3 q^2}{3\epsilon_o c^3 h^4}(E_m - E_n)^3 |\langle\psi_n^*|x|\psi_m\rangle|^2, \quad (m > n) \tag{1}$$

(E_m, ψ_m)과 (E_n, ψ_n)은 각각 상태 m과 n의 에너지 및 파동함수이고, q는 전이를 겪는 계의 구성원(보통 전자)이 가진 전하량이다. 이 식은 초기에 상태 m에 있었던 계에 가해진 입사 복사의 효과를 분석하는 과정에서 나온 결과이다. 식 (1)에 나오는 전하와 위치 인자는 계의 전기쌍극자 모멘트 electric dipole moment 가 입사 전기장과 상호작용하기 때문에 생긴 것이다(폴링과 윌슨 책의 39절 및 40절을 보라). 식 (1)의 단위는 초의 역수이다. 즉 전이 수/초이다. 따라서 A_{mn}의 역수는 상태 n으로 전이하는데 대한 상태 m의 **수명** lifetime 이다. 디랙 브라켓에서 “x”는 1차원 문제임을 뜻한다. 3차원의 경우 x, y, z 각각에 대한 3개의 부피적분을 각각 제곱하여 더해주면 된다(예제 11.2를 보라). *유도* induced 방출 및 흡수에 관한 유사한 수학식을 유도할 수도 있다. 그러나 여기서는 자발 방출만을 다룬다.

예제 11.1

질량이 수소 원자의 질량과 같고 전하량 e(=전자 한 개의 전하량)를 가진 입자가 조화 퍼텐셜 $V(x)=kx^2/2$ 속에서 운동하고 있다. 상태 n에서 $n-1$로 전이할 때의 전이 진동수를 구하라.

조화진동사의 파동함수가 5장에 주어져 있고, 관계는 다음과 같다.

$$\langle\psi_n^*|x|\psi_{n-1}\rangle = A_n A_{n-1}\int_{-\infty}^{\infty} x e^{-\alpha^2 x^2} H_n(\alpha x) H_{n-1}(\alpha x)\, dx$$

여기서 A_n과 A_{n-1}은 식 (5.4.2)으로 표현되는 규격화 상수이다. 이 기호를 아인슈타인 계수 $A_{n,n-1}$과 혼동하지 마라. 평상처럼 변수를 $\xi=\alpha x$, $\alpha=\left(mk/\hbar^2\right)^{1/4}$으로 바꾸면

$$\langle\psi_n^*|x|\psi_{n-1}\rangle = \frac{A_n A_{n-1}}{\alpha^2}\int_{-\infty}^{\infty} \xi e^{-\xi^2} H_n(\xi) H_{n-1}(\xi)\, d\xi$$

이 된다.

이 적분은 이미 예제 9.5에서 다룬 것이다. 일반적으로 에르미트 다항식은

$$\int_{-\infty}^{\infty} \xi e^{-\xi^2} H_n(\xi) H_m(\xi)\, d\xi = \sqrt{\pi}\left[2^{n-1} n!\, \delta_m^{n-1} + 2^n (n+1)!\, \delta_m^{n+1}\right]$$

을 만족한다.

$m=n-1$이므로 항등식 안의 첫 번째 크로네커 델타만이 살아남아 식은 다음과 같이 된다.

$$\langle\psi_n^*|x|\psi_{n-1}\rangle = \frac{2^n n! \sqrt{\pi} A_n A_{n-1}}{\alpha^2}$$

규격화 상수와 α를 대입하면, 위 식이 $\langle\psi_n^*|x|\psi_{n-1}\rangle=\sqrt{n}/(\sqrt{2}\,\alpha)$가 된다. 이제 $E_n-E_{n-1}=\hbar\sqrt{k/m}$로 놓으면, 약간의 조작 후

$$A_{n,n-1} = \frac{e^2 k}{6\pi\epsilon_o c^3 m^2} n$$

을 얻는다.

문제 5-7로부터 $k=500$ N/m으로 잡을 수 있다. $n=2$와 수소 원자의 질량을 사용하면 답은

$$A_{n,\,n-1} \sim 2.05 \times 10^{3}\ \text{sec}^{-1}$$

이 된다. 초당 전이하는 수는 전이하는 동안 방출되는 복사 진동수인 10^{15} Hz 에 비해 매우 작다.

예제 11.2

수소가 (1,0,0) 상태에서 (2,1,0) 상태로 전이할 때 전이 진동수를 구하라.

파동함수는 각각 다음과 같다.

$$\psi_{210} = \frac{1}{4\sqrt{2\pi}\, a_o^{5/2}} r\, e^{-r/2a_o} \cos\theta$$

$$\psi_{100} = \frac{1}{\sqrt{\pi}\, a_o^{3/2}} e^{-r/a_o}$$

이 3차원 계산을 하기 위해 직각좌표를 구형좌표로 바꿔주는 변환식 $(x, y, z) = r(\sin\theta\cos\phi, \sin\theta\sin\phi, \cos\theta)$가 필요하다.

x의 기여도를 계산하면

$$\langle\psi_{210}|\,x\,|\psi_{100}\rangle = \frac{1}{4\sqrt{2}\,\pi\, a_o^4}\int_0^{\infty}\int_0^{\pi}\int_0^{2\pi} r\, e^{-3r/2a_o}\cos\theta\,(r\sin\theta\cos\phi)\, r^2\sin\theta\, d\phi\, d\theta\, dr$$

$$= \frac{1}{4\sqrt{2}\,\pi\, a_o^4}\left\{\int_0^{\infty} r^4 e^{-3r/2a_o} dr\right\}\left\{\int_0^{\pi}\cos\theta\,\sin^2\theta\, d\theta\right\}\left\{\int_0^{2\pi}\cos\phi\, d\phi\right\}$$

가 된다. 이 적분들은 이미 7장에서 다룬 종류의 것이다. ϕ에 대한 적분은 0이 되므로 $\langle\psi_{210}|x|\psi_{100}\rangle = 0$이 된다. y의 기여도를 구하려면 $\sin\theta$를 $\theta = 0 \sim 2\pi$까지 적분해야 하는데 이것 역시 0이므로 y의 기여도는 0이 된다.

z의 기여도를 구하면

$$\langle\psi_{210}|z|\psi_{100}\rangle = \frac{1}{4\sqrt{2}\pi a_o^4}\left\{\int_0^\infty r^4 e^{-3r/2a_o}dr\right\}\left\{\int_0^\pi \cos^2\theta\sin\theta\, d\theta\right\}\left\{\int_0^{2\pi} d\phi\right\}$$

$$= \frac{1}{4\sqrt{2}\pi a_o^4}\left(\frac{256}{81}a_o^5\right)\left(\frac{2}{3}\right)(2\pi) = \left(\frac{256}{243\sqrt{2}}\right)a_o$$

가 된다.

보어의 에너지 준위에 대한 일상적인 표현식을 사용하면 $E_{210}-E_{100} = 3m_e e^4/32\epsilon_0^2 h^2$을 얻는다. 보어 반지름의 표현식을 대입하면

$$A_{210,100} = \frac{48}{19683}\frac{\pi m_e e^{10}}{\epsilon_o^5 c^3 h^6}$$

을 얻게 된다.

적절한 수치를 대입하면 전이율이 6.27×10^8초가 된다. 이 물리량의 실험값은 4.70×10^8/초로 계산값 보다 약간 작다[1]. 이 차이는 식 (1)이 근사식이기 때문에 생긴 것이다. 또한 전이율은 스핀, 상대론적 효과 및 자기 효과에도 영향을 받는다.

실제로 전이율은 이와 관련된 에너지를 측정하여 유추해 낼 수 있다. (시간과 무관한 슈뢰딩거 방정식을 풀어) 어떤 계의 정상 에너지 상태를 알고 있고, 따라서 $E_n - E_m$을 안다면, 측정한 에너지 방출율로부터 전이율을 구할 수 있다.

11.1 전이 규칙

파동함수의 성질에 따라 식 (11.1)의 적분이 특수한 경우에 사라질 수 있다는 것이 분명하다. 이럴 때 해당 전이가 **금지되어 있다**고 말한다. 모든 양자계에 대해 **전이규칙** transition rule 또는 **선택규칙** selection rule 을 유도하는 것이 가능하다. 이 규칙은 전이가 일어나기 위해 전이하는 동안 계의 양자수가 어떻게 변화해야 할지를 알려준다.

조화진동자의 전이를 통해 전이규칙에 대해 알아보자. 식 (11.1)에 나타난 적분은 다음 형태를 가진다.

$$\int_{-\infty}^{\infty} \xi e^{-\xi^2} H_n(\xi) H_m(\xi) d\xi = \sqrt{\pi}[2^{n-1} n! \delta_m^{n-1} + 2^n (n+1)! \delta_m^{n+1}]$$

이 적분은 $m=n\pm1$일 때만 0이 아니기 때문에, 양자 조화진동자는 n이 1 만큼 커지거나 작아질 때만 전이가 가능하다. 즉 이 계는 "바로 옆에 있는" 상태로만 전이할 수 있다. 이 경우 전이규칙을 $\Delta n = \pm1$로 적는다. (만약 "아래쪽으로" 전이가 될 수 있다면, 그 반대인 "위쪽으로" 전이하는 것이 당연히 가능해야 한다.) 무한 1차원 퍼텐셜 우물의 경우 (문제 11-2) 파동함수의 반전성 parity 이 교대로 변하기 때문에 반전성이 달라지는 전이만이 가능하다. 수소 원자의 경우 구면조화함수의 성질로 인해 $\Delta l = \pm1$이고 $\Delta m = \pm1$ 또는 0인 때에만 전이가 허용된다. 주양자수인 n에 대해서는 어떤 제약도 존재하지 않는다. 우연히도 l의 변화는 계의 각운동량 변화를 의미한다. 만약 각운동량 $\boldsymbol{L}$이 보존된다면, 이 각운동량은 어디서 오는 것일까? 또는 어디로 사라질까? 크기가 $\hbar$인 고유 각운동량을 가지고 있는 전자는 광자가 답이다. 전자는 광자 하나를 흡수하거나 방출하여 $\boldsymbol{L}$을 보존하면서 전이를 한다.

식 (11.1)을 사용해 계산한 전이 진동수는 **전기쌍극자 전이** electric-dipole transition 의 전이 진동수이다. 다른 전이 메커니즘(사극자 quadrupole, 8극자 octopole, 등등)이 존재하지만, 이들에 의한 전이는 보통 쌍극자 전이에 비해 훨씬 드물게 일어난다. 그러나 쌍극자 전이의 경우 금지된 전이가 다른 메커니즘에서는 가능한 전이가 될 수 있다.

m과 n의 다른 조합에 대해 계산한 식 (11.1)의 결과들을 비교하면 스펙트럼 선의 **상대세기** relative intensity 를 예측할 수 있다. 다차원계의 경우 방출된 복사의 각 분포 angular ditribution 및 편광 상태도 예측할 수 있다. 이런 예측 결과들은 원자나 분자스펙트럼의 측정 결과와 일치한다. 양자역학의 이런 성공은 예전의 보어 이론이 설명하지 못한 스펙트럼의 특성에 관한 우리의 이해의 폭을 확장시켜 주었다.

11.3 돌연 근사

양자 조화진동자가 어떤 상태, 말하자면 ψ_n에 있다고 상상해 보자. 어떤 원인(예를 들어 화학 반응)으로 인해 계의 힘 상수 k가 갑자기 원래 값의 절반으로 줄어든다. 이때 "새로운" 계가 "해당" 상태 ψ_n 또는 다른 상태 ψ_m에 있을 확률은 얼마나 될까? (여기서 "해당"이라는 말은 두 계의 에너지 준위를 모두 호칭하는 뜻으로 사용하고 있다. 양자수가 클수록 큰 에너지를 가졌음을 의미한다.) 이런 종류의 질문은 돌연 근사 sudden approximation 라고 부르는 방법을 사용해 답할 수 있다.

돌연 근사를 다음처럼 수학적으로 표현할 수 있다. 계가 변화하기 전 상태 n에 있다가 변화 후 상태 j에서 발견될 확률은

$$P_{n\to j} = \left|\int \psi_j^{new}(x)\,\psi_n^{old}(x)\,dx\right|^2 \tag{1}$$

로 주어진다. ψ는 규격화되어 있으며 적용 지역은 동일하다고 가정한다. 3차원 문제의 경우 사용하는 좌표계에 맞춰 dx를 dV로 바꿔주면 된다.

식 (1)이 정당하다는 것을 직관적으로 설명할 수 있다. 실험을 할 수 없다면 계에 변화가 일어난 후 바뀐 계가 어느 상태에 있게 될 지 알 도리가 없다. 그러나 새로운 파동함수가 9.2절에서 했던 것처럼 이전 계의 모든 파동함수들의 선형 합으로 표현할 수 있다고 가정할 수 있다. 직관적으로 "이전" 상태 ψ_n에 곱하는 계수가 클수록 계가 "새로운" n번째 상태에 있을 확률 역시 커질 것이라고 가정할 수 있다. 9.2절에서 유도했던 것과 유사한 전개 과정을 거치면, 새로운 계가 상태 j에 있을 확률이 식 (9.2.5)에 나온 전개 계수 a_j의 절대값의 제곱으로 주어진다는 것을 보일 수 있다. 만약 ψ가 규격화되어 있다면, 모든 가능한 j 값에 대한 식 (1)의 합은 식 (9.2.9)에서 보인 것처럼 1이 되어야 한다.

예제 11.3

바닥상태에 있던 조화진동자의 힘 상수가 갑자기 원래 값의 절반으로 감소한다. 이 계가 바닥상태(최저 에너지 상태)에 남아있을 확률은 얼마인가?

파동함수는 다음과 같이 주어진다.

$$\psi_0^{old}(x) = \frac{\sqrt{\alpha}}{\pi^{1/4}} e^{-\alpha^2 x^2/2}, \quad \alpha^4 = mk/\hbar^2$$

힘 상수를 절반으로 하면 α^4이 절반으로 감소한다. 즉

$$\alpha_{new}^4 = \alpha_{old}^4/2$$

$\alpha = \alpha_{old}$로 놓으면

$$\psi_0^{new}(x) = \frac{\sqrt{\alpha}}{\pi^{1/4} 2^{1/8}} e^{-\alpha^2 x^2/2\sqrt{2}}$$

를 얻는다. 그러면 식 (1)은

$$\sqrt{P} = \int_{-\infty}^{\infty} \psi_0^{new}(x)\, \psi_0^{old}(x)\, dx = \frac{\alpha}{\sqrt{\pi} 2^{1/8}} \int_{-\infty}^{\infty} \exp\left[-\left(\frac{1}{2} + \frac{1}{2\sqrt{2}}\right)\alpha^2 x^2\right] dx$$

$$= \frac{2\alpha}{\sqrt{\pi} 2^{1/8}} \int_0^{\infty} \exp(-a^2 x^2)\, dx$$

가 되고, 여기서

$$a^2 = \frac{(1 + \sqrt{2})}{2\sqrt{2}} \alpha^2$$

이다.

이 적분을 계산하면 $\sqrt{\pi}/2a$가 되므로 최종적으로

$$P = \frac{4\alpha^2}{\pi 2^{1/4}} \frac{\pi}{4a^2} = \frac{\alpha^2}{2^{1/4}} \frac{2\sqrt{2}}{(1 + \sqrt{2})\alpha^2} = \frac{2^{5/4}}{(1 + \sqrt{2})} = 0.985$$

가 나온다. 이 확률은 놀랍게도 계가 거의 바닥상태에 남아 있음을 보여준다. 이 계산에서 물리상수의 전부가 상쇄되는 것에 주목하라. 결과는 순수한 수가 되어야 한다.

요 약 11

전하량 q를 가진 입자가 상태 m으로부터 상태 n 으로 전이할 때의 *전이 진동수* A_{mn}(전이 수/초)은 다음과 같이 주어진다.

$$A_{mn} = \frac{16\pi^3 q^2}{3\epsilon_o c^3 h^4}(E_m - E_n)^3 |\langle\psi_n^*|x|\psi_m\rangle|^2, \quad (m > n)$$

$A_{mn}=0$인 경우 상태 m과 상태 n 사이의 전이가 금지되어 있다고 한다.

돌연 *근사*는 계의 매개변수가 갑자기 변화하는 바람에 초기 상태 n에 있던 계가 상태 j로 전이될 확률 $P(n\to j)$을 계산할 때 사용하는 도구이다. 이때 확률은

$$P_{n\to j} = \left|\int \psi_j^{new}(x)\,\psi_n^{old}(x)\,dx\right|^2$$

으로 주어진다.

문 제 11

11-1(E) 식 (11.1.1)의 단위가 초의 역수가 된다는 것을 증명하라.

11-2(I) 무한 1차원 사각 우물 안에 있는 질량 m, 전하량 q인 입자가 두 상태 n과 $j\,(n>j)$ 사이에서 전이를 할 때 전이 진동수를 구하라.

11-3(E) 수소 원자에서 (3,2,0) 상태와 (1,0,0) 상태 사이의 전이가 금지되어 있다는 것을 직접적인 계산을 통하여 증명하라.

11-4(I) 원자핵의 전하량이 $+Ze$인 수소꼴 원자가 초기에 (1,0,0) 상태에 있었다. 역 베타붕괴로 인해 $Z \rightarrow Z-1$로 되었다. 새로운 원자가 (1,0,0) 상태에 있을 확률을 구하라. $Z=2$일 때 답을 계산하라.

11-5(I) 폭이 L인 무한 사각 우물 속에 있는 질량 m인 입자가 상태 $\psi_n(x)$에 있다$(0 \le x \le L)$. 우물의 오른편 벽이 갑자기 $x = KL$로 이동한다$(K>1;$ 우물은 이제 $0 \le x \le KL$에 있다). 이 입자가 팽창 후 특정 상태 ψ_k에 있게 될 확률을 구하라. (원래 파동함수가 $x=L$과 $x=KL$ 사이에서 0이라고 가정하라.) 팽창 후 이 입자는 어떤 상태에 있을 확률이 가장 클까?

부수적인 유도과정

A.1 하이젠베르크의 불확정성 원리

여기에 주어진 불확정성 원리의 증명은 쉬프 Leonard Schiff 의 *양자역학 Quantum Mechanics*: 3rd edition, McGraw-Hill, New York, 1968의 12절을 옮겨 놓은 것이다. 이 증명은 1차원 파동함수를 가정하고 2장의 시간이 관계된 슈뢰딩거 방정식을 사용하며, 파동함수가 점근적으로 사라진다고(적분 구간의 끝에서 $\psi \to 0$) 가정하며, 함수 해석에 나오는 적분 등식을 필요로 한다.

4.3절의 Δx와 Δp의 정의를 다시 사용하자.

$$\Delta x = \sqrt{\langle x^2 \rangle - \langle x \rangle^2} \tag{1}$$

과

$$\Delta p = \sqrt{\langle p^2 \rangle - \langle p \rangle^2} = \sqrt{\langle p^2 \rangle} \tag{2}$$

Δp를 적는데 있어 4.2절에 나온 증명 결과, 즉 모든 연속적인 파동함수에 대해 $\langle p \rangle = 0$이라는 사실을 사용하였다. 사실 이 물리량들의 *제곱*을 가지고 계산하는 것이 더 쉽다.

$$(\Delta x)^2 = \langle x^2 \rangle - \langle x \rangle^2 \tag{3}$$

과

$$(\Delta p)^2 = \langle p^2 \rangle \tag{4}$$

불확정성 원리의 Δx 부분에 대해 시작해 보자. 새로운 연산자 α를 다음과 같이 정의하면 편리하다.

$$\alpha = x - \langle x \rangle \tag{5}$$

이제 아래 적분을 생각해 보자.

$$X = \int (\alpha\psi)(\alpha^*\psi^*)\,dx \tag{6}$$

여기서 별표 기호(*)는 복소공액을 의미하며 적분 구간은 ψ가 0이 아닌 구간이 된다. α의 정의로부터

$$\begin{aligned} X &= \int (x\psi - \langle x\rangle\psi)(x^*\psi^* - \langle x\rangle\psi^*)\,dx \\ &= \int xx^*\psi\psi^* dx - \langle x\rangle\int x\psi\psi^* dx - \langle x\rangle\int x^*\psi\psi^* dx + \langle x\rangle^2\int \psi\psi^* dx \end{aligned}$$

를 얻는다.

$x^* = x$이므로 처음 적분은 $\langle x^2 \rangle$이고 가운데 두 개의 적분은 모두 $\langle x \rangle$와 같다. ψ가 규격화되어 있다면, 마지막 적분은 1이 된다. 따라서

$$X = \langle x^2\rangle - 2\langle x\rangle^2 + \langle x\rangle^2 = \langle x^2\rangle - \langle x\rangle^2 = (\Delta x)^2 \tag{7}$$

이 된다. 나중에 다시 이 결과를 사용하게 된다.

이제 $(\Delta p)^2$을 구해보자. 식 (6)과 비슷하게 아래 양을 생각해 보자.

$$P = \int (p\psi)(p^*\psi^*)\,dx = \int \left(-\iota\hbar\frac{d\psi}{dx}\right)\left(+\iota\hbar\frac{d\psi^*}{dx}\right)dx = \hbar^2\int (\psi)'(\psi^*)'\,dx \tag{8}$$

여기서 p는 선운동량 연산자이고 프라임 기호(')는 x에 대한 미분을 의미한다. 이제 두 번째 도함수는

$$\frac{d^2}{dx^2}(\psi^*\psi) = 2(\psi')(\psi^*)' + (\psi^*)''(\psi) + (\psi^*)(\psi'') \tag{9}$$

이 된다.

인자 2를 제외하면 식 (9)의 오른편 첫 번째 항은 식 (8)의 피적분 함수와 같다. 따라서 식 (8)을

$$P = \frac{\hbar^2}{2}\int(\psi^*\psi)''\,dx - \frac{\hbar^2}{2}\int(\psi^*)''(\psi)\,dx - \frac{\hbar^2}{2}\int(\psi^*)(\psi'')\,dx \tag{10}$$

로 적을 수 있다.

식 (10)의 첫 번째 적분은 다음과 같이 사라진다.

$$\int(\psi^*\psi)''\,dx = \int\frac{d}{dx}\left[\frac{d}{dx}(\psi^*\psi)\right]dx = \int d\left[\frac{d}{dx}(\psi^*\psi)\right]$$
$$= [(\psi^*)'(\psi) + (\psi^*)(\psi')]_{\text{극한}} = 0$$

이제 식 (10)의 나머지 부분은

$$P = -\frac{\hbar^2}{2}\int(\psi^*)''(\psi)\,dx - \frac{\hbar^2}{2}\int(\psi^*)(\psi'')\,dx \tag{11}$$

와 같이 된다.

이제 식 (4)의 $(\Delta p)^2$은 아래와 같이 된다.

$$(\Delta p)^2 = \int(\psi^*)(p^2\psi)\,dx = -\hbar^2\int(\psi^*)(\psi'')\,dx \tag{12}$$

식 (11)과 (12)를 비교해 보라. 식 (11)의 두 번째 적분은 식 (12)의 것과 인자 2를 제외하고 동일하다. 또한 식 (11)의 첫 번째 적분은 두 번째 적분의 복소공액이다. 복소공액 연산을 하더라도 식 (12)가 변하지 않는다고 가정하면, 즉

$$(\Delta p)^2 = -\hbar^2\int(\psi^*)''(\psi)\,dx \tag{13}$$

로 적을 수 있다면, 식 (11)은

$$P \equiv \int(p\psi)(p^*\psi^*)\,dx \equiv (\Delta p)^2 \tag{14}$$

과 같이 된다.

이제 식 (6), (7)과 (14)로부터

$$(\Delta x)^2(\Delta p)^2 = XP = \left\{\int(\alpha\psi)(\alpha^*\psi^*)\,dx\right\}\left\{\int(p\psi)(p^*\psi^*)\,dx\right\} \tag{15}$$

를 얻을 수 있다.

이런 수학적 연산을 한 이유는 식 (15)가 슈바르츠 부등식 Schwarz's inequality 이라고 부르는 함수 해석의 정리의 형태를 가지기 때문이다. 모두 복소함수이고 동일한 적분 구간을 가진 두 함수 $f(x)$와 $g(x)$에 대해

$$\left\{\int f^*(x)\,f(x)\,dx\right\}\left\{\int g^*(x)\,g(x)\,dx\right\} \ge \left|\left\{\int f^*(x)\,g(x)\,dx\right\}\right|^2 \tag{16}$$

라는 것이 정리의 내용이다. 여기서 적분 구간은 $f(x)$와 $g(x)$의 존재 구간이 된다. (이 부등식의 증명은 대부분의 수리물리학 교재에 나와 있다.) 이 정리를 식 (15)에 적용하면

$$(\Delta x)^2(\Delta p)^2 \ge \left|\int(\alpha^*\psi^*)(p\psi)\,dx\right| \tag{17}$$

이 된다.

α는 실수 연산자이기 때문에 $\alpha^* = \alpha$로 쓸 수 있다. 적분을 계산하면

$$\begin{aligned}\int(\alpha^*\psi^*)(p\psi)\,dx &= \int[(x\psi^*) - \langle x\rangle\psi^*](p\psi)\,dx \\ &= \left\{\int\psi^*\,x(p\psi)\,dx - \langle x\rangle\int\psi^*(p\psi)\,dx\right\} \\ &= \{\langle xp\rangle - \langle x\rangle\langle p\rangle\}\end{aligned} \tag{18}$$

으로 주어진다.

$\langle p\rangle = 0$이므로 중괄호 { } 안의 두 번째 항이 0이 된다.

이제 $\langle xp\rangle$에 대한 적분을 더 자세히 들여다 보자.

$$\langle xp\rangle = \int \psi^* x(p\psi)dx = -i\hbar\int \psi^* x\left(\frac{d\psi}{dx}\right)dx = -i\hbar\int \psi^* x d\psi$$

이 식을 부분 적분하면

$$\langle xp\rangle = -i\hbar\left\{[\psi^* x\psi]_{\text{극한}} - \int \psi d(\psi^* x)\right\}$$

같이 된다.

적분 구간의 끝에서 ψ가 0이 된다면, { } 안의 처음 항도 0이 된다. 적분을 전개하면

$$\langle xp\rangle = i\hbar\left\{\int \psi\psi^* dx + \int \psi x d\psi^*\right\} \tag{19}$$

로 주어진다.

식 (19)의 오른편의 첫 번째 적분은 ψ가 규격화되어 있을 때 1이 된다. 두 번째 적분에서 $d\psi^*$를 다시 도함수 형태로 바꾸자. 즉 $d\psi^* = (d\psi^*/dx)dx$. 그리고 이 도함수를 선운동량 연산자의 함수로 바꾸자. 즉 $d\psi^* = -(1/i\hbar)(p\psi^*)dx$. 그러면

$$\langle xp\rangle = i\hbar\left\{1 - \frac{1}{i\hbar}\int \psi x(p\psi^*)dx\right\} = i\hbar - \langle xp\rangle$$

이 된다. 이때 기댓값 적분이 ψ와 ψ^*의 순서와 무관하다는 사실을 사용하였다. 따라서

$$\langle xp\rangle = \frac{i\hbar}{2} \tag{20}$$

를 얻을 수 있다.

식 (17), (18)과 (20)은 결과적으로

$$\Delta x\Delta p \geq \frac{\hbar}{2}$$

로 간단해진다. 이것이 불확정성 원리의 수학적인 표현이다.

증명을 마치는데 한 단계가 더 남아 있다. 실제로

$$\int (\psi^*)''(\psi)\,dx = \int (\psi^*)\,(\psi'')\,dx \tag{21}$$

로 적어도 무방하다(식 12와 13).

윗 식의 증명은 규격화 조건으로부터 시작한다. 디랙 표기법을 사용하면

$$\langle \psi^* | \psi \rangle = 1 \tag{22}$$

로 적을 수 있다.

이제 ψ가 시간이 관계된 파동함수라 하더라도 이 규격화 조건은 항상 만족되어야 한다. 즉 식 (22)의 시간 미분은 0이 되어야 한다.

$$\frac{\partial}{\partial t}\langle \psi^* | \psi \rangle = \left\langle \frac{\partial \psi^*}{\partial t} | \psi \right\rangle + \left\langle \psi^* | \frac{\partial \psi}{\partial t} \right\rangle = 0 \tag{23}$$

시간 미분을 다루기 위해 시간이 관계된 슈뢰딩거 방정식과 이 방정식의 복소공액을 취하면(식 2.3.10)

$$\left(\frac{\partial \psi}{\partial t}\right) = \frac{1}{i\hbar}\left[-\frac{\hbar^2}{2m}\frac{\partial^2 \psi}{\partial x^2} + V\psi\right] \tag{24}$$

와

$$\left(\frac{\partial \psi^*}{\partial t}\right) = -\frac{1}{i\hbar}\left[-\frac{\hbar^2}{2m}\frac{\partial^2 \psi^*}{\partial x^2} + V\psi^*\right] \tag{25}$$

를 얻는다. 여기서 V는 퍼텐셜 함수이다. 이 두 식을 식 (23)에 대입하고 인자 $(i\hbar)$를 소거한 후 디랙 브라켓을 전개하면

$$\frac{\partial}{\partial t}\langle \psi^* | \psi \rangle = \frac{\hbar^2}{2m}\langle (\psi^*)'' | \psi \rangle - \langle V\psi^* | \psi \rangle - \frac{\hbar^2}{2m}\langle \psi^* | \psi'' \rangle + \langle \psi^* | V\psi \rangle = 0 \tag{26}$$

을 얻게 된다.

퍼텐셜 V는 순수한 곱하기이므로 V가 관계된 두 항은 서로 상쇄된다. 식 (26)에서 남는 것을 정리하면

$$\langle(\psi^*)''|\psi\rangle = \langle\psi^*|\psi''\rangle \tag{27}$$

을 얻게 되는데 이것이 바로 식 (21)에서 가정했던 것이다.

A.2 딸림 르장드르 함수의 급수 형태

6장에서 중심 퍼텐셜에 대한 슈뢰딩거 방정식의 각 부분 가운데 방위각 θ 풀이가

$$\Theta_{\ell,m}(\theta) = \sqrt{\frac{2\ell+1}{2}\frac{(\ell-m)!}{(\ell+m)!}}P_{\ell,m}(\cos\theta) \qquad (|m| \leq \ell) \tag{1}$$

로 주어졌다. 여기서 $P_{l,m}(\cos\theta)$는 딸림 르장드르 함수로

$$P_{\ell,m}(x) = \frac{1}{2^\ell \ell!}(1-x^2)^{m/2}\frac{d^{\ell+m}}{dx^{\ell+m}}(x^2-1)^\ell. \tag{2}$$

처럼 정의된다. 여기서 $x=\cos\theta$이다. 이 식은 m이 양수, 음수, 0일 때 모두 성립한다.

계산을 위해 $\Theta(\theta)$를, 예를 들어 $\cos\theta$의 급수 형태로 표현하는 것이 편리하다. 그렇게 하려면 다음과 같이 하면 된다.

이항정리는 두 물리량의 멱수 함수를 다음과 같은 합의 형태로 나타낼 수 있다는 것이다.

$$(a+b)^p = \sum_{k=0}^{p}\binom{p}{k}a^{p-k}b^k \tag{3}$$

여기서 이항계수 $\binom{p}{k}$는 다음과 같이 주어진다.

$$\binom{p}{k} = \frac{p!}{k!(p-k)!} \tag{4}$$

이것을 $(x^2-1)^l$에 적용하면

$$(x^2 - 1)^\ell = \sum_{k=0}^{\ell}(-1)^k\binom{\ell}{k}(x^{2\ell-2k}) \tag{5}$$

을 얻는다.

이 식은 0에서 $2l$까지 둘 씩 증가하는 멱수를 가진 x의 멱수꼴 다항식이다. 이 다항식을 식 (2)에 따라 x에 대해 $(l+m)$번 미분하자.

$$\frac{d^{\ell+m}}{dx^{\ell+m}}(x^2 - 1)^\ell = \sum_{k=0}^{\ell}(-1)^k\binom{\ell}{k}\frac{d^{\ell+m}}{dx^{\ell+m}}(x^{2\ell-2k}) \tag{6}$$

m이 $-l$부터 l까지 변하기 때문에 미분 차수는 0부터 $2l$까지의 어느 정수라도 가능하다. 결과적으로 급수의 항 가운데 일부만이 미분에서 사라남게 된다. 즉 멱수 $2(l-k)$가 미분의 최고차 $(l+m)$보다 큰 항들만이 사라남을 수 있다. 따라서 $2(l-k) \geq (l+m)$인 항들만 미분을 하면 된다. 멱수의 도함수는 일반적으로

$$\frac{d^J}{dx^J}(x^N) = \left[\prod_{i=0}^{J-1}(N - i)\right]x^{N-J} \tag{7}$$

으로 적을 수 있다. $N=2l-2k$, $J=l+m$을 사용하면

$$\frac{d^{\ell+m}}{dx^{\ell+m}}\left(x^2-1\right)^\ell = \sum_{k=0}^{\left[\frac{l-m}{2}\right]}\left[\left(-1\right)^k\binom{\ell}{k}\prod_{i=0}^{\ell+m-1}\left(2\ell-2k-i\right)\right]x^{\ell-m-2k} \tag{8}$$

을 얻는다. 여기서 $\left[\dfrac{l-m}{2}\right]$는 $(l-m)/2$보다 작거나 같은 최대 정수값을 의미한다.

대괄호 [ ] 안에 있는 항을 단순화시킬 수 있다. 우선 곱을 이항계수 형태로 적어 단순화시켜 보자.

$$\prod_{i=0}^{\ell+m-1}(2\ell-2k-i) = [2\ell-2k][2\ell-2k-1][2\ell-2k-2]$$

$$\times[2\ell-2k-(\ell+m-1)]$$

$$= \frac{(2\ell-2k)!}{[2\ell-2k-(\ell+m-1)-1]!}$$

$$= \frac{(2\ell-2k)!}{[2\ell-2k-(\ell+m)]!} \tag{9}$$

이제 이항계수의 정의를 사용하면

$$\binom{p}{k} = \frac{p!}{k!\,(p-k)!} \quad \Rightarrow \quad \frac{p!}{(p-k)!} = k!\binom{p}{k} \tag{10}$$

를 얻을 수 있다. 이 식을 식 (9)에 적용하면

$$\prod_{i=o}^{\ell+m-1}(2\ell-2k-i) = \frac{(2\ell-2k)!}{[2\ell-2k-(\ell+m)]!} = (\ell+m)!\binom{2\ell-2k}{\ell+m} \tag{11}$$

가 되고 결과적으로

$$\frac{d^{\ell+m}}{dx^{\ell+m}}\left(x^2-1\right)^{\ell} = \sum_{k=0}^{\left[\frac{\ell-m}{2}\right]}\left[\left(-1\right)^k\binom{\ell}{k}\left(\ell+m\right)!\binom{2\ell-2k}{\ell+m}x^{\ell-m-2k}\right] \tag{12}$$

을 얻게 된다.

이 결과를 $\Theta(\theta)$의 정의와 결합하면

$$\Theta_{\ell,m}(\theta) = \sqrt{\frac{2\ell+1}{2}\frac{(\ell-m)!}{(\ell+m)!}}P_{\ell,m}(\cos\theta)$$

$$= \frac{1}{2^{\ell}\ell!}(1-x^2)^{m/2}\sqrt{\frac{2\ell+1}{2}\frac{(\ell-m)!}{(\ell+m)!}}\frac{d^{\ell+m}}{dx^{\ell+m}}(x^2-1)^{\ell}$$

$$= \frac{1}{2^{\ell}\ell!}\left(1-x^2\right)^{m/2}\sqrt{\frac{2\ell+1}{2}\frac{\left(\ell-m\right)!}{\left(\ell+m\right)!}}\sum_{k=0}^{\left[\frac{\ell-m}{2}\right]}\left[\left(-1\right)^k\binom{\ell}{k}\left(\ell+m\right)!\left(\frac{2\ell-2k}{\ell+m}\right)x^{\ell-m-2k}\right] \tag{13}$$

또는 $x = \cos\theta$를 대입하여

$$\Theta(\theta) = \frac{1}{2^\ell \ell!}\sqrt{\frac{2\ell+1}{2}(\ell+m)!(\ell-m)!}(\sin^m\theta)\sum_{k=0}^{\left[\frac{\ell-m}{2}\right]}\left[(-1)^k\binom{\ell}{k}\binom{2\ell-2k}{\ell+m}(\cos^{\ell-m-2k}\theta)\right] \tag{14}$$

를 얻을 수 있다. 이것이 구하려던 $\Theta(\theta)$의 급수 풀이이다.

A.3 $Y_{l,-m} = (-1)^m Y_{l,m}^*$ 의 증명

이 증명은 로즈 M. E. Rose 의 책 *Elementary Theory of Angular Momentum*: John Wiley & Sons, Inc., New York, 1957, 부록 III에 있는 내용을 인용한 것이다.

이 식을 증명하려면 6.5절에 소개한 딸림 르장드르 함수 $P_{l,m}$으로부터 시작하는 것이 좋다.

$$\Theta_{\ell,m}(\theta) = \sqrt{\frac{2\ell+1}{2}\frac{(\ell-m)!}{(\ell+m)!}}P_{\ell,m}(\cos\theta) \qquad (|m| \le \ell) \tag{1}$$

여기서

$$P_{\ell,m}(x) = \frac{1}{2^\ell \ell!}(1-x^2)^{m/2}\frac{d^{\ell+m}}{dx^{\ell+m}}(x^2-1)^\ell \tag{2}$$

이다.

m을 $-m$으로 바꾸면 식 (2)가

$$P_{\ell,-m} = \frac{1}{2^\ell \ell!}(1-x^2)^{-m/2}\frac{d^{\ell-m}}{dx^{\ell-m}}(x^2-1)^\ell \tag{3}$$

처럼 된다. 여기서 편의상 x를 빼고 $P_{l,m}$라 적는다.

이 미분 형태로부터 얻게 될 두 가지 결과가 이 증명의 핵심이 된다. 첫 번째 것은 x의 n승을 j번 미분한 도함수를

$$\frac{d^j}{dx^j}(x^n) = \left[\prod_{i=0}^{j-1}(n-i)\right]x^{n-j} = \frac{n!}{(n-j)!}x^{n-j} \tag{4}$$

처럼 적을 수 있다는 것이다.

두 번째 것도 앞서와 비슷한데, x의 두 함수 $A(x)$와 $B(x)$의 곱을 j번 미분한 도함수는

$$\frac{d^j}{dx^j}(AB) = \sum_{n=0}^{j}\binom{j}{n}\left(\frac{d^{j-n}A}{dx^{j-n}}\right)\left(\frac{d^nB}{dx^n}\right) \tag{5}$$

처럼 된다. 여기서 $\binom{j}{n}$은 부록 A.2에 주어진 이항계수이다. 이 결과는 곱의 미분에 대한 라이프니츠 규칙 Leibniz's rule 으로도 알려져 있다.

이제 식 (3)을 아래와 같이 적고

$$P_{\ell,-m} = \frac{1}{2^\ell \ell!}(1-x^2)^{-m/2}\frac{d^{\ell-m}}{dx^{\ell-m}}[(x+1)^\ell(x-1)^\ell]$$

$A(x)=(x+1)^l$과 $B(x)=(x-1)^l$이라고 하여 라이프니츠 규칙을 적용하자. 그러면 결과가

$$P_{\ell,-m} = \frac{1}{2^\ell \ell!}(1-x^2)^{-m/2}\sum_{n=0}^{\ell-m}\frac{(\ell-m)!}{n!(\ell-m-n)!}\left[\frac{d^{\ell-m-n}(x+1)^\ell}{dx^{\ell-m-n}}\right]\left[\frac{d^n(x-1)^\ell}{dx^n}\right] \tag{6}$$

이 된다.

식 (4)를 식 (6)에 나오는 각 도함수에 적용하면

$$P_{\ell,-m} = \frac{(1-x^2)^{-m/2}(\ell-m)!}{2^\ell \ell!} \times \sum_{n=0}^{\ell-m}\frac{\ell!\,\ell!}{n!(\ell-m-n)!(m+n)!(\ell-n)!}(x+1)^{m+n}(x-1)^{\ell-n} \tag{7}$$

을 얻을 수 있다.

이제 곱 $(x+1)^{m+n}(x-1)^{l-n}$을 조작해 보도록 하자. 우선 첫 번째 항을 $(x+1)^m(x+1)^n$로 나누자. 그리고 나서 $(x-1)^m$을 곱했다가 나눈다. 즉

$$(x+1)^{m+n}(x-1)^{\ell-n} = (x+1)^m(x+1)^n(x-1)^{\ell-n}\left[\frac{(x-1)^m}{(x-1)^m}\right]$$

$$= (x^2-1)^m(x+1)^n(x-1)^{\ell-n-m}$$

으로 적는다.

인자 $(x^2-1)^m$가 식 (7)의 합으로부터 밖으로 나오게 되고, 합의 바깥에 있는 $(1-x^2)^{-m/2}$와 곱하면

$$P_{\ell,-m} = \frac{(-1)^m(1-x^2)^{m/2}(\ell-m)!}{2^\ell \ell!} \sum_{n=0}^{\ell-m} \frac{\ell!\,\ell!}{n!(\ell-m-n)!(m+n)!(\ell-n)!}(x+1)^n(x-1)^{\ell-n-m} \tag{8}$$

처럼 된다.

이런 조작을 한 이유는 $(1-x^2)^{m/2}$을 합의 바깥으로 빼옴으로써 식 (8)의 앞쪽 인자가 식 (2)의 $P_{l,m}$ 식과 비슷해 보이기 때문이다.

이제 식 (8)에 $(l+m)!$을 곱한 후 나눈다. 그리고 이 인자를 합 안에 곱하기 인자로 두면

$$P_{\ell,-m} = \frac{(-1)^m(1-x^2)^{m/2}(\ell-m)!}{2^\ell \ell!(\ell+m)!} \sum_{n=0}^{\ell-m} \frac{(\ell+m)!\,\ell!\,\ell!}{n!(\ell-m-n)!(m+n)!(\ell-n)!}(x+1)^n(x-1)^{\ell-n-m} \tag{9}$$

이 된다.

식 (9)에 있는 합을 보다 자세히 살펴보면 식을

$$\sum_{n=0}^{\ell-m} \frac{(\ell+m)!}{(m+n)!(\ell-n)!}\left[\frac{\ell!(x+1)^n}{n!}\right]\left[\frac{\ell!(x-1)^{\ell-n-m}}{(\ell-m-n)!}\right] \tag{10}$$

으로 적을 수 있다.

식 (4)를 되돌아보자. 이 식을 사용해 식 (10)에 나오는 대괄호 [ ] 항을

$$\frac{\ell!(x+1)^n}{n!} = \frac{d^{\ell-n}(x+1)^\ell}{dx^{\ell-n}}$$

과

$$\frac{\ell!(x-1)^{\ell-n-m}}{(\ell-m-n)!} = \frac{d^{m+n}(x-1)^\ell}{dx^{m+n}}$$

처럼 쓸 수 있다.

즉 합을

$$\sum_{n=0}^{\ell-m}\frac{(\ell+m)!}{(m+n)!(\ell-n)!}\left[\frac{d^{\ell-n}(x+1)^\ell}{dx^{\ell-n}}\right]\left[\frac{d^{m+n}(x-1)^\ell}{dx^{m+n}}\right] \tag{11}$$

으로 적을 수 있다.

식 (11)에서 합의 지수를 새로운 지수 "s"로 바꾸자. $s=n+m$으로 정의한다. 그러면 합의 최저 지수와 최고 지수가 각각 $s=m$과 $s=l$이 된다.

$$\sum_{s=m}^{\ell}\frac{(\ell+m)!}{s!(\ell+m-s)!}\left[\frac{d^{\ell+m-s}(x+1)^\ell}{dx^{\ell+m-s}}\right]\left[\frac{d^{s}(x-1)^\ell}{dx^{s}}\right] \tag{12}$$

이제 식 (12)에 나오는 도함수를 자세히 들여다보자. 지수 s가 $s=m$에서 $s=l$까지 증가할 때 첫 번째 대괄호 [ ] 안의 도함수의 차수가 l에서 m으로 *감소한다*. 어느 항도 l번 이상 미분하면 결과가 0이 된다. (왜?) 결과적으로 첫 번째 대괄호의 경우 지수 s가 m보다 낮은 값에서 시작한다면 $(x+1)^l$의 모든 항들은 s가 m이 될 때까지 0이 된다. 동일하게 s의 최고값이 l보다 커지면, $s>l$일 때 $(x-1)^l$의 모든 항 역시 0이 된다. 따라서 안심하고 합에 더 이상의 항을 도입하지 않고 s의 최소값을 (말하자면) 0으로 보내는 한편 최고값을 (말하자면) $l+m$까지 증가시킬 수 있다.

$$\sum_{s=0}^{\ell+m}\frac{(\ell+m)!}{s!(\ell+m-s)!}\left[\frac{d^{\ell+m-s}(x+1)^\ell}{dx^{\ell+m-s}}\right]\left[\frac{d^{s}(x-1)^\ell}{dx^{s}}\right] \tag{13}$$

지금까지 이상한 조작을 한 이유가 잠시 후 명확해 질 것이다.

이제 곱 $(x+1)^l(x-1)^l$에 라이프니츠 규칙, 식 (5)를 적용하자.

$$\frac{d^{\ell+m}}{dx^{\ell+m}}[(x+1)^\ell(x-1)^\ell] = \sum_{s=0}^{\ell+m}\binom{\ell+m}{s}\left[\frac{d^{\ell+m-s}(x+1)^\ell}{dx^{\ell+m-s}}\right]\left[\frac{d^s(x-1)^\ell}{dx^s}\right]$$

여기서 합은 정확히 식 (13)에 나온 것이 된다. 이것이 식 (12)와 (13)에서 지수 s의 범위를 수정한 이유이다. 결과적으로 식 (13)을

$$\sum_{s=0}^{\ell+m}\frac{(\ell+m)!}{s!(\ell+m-s)!}\left[\frac{d^{\ell+m-s}(x+1)^\ell}{dx^{\ell+m-s}}\right]\left[\frac{d^s(x-1)^\ell}{dx^s}\right] = \frac{d^{\ell+m}}{dx^{\ell+m}}[(x+1)^\ell(x-1)^\ell]$$

으로 적을 수 있다.

이 결과를 다시 식 (9)에 대입하고 $(x+1)^l(x-1)^l=(x^2-1)^l$로 적으면

$$\begin{aligned} P_{\ell,-m} &= \frac{(-1)^m(1-x^2)^{m/2}(\ell-m)!}{2^\ell\ell!(\ell+m)!}\frac{d^{\ell+m}}{dx^{\ell+m}}(x^2-1)^\ell \\ &= (-1)^m\frac{(\ell-m)!}{(\ell+m)!}P_{\ell,m} \end{aligned} \tag{14}$$

을 얻게 된다.

식 (1)에서 m을 $-m$으로 바꾸면

$$\Theta_{\ell,-m}(\theta) = \sqrt{\frac{2\ell+1}{2}\frac{(\ell+m)!}{(\ell-m)!}}P_{\ell,-m}$$

또는 식 (14)를 이용해

$$\begin{aligned} \Theta_{\ell,-m}(\theta) &= (-1)^m\sqrt{\frac{2\ell+1}{2}\frac{(\ell+m)!}{(\ell-m)!}}\left(\frac{(\ell-m)!}{(\ell+m)!}\right)P_{\ell,m} \\ &= (-1)^m\sqrt{\frac{2\ell+1}{2}\frac{(\ell-m)!}{(\ell+m)!}}P_{\ell,m} \end{aligned}$$

을 얻게 된다.

이 결과를 식 (1)과 비교하면

$$\Theta_{\ell,-m}(\theta) = (-1)^m \Theta_{\ell,m}(\theta)$$

를 얻는다.

이제 전체 구면조화함수를 아래와 같이 정의할 수 있다.

$$Y_{\ell,m}(\theta,\phi) = \Theta_{\ell,m}(\theta)\Phi_m(\phi)$$

풀이의 방위각 부분이

$$\Phi_{-m}(\phi) = \Phi_m^*(\phi)$$

를 만족하기 때문에(6.5절)

$$\mathrm{Y}_{\ell,-m} = (-1)^m \mathrm{Y}_{\ell,m}^*$$

라는 것을 증명할 수 있다.

A.4 수소 파동함수의 지름 마디

식 (7.4.44)로부터 수소의 지름 파동함수가

$$R_{n\ell}(r) = \frac{1}{r}(r/a_o)^{\ell+1}\exp(-r/na_o)\sum_{k=0}^{n-\ell-1} b_k(r/a_o)^k = \left(\sum_{k=0}^{n-\ell-1}\frac{b_k}{a_o^{k+\ell+1}}r^{k+\ell}\right)\exp(-r/na_o)$$

임을 알았다.

지름 확률분포 $P(r)$을 계산하면

$$P(r) = 4\pi r^2 R_{n\ell}^2(r) = 4\pi r^2\left(\sum_{k=0}^{n-\ell-1}\frac{b_k}{a_o^{k+\ell+1}}r^{k+\ell}\right)^2\exp(-2r/na_o)$$

이 된다. 괄호 ( ) 바깥에 있는 인자 r^2을 괄호 안으로 집어 넣으면 괄호의 제곱으로 인해 괄호 안에서 r이 된다. 이 r의 인자와 합 안에 있는 r^{k+l}를 결합하면

$$P(r) = 4\pi\left(\sum_{k=0}^{n-\ell-1} \frac{b_k}{a_o^{k+\ell+1}} r^{k+\ell+1}\right)^2 \exp(-2r/na_o) \tag{1}$$

가 된다.

식 (1)에 있는 합을 $\Re(r)$이라고 하자. r의 다항식인 이 함수는 최저 차수와 최고 차수가 각각 $(l+1)$ ($k=0$일 때)과 n($k=n-l-1$일 때)이 된다. 즉

$$\Re(r) = \left(\sum_{k=0}^{n-\ell-1} \frac{b_k}{a_o^{k+\ell+1}} r^{k+\ell+1}\right) = \left(\frac{b_0}{a_o^{\ell+1}} r^{\ell+1} + \frac{b_1}{a_o^{\ell+2}} r^{\ell+2} + \frac{b_2}{a_o^{\ell+3}} r^{\ell+3} + \cdots + \frac{b_{n-\ell-1}}{a_o^n} r^n\right)$$

또는

$$\Re(r) = r^{\ell+1}\left(\frac{b_0}{a_o^{\ell+1}} + \frac{b_1}{a_o^{\ell+2}} r + \frac{b_2}{a_o^{\ell+3}} r^2 + \ldots + \frac{b_{n-\ell-1}}{a_o^n} r^{n-\ell-1}\right)$$

이 된다.

기본적으로 $\Re(r)$은 차수가 $(n-l-1)$인 다항식이다. 차수가 p인 모든 다항식은 p개의 0인 풀이를 가지므로 7장에서 주장한 것처럼 $P(r)$은 $(n-l-1)$개의 마디를 가지고 있어야 한다.

$l=n-1$일 때 $r_{mp}=na_0$인 것도 같은 방법으로 증명할 수 있다. 이 경우 식 (1)에서 k의 최고값이 0이 되므로

$$P(r) = 4\pi\left(\sum_{k=0}^{0} \frac{b_k}{a_o^{k+n}} r^{k+n}\right)^2 \exp(-2r/na_o) = 4\pi\left(\frac{b_0}{a_o^n}\right)^2 r^{2n} \exp(-2r/na_o)$$

를 얻게 된다.

이 식을 미분하면

$$\frac{dP(r)}{dr} = 4\pi\left(\frac{b_0}{a_o^n}\right)^2 \left\{2nr^{2n-1} - \frac{2}{na_o} r^{2n}\right\} \exp(-2r/na_o)$$

가 되고, $P(r)$의 최대값을 구하기 위해 도함수를 0으로 놓으면 예상한대로 $r_{mp}=na_0$를 얻게 된다.

B 문제 해답

1-1 1.28 Å, 1.14 Å, 1.14 Å, 1.56 Å, 1.24 Å

1-2 $P(E)/P(2E) \sim 15{,}800$

1-3 $T = 300\,\mathrm{k} : 5.48 \times 10^{14}\,\mathrm{m}^{-3}$; $T = 2.7\,\mathrm{k} : 400\,\mathrm{m}^{-3}$

1-4 21.59 kW

1-5 $v_n = e^2/2\epsilon_o hn \approx c/(137n)$. 상대론적 효과는 무시해도 된다.

1-6 54.4 eV, 489 eV, 115 *k*eV

1-7 $F_C = (\pi m_e^2 e^6/4\epsilon_o^3 h^4 n^4) = (8.233 \times 10^{-8}/n^4)$ Newtons

1-8 $d\lambda = -12.9$ Å

1-9 $DR = \dfrac{\pi m_e e^{10}}{12\epsilon_o^5 h^6 c^3}\left[\dfrac{(n-1)^2}{n^6(2n-1)}\right]$; 8.97×10^{-9} sec

1-10 $a_o = h^2/4\pi^2 G m_S m_E^2 = 2.32 \times 10^{-138}\,m$; $n_{\text{지구}} \sim 2.54 \times 10^{74}$; 관측할 수 없다.

1-12 $(\lambda_h - \lambda_d)_{3\to 2} \sim 1.78$ Å

1-14 n 궤도로 전이한다면: $\lambda_{\text{최저}} = R_H^{-1}(n^2)$;

$\lambda_{\text{최고}} = R_H^{-1}\left[\dfrac{n^2(n+1)^2}{2n+1}\right]$

1-16 $E_n = n^2h^2/4\pi^2 mL^2$, $n = 1, 2, 3, \ldots$

1-17 $\lambda_{n+1\to n} = 16\pi^2 c M R^2/5h(2n+1)$; $\lambda_{3\to 2} \sim 478{,}000$ Å; $n_{\text{광학}} \sim 240$

1-18 0.39 Å. 양자 역학을 사용하라.

1-19 $\lambda \sim 5.87 \times 10^{-15}\,\mathrm{m}$ 가장 근접했을 때 $\sim 3.79 \times 10^{-14}\,\mathrm{m}$ 약간은 정당화된다.

1-20 $\lambda = \dfrac{h}{\sqrt{3mkT}} \sim 1.46\ \text{Å}$

1-22 $E_{\text{광자}}/E_{\text{반동}} = 2mc\lambda/h \sim 7.6 \times 10^8$

2-3 한 가지 가능성은 $-\dfrac{\hbar^2}{2m}\left(\dfrac{d\psi}{dx}\right)^2 + V\psi^2 = E\psi^2$.

2-4 $D = A,\ C = kA,\ B = -(A/L^2)(1 + kL)$

규격화

$$\frac{A^2}{2k} + \frac{1}{5}B^2L^5 + \frac{1}{2}(BC)L^4 + \frac{1}{3}(2BD + C^2)L^3 + (CD)L^2 + D^2L = 1$$

2-5 $A = 2k^{3/2}$

2-6 $V(x) = E + \hbar^2k^2/2m - \hbar^2k/mx$

2-7 $V(x) = E + \dfrac{\hbar^2}{2m}(4k^2x^2 - 2k)$

3-3 $n \sim 82$ 일 때 $v = nh/2mL,\ v > c$

3-4 제안을 거절해야 한다.

3-5 0.0271

3-9 4개

3-11 $E_1 = 1.187\ \text{eV},\ E_2 = 4.667\ \text{eV}$

3-12 $P^{\text{흡수}}_{\text{외부}} = \dfrac{\xi}{(\xi - \eta\cot\xi + \eta\xi\csc^2\xi)}$

3-13 $\xi_{\text{참}} = 0.9149;\ \xi_{\text{근사}} = 1.0398$

3-14 0.0110, 0.0479, 0.1298, 0.4133

3-17 $\mathrm{T} \sim 1.89 \times 10^{-70}$

3-18 $\mathrm{P_{original}}/\mathrm{P_{wider}} = 25.5$

3-20 $\ln P \approx -\dfrac{4(A/\alpha)\sqrt{2mA}}{\hbar}\displaystyle\int_0^{\cos^{-1}(\beta)} \sqrt{\cos y - \beta}(\cos y)\,dy;\ \sin y = \alpha x/A$

3-21 $\ln P \approx -\dfrac{4A\sqrt{2mV_0}}{3\hbar}(1 - E/V_0)^{3/2};\quad P \sim 2.0 \times 10^{-4}$

3-22 $\ln P \sim -0.3768\frac{\sqrt{mV_0}L}{\hbar}; \quad P \sim 0.0473$

3-23 $T \sim 10^{-10^{36}}$

3-24 초당 1.11×10^{52}

3-25 예

3-26 더 크다

3-28 $L = 2.045$ Å, $E_2 = 32$ eV

4-1 1.678 m, 2.816 m^2, 2.825 m^2, 0.095 m

4-3 $\sqrt{2\alpha},\ 1/2\alpha,\ \imath\hbar\alpha$

4-4 3.17×10^{-8} sec

4-5 $\Delta p \geq 1.76 \times 10^{-40}\, kg\,(\text{m/s});\ \Delta\nu = 80\ \text{sec}^{-1}$

4-7 $A^2 = \frac{2a^3}{\pi};\ V(x) = E + \frac{\hbar^2(x^2 - a^2)}{m(a^2 + x^2)^2};\ \Delta x \Delta p = \hbar$

4-8 $\Delta x \Delta p = \sqrt{5}\hbar/2\sqrt{3} \sim 0.645\hbar$

4-9

$$\Delta x \Delta p = \left[\Gamma^{-3/2}\left(\frac{n+1}{q}\right)\sqrt{(1 + nq - q)\Gamma\left(\frac{n-1}{q}\right)\left\{\Gamma\left(\frac{n+1}{q}\right)\Gamma\left(\frac{n+3}{q}\right) - \Gamma^2\left(\frac{n+2}{q}\right)\right\}}\right]\frac{\hbar}{2}$$

만약 $q > 0$ 이라면 유일한 제약조건은 $n > 1$ 이다.

4-10 $E_1 \geq 1.191\,\alpha^{2/3}(\hbar^2/2m)^{1/3}$

4-11 $\Delta m \geq 9.54 \times 10^{-55}$ kg

4-16 $E > 9534$ MeV

4-17 $E \sim 4 \times 10^{18}$ GeV

4-18 $\langle E\rangle = (61/12)\, E_1$

4-19 $\langle\psi^*|\psi\rangle = 1$

4-21 $\beta^3 = 12mk/\hbar^2$; 풀이가 아니다.

5-6 $P_{외부} \sim 0.1116$

5-7 $k = 514$ N/m

5-9 $\xi = \alpha x$, $\lambda = \epsilon E$로 정의하고 $\alpha = (km/\hbar^2)^{1/3}$, $\epsilon = (m/k^2\hbar^2)^{1/3}$라 하면 슈뢰딩거 방정식이 차원이 없는 $-(1/2)(d^2\psi/d\xi^2) + \xi\psi = \lambda\psi$ 의 형태가 된다. 이 식의 점근 풀이는 $\psi \propto \exp(-\beta\xi^n)$이 된다. 여기서 $n = 3/2$, $\beta = 2\sqrt{2}/3$이다. 이 식의 해석학적 풀이는 존재하지 않는다.

5-12 $\alpha = K_\alpha m^{1/(p+2)} A^{1/(p+2)} \hbar^{-2/(p+2)}$; $\epsilon = K_\epsilon m^{p/(p+2)} A^{-2/(p+2)} \hbar^{-2p/(p+2)}$. $p = -2$일 때는 성립하지 않는다. $K_\alpha = 2^{1/(p+2)}$, $K_\epsilon = 2^{p/(p+2)}$로 잡으면 슈뢰딩거 방정식이 $d^2\psi/d\xi^2 + (\lambda - |\xi|^p)\psi = 0$이 된다.

5-19 $e^2/\epsilon_o m_e c^3 \sim 1.18 \times 10^{-22}$ sec

6-1 에너지 값 : $E_{111} = 64.7$ eV; $E_{113} = 148.1$ eV; $E_{323} = 499.1$ eV

6-2 7.179×10^{22}; 1.077×10^{20}

6-3 (b)와 (e)가 변수분리 가능하다.

6-4 대략 4천만개; 정당하다고 볼 수 있다.

6-9
$$L^2 = -\hbar^2\left\{(y^2+z^2)\frac{\partial^2}{\partial x^2} + (x^2+z^2)\frac{\partial^2}{\partial y^2} + (x^2+y^2)\frac{\partial^2}{\partial z^2} - 2x\frac{\partial}{\partial x} - 2y\frac{\partial}{\partial y} - 2z\frac{\partial}{\partial z} - 2xy\frac{\partial^2}{\partial x\partial y} - 2zx\frac{\partial^2}{\partial x\partial z} - 2yz\frac{\partial^2}{\partial y\partial z}\right\}$$

$$L^2 = -\hbar^2\left\{z^2\frac{\partial^2}{\partial\rho^2} + \rho^2\frac{\partial^2}{\partial z^2} + \frac{(z^2+\rho^2)}{\rho^2}\frac{\partial^2}{\partial\phi^2} - 2z\frac{\partial}{\partial z} + \frac{(z^2-\rho^2)}{\rho}\frac{\partial}{\partial\rho} - 2\rho z\frac{\partial^2}{\partial z\partial\rho}\right\}$$

7-2 $\langle r^2\rangle = \dfrac{a^2}{3}\left[1 - \dfrac{3}{2\pi^2 n^2}\right]$

7-3 $P_{out} = \dfrac{\xi}{(\xi - \eta\cot\xi + \eta\xi\csc^2\xi)}$; 0.1807

7-4 $\Delta r\Delta p = 1.670\hbar$

7-5 $V_0 = 36.6$ MeV

7-7 $V_0 > 940$ MeV

7-9 $5.764 \times 10^{-14}\,m$

7-10 $b_0 = \sqrt{32/2187\,a_o}$

7-11 $\langle r\rangle = 5a_o$, $\langle 1/r\rangle = 1/4a_o$, $P(3.9a_o, 4.1a_o) = 0.039$

7-13 $r(50\%) = 1.337a_o$

7-16 $\Delta r \Delta p = \sqrt{3}\hbar$

7-20 수소 $\sim 1.56 \times 10^{-14}$; **우라늄** $\sim 2.88 \times 10^{-6}$

7-24 0.2354 eV

8-4 337.5 T/m

8-5 1.1×10^{-6} eV

8-6 1.564 Å

8-7 4.8768 **질량 단위**

8-8 F, B, B, F, B, F

9-1 $\phi(x) = x^2 = -\dfrac{2L^2}{\pi^3}\displaystyle\sum_{n=1}^{\infty}\frac{[(-1)^n(n^2\pi^2 - 2) + 2]}{n^3}\sin\left(\frac{n\pi x}{L}\right)$

9-2 $\phi(x) = e^{ax} = 2\pi\displaystyle\sum_{n=1}^{\infty}\left(\frac{n}{a^2L^2 + n^2\pi^2}\right)[1 - (-1)^n e^{aL}]\sin\left(\frac{n\pi x}{L}\right)$

9-3 $E_n \approx (3\alpha h n/8\sqrt{2m})^{2/3}$

9-4 $n \gg 2\pi$

9-5 $n \gg 2.42$

9-6 $n \sim 2\alpha(0.5991)\sqrt{2mE}/h, \quad n \sim 2.03$

9-7 $\dfrac{2\sqrt{2mV_0}}{\alpha}\displaystyle\int_0^{\ln(1+\beta)}\sqrt{1 + \beta - e^y}\,dy \sim nh$; $E = \beta V_0$와

$y = \alpha x$; $\alpha \sim 0.01639$ Å^{-1}

9-9 $E \sim \dfrac{n^2h^2}{8mL^2} + \alpha L^2\left(\dfrac{1}{3} - \dfrac{1}{2\pi^2 n^2}\right)$

9-10 $E \sim \dfrac{n^2h^2}{8mL^2} - \dfrac{V_0}{2}$

$$\psi^n \sim \psi_n^0 + \frac{8\sqrt{2}mL^{3/2}V_0}{\pi h^2}\sum_{k\neq n}\sin\left(\frac{k\pi x}{L}\right)\left\{\frac{\sin[(k-n)\pi/2]}{(k+n)(k-n)^2} - \frac{\sin[(k+n)\pi/2]}{(k+n)^2(k-n)}\right\}$$

9-11 $E \sim E_n^0 + \beta a^2\left(\frac{1}{3} - \frac{1}{2\pi^2 n^2}\right)$

$$\psi \sim \psi_n^0(x) - \frac{64\beta\, ma^{7/2}}{\sqrt{2}\pi^{5/2}\hbar^2}\sum_{k\neq n}\frac{(-1)^{k-n}nk}{(k+n)^3(k-n)^3}\frac{\sin(k\pi r/a)}{r}$$

9-12 $E \sim E_n^0 + \frac{\pi A a^2}{4}\left(\frac{1}{3} - \frac{1}{2n^2\pi^2}\right)$

9-13 $E \sim \hbar\omega/2 + 3\beta/4\alpha^4$

$$\psi \sim A_0 e^{-\xi^2/2}\left\{1 - \frac{\beta}{a^4\hbar\omega}\left[\frac{3}{8}H_2(\xi) + \frac{1}{64}H_4(\xi)\right]\right\}$$

9-14

$$(E_1/4 - E + 5a_o\lambda)^3[(E_1 - E + 3a_o\lambda/2)(E_1/4 - E + 6a_o\lambda) - (64\lambda a_o/81\sqrt{2})^2] = 0$$

9-15 $\beta < \pi m_e^2 e^6/120\epsilon_o^3 h^4 = 1.713\ \text{eV/Å}$

9-16 $\Delta\lambda \sim 0.06$ Å.

9-17 $\lambda = 1.519 \times 10^{-6}$ m

9-18 $E = 3\epsilon\beta - \left[\frac{2^{5/2}A\Gamma(7/4)}{\sqrt{\pi}}\right]\frac{\beta^{3/2}}{(\alpha + 2\beta)^{7/4}}$

$\beta \sim 1.312$ Å^{-2}; $E \sim -18.32$ eV

9-19 $E = \epsilon\beta - \frac{A\sqrt{2\beta}}{\sqrt{\alpha + 2\beta}} \quad (\epsilon = \hbar^2/2m)$

$\beta \sim 0.428542$ Å^{-2}; $E \sim -2.193$ eV

9-20 $\alpha = 0.5, \beta \sim 0.87$**일 때** $E \leq 0.2930\, E_1$

9-21 $E \leq -m_e e^4/32\pi^2\epsilon_o^2\hbar^2$ **(수소의 바닥상태 에너지)**

9-22 $\lambda_{\min}^4 = 35\hbar^2/2mk,\ E_{\min} \leq \sqrt{5/14}\hbar\omega$

9-23 $\beta_{\min} = \left[\frac{n\alpha(n+2)!}{2^{n+2}(\hbar^2/2m)}\right]^{1/(n+2)}$,

$$E \leq \frac{1}{4}\left(\frac{\hbar^2}{2m}\right)^{n/(n+2)}\left(1 + \frac{2}{n}\right)\{\alpha n(n+2)!\}^{2/(n+2)}$$

9-24 $\beta_{\min} = \frac{8\pi m_e^2 e^4}{9\epsilon_o^2 h^4},\ E \leq -\frac{m_e e^4}{12\pi^3\epsilon_o^2\hbar^2}$

10-1 $E_3 \sim 8.6217$ eV

10-2 $E_1 \sim 14.654$ eV; $E_2 \sim 40.443$ eV

10-3 $E_1 \sim -3.800$ eV

10-4 $\ell = 0$: $E_1 \sim 13.094$, $E_2 \sim 30.553$ eV; $\ell = 1$: $E_1 \sim 21.823$, $E_2 \sim 39.282$ eV

$K = 2$일 때 $n \sim 0.85$에서 $W \sim -0.962$

10-6 $E_1 \sim -18.58$ eV; 한 개의 풀이만 존재한다.

10-9 $\ell = 0$에 대해 $\sim$3.65, 6.38, 8.62 eV; 선형 경우에도 동일하다.

10-10 $\ell = 0$: $E \sim 9.378$, 13.635, 17.774 eV; $\ell = 1$: $E \sim 11.646$, 15.763, 19.881 eV

10-11 $\ell = 0$: $E \sim -79.041$, -51.192, -25.488 eV; $\ell = 1$: $E \sim -65.991$, -38.346, -14.004 eV

10-12 $m = 0$: $(0.2354, 1.1760, 2.8683)_{해석}$, $(0.2354, 1.1757, 2.8674)_{수치}$

$m = 1$: $(0.5744, 1.8903, 3.9585)_{해석}$, $(0.5744, 1.8899, 3.9577)_{수치}$

$m = 2$: $(1.0199, 2.7145, 5.1594)_{해석}$, $(1.0199, 2.7143, 5.1588)_{수치}$

10-13 $m = (0, 1, 2)$: (2.7594, 5.5193, 8.2805)

10-14 두 개의 구속상태: -51.057 eV and -5.898 eV

11-2 $A_{nj} = \left(\dfrac{2q^2h^2}{3\pi\epsilon_o c^3 m^3 L^4}\right)\dfrac{(nj)^2}{(j+n)|j-n|}$, $(j - n)$홀수

11-4 $Z = 2$일 때 $P = \dfrac{64[Z(Z-1)]^3}{(2Z-1)^6}$, $P \sim 0.7023$

11-5

$$\sqrt{P_{j\to n}} = \begin{cases} \dfrac{1}{\pi\sqrt{K}}\left\{\dfrac{\sin[(j - n/K)\pi]}{(j - n/K)} - \dfrac{\sin[(j + n/K)\pi]}{(j + n/K)}\right\} & (n \neq jK) \\ \dfrac{2}{\sqrt{K}}\left\{\dfrac{1}{2} - \dfrac{K\sin(2n\pi/K)}{4n\pi}\right\} & (n = jK). \end{cases}$$

C 적분과 삼각함수 등식

(38)에 나오는 감마 함수 $\Gamma(n)$은 차례곱 factorial 함수를 사용해 $\Gamma(n+1)=n!$로 표시할 수 있다. 또 n이 정수가 아닐 경우까지 연장할 수 있다. $\Gamma(1/2)=\sqrt{\pi}$인 것에 주목하라. 적분 (29)는 (26)–(29)를 일반화한 것이다. 유사하게 적분 (37)과 (38)은 (30)–(36)을 일반화한 것이다.

(1) $$\int \frac{dx}{a^2+x^2} = \frac{1}{a}\tan^{-1}\left(\frac{x}{a}\right)$$

(2) $$\int \frac{dx}{(a^2+x^2)^n} = \frac{1}{2a^2(n-1)}\left[\frac{x}{(a^2+x^2)^{n-1}} + (2n-3)\int \frac{dx}{(a^2+x^2)^{n-1}}\right]$$

(3) $$\int \frac{x^2dx}{(a^2+x^2)} = x - a^2\int \frac{dx}{a^2+x^2}$$

(4) $$\int \frac{x^2dx}{(a^2+x^2)^{n+1}} = -\frac{x}{2n(a^2+x^2)^n} + \frac{1}{2n}\int \frac{dx}{(a^2+x^2)^n}$$

(5) $$\int \sqrt{a+bx}\,dx = \frac{2}{3b}\sqrt{(a+bx)^3}$$

(6) $$\int \sqrt{x^2 \pm a^2}\,dx = \frac{1}{2}[x\sqrt{x^2 \pm a^2} \pm a^2\ln(x+\sqrt{x^2 \pm a^2})]$$

(7) $$\int \sqrt{a^2-x^2}\,dx = \frac{1}{2}\left[x\sqrt{a^2-x^2} + a^2\sin^{-1}\left(\frac{x}{|a|}\right)\right]$$

(8) $$\int \sin^2(ax)\,dx = \frac{x}{2} - \frac{1}{4a}\sin(2ax)$$

(9) $$\int \cos^2(ax)\,dx = \frac{x}{2} + \frac{1}{4a}\sin(2ax)$$

(10)

$$\int \sin(mx)\ \sin(nx)\,dx = \frac{\sin[(m-n)x]}{2(m-n)} - \frac{\sin[(m+n)x]}{2(m+n)} \quad (m^2 \neq n^2)$$

(11)

$$\int \cos(mx)\ \cos(nx)\,dx = \frac{\sin[(m-n)x]}{2(m-n)} + \frac{\sin[(m+n)x]}{2(m+n)} \quad (m^2 \neq n^2)$$

(12)

$$\int \sin(mx)\ \cos(nx)\,dx = -\frac{\cos[(m-n)x]}{2(m-n)} - \frac{\cos[(m+n)x]}{2(m+n)} \quad (m^2 \neq n^2)$$

(13) $$\int \sin(ax)\ \cos(ax)\,dx = \frac{1}{2a}\sin^2(ax)$$

(14) $$\int \sin(ax)\ \cos^m(ax)\,dx = -\frac{\cos^{m+1}(ax)}{(m+1)a}$$

(15) $$\int \sin^m(ax)\ \cos(ax)\,dx = \frac{\sin^{m+1}(ax)}{(m+1)a}$$

(16) $$\int x\sin(ax)\,dx = \frac{1}{a^2}\sin(ax) - \frac{x}{a}\cos(ax)$$

(17) $$\int x\cos(ax)\,dx = \frac{1}{a^2}\cos(ax) + \frac{x}{a}\sin(ax)$$

(18) $$\int x^2\sin(ax)\,dx = \frac{2x}{a^2}\sin(ax) - \frac{a^2x^2-2}{a^3}\cos(ax)$$

(19) $$\int x^2\cos(ax)\,dx = \frac{2x\cos(ax)}{a^2} + \frac{a^2x^2-2}{a^3}\sin(ax)$$

(20) $$\int x\sin^2(ax)\,dx = \frac{x^2}{4} - \frac{x\sin(2ax)}{4a} - \frac{\cos(2ax)}{8a^2}$$

(21) $$\int x\cos^2(ax)\,dx = \frac{x^2}{4} + \frac{x\sin(2ax)}{4a} + \frac{\cos(2ax)}{8a^2}$$

(22) $\int x^2 \sin^2(ax)\,dx = \frac{x^3}{6} - \left(\frac{x^2}{4a} - \frac{1}{8a^3}\right)\sin(2ax) - \frac{x\cos(2ax)}{4a^2}$

(23) $\int x^2 \cos^2(ax)\,dx = \frac{x^3}{6} + \left(\frac{x^2}{4a} - \frac{1}{8a^3}\right)\sin(2ax) + \frac{x\cos(2ax)}{4a^2}$

(24) $\int xe^{ax}\,dx = \frac{e^{ax}}{a^2}(ax - 1)$

(25) $\int x^m e^{ax}\,dx = \frac{x^m e^{ax}}{a} - \frac{m}{a}\int x^{m-1} e^{ax}\,dx$

(26) $\int_0^\infty xe^{-ax}dx = \frac{1}{a^2}$

(27) $\int_0^\infty x^2e^{-ax}dx = \frac{2}{a^3}$

(28) $\int_0^\infty x^3e^{-ax}dx = \frac{6}{a^4}$

(29) $\int_0^\infty x^n e^{-ax}dx = \frac{\Gamma(n+1)}{a^{n+1}}\ (a > 0;\ n > -1)$

(30) $\int_0^\infty e^{-ax^2}dx = \frac{\sqrt{\pi}}{2\sqrt{a}}$

(31) $\int_0^\infty xe^{-ax^2}dx = \frac{1}{2a}$

(32) $\int_0^\infty x^2e^{-ax^2}dx = \frac{\sqrt{\pi}}{4a^{3/2}}$

(33) $\int_0^\infty x^3e^{-ax^2}dx = \frac{1}{2a^2}$

(34) $\int_0^\infty x^4 e^{-ax^2} dx = \frac{3\sqrt{\pi}}{8a^{5/2}}$

(35) $\int_0^\infty x^5 e^{-ax^2} dx = \frac{1}{a^3}$

(36) $\int_0^\infty x^{2n} e^{-ax^2} dx = \frac{1\cdot 3\cdot 5\cdot \cdots \cdot (2n-1)}{2^{n+1}a^n}\sqrt{\frac{\pi}{a}}$

(37) $\int_0^\infty x^{2n+1} e^{-ax^2} dx = \frac{n!}{2a^{n+1}}$ (a > 0)

(38) $\int_0^\infty x^n e^{-ax^p} dx = \frac{\Gamma(k)}{pa^k}$ $[n > -1, p > 0, a > 0, k = (n+1)/p]$

(39) $\sin\alpha \sin\beta = \frac{1}{2}\cos(\alpha - \beta) - \frac{1}{2}\cos(\alpha + \beta)$

(40) $\cos\alpha \cos\beta = \frac{1}{2}\cos(\alpha - \beta) + \frac{1}{2}\cos(\alpha + \beta)$

(41) $\sin\alpha \cos\beta = \frac{1}{2}\sin(\alpha + \beta) + \frac{1}{2}\sin(\alpha - \beta)$

(42) $\cos\alpha \sin\beta = \frac{1}{2}\sin(\alpha + \beta) - \frac{1}{2}\sin(\alpha - \beta)$

(43) $\cos(n\pi) = (-1)^n$

(44) $\sin(n\pi) = 0$

(45) $\sin(n\pi/2) = 1, n = 1, 5, 9, \ldots$

(46) $\sin(n\pi/2) = -1, n = 3, 7, 11, \ldots$

(47) $\cos(n\pi/2) = 1, n = 0, 4, 8, \ldots$

(48) $\cos(n\pi/2) = -1, n = 2, 6, 10, \ldots$

(49) $\cos(n\pi/2) = 0, n = 1, 3, 5, \ldots$

D 물리상수

미국 국립표준원 National Institute of Standards and Technology (NIST) 은 방대한 물리상수의 목록을 홈페이지 physics.nist.gov/constants에 공개하고 있다. 다음 값들은 이 사이트에서 가져온 것으로 소수점 이하 4 자리까지만 표시하였다.

물리량	기호	값	단위
진공에서의 광속	c	2.9979×10^{8}	$\mathrm{m\,s^{-1}}$
플랑크 상수	h	6.6261×10^{-34}	J–s=$\mathrm{kg\,m^{2}\,s^{-1}}$
플랑크 상수	$\hbar$	1.0546×10^{-34}	J–s=$\mathrm{kg\,m^{2}\,s^{-1}}$
중력 상수	G	6.6742×10^{-11}	$\mathrm{m^{3}\,kg^{-1}\,s^{-2}}$
기본 전하	e	1.6022×10^{-19}	C
전자 질량	m_e	9.1094×10^{-31}	kg
양성자 질량	m_p	1.6726×10^{-27}	kg
중성자 질량	m_n	1.6749×10^{-27}	kg
원자질량 단위	AMU or u	1.6605×10^{-27}	kg
보어 반지름	a_o	5.2918×10^{-11}	m
리드베리 상수	R_{∞}	1.0974×10^{7}	$\mathrm{m^{-1}}$
아보가드로 수	N_A	6.0221×10^{23}	$\mathrm{mol^{-1}}$
볼츠만 상수	k	1.3807×10^{-23}	J/K
유전상수	μ_o	$4\pi \times 10^{-7}$	Tm/amp=$\mathrm{kg\,m/C^{2}}$
투자상수	ε_o	8.8542×10^{-12}	$\mathrm{C^{2}\,N^{-1}\,m^{-2}=C^{2}\,s^{2}\,kg^{-1}\,m^{-3}}$

참고문헌

1장

1. Stoney GJ, *Philosophical Magazine* 1881;11:381.

2. Thomson JJ, *Philosophical Magazine* 1897;44;293.

3. Pais A, *Inward Bound*. New York; Oxford University Press, 1986.

4. Herzberg G. Atomic Spectra and Atomic Structure. New York; Dover Publica-tions, 1945.

5. Balmer JJ, *Annalen der Physik* 1885;261:80.

6. Planck M, *Annalen der Physik* 1900;306:69.

7. Einstein A, *Annalen der Physik* 1905;322:132.

8. Rutheford E, *Philosophical Magazine* 1913;332:537.

9. Bohr N, *Philosophical Magazine* 1913;26:1, 476, and 857.

10. Paschen F, *Annalen der Physik* 1908;332;537.

11. Lyman T, *Philosophical Review* 1914;3:504.

12. Brackett F, Nature 1922;109:209.

13. Pfund HA, *Journal of the optical society of America* 1924;9:193.

14. Moseley H, *Philosophical Magazine* 1913;26:1024 and 1914;27:703.

15. Hertz G, *Zeitschreift fur Physik* 1924;22:18

16. French AP and Kennedy PJ, *Niels Bohr: A Centenary Volume*. Cambridge: Harvard University Press 1985.

17. 상대론적 해석이 프렌치와 테일러의 책 2-3절에 나와 있다.

18. Davisson C, Germer LH, *Physical Review* 1927;30:707.

19. Thomson GP, *Proceedings of the Royal Society* 1928;A117:600.

20. Johnson C, *Zeitschreift fur Physik* 1961;161:454. 이 논문의 번역이 Brandt D and Hirschi S, *American Journal of Physics* 1974;42:5에 실려 있다. 또한 Tonomura A, et al., *American Journal of Physics* 1989;57:117을 보라.

21. Feynman RP, Leigton RB, and Sands M, *The Feynman Lectures on Physics*. Reading, MA: Addison-Wasley, 1963-1965.

2장

1. 고전 파동방정식의 유도는 고티에 N. Gauthier 의 *American Journal of Physics* 1987;55:477을 따랐다.

2. Schrödinger E, *Annalen der Physik* 1926;384:361, 1926:384:489, 1926;385:437, and 1926;386:109.

3. Born M, *Zeitschrift fur Physics* 1926;37:863 and 1926;38:803

3장

1. Aronstein DL, Stroud CL, *American Journal of Phtsics* 2000;68:943; Sprung DWL, Wu H, and Martorell J, *European Journal of Phisics* 1992;13:12

2. Eisberg R, and Resnick R, *Quantum Physics of Atoms, Molecules, Solids, Nuclei and Particles*. New York; John Wiley and Sons, 1974, Section 5-7

3. Gamow G, *Zeitschrift fur Physics* 1928;51:204

4. Geiger H, and Nutall JM, *Philosophical Magazine* 1911;22:613 and 1912;23:439.

5. 예를 들어 Heyde K., *Basic Ideas and Concepts in Nuclear Physics*, 3rded. Bristol, UK: Institute of Physics Publishing, 2004, 그림 4.9를 보라.

6. Ramsauer CW, *Annals of Phsics* 1921;64:513; Townsend JS, Philosophical Magazine 1922;43:593

4장

1. Gasiorowicz S, *Quantum Phisics*, New York: John Wiley and Sons, 1974, Appendix B.

2. Pais A, *Inward Bound*. New York: Oxford University Press, 1986, p. 262.

3. Ehrenfest P, *Zeitschrift fur Physik* 1927;45:455

4. Pais, p. 258.

5장

1. Morse P, *Physical Review* 1929;34:57. 또한 폴링과 윌슨의 책 35d절을 보라.

6장

1. Eisenhart LP, Physical Review 1934;45:427

2. Beard DB, and Beard, GB, *Quantum Mechanics with Applications*. Boston: Allyn and Bacon, 1970. See Chapter 1.

3. Leung PT, *American Journal of Physics* 1986;54:1148.

4. 식 (6)은 분명히 함수를 대체한 것으로 이에 대해 언급할 필요가 있다. 미분방정식을 푸는 고급 기술에 익숙한 독자라면 이 대체로 인해 Θ-방정식이 초기하방정식 hypergeometric equation 으로 변환된다는 것을 알 것이다. 초기하방정식은 2차 미분방정식의 기본 형태이다.

5. Liboff RL, *Introductory Quantum Mechanics*, 2nd ed, Reading, MA: Addison-Wesley, 1992, p. 147

7장

1. Schrödinger E, *Annalen der Physics* 1926;384:361

2. Shankar, R., *Principles of Quantum Mechanics*, 2nd ed, New York: Kluwer Academic/Plenum Publishers, 1994, Sections 12.6 and 13.1

3. White HE, *Physics Review* 1931;37:1416

8장

1. Stern W, Gerlach O, *Zeitschrift fur Physik* 1921;8:110. 역사적으로 중요한 이 실험은 보어의 제안에 의해 행해졌으며 파동역학의 발견보다 앞서 수행되었다.

2. 예를 들어 Landau LD, Lifshits EM., *Quantum Mechanics*(Non-relativistic Theory), Oxford: Pergamon Press, 1977, 3rd revised ed, p. 461을 보라.

3. Phipps TE, Taylor JB, Physical Review 1927;29:309.

4. Uhlenbeck GE. Goudsmit SA, *Naturwissenschaften* 1925;13:953 and *Nature* 1926;117:264

5. 폴링과 윌슨의 책 28절과 프렌치와 테일러의 책 13.9절에 매우 읽기 쉬운 설명이 나와 있다.

6. Dirac, PAM, *Preceedings of the Royal Society* 1928;A117:610

9장

1. Wentzel G, Zeitschrift fur Physics 1926;38:518. 또한 이 방법은 제프리 Harold Jeffreys 를 기념하기 위해 때때로 JWKB 방법이라고도 불린다. 제프리는 *Proceedings of the London Mathematical Society* 1923;23:428에 기초적인 수학 접근법을 발표하였다.

2. Reed BC, *American Journal of Physics* 1990;58:407

10장

1. Abramowitz M, Stegun, IA *Handbook of Mathematical Functions*. New York, Dover Publications Inc., 1965, Table 10. 13, p. 478
2. Flügge S, *Practical Quantum Mechanics*, Berlin, Springer-Verlag, 1974. pp. 94-100

11장

1. *A Physicist's Desk Reference: The Sound Edition of Physics Vade Mecum*. New York: American Institute of Physics, Anderson, HL, ed. Table 5.07.B.1, P. 99

찾아보기

영문

ㄱ

ㄴ

ㄷ

ㄹ

ㅁ

ㅂ

ㅈ

ㅎ

Homepage : www.Chungbum.co.kr

QUANTUM MECHANICS

기초양자역학

발 행 일	2008. 8. 16. 제1판 제1쇄 인쇄 2008. 8. 25. 제1판 제1쇄 발행
저 자	BRUCE CAMERON REED
역 자	김 영 태
발 행 인	연 규 산
발 행 처	청범출판사
주 소	서울시 노원구 공릉1동 598-7
전 화	02-971-5385 02-971-5376 02-971-5377
팩 스	02-977-8967
등 록	1991년 8월 13일 No. 5-282
I S B N	978-89-88247-44-0 93420
정 가	**23,000원**